2014年度

中国科技论文统计与分析

年度研究报告

中国科学技术信息研究所

科学技术文献出版社
SCIENTIFIC AND TECHNICAL DOCUMENTATION PRESS
·北京·

图书在版编目（CIP）数据

2014年度中国科技论文统计与分析：年度研究报告 / 中国科学技术信息研究所编著. —北京：科学技术文献出版社，2016.9

ISBN 978-7-5189-1994-9

Ⅰ. ① 2… Ⅱ. ①中… Ⅲ. ①科学技术—论文—统计分析—中国—2014 Ⅳ. ① N53

中国版本图书馆 CIP 数据核字（2016）第 234149 号

2014年度中国科技论文统计与分析（年度研究报告）

策划编辑：周国臻　　责任编辑：张　丹　　责任校对：赵　瑗　　责任出版：张志平

出 版 者　科学技术文献出版社
地　　址　北京市复兴路15号　邮编　100038
编 务 部　(010) 58882938，58882087（传真）
发 行 部　(010) 58882868，58882874（传真）
邮 购 部　(010) 58882873
官方网址　www.stdp.com.cn
发 行 者　科学技术文献出版社发行　全国各地新华书店经销
印 刷 者　北京时尚印佳彩色印刷有限公司
版　　次　2016年9月第1版　2016年9月第1次印刷
开　　本　787×1092　1/16
字　　数　563千
印　　张　23.75
书　　号　ISBN 978-7-5189-1994-9
定　　价　150.00元

学术顾问：

武夷山　张玉华

主　　编：

潘云涛　马　峥

项目组成员：

潘云涛　姚长青　马　峥　张玉华　袁军鹏

郭　玉　郭　红　俞征鹿　翟丽华　高继平

徐　波　苏　成　贾　佳　王海燕　田瑞强

许晓阳

目　录

1 绪论

《2014 年度中国科技论文统计与分析》项目现已完成，统计结果和简要分析分列于后。为使广大读者能更好地了解我们的工作，本章将对中国科技论文统计源刊的选取原则、标准及调整做一简要介绍；对国际论文统计选用的 SCI、Ei、CPCI-S、SSCI、MEDLINE 等国际检索系统的使用、论文的选取、论文的归属和学科的设定等方面做出必要的说明。自 1987 年开展此项工作以来，我们连续出版了统计分析工作的主要成果：《中国科技论文统计与分析（年度研究报告）》和《中国科技期刊引证报告（核心版）》，受到大家的关注和欢迎。我们热切希望广大的科研人员、科研管理人员或期刊编辑人员对本统计分析工作继续给予支持和帮助。

1.1 统计源的选取

1.1.1 国内科技论文统计源

国内科技论文的统计分析是使用中国科学技术信息研究所自行研制的《中国科技论文与引文数据库》（CSTPCD），该数据库 2014 年选用我国 1989 种中国科技核心期刊（中国科技论文统计源 期刊），其中含 71 种英文版期刊。中国科技核心期刊遴选过程和遴选程序在中国科学技术信息研究所网站进行公布，同时通过每年公开出版的《中国科技论文统计与分析（年度研究报告）》和《中国科技期刊引证报告（核心版）》，公布期刊的各项指标。此项工作不向期刊编辑部收取任何费用。

中国科技核心期刊的选择过程和选取原则如下：

一、遴选原则

按照公开、公平、公正的原则，采取以定量评估数据为主、专家定性评估为辅的方法，开展中国科技论文统计源期刊遴选工作。遴选结果通过网上发布和正式出版《中国科技期刊引证报告（核心版）》两种方式向社会公布。

参加中国科技论文统计源期刊遴选的期刊须具备下述条件：

①有国内统一刊号（CN-××××）。

②属于学术和技术类科技期刊，不对科普、编译、检索和指导等类期刊进行遴选。

③期刊刊登的文章属于原创性科技论文。

二、遴选程序

中国科技论文统计源期刊每年评估一次。评估工作在每年的 3—9 月进行。

1. 样刊报送

期刊编辑部在正式参加评估的前一年，须在每期期刊出刊后，将样刊寄到中国科学技术信息研究所科技论文统计组。这项工作用来测度期刊是否按照出版计划定期定时出版，是否有延期出版的情况。

2. 书面申请

期刊编辑部须在每年3月1日前，向中国科学技术信息研究所科技论文统计组提交书面申请一份和上一年度期刊合订本一套。书面申请须包括下述内容：

（1）期刊介绍

包括期刊的办刊宗旨、目标、主管单位、主办单位、期刊沿革、期刊定位、所属学科、期刊在学科中的作用、期刊特色、同类期刊的比较、办刊单位背景、单位支持情况、主编及主创人员情况。

（2）稿件审稿流程说明

主要包括期刊的投稿和编辑审稿流程，是否有同行评议、二审、三审制度。编辑部需提供审稿单的复印件，举例说明本期刊的审稿流程，并提供主要审稿人的名单。

（3）期刊编委会组成

包括编委会的人员名单、组成，编委情况和编委责任。

（4）证明期刊质量的其他书面材料

如期刊获奖情况、各级主管部门（学会）的评审或推荐材料、被各重要数据库收录情况。

3. 定量数据采集与评估

①中国科学技术信息研究所制定了中国科技期刊综合评价指标体系，用于中国科技论文统计源期刊遴选评估。中国科技期刊综合评价指标体系对外公布。

②中国科技信息研究所科技论文统计组按照中国科技期刊综合评价指标体系，采集当年申报期刊的各项指标数据，进行数据统计和各项指标计算，并在期刊所属的学科内进行比较，确定各学科均线和入选标准。

4. 专家评审

①定性评价分为专家函审和终审两种形式。

②对于所选指标加权评分数排在本学科前1/3、的期刊，免于专家函审，直接进入年度入选候选期刊名单；定量指标在均线以上的或创刊5年以内的新办期刊需要通过专家函审，才能入选候选期刊名单。

③对于需要函审的期刊，邀请多位学科专家对期刊进行函审。其中有2/3以上函审专家同意的，则视为该期刊通过专家函审。

④由中国科学技术信息研究所成立的专家评审委员会对年度入选候选期刊名单进行审查，采用票决制决定年度入选中国科技论文统计源期刊名单。

三、退出机制

中国科技论文统计源期刊制订了退出机制，综合指标连续两年排在本学科末位的期刊将自动退出。存在其他违反国家出版管理规定及存在诚信问题的期刊也会退出。对某些指标反映出明显问题的期刊，我们会采用预警信方式与期刊编辑部进行沟通，若期刊接到预警后没有明显改进，也会退出中国科技论文统计源期刊。

1.1.2 国际科技论文统计源

考虑到论文统计的连续性，2014 年度的国际论文数据仍采集自 SCI、Ei、CPCI-S、SSCI 和 MEDLINE 检索系统。

SCI 是 Science Citation Index 的缩写，由美国科学情报所（ISI，现为汤森路透集团，Thomson Reuters）创制。SCI 不仅是功能较为齐全的检索系统，同时也是文献计量学研究和应用的科学评估工具。

需要说明的是，本报告所列出的“中国论文数”同时存在两个统计口径：在比较各国论文数排名的数据，统计中国论文数包括中国作为第一作者和非第一作者参与发表的论文，这与其他各个国家论文数的统计口径是一致的；在涉及中国具体学科、地区等统计结果时，统计范围只是中国内地作者为论文第一作者的论文。本报告附表中所列的各系列单位排名是按第一作者论文数作为依据排出的。在很多高校和研究机构的配合下，对于 SCI 数据加工过程中出现的各类标识错误，我们尽可能地根据原文做了更正。

Ei 是 Engineering Index 的缩写，创办于 1884 年，已有 100 多年的历史，是世界著名的工程技术领域的综合性检索工具。主要收集工程和应用科学领域 5000 余种期刊、会议论文和技术报告的文献，数据来自 50 多个国家和地区，语种达十余个，主要涵盖的学科有：化工、机械、土木工程、电子电工、材料和生物工程等。

我们以 Ei Compendex 核心部分的期刊论文作为统计来源。在我们的统计系统中，由于有关国际会议的论文已在我们所采用的另一专门收录国际会议论文的统计源 CPCI-S 中得以体现，故在作为地区、学科和机构统计用的 Ei 论文数据中，已剔除了会议论文的数据，仅包括期刊论文，而且仅选择核心期刊采集出的数据。

CPCI-S（Conference Proceedings Citation Index）也由汤森路透编辑出版，从 2008 年开始代替 ISTP（Index to Scientific and Technical Proceeding）。据汤森路透介绍，在世界每年召开的上万个重要国际会议中，该系统收录了 70% ～ 90% 的会议文献，汇集了自然科学、农业科学、医学和工程技术领域的会议文献。在科研产出中，科技会议文献是对期刊文献的重要补充，所反映的是学科前沿性、迅速发展的学科研究成果，一些新的创新思想和概念往往先于期刊出现在会议文献中，从会议文献可以了解最新概念的出现和发展，并可掌握某一学科最新的研究动态和趋势。

SSCI（Social Science Citation Index）是汤森路透编制的反映社会科学研究成果的大型综合检索系统，已收录了社会科学领域期刊 3000 多种，另对约 1400 种与社会科学交叉的自然科学期刊中的论文予以选择性收录。其覆盖的领域涉及人类学、社会学、教育、经济、心理学、图书情报、语言学、法学、城市研究、管理、国际关系、健康等 55 个学科门类。通过对该系统所收录的我国论文的统计和分析研究，可以从一个方面了解我国社会科学研究成果的国际影响和国际地位。为了帮助广大社会科学工作者与国际同行交流与沟通，也为了促进我国社会科学及与之交叉的学科的发展，从2005年开始，我们对SSCI收录的中国论文情况做出统计和简要分析。

MEDLINE（美国《医学索引》）创刊于1879年，由美国国立医学图书馆（National Library of Medicine）编辑出版，收集世界70多个国家和地区、40多种文字、4800种生物医学及相关学科期刊，是当今世界较权威的生物医学文献检索系统，收录文献反映了全球生物医学领域较高水平的研究成果，该系统还有较为严格的选刊程序和标准。从2006年度起，我们就已利用该系统对我国的生物医学领域的成果进行统计和分析。

特别需要指出的是，对SCI、MEDLINE和CPCI-S系统采集的数据时间按照出版年度统计；Ei系统采用的是按照收录时间统计，即统计范围是在当年被数据库系统收录的期刊文献。

1.2 论文的选取原则

在对SCI、Ei和CPCI-S收录的论文进行统计时，为了能与国际做比较，选用第一作者单位属于中国的文献作为统计源。在SCI数据库中，涉及的文献类型包括Article、Review、Letter、News、Meeting Abstracts、Correction、Editorial Material、Book Review和Biographical-Item等。从2009年度起，以下列四类文献按论文计来统计SCI收录的文献：Article、Review、Letter和Editorial Material。近年来，中国作者在国际期刊中发表的文献数量越来越多，为了鼓励和引导科技工作者们发表内容比较翔实的文献，而且便于和国际检索系统的统计指标相比较，SCI论文的统计和机构排名中，我们仅选Article和Review两类文献作为进行各单位论文数的统计依据。因为这两类文献报道的内容详尽，叙述完整，著录项目齐全。同样在对国内期刊文献选取时，也参考了SCI的选用范围，做了如下的规定：

①对学术性期刊，选取全部的科学论文、研究简报、综述及评论；

②对技术类期刊，选取全部科学论文和阐明新技术、新材料、新工艺和新产品的研究成果论文和工程设计等；

③对医学类期刊，选取全部基础医学理论研究论文和重要的临床实践总结报告及综述（带有评论性）类文献。

与此同时，讲座连载（因这类研究成果已在以往的媒体中报道）、各类讲话（很重要，但不属于科技方面的研究内容）、小经验、小窍门和会议摘要不作为统计源。

根据以上原则，并不是所有选用期刊上的全部文献都能作为统计对象。所选出的文献既是我们的论文统计数据，也是计算期刊学术指标的来源数据。

1.3 论文的归属

按国际文献计量学研究的通行做法，论文的归属按第一作者单位所在的地区和单位确定，所以我国的论文数量是按论文第一作者单位属于中国大陆的数量而定的。因此，一位外国研究人员所从事的研究工作的条件由中国提供，成果公布时以中国单位的名义发表，则论文的归属应划作中国，反之亦然。论文单位的确定也是按第一作者所列的单位而定。因此，当作者工作单位变动时，会出现同一作者标注不同单位的情况，在此，我们是按作者署名的第一单位，即按 A、B 标注时的 A，1、2 标注时的 1 来定。为了尽可能全面统计出各大学、研究院（所）、医院和企业的论文产出量，我们尽量将各类实验室归到所属的机构（大学、研究所、医院和企业）进行统计。对于以中国科学院所属各开放实验室名义发表的论文，都已归属到分管实验室的研究所。作者发表论文时的署名问题不仅能给作者带来名和利，更多的是还要承担一定的社会和学术责任。目前，国际国内还无个人贡献的量化标准，而且不同的学科之间存在署名惯例的差异等情况，我们仍坚持对科技论文的统计原则，即一篇论文仅统计一次，其归属到第一作者第一单位。在 SCI 论文的第一作者第一单位的认定中，我们根据各单位提供的论文原件进行核对，对未提供论文原件的核对工作，是通过繁重的文献检索完成的。

经教育部正式批准合并的高等院校，我们也随之将原各校的论文进行了合并。由于部分高等院校改变所属关系，进行了多次更名和合并，使高等院校论文数的统计和排名可能会有微小差异，敬请谅解。

1.4 论文和期刊的学科确定

论文统计学科的确定依据是国家技术监督局颁布的《学科分类与代码》，在具体进行分类时，一般是依据刊载论文的期刊的学科类别和每篇论文的具体内容。由于学科交叉和细分，论文的学科分类问题十分复杂，现暂仅分类至一级学科，共划分了 39 个学科类别，且是按主分类划分。一篇文献只做一次分类。在对 SCI 文献进行分类时，我们主要依据 SCI 划分的 176 个主题学科进行归并，综合类学术期刊中的论文分类将参考内容进行。Ei 的学科分类参考了 Ei 本身的分类代码。

通过文献计量指标对期刊进行评估时，很重要的一点是要分学科进行。目前，我们对期刊学科的划分大部分仅分到一级学科，主要是依据各期刊编辑部在申请办刊时选定的学科；但有部分期刊，由于刊载的文献内容与刊名及办刊宗旨存在不符的情况，使期刊的分类不够准确，故在数据加工过程中做了一定的修改。而对一些期刊数量（种类）较多的学科，如医药、地学类，我们对期刊又做了二级学科细分。

1.5 关于中国期刊的评估

科技期刊是反映科学技术产出水平的窗口之一，期刊的状况可以反映出一个国家科技水平的高低。从论文统计工作开始之初，我们就对中国科技期刊的编辑状况和质量水平十分关注。1990 年，我们首次对 1227 种中国科技论文统计源期刊的 7 项指标做了编辑状况统计分析，统计结果为我们调整统计源期刊提供了编辑规范程度的依据。1994 年，我们开始了国内期刊论文的引文统计分析工作，为期刊的学术水平评价建立了引文数据库。1997 年，开始编辑出版《中国科技期刊引证报告》，对期刊的评价设立了多项指标。为使各期刊编辑部能更多地获取科学指标信息，在基本保持了上一年所设立的评价指标的基础上，常用指标的数量保持不减，并根据要求和变化增加一些指标。主要指标的定义如下：

（1）总被引用次数

指评价期刊历年发表的论文在评价当年被其他期刊和期刊本身引用的总次数，以表明该期刊在科学交流中被使用的程度和影响。

（2）影响因子

指期刊近两年文献的平均被引用率，即被评价期刊前两年发表的论文在评价当年每篇论文被引用的平均次数。影响因子越大，相对来说影响也越大，学术水平也越高。影响因子按评估涉及的时间跨度分为2年和5年影响因子。当前，国际上较多使用2年影响因子来评估期刊。

（3）扩散因子

评估期刊真实影响力的学术指标，显示总被引频次所涵盖的期刊范围。

（4）平均引文数

指期刊中每一篇论文平均引用的参考文献数，是衡量论文吸收外部科学信息能力的指标。

（5）即年指标

是表征期刊即时反应速率的指标，即该期刊在评价当年发表的论文被引用的平均次数。

（6）期刊被引用半衰期

是衡量期刊老化速度快慢的一种指标，即指某一期刊论文在某年被引用的全部次数中，较新的一半论文发表的时间跨度。一般来说，被引半衰期表明期刊的经典性程度，半衰期长的期刊比半衰期短的期刊影响更深远一些。

（7）期刊载文量的地区分布数

是衡量期刊论文地区覆盖率的评价指标，我们按全国31个省（市）计。

（8）期刊刊载的基金论文比

是表明期刊所载论文学术水平和质量的一个重要指标，期刊刊载的基金资助论文比例高，表明该刊学术论文具有较高的创新性。

（9）他引率

指该期刊全部被引次数中被其他期刊引用次数所占的比例，这个指标是《中国科技期刊引证报告》最早提出来的，通常用于表征期刊科技交流中的范围和程度。

（10）海外作者论文比

期刊论文中，海外作者来稿数与总论文数之比，是显示期刊国际化程度的指标之一。

（11）平均作者数

来源期刊中平均每篇论文所附的作者数，是衡量期刊科学生产能力的指标。

(12) 学科扩散指标

指在统计源期刊范围内，引用该刊的期刊数量与其所在学科全部期刊数量之比。

(13) 学科影响指标

指期刊所在学科内，引用该刊的期刊数量占全部期刊数量的比例。

(14) 文献选出率

按统计源期刊选取论文的原则选出的论文数与期刊发表的全部文献数之比。

随着期刊的变化和发展，以及管理部门对期刊评价需求的变化，我们可能增加和调整评价的指标。期刊的影响是我们十分关注的事情，2009 年增加公布了期刊的“权威因子”，它是利用 PageRank 算法计算出来的来源期刊在统计当年的 PageRank 值。它考虑了不同引用之间的重要性差异，因此更能较合理地反映期刊的权威性。

在《中国科技期刊引证报告》中，我们将统计源期刊分学科按影响因子大小和被引频次及综合评分做了排列，供大家参考。期刊的引证情况每年会有变化，为了动态地表达各期刊的引证情况，《中国科技期刊引证报告》每年公布，公布的目的在于更好地促进我国期刊的发展。在此需要强调的是，期刊计量指标只是评价期刊的一个重要方面，对期刊的评估应是一个综合的工程。因此，在使用各计量指标时应慎重对待。

1.6 关于科技论文的评估

随着我国科技投入的加大，我国论文数越来越多，但学术水平参差不齐。为了促进我国高影响高质量科技论文的发表，进一步提高我国的国际科技影响力，我们需要做一些评估，以引领优秀论文的出现，故中国科学技术信息研究所从 2009 年起对我国表现不俗的论文做出统计。表现不俗的论文，即统计当年的被引次数大于所属学科同年的世界平均被引次数的论文。

基于研究水平和写作能力的差异，科技论文的质量水平也是不同的。根据多年来对科技论文的统计与分析，中国科学技术信息研究所提出一些评估论文质量的文献计量指标，供读者参考和讨论。这里所说的“评估”是“外部评估”，即文献计量人员或科技管理人员对论文的外在指标的评估，不同于同行专家对论文学术水平的评估。

这里提出的仅是对期刊论文的评估指标，随着统计工作的深入和指标的完善，所用指标会有所调整。

(1) 论文的类型

作为信息交流的文献类型是多种多样的，但不同类型的文献，其反映内容的全面性、文献著录的详尽情况是不同的。一般来说，各类文献检索系统依据自身的情况和检索系统的作用，收录的文献类型也是不同的。目前，我们将文献类型是 Article 和 Review 的作为论文统计。

(2) 论文发表的期刊的影响

在评定期刊的指标中，较能反映期刊影响或者说学术质量的指标是期刊的总被引次数和影响因子。我们通常说的影响因子是指期刊的影响情况，是表示期刊中所有文献被引次数的平均值，即篇均被引次数，并不是指哪一篇文献的被引用数值。影响因子的大小受多个因素的制约，关键是刊发的文献的水平和质量。一般来说，在高影响因子期刊上能发表的文献都应具备一定的水平，发表的难度也较大。影响因子的相关因素较多，一定要慎用，而且要分学科使用。

（3）文献发表的期刊的国际显示度

是指期刊被国际检索系统收录的情况，以及主编和编辑部的国际影响。

（4）论文的基金资助情况（评估论文的创新性）

一般来说，科研基金申请时条件之一是项目的创新性，或成果具有明显的应用价值，特别是一些经过跨国合作、受多项资助产生的研究成果的科技论文更具重要意义。该指标可以间接评估论文的创新性。

（5）论文合著情况

合作（国际、国内合作）研究是增强研究力量、互补优势的方式，特别是一些重大研究项目，单靠一个单位，甚至一个国家的科技力量都难以完成。因此，合作研究也是一种趋势，这种合作研究的成果产生的论文显然是重要的，特别是以中国为主的国际合作产生的成果。

（6）论文的即年被引用情况

论文被他人引用数量的多少是表明论文影响力的重要指标。论文发表后什么时候能被引用，被引次数多少等因素与论文所属的学科密切相关。论文发表后能较短时间内获得被引用，反映这类论文的研究项目往往是热点，是科学界本领域非常关注的问题，这类论文是值得重视的。

（7）论文的合作者数

论文的合作者数可以反映项目的研究力量和强度。一般来说，研究作者多的项目研究强度高，产生的论文影响大，可按研究合作者数大于、等于和低于该学科平均作者数统计分析。

（8）论文的参考文献数

论文的参考文献数是该论文吸收外部信息能力的重要依据，也是显示论文质量的指标。国际 SCI 经过同行评议（Peer Review）的论文平均参考文献量在 30 篇以上，评述的平均参考文献已超过 70 篇。中国科技论文统计源期刊选取的期刊论文平均参考文献量也已超过 15 篇。

（9）论文的下载率和获奖情况

可作为评价论文的实际应用价值及社会与经济效益的指标。

（10）发表于世界著名期刊的论文

世界著名期刊往往具有较大的影响力，世界上较多的原创论文都首发于这些期刊上，这类期刊上发表的文献其被引用率也较高。尽管在此类期刊中发表文献的难度也大，但世界各国的学者们还是很倾向于在此类刊物中发表文献以显示其成就，以期和世界同行们进行交流。

（11）作者的贡献

在论文的署名中，作者的排名（署名位置）在一般情况下可作为作者对本篇论文贡献大小的评估指标。通讯作者的贡献可与第一作者等同。

根据以上的指标，课题组在咨询部分专家的基础上，选择了论文发表期刊的学术影响位置、论文的原创性、世界著名期刊中发表的论文情况、论文即年被引情况、论文的参考文献数及论文的国际合作情况等指标，对 SCI 收录的论文做了综合评定，选出了百篇国际高影响力的优秀论文。对 CSTPCD 中高被引的论文进行了评定，也选出了百篇国内高影响力的优秀论文。

2 中国国际科技论文数量总体情况分析

2.1 引言

科技论文作为科技活动产出的一种重要形式，从一个侧面反映了一个国家基础研究和应用研究等方面的情况，在一定程度上反映了一个国家的科技水平和国际竞争力水平。本章利用 SCI、Ei 和 CPCI-S 三大国际检索系统数据，结合 ESI（Essential Science Indicators，基本科学指标数据库）和 InCites 数据库的数据，对中国论文数和被引用情况进行统计，分析中国科技论文在世界所占的份额及位置，对中国科技论文的发展状况做出评估。

2.2 数据与方法

SCI、CPCI-S、ESI 和 InCites 的数据取自美国汤森路透科技集团的 Web of Knowledge 平台，Ei 数据取自 Engineering Village 平台。

2.3 研究分析与结论

2.3.1 SCI 收录中国科技论文数情况

2014 年，SCI 收录的世界科技论文总数为 176.63 万篇，比 2013 年增长了 2.5%。如图 2-1 和表 2-1 所示，2014 年收录中国科技论文为 26.35 万篇，连续第 6 年排在世界第 2 位，占世界论文总数份额的 14.9%，所占份额提升了 1.4 个百分点。排在世界前 5 位的有美国、中国、德国、英国和日本。排在第 1 位的美国，其论文数量为 48.66 万篇，是我国的 1.8 倍，占世界份额的 27.5%。

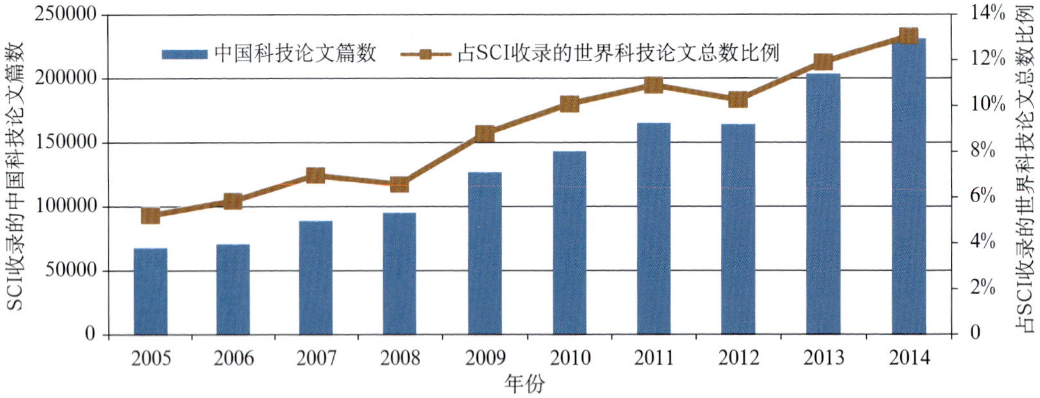

图 2-1 SCI 收录中国科技论文占世界科技论文总数比例的变化趋势

表 2-1 SCI 收录中国科技论文数量世界排位的变化

年份	2005	2006	2007	2008	2009	2010	2011	2012	2013	2014
世界排位	5	5	5	4	2	2	2	2	2	2

SCI 收录的第一作者单位为中国的科技论文 23.51 万篇，比 2013 年增长 22.0%，占世界总数的 13.3%。如按此论文数排名，中国也排在世界第 2 位，仅次于美国。

2.3.2 Ei 收录中国科技论文数情况

2014 年，Ei 收录的世界科技论文总数为 54.70 万篇，比 2013 年下降 3.4%。如图 2-2，2014 年 Ei 收录中国科技论文数为 17.29 万篇，比 2013 年增长 5.8%，占世界论文总数份额的 31.6%，所占份额增加 2.7 个百分点，排在世界第 1 位。排在世界前 5 位的国家是中国、美国、德国、印度和日本。

Ei 收录的第一作者单位为中国的科技论文 17.15 万篇，比 2013 年增长了 11.6%，占世界论文总数的份额为 31.4%，较 2013 年度增长了 4.3 个百分点。

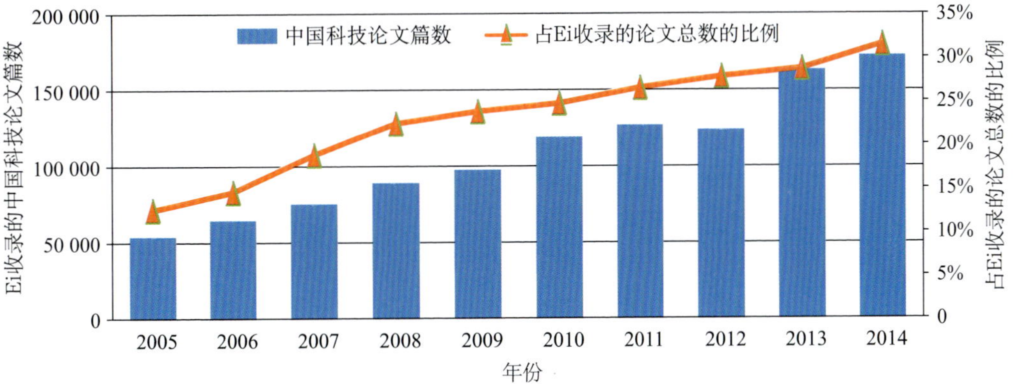

图 2-2 Ei 收录中国科技论文总数及占世界科技论文总数比例的变化趋势

2.3.3 CPCI-S 收录中国科技会议论文数情况

2014 年，CPCI-S 收录的世界重要会议论文总数为 36.91 万篇，比 2013 年降低了 7.6%。如图 2-3 所示，2014 年，CPCI-S 共收录中国作者科技会议论文 5.66 万篇，比 2013 年降低了 17.3%，占世界论文总数的 15.3%，排在世界第 2 位。排在世界前 5 位的分别是美国、中国、德国、英国和日本。CPCI-S 收录的美国科技会议论文 10.50 万篇，占世界科技会议论文总数的 28.4%。

CPCI-S 收录的第一作者单位为中国的科技会议论文共计 4.67 万篇。

2014 年，中国科技人员共参加了在 72 个国家（地区）召开的 1383 个国际会议。

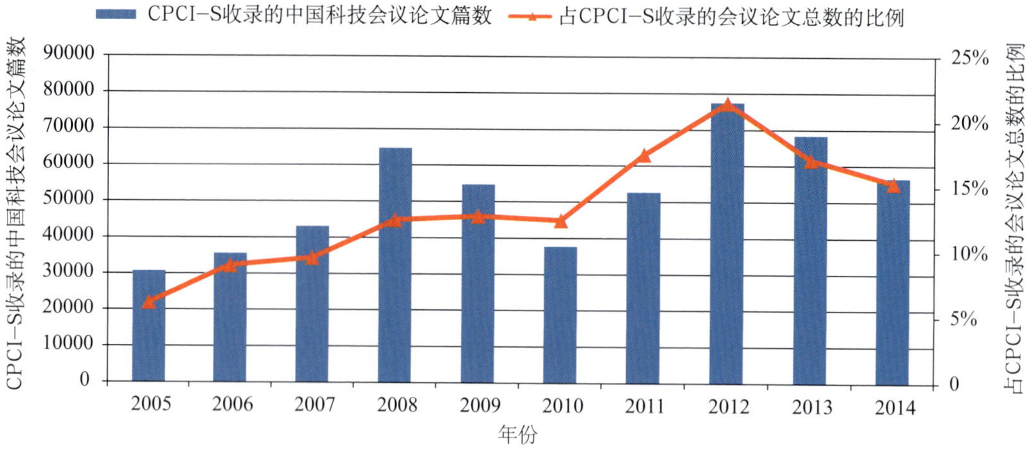

图 2-3 CPCI–S 收录中国国际科技会议论文数占世界论文总数比例的变化趋势

2014年，中国科技人员发表国际会议论文数最多的10个学科分别为：电子、通信与自动控制，材料科学，计算技术，机械工程，能源科学技术，土木建筑，物理，临床医学，环境科学和化学。

2.3.4 SCI、Ei 和 CPCI–S 收录中国科技论文数情况

2014年，SCI、Ei和CPCI–S三系统共收录中国科技人员发表的科技论文494078篇，比2013年增加了29819篇，增长6.4%。中国科技论文数占世界科技论文总数的份额为18.4%，比2013年的17.3%增加了1.1个百分点。从表2–2看，近几年，中国科技论文数占世界科技论文数比例一直保持上升态势。

表 2–2 2005—2014 年三系统收录中国科技论文数及其世界排名

年份	论文篇数	比上年增加篇数	增长率	占世界比例	世界排名
2005	153374	42018	37.7%	6.9%	4
2006	171878	18504	12.1%	8.4%	2
2007	207865	35987	20.9%	9.8%	2
2008	270878	63013	30.3%	11.5%	2
2009	280158	9280	3.4%	12.3%	2
2010	300923	20765	7.4%	13.7%	2
2011	345995	45072	15%	15.1%	2
2012	394661	48666	14.1%	16.5%	2
2013	464259	69598	15.0%	17.3%	2
2014	494078	29819	6.4%	18.4%	2

从表 2-3 看，近 5 年，中国科技论文数排名一直稳定在世界第 2 位，排在美国之后。排名居前 6 位的国家为美国、中国、英国、德国、日本和法国。2010—2014 年，中国科技论文的年均增长率达 13.20%。与其他几个国家相比，中国论文年均增长率是最大的，日本论文年均增长率最小，只有 0.33%。

表 2-3 2010—2014 年三系统收录的部分国家科技论文数增长情况

国家	2010 年		2011 年		2012 年		2013 年		2014 年		年均增长率	2014 年占世界总数比例
	排名	论文篇数	排名	论文篇数	排名	论文篇数	排名	论文篇数	排名	论文篇数		
美国	1	568808	1	593630	1	601552	1	687621	1	686882	4.83 %	25.61%
中国	2	300923	2	345995	2	394661	2	464259	2	494078	13.20 %	18.42%
英国	3	159958	3	159902	3	165930	3	182090	3	189163	4.28 %	7.05%
德国	4	155247	4	156002	4	159946	4	172178	4	174344	2.94 %	6.50%
日本	5	141276	5	136204	5	139324	5	150195	5	143160	0.33 %	5.34%
法国	6	110866	6	110544	6	111489	6	122899	6	122193	2.46 %	4.56%

2.3.5 中国科技论文数被引用情况

2005—2015 年（截至 2015 年 9 月）中国科技人员共发表国际论文 158.11 万篇，继续排在世界第 2 位，数量比 2014 年统计时增长了 15.4%；论文共被引用 1287.60 万次，增长了 24.2%，排在世界第 4 位，排名保持不变。中国国际科技论文被引用次数增长的速度显著超过其他国家。2015 年，中国平均每篇论文被引用 8.14 次，比 2014 年度统计时的 7.57 次提高了 7.5%。世界平均值为 11.29 次 / 篇，中国平均每篇论文被引用次数虽与世界平均值还有一定的差距，但提升速度相对较快（如表 2-4 所示）。

表 2-4 我国各十年段科技论文被引次数世界排名变化

时间段	1994—2004 年	1995—2005 年	1996—2006 年	1997—2007 年	1998—2008 年	1999—2009 年	2000—2010 年	2001—2011 年	2002—2012 年	2003—2013 年	2004—2014 年	2005—2015 年
世界排名	18	14	13	13	10	9	8	7	6	5	4	4

注：根据 ESI 数据库统计。

如表 2-5 所示，2005—2015 年，发表科技论文累计超过 20 万篇以上的国家（地区）共有 20 个，按平均每篇论文被引次数排名，中国排在第 15 位，与 2014 年度统计相同。每篇论文被引次数大于平均值（11.29 次）的国家有 12 个。瑞士、荷兰、美国、英国、瑞典和德国的论文篇均被引用次数超过 15 次。

表 2-5 2005—2015 年发表科技论文数 20 万篇以上的国家（地区）论文数及被引情况

国家（地区）	论文数		被引用情况		篇均被引用情况	
	篇数	排名	次数	排名	次数	排名
美国	3578497	1	60417220	1	16.88	3
德国	935193	3	14174102	2	15.16	6
英国	841664	4	14042524	3	16.68	4
中国	1581126	2	12875990	4	8.14	15
法国	660820	6	9474241	5	14.34	8
日本	806493	5	9188750	6	11.39	12
加拿大	572025	7	8558172	7	14.96	7
意大利	549117	8	7482787	8	13.63	9
荷兰	326675	13	5825208	9	17.83	2
澳大利亚	431477	11	5821169	10	13.49	10
西班牙	468337	9	5790699	11	12.36	11
瑞士	235719	17	4494425	12	19.07	1
韩国	423054	12	3672993	13	8.68	14
瑞典	216941	19	3510650	14	16.18	5
印度	439381	10	3225074	15	7.34	17
巴西	325024	14	2351918	16	7.24	18
中国台湾	246125	16	2188260	17	8.89	13
俄罗斯	289607	15	1633210	18	5.64	20
波兰	206740	20	1588886	19	7.69	16
土耳其	223373	18	1416158	20	6.34	19

注：根据 ESI 数据库统计。

2.3.6 中国 Top 论文情况

根据 InCite 数据统计，中国 Top 论文居世界第 3 位，为 15961 篇（如表 2-6 所示）。其中美国以 64697 篇遥遥领先，英国以 17419 篇略微领先中国居第 2 位。分列第 4 ～第 10 位的国家有：德国、法国、加拿大、澳大利亚、意大利、荷兰和西班牙。

表 2-6 世界 Top 论文居前 10 位的国家

排名	国家	Top 论文篇数	排名	国家	Top 论文篇数
1	美国	64697	6	加拿大	9989
2	英国	17419	7	澳大利亚	7911
3	中国	15961	8	意大利	7784
4	德国	15362	9	荷兰	7610
5	法国	10189	10	西班牙	6445

2.3.7 中国高被引论文情况

根据 InCite 数据统计，中国高被引论文也居世界第 3 位，为 15863 篇（如表 2-7 所示）。美国以 64464 篇遥遥领先，英国以 17349 篇略微领先中国居第 2 位。分列第 4 ～第 10 位的国家有：德国、法国、加拿大、澳大利亚、意大利、荷兰和西班牙。高被引论文与 Top 论文前 10 位的国家一样。

表 2-7 世界高被引论文居前 10 位的国家

排名	国家	高被引论文篇数	排名	国家	高被引论文篇数
1	美国	64464	6	加拿大	9951
2	英国	17349	7	澳大利亚	7863
3	中国	15863	8	意大利	7740
4	德国	15291	9	荷兰	7571
5	法国	10144	10	西班牙	6409

2.3.8 中国热点论文情况

根据 InCite 数据统计，中国热点论文居世界第 2 位，为 574 篇（如表 2-8 所示）。美国以 1420 篇遥遥领先居第 1 位。分列第 3 ～第 10 位的国家有：英国、德国、法国、澳大利亚、加拿大、意大利、荷兰和西班牙。

表 2-8 世界热点论文居前 10 位的国家

排名	国家	热点论文篇数	排名	国家	热点论文篇数
1	美国	1420	6	澳大利亚	291
2	中国	574	7	加拿大	272
3	英国	497	8	意大利	258
4	德国	430	9	荷兰	233
5	法国	309	10	西班牙	228

2.4 讨论

2014 年，SCI 收录中国科技论文 26.35 万篇，连续第 6 年排在世界第 2 位，占世界论文总数的 14.9%，所占份额提升了 1.4 个百分点。Ei 收录中国科技论文 17.29 万篇，比 2013 年增长 5.8%，占世界论文总数的 31.6%，所占份额增加 2.7 个百分点，排在世界第 1 位。CPCI-S 收录中国科技会议论文 5.66 万篇，比 2013 年降低了 17.3%，占世界科技会议论文总数的 15.3%，排在世界第 2 位。但总的来说，发表国际科技论文数量和占比都是增加的，发表论文数量比 2013 年增长了 6.4%，占世界论文总数的份额增加了 1.1 个百分点。

2005—2015 年（截至 2015 年 9 月）中国科技人员发表的国际论文共被引用 1287.60 万次，被引次数增加了 24.2%，排在世界第 4 位，排名保持不变。中国国际科技论文被引用次数增长的速度显著超过其他国家。2015 年，中国平均每篇论文被引用 8.14 次，比 2014 年度统计时的 7.57 次提高了 7.5%。世界平均值为 11.29 次 / 篇，中国平均每篇论文被引用次数虽与世界平均值还有一定的差距，但提升速度相对较快。中国热点论文位居世界第二，高被引论文和 Top 论文都位居第三，但与位居第一的美国之间的差距还比较大。

3 中国科技论文学科分布情况分析

3.1 引言

美国著名高等教育专家伯顿·克拉克认为，主宰学者工作生活的力量是学科而不是所在院校，学术系统中的核心成员单位是以学科为中心的。学科指一定科学领域或一门科学的分支，如自然科学中的化学、物理学；社会科学中的法学、社会学等。学科是人类科学文化成熟的知识体系和物质体现，学科发展水平既决定着一所研究机构人才培养质量和科学研究水平，也是一个地区乃至一个国家知识创新力和综合竞争力的重要表现。学科的发展和变化无时不在进行，新的学科分支和领域也在不断涌现，这给许多学术机构的学科建设带来了一些问题，比如重点发展的学科及学科内的发展方向。因此，详细分析了解学科的发展状况将有助于解决这些问题。

本章运用科学计量学方法，通过对各学科被国际重要检索系统 SCI、Ei、CPCI-S 和 CSTPCD 收录，以及对 SCI 和 CSTPCD 的被引情况的分析，研究了中国各学科发展的状况、特点和趋势。

3.2 数据与方法

3.2.1 数据来源

（1）CSTPCD

《中国科技论文与引文数据库》（CSTPCD）是中国科学技术信息研究所在 1987 年建立的，收录中国各学科重要科技期刊，其收录期刊称为“中国科技论文统计源期刊”，即中国科技核心期刊。

（2）SCI

SCI 即《科学引文索引数据库》（Science Citation Index Expanded），由汤森路透公司（Thomson Reuters）开发。

（3）Ei

Ei 即《工程索引》（The Engineering Index）创刊于 1884 年，是美国工程信息公司（Engineering Information Inc.）出版的著名工程技术类综合性检索工具。

（4）CPCI-S

CPCI-S（Conference Proceedings Citation Index-Science），原名 ISTP。《科技会议录索引》（Index to Scientific & Technical Proceedings，简称 ISTP）创刊于 1978 年，由美国科学情报研究所（现为汤森路透集团）编辑出版。该索引收录生命科学、物理与化

学科学、农业、生物与环境科学、工程技术与应用科学等学科的会议文献，包括一般性会议、座谈会、研究会、讨论会和发表会等。

3.2.2 学科分类

学科分类采用《中华人民共和国学科分类与代码国家标准》（简称《学科分类与代码》，标准号是“GB/T 13745—1992”）。《学科分类与代码》共设五个门类、58个一级学科、573个二级学科和近6000个三级学科。我们根据《学科分类与代码》并结合实际工作制定本书的学科分类体系，如表3-1所示。

表3-1 中国科学技术信息研究所学科分类体系

学科名称	分类代码	学科名称	分类代码
数学	O1A	工程与技术基础学科	T3
信息、系统科学	O1B	矿业	TD
力学	O1C	能源科学技术	TE
物理	O4	冶金、金属	TF
化学	O6	机械工程	TH
天文	PA	动力与电气	TK
地学	PB	核科学技术	TL
生物	Q	电子、通信与自动控制	TN
预防、卫生	RA	计算技术	TP
基础医学	RB	化工	TQ
药物学	RC	轻工纺织	TS
临床医学	RD	食品	TT
中医学	RE	土木建筑	TU
军事医学与特种医学	RF	水利	TV
农学	SA	交通运输	U
林学	SB	航空航天	V
畜牧兽医	SC	安全科学技术	W
水产	SD	环境科学	X
测绘技术	T1	管理学	ZA
材料科学	T2	其他	ZB

3.3 研究分析与结论

3.3.1 2014年中国各学科收录论文的分布情况

我们对不同数据库收录的中国论文按照学科分类进行分析，主要分析各数据库中排名居前10位的学科。

（1）SCI

2014 年，SCI 收录中国论文居前 10 位的学科分别是：化学，临床医学，物理，生物，材料科学，基础医学，电子、通信与自动控制，数学，地学和计算技术。其中，前 6 个学科发表的论文都超过 10000 篇（如表 3-2 所示）。

表 3-2 2014 年 SCI 收录中国论文居前 10 位的学科

排名	学科	论文篇数	排名	学科	论文篇数
1	化学	41378	6	基础医学	11589
2	临床医学	31014	7	电子、通信与自动控制	9781
3	物理	26520	8	数学	9410
4	生物	24885	9	地学	8095
5	材料科学	17879	10	计算技术	7490

（2）Ei

2014 年，Ei 收录中国论文居前 10 位的学科分别是：土木建筑，材料科学，电子、通信与自动控制，生物，物理，动力与电气，计算技术，地学，化学和能源科学技术。其中，前 6 个学科发表的论文都超过 10000 篇（如表 3-3 所示）。

表 3-3 2014 年 Ei 收录中国论文居前 10 位的学科

排名	学科	论文篇数	排名	学科	论文篇数
1	土木建筑	28761	6	动力与电气	10164
2	材料科学	16806	7	计算技术	9915
3	电子、通信与自动控制	16196	8	地学	7945
4	生物	13565	9	化学	7637
5	物理	12041	10	能源科学技术	7224

（3）CPCI-S

2014 年，CPCI-S 收录中国论文居前 10 位的学科分别是：地学，材料科学，计算技术，电子、通信与自动控制，土木建筑，化工，物理，临床医学，化学和基础医学。其中，前 3 个学科发表的论文均超过 5000 篇（如表 3-4 所示）。

表 3-4 2014 年 CPCI-S 收录中国论文居前 10 位的学科

排名	学科	论文篇数	排名	学科	论文篇数
1	地学	8622	6	化工	2664
2	材料科学	7893	7	物理	2382
3	计算技术	7189	8	临床医学	2021
4	电子、通信与自动控制	2967	9	化学	1084
5	土木建筑	2929	10	基础医学	1014

（4）CSTPCD

2014年，CSTPCD收录中国论文居前10位的学科分别是：临床医学，计算技术，电子、通信与自动控制，农学，中医学，基础医学，预防、卫生，生物，地学和环境科学。其中，临床医学发表的论文超过12万篇；前10个学科发表的论文都超过10000篇（如表3-5所示），尤其是临床医学，超过了12万篇，远远领先于其他学科。

表3-5 2014年CSTPCD收录中国论文居前10位的学科

排名	学科	论文篇数	排名	学科	论文篇数
1	临床医学	127263	6	基础医学	18414
2	计算技术	31836	7	预防、卫生	17039
3	电子、通信与自动控制	25666	8	生物	14364
4	农学	20392	9	地学	13975
5	中医学	20300	10	环境科学	13670

3.3.2 各学科产出论文数量及影响与世界平均水平比较分析

分析各学科论文数量和被引用次数及其占世界的比例，中国有12个学科产出的论文超过世界该学科论文的10%，分别是材料科学、化学、数学、物理、工程技术、计算机科学、地学、药学与毒物学、环境与生态学、生物与生物化学、分子生物学与遗传学和综合类。有19个学科论文被引次数进入世界前10位，比2013年度统计时又增加了3个学科，其中农业科学、化学、计算机科学、工程技术、材料科学、数学和药学与毒物学7个领域论文的被引次数排名居世界第2位，环境与生态学和物理排在世界第3位，生物与生物化学和地学排名居世界第5位。与2013年度统计相比，有10个学科领域的论文被引次数排名有所上升，其中药学与毒物学跃升3位，另有5个学科领域上升了2位（如表3-6所示）。

表3-6 2005—2015年中国各学科产出论文与世界平均水平比较

学科	论文篇数	占世界比例	被引次数	占世界比例	世界排名	排名变化趋势	篇均被引次数	相对影响
农业科学	33325	9.40%	238771	8.70%	2	↑1	7.16	0.92
生物与生物化学	68843	10.49%	663683	6.29%	5	↑2	9.64	0.60
化学	320882	21.97%	3304389	17.97%	2	—	10.3	0.82
临床医学	153356	6.51%	1200154	4.11%	10	—	7.83	0.63
计算机科学	51864	15.80%	209632	11.82%	2	—	4.04	0.75
经济贸易	11041	4.85%	67488	4.14%	7	—	6.11	0.85
工程技术	175047	17.29%	997467	16.49%	2	—	5.7	0.95
环境与生态学	43220	11.71%	397612	8.85%	3	↑2	9.2	0.76
地学	52117	13.86%	451731	11.00%	5	—	8.67	0.79

续表

学科	论文篇数	占世界比例	被引次数	占世界比例	世界排名	排名变化趋势	篇均被引次数	相对影响
免疫学	14391	6.33%	148633	3.46%	12	—	10.33	0.55
材料科学	168992	26.40%	1391515	22.64%	2	—	8.23	0.86
数学	67889	18.32%	253803	17.46%	2	—	3.74	0.95
微生物学	17083	9.60%	141234	5.35%	6	↑ 1	8.27	0.56
分子生物学与遗传学	40144	10.30%	465587	4.91%	8	↑ 1	11.6	0.48
综合类	3105	11.07%	58364	6.36%	6	↑ 2	18.8	0.57
神经科学与行为学	27580	6.00%	252332	3.16%	10	↑ 2	9.15	0.53
药学与毒物学	39705	11.77%	332259	8.04%	2	↑ 3	8.37	0.68
物理	202904	18.27%	1642553	14.17%	3	—	8.1	0.78
植物学与动物学	51346	7.91%	372270	6.68%	6	↑ 2	7.25	0.84
精神病学与心理学	8031	3.37%	63200	1.59%	14	↑ 1	7.87	0.67
空间科学	10450	7.74%	110696	4.90%	13	—	10.59	0.63
社会科学	19811	3.65%	112617	3.45%	9	—	5.68	0.93

注：1. 统计时间截至 2015 年 9 月。

2. "↑ 2" 的含义是：与上年度统计相比，排名上升了 2 位；"—" 表示排名未变。

3. 相对影响：中国篇均被引次数与该学科世界平均值的比值。

3.3.3 学科的质量与影响力分析

（1）引文分析

科研活动具有继承性和协作性，几乎所有科研成果都是以已有成果为前提的。学术论文、专著等科学文献是传递新学术思想、成果的最主要的物质载体，它们之间并不是孤立的，而是相互联系的，突出表现在相互引用的关系，这种关系体现了科学工作者们对以往的科学理论、方法、经验及成果的借鉴和认可。论文之间的相互引证，能够反映学术研究之间的交流与联系。通过论文之间的引证与被引证关系，我们可以了解某个理论与方法是如何得到借鉴和利用的，某些技术与手段是如何得到应用和发展的。从横向的对应性上，我们可以看到不同的实验或方法之间是如何互相参照和借鉴的；我们也可以将不同的结果放在一起进行比较，看他们之间的应用关系。从纵向的继承性上，我们可以看到一个课题的基础和起源是什么，我们也可以看到一个课题的最新进展情况是怎样的。关于反面的引用，它反映的是某个学科领域的学术争鸣。论文间的引用关系能够有效地阐明学科结构和学科发展过程，确定学科领域之间的关系，测度学科影响。

表 3-7 显示的是 2005—2014 年 SCIE 收录的中国科技论文累计被引次数排名居前 10 位的学科分布情况，由表可见，国际被引论文篇数居前 10 位的学科主要分布在基础学科、医学领域和工程技术领域。被引次数居前 10 位的学科是：化学，生物，物理，材料科学，临床医学，基础医学，环境科学，地学，数学和电子、通信与自动控制。其

中，化学被引次数超过了 360 万次，以较大优势领先其他学科。

表 3-7 2005—2014 年 SCIE 收录的中国科技论文累计被引次数居前 10 位的学科分布

排名	学科	被引次数	排名	学科	被引次数
1	化学	3642695	6	基础医学	571862
2	生物	1424008	7	环境科学	423472
3	物理	1184927	8	地学	377425
4	材料科学	899281	9	数学	285108
5	临床医学	775539	10	电子、通信与自动控制	284119

在 CSTPCD 被引次数居前 10 位的学科中，临床医学以 46 万多次遥遥领先于其他学科，农学，地学，电子、通信与自动控制，中医学，计算技术，预防、卫生，生物，环境科学和基础医学分列第 2 ～第 10 位（如表 3-8 所示）。

表 3-8 2014 年 CSTPCD 国内论文被引用次数居前 10 位的学科

排名	学科	被引次数	排名	学科	被引次数
1	临床医学	461748	6	计算技术	80666
2	农学	128305	7	预防、卫生	65120
3	地学	103534	8	生物	63825
4	电子、通信与自动控制	93186	9	环境科学	61963
5	中医学	81166	10	基础医学	58516

（2）表现不俗论文的分布

若在每个学科领域内，按统计年度的论文被引次数世界均值画一条线，则高于均线的论文为“表现不俗”的论文，即论文发表后的影响超过其所在学科的一般水平。2009 年我们第一次公布了通过这一指标进行的统计结果，受到国内外学术界的普遍关注。

表现不俗论文中，化学，临床医学，生物，材料科学，物理，基础医学，地学，电子、通信与自动控制，药物学和计算技术 10 个学科的数量最多（如表 3-9 所示）。而按各学科产出的表现不俗论文占其全部论文的比例排名，达到 30% 以上的学科有 26 个，比 2013 年增加了 5 个。其中，化工、天文、能源科学技术、食品、动力与电气 5 个学科表现不俗论文达到 50% 以上。

表 3-9 2014 年表现不俗论文产出居前 10 位的学科

排名	学科	表现不俗的论文篇数	占本学科论文的比例
1	化学	16785	40.6%
2	临床医学	12260	38.4 %
3	生物	11698	47.0 %

续表

排名	学科	表现不俗的论文篇数	占本学科论文的比例
4	材料科学	8890	49.7 %
5	物理	5920	22.3 %
6	基础医学	4673	40.3 %
7	地学	3542	43.8%
8	电子、通信与自动控制	3303	33.8 %
9	药物学	2770	46.6 %
10	计算技术	2612	34.9

3.4 讨论

中国近 10 年来的学科发展相当迅速，不仅论文的数量有明显的增加，而且被引次数也有所增长。但是数据显示，中国的学科发展呈现一种不均衡的态势，有些学科的论文篇均被引次数的水平已经接近世界平均水平，但仍有一些学科的该指标值与世界平均水平差别较大。

中国有 12 个学科产出论文的比例超过世界该学科论文的 10%，分别是材料科学、化学、数学、物理、工程技术、计算机科学、地学、药学与毒物学、环境与生态学、生物与生物化学、分子生物学与遗传学和综合类。被引次数进入世界前 10 位的学科数量逐年增加，有 19 个学科论文被引次数进入世界前 10 位，其中农业科学、化学、计算机科学、工程技术、材料科学、数学和药学与毒物学 7 个领域论文的被引次数排名居世界第 2 位，环境与生态学和物理排在世界第 3 位，生物与生物化学和地学排名居世界第 5 位。

从论文的被引情况及表现不俗的论文分布来看，中国学科发展不均衡，其中化学、生物、物理、材料科学和临床医学等学科表现较好。

目前我们正在建设创新型国家，应该在加强相对优势学科领域同时，资源重点向农学、卫生医药、高新技术等领域倾斜。

4 中国科技论文地区分布情况分析

本章运用文献计量学方法对中国2014年的国际和国内科技论文的地区分布进行了分析，并结合国家统计局科技经费数据和国家知识产权局专利统计数据对各地区科研经费投入及产出进行了分析。通过研究分析了中国科技论文的高产地区、快速发展地区和高影响力地区，同时分析了各地区在国际权威期刊上发表论文的情况，从不同角度反映了中国科技论文在2014年度的地区特征。

4.1 引言

科技论文作为科技活动产出的一种重要形式，能够反映基础研究、应用研究等方面的情况。对全国各地区的科技论文产出分布进行统计与分析，可以从一个侧面反映出该地区的科技实力和科技发展潜力，是了解区域优势及科技环境的决策参考因素之一。

本章通过对中国31个省(市、自治区，不含港澳地区)的国际国内科技论文产出数量、论文被引用情况、科技论文数3年平均增长率、各地区科技经费投入、论文产出与发明专利产出状况等数据的分析与比较，反映中国科技论文在2014年度的地区特征。

4.2 数据与方法

本章的数据来源:①国内科技论文数据来自中国科学技术信息研究所自行研制的《中国科技论文与引文数据库》（CSTPCD）；②国际论文数据采集自SCI、Ei和CPCI-S检索系统；③各地区国内发明专利数据来自国家知识产权局2014年专利统计年报；④各地区R&D经费投入数据来自国家统计局全国科技经费投入统计公报。

本章运用文献计量学方法对中国2014年的国际科技论文和中国国内论文的地区分布、论文数增长变化、论文影响力状况进行了比较分析，并结合国家统计局全国科技经费投入数据及国家知识产权局专利统计数据对2014年中国各地区科研经费的投入及产出进行了分析。

4.3 研究分析与结论

4.3.1 国际论文产出分析

(1) 国际论文产出地区分布情况

本章所统计的国际论文数据主要取自国际上颇具影响的文献数据库：SCI、Ei和CPCI-S。2014年，国际论文数（SCI、Ei、CPCI-S三大检索论文总数）产出居前10位的地区与2013年的基本一致，只有排名有所变化（如表4-1所示）。

表4-1 2014年中国国际论文数居前10位的地区

排名	地区	2013年论文篇数	2014年论文篇数	增长率
1	北京	72672	81896	12.69%
2	江苏	38340	43846	14.36%
3	上海	34191	37134	8.61%
4	陕西	21948	24683	12.46%
5	广东	19338	24313	25.73%
6	湖北	19979	23470	17.47%
7	浙江	20051	22408	11.76%
8	四川	16711	19421	16.22%
9	山东	17256	18647	8.06%
10	辽宁	17617	18595	5.55%

（2）国际论文产出快速发展地区

科技论文数量的增长率可以反映该地区科技发展的活跃程度。2012—2014年各地区的国际科技论文数都有不同程度的增长。如表4-2所示，论文基数较大的地区不容易有较高增长率，增速较快的地区基本上是国际论文数较少的地区。反之，论文基数较小的地区，如西藏、新疆、贵州、内蒙古和宁夏等地，年均增长率较高。这些地区的科研水平暂时不高，但是具有很大的发展潜力，广东省是唯一一个论文基数较大，增速也较快的地区。

表4-2 2012—2014年国际论文数增长率居前10位的地区

地区	国际论文篇数			年均增长率	排名
	2012年	2013年	2014年		
西藏	14	13	30	46.39%	1
新疆	1109	1471	1848	29.09%	2
贵州	803	1129	1244	24.47%	3
内蒙古	1080	1358	1644	23.38%	4
宁夏	227	350	345	23.28%	5
广东	16057	19338	24313	23.05%	6
云南	3064	3946	4538	21.70%	7
江西	3498	3901	5106	20.82%	8
安徽	8498	10635	12349	20.55%	9
福建	5705	7003	8230	20.11%	10

注：1.“国际科技论文数”指SCI、Ei和CPCI-S三大检索系统收录的中国科技人员发表的论文数之和。

2. 年均增长率 $=\left(\sqrt{\frac{\text{2014年国际科技论文数}}{\text{2012年国际科技论文数}}}-1\right)\times 100\%$。

（3）SCI 论文 10 年被引地区排名

论文被他人引用数量的多少是表明论文影响力的重要指标。一个地区的论文被引数量不仅可以反映该地区论文的受关注程度，同时也是该地区科学研究活跃度和影响力的重要指标。2005—2014 年度 SCI 论文被引篇数居前 10 位的地区及被引次数情况如表 4-3 所示。其中，北京的 SCI 论文被引篇数和被引次数以绝对优势位居榜首。

各个地区的国际论文被引次数与该地区国际论文总数的比值是衡量一个地区论文质量的重要指标之一。该值消除了论文数量对各个地区的影响，篇均被引值可以反映出各地区论文的平均影响力。从 SCI 论文 10 年的篇均被引次数看，各省的排名顺序依次是上海、北京、辽宁、湖北、广东、浙江、江苏、山东、四川和陕西。在 2005—2014 年度 SCI 论文被引篇数居前 10 位的地区中，从论文未被引用率来看，四川、陕西、广东和山东较高。

表 4-3 2005—2014 年 SCI 收录论文高被引地区排名

排名	地区	未被引论文篇数	被引论文篇数	被引次数	论文总篇数	篇均被引次数	论文未被引率
1	北京	56435	185463	2323745	241898	9.61	23.33%
2	上海	28614	105208	1341821	133822	10.03	21.38%
3	江苏	29159	89447	955839	118606	8.06	24.58%
4	浙江	17408	55361	591065	72769	8.12	23.92%
5	广东	18139	52549	582127	70688	8.24	25.66%
6	湖北	15207	50176	563346	65383	8.62	23.26%
7	山东	15031	44386	419914	59417	7.07	25.30%
8	陕西	15878	43098	356797	58976	6.05	26.92%
9	辽宁	12641	39489	463736	52130	8.90	24.25%
10	四川	14171	35985	309683	50156	6.17	28.25%

（4）SCI 收录论文数较多的城市

如表 4-4 所示，发表 SCI 论文数较多的城市除北京、上海、天津等直辖市外，南京、武汉、广州、西安、杭州、成都和长沙等省会城市发表的论文数也较多，论文数均超过 6000 篇。

表 4-4 2014 年中国国际论文数居前 10 位的城市

排名	城市	SCI 收录论文总篇数	排名	城市	SCI 收录论文总篇数
1	北京	42777	6	西安	9770
2	上海	22210	7	杭州	9011
3	南京	15004	8	成都	7642
4	武汉	11404	9	天津	6745
5	广州	11008	10	长沙	6341

（5）表现不俗论文较多地区

根据 SCI 统计，2014 年中国作者为第一作者的论文共 235139 篇，其中表现不俗的论文数为 91336 篇，占总数的 38.8%。产出表现不俗论文较多的地区有北京、江苏和上海，表现不俗论文数排名居前 10 位的地区表现不俗论文数占其 SCI 收录论文总数的比例均在 30% 以上，其中湖北、上海和广东的比例最高，在 40% 以上，具体如表 4-5 所示。

表 4-5 2014 年中国表现不俗论文数居前 10 位的地区

排名	地区	表现不俗论文篇数	SCI 收录论文总篇数	比例
1	北京	16787	42777	39.24%
2	江苏	9706	24329	39.89%
3	上海	9311	22210	41.92%
4	广东	5495	13566	40.51%
5	湖北	5224	12267	42.59%
6	浙江	4974	12599	39.48%
7	陕西	4157	11392	36.49%
8	山东	3941	10308	38.23%
9	辽宁	3348	9011	37.15%
10	四川	3218	9793	32.86%

从城市分布看，与 SCI 收录论文数较多的城市相似，表现不俗论文较多的城市除了北京、上海、天津等直辖市外，南京、武汉、广州、杭州、西安、成都和长沙等省会城市的表现不俗论文也较多（如表 4-6 所示）。从表现不俗论文所占的比例看，武汉、上海、杭州、广州和南京的比例较高，都在 40% 以上。

表 4-6 2014 年中国表现不俗论文数居前 10 位的城市

排名	城市	表现不俗论文篇数	SCI 收录论文总篇数	比例
1	北京	16787	42777	39.24%
2	上海	9311	22210	41.92%
3	南京	6044	15004	40.28%
4	武汉	4970	11404	43.58%
5	广州	4540	11008	41.24%
6	西安	3524	9770	36.07%
7	杭州	3758	9011	41.70%
8	成都	2581	7642	33.77%
9	天津	2677	6745	39.69%
10	长沙	2485	6341	39.19%

（6）在高影响国际期刊中发表论文数量较多的地区

按期刊影响因子可以将各学科的期刊划分为几个区，发表在学科影响因子前 1/10 的期刊上的论文即为在高影响国际期刊中发表的论文。虽然利用期刊影响因子直接作为评价学术论文质量的指标具有一定的局限性，但是基于论文作者、期刊审稿专家和同行评议专家对于论文质量和水平的判断，高学术水平的论文更容易发表在具有高影响因子的期刊上。在相同学科和时域范围内，以影响因子比较期刊和论文质量，具有一定的可比性，因此发表在高影响期刊上的论文也可以从一个侧面反映出一个地区的科研水平。如表 4-7 所示为 2014 年高影响国际期刊上发表论文数居前 10 位的地区。由表可知，北京和上海在高影响国际期刊上发表的论文数和占 SCI 论文总数的比例都位居前列。

表 4-7 在学科影响因子前 1/10 的期刊上发表论文数居前 10 位的地区

排名	地区	前 1/10 论文篇数	SCI 收录论文总篇数	比例
1	北京	5895	42777	13.78%
2	上海	2908	22210	13.09%
3	江苏	2633	24329	10.82%
4	广东	1667	13566	12.29%
5	湖北	1526	12267	12.44%
6	浙江	1447	12599	11.49%
7	陕西	929	11392	8.15%
8	山东	877	10308	8.51%
9	天津	862	6745	12.78%
10	辽宁	820	9011	9.10%

从城市分布看，在学科影响因子前 1/10 的期刊上发表论文数较多的城市除北京、上海和天津等直辖市外，南京、武汉、广州、杭州、合肥、成都和哈尔滨等省会城市发表论文数也较多（如表 4-8 所示）。从高影响国际论文数量占总数的比例看，北京、合肥和上海等城市的比例较高，在 13% 以上。

表 4-8 在学科影响因子前 1/10 的期刊上发表论文数居前 10 位的城市

排名	城市	前 1/10 论文篇数	SCI 收录论文总篇数	比例
1	北京	5895	42777	13.78%
2	上海	2908	22210	13.09%
3	南京	1698	15004	11.32%
4	武汉	1479	11404	12.97%
5	广州	1427	11008	12.96%
6	杭州	1164	9011	12.92%
7	天津	862	6745	12.78%
8	合肥	738	5429	13.59%
9	成都	685	7642	8.96%
10	哈尔滨	544	5998	9.07%

4.3.2　国内论文产出分析

（1）国内论文丰产地区

本章所统计的国内论文数据主要来自 CSTPCD，2014 年进入国内论文数居前 10 位的地区与 2013 年差不多，只是居第 8 和第 9 位的四川和山东的排名与 2013 年相比互相交换。从城市来看，发表论文较多的除北京、上海、天津和重庆这 4 个直辖市外，南京、西安、广州、武汉、成都和杭州等省会城市发表论文数也较多（如表 4-9 和表 4-10 所示）。

表 4-9　2014 年中国国内论文数居前 10 位的地区

排名	地区	2013 年论文篇数	2014 年论文篇数	增长率
1	北京	67557	66999	−0.83%
2	江苏	48616	46555	−4.24%
3	广东	33787	31481	−6.83%
4	上海	31210	29708	−4.81%
5	陕西	28257	26452	−6.39%
6	湖北	24623	23855	−3.12%
7	浙江	24494	23063	−5.84%
8	四川	23214	22897	−1.37%
9	山东	23360	22367	−4.25%
10	辽宁	19514	19291	−1.14%

表 4-10　2014 年中国国内论文数居前 10 位的城市

排名	城市	论文篇数	排名	城市	论文篇数
1	北京	66999	6	武汉	17306
2	上海	29708	7	成都	14517
3	南京	23723	8	天津	13546
4	西安	20439	9	重庆	12640
5	广州	17606	10	杭州	10588

（2）国内论文增长较快的地区

国内论文数 3 年年均增长率居前 10 位的地区如表 4-11 所示。通过与表 4-2，即 3 年间国际论文数增长率居前 10 位的地区相比发现：第一部分，包括内蒙古、新疆、西藏和宁夏，这 4 个省（自治区）不仅国际论文总数 3 年平均增长率居全国前 10 位，而且国内论文总数 3 年平均增长率亦是如此。这表明，3 年间，这些地区的科研产出水平和科研产出质量都取得了快速发展；第二部分，包括山西、河北、海南、四川和甘肃这五省的国内论文总数 3 年平均增长率也保持了增长的水平。

表 4-11 2012—2014 年国内论文数增长率居前 10 位的地区

地区	2012 年论文篇数	2013 年论文篇数	2014 年论文篇数	年均增长率
内蒙古	3832	3829	4287	5.77%
新疆	7491	7424	8077	3.84%
山西	7399	7149	7910	3.40%
河北	16674	17341	17671	2.95%
海南	2871	2951	3037	2.85%
西藏	219	263	230	2.48%
四川	22102	23214	22897	1.78%
宁夏	1985	1998	2041	1.40%
甘肃	8689	8792	8738	0.28%
天津	13679	13775	13546	-0.49%

注：年均增长率 $= \left(\sqrt{\dfrac{2014\text{年国内科技论文数}}{2012\text{年国内科技论文数}}}-1\right)\times 100\%$。

4.3.3 各地区 R&D 经营投入产出分析

据国家统计局全国科技经费投入统计公报中定义研究与试验发展（R&D）经费是指该统计年度内全社会实际用于基础研究、应用研究和试验发展的经费。包括实际用于 R&D 活动的人员劳务费、原材料费、固定资产购建费、管理费及其他费用支出。基础研究指为了获得关于现象和可观察事实的基本原理的新知识（揭示客观事物的本质、运动规律，获得新发展、新学说）而进行的实验性或理论性研究，它不以任何专门或特定的应用或使用为目的。应用研究指为了确定基础研究成果可能的用途，或是为达到预定的目标探索应采取的新方法（原理）或新途径而进行的创造性研究。应用研究主要针对某一特定的目的或目标。试验发展指利用从基础研究、应用研究和实际经验所获得的现有知识，为产生新的产品、材料和装置，建立新的工艺、系统和服务，以及对已产生和建立的上述各项做实质性的改进而进行的系统性工作。

2013 年，全国共投入 R&D 经费 11846.6 亿元，比 2012 增加 1548.2 亿元，增长 15%；R&D 经费投入强度（R&D 经费与国内生产总值之比）为 2.08%，比 2012 年的 1.98% 提高 0.1 个百分点。按 R&D 人员（全时当量）计算的人均经费为 33.5 万元，比 2012 年增加 1.8 万元。其中，用于基础研究的经费为 555 亿元，比 2012 年增长 11.3%；应用研究经费 1269.1 亿元，增长 9.2%；试验发展经费 10022.5 亿元，增长 16.0%。基础研究、应用研究和试验发展经费占 R&D 经费总量的比例分别为 4.7%、10.7% 和 84.6%。

从地区分布看，2013 年 R&D 经费占全国比例前 6 位的分别为江苏（12.6%）、广东（12.2%）、北京（10.0%）、山东（9.9%）、浙江（6.9%）和上海（6.6%）。R&D 经费投入强度（地区 R&D 经费与地区生产总值之比）达到或超过全国平均水平的有北京、上海、天津、江苏、广东、浙江、山东和陕西 8 个省（市）。

R&D 经费投入可以作为评价国家或地区科技投入、规模和强度的指标，同时科技论文和专利又是 R&D 经费产出的两大组成部分。充足的 R&D 经费投入可以为地区未来几年科技论文产出、发明专利活动提供良好的经费保障。

从 2012—2013 年 R&D 经费与 2014 年的科技论文和专利授权情况看（如表 4-12 所示），经费投入量较大的江苏、广东、北京、山东和浙江等地区，论文产出和专利授权数也均居前 10 位。2012—2013 年江苏在 R&D 经费投入方面仍居全国首位，其国际与国内论文发表总数和国内发明专利授权数分别居全国各省(市、自治区)的第 2 和第 3 位。北京在经费投入和论文产出方面落后于江苏，居全国第 3 位，但国际国内论文数和获得国内发明专利授权数均居全国第 1 位。

表 4-12　2014 年各地区论文数、专利数与 2012—2013 年 R&D 经费比较

地区	2014 年国际国内论文总和		2014 年国内发明专利授权数		R&D 经费			
	篇数	排名	件数	排名	2012 年 / 亿元	2013 年 / 亿元	2012—2013 年 合计 / 亿元	2012—2013 年 排名
北京	118839	1	23237	1	1063.4	1185.0	2248.4	3
天津	22127	14	3279	15	360.5	428.1	788.6	9
河北	22960	13	2286	18	245.8	281.9	527.7	16
山西	10855	23	1559	20	132.3	155.0	287.3	19
内蒙古	5710	27	458	27	101.4	117.2	218.6	22
辽宁	30534	10	3975	12	390.9	445.9	836.8	7
吉林	17230	18	1434	21	109.8	119.7	229.5	21
黑龙江	18897	17	2454	16	146.0	164.8	310.8	18
上海	55344	3	11614	5	679.5	776.8	1456.3	6
江苏	78227	2	19671	3	1287.9	1487.4	2775.3	1
浙江	39829	7	13372	4	722.6	817.3	1539.9	5
安徽	20827	15	5184	8	281.8	352.1	633.9	12
福建	15833	19	3426	14	271.0	314.1	585.1	15
江西	11404	22	1033	24	113.7	135.5	249.2	20
山东	36545	8	10538	6	1020.3	1175.8	2196.1	4
河南	26300	11	3493	13	310.8	355.3	666.1	11
湖北	40136	6	4855	10	384.5	446.2	830.7	8
湖南	24805	12	4160	11	287.7	327.0	614.7	14
广东	50957	4	22276	2	1236.2	1443.5	2679.7	2
广西	12463	21	1933	19	97.2	107.7	204.9	23
海南	3650	28	380	28	13.7	14.8	28.5	29
重庆	20080	16	2321	17	159.8	176.5	336.3	17
四川	36184	9	5682	7	350.9	400.0	750.9	10
贵州	6573	26	1047	23	41.7	47.2	88.9	26
云南	10826	24	1423	22	68.8	79.8	148.6	24
西藏	268	31	50	31	1.8	2.3	4.1	31
陕西	40702	5	4885	9	287.2	342.7	629.9	13

续表

地区	2014 年 国际国内论文总和		2014 年 国内发明专利授权数		R&D 经费			
	篇数	排名	件数	排名	2012 年 / 亿元	2013 年 / 亿元	2012—2013 年	
							合计 / 亿元	排名
甘肃	13335	20	812	25	60.5	66.9	127.4	25
青海	1557	30	110	30	13.1	13.8	26.9	30
宁夏	2389	29	243	29	18.2	20.9	39.1	28
新疆	9764	25	605	26	39.7	45.5	85.2	27

注：1.“国际论文”指 SCI 收录的中国科技人员发表的论文。
2.“国内论文”指中国科技信息技术研究所研制的 CSTPCD 收录的论文。
3. 专利数据来源：2014 年国家知识产权局统计数据。
4. R&D 经费数据来源：2012 年和 2013 年全国科技经费投入统计公报。

图 4–1 为 2014 年中国各地区的 R&D 经费投入及论文与专利产出情况。由图中不难看出，目前中国各地区的论文产出水平和专利产出水平仍存在较大差距。论文总数显著高过发明专利数，反映出专利产出能力依旧薄弱的状况。加强中国专利的生产能力是需要我们重视的问题。此外，一些省（市、自治区）R&D 经费投入虽然不是很大，但相对的科技产出量还是比较大的，如安徽和陕西这两个地区的 R&D 经费投入分别排在第 12 和第 13 位，但专利授权数分别排在第 8 和第 9 位。

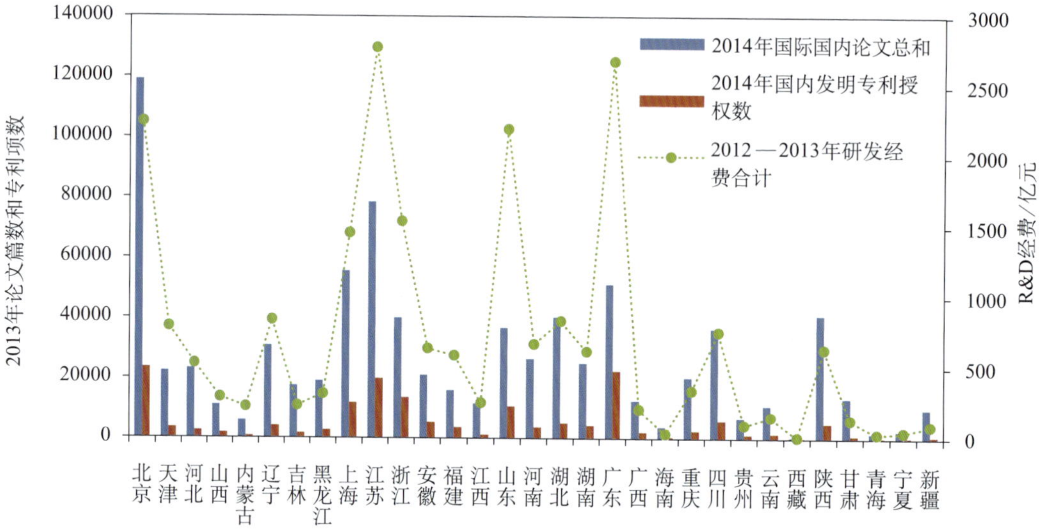

图 4–1 2014 年各地区的 R&D 经费投入及论文与专利产出情况

4.3.4 各地区科研产出结构分析

（1）国际国内论文比

国际国内论文比是某地区当年的国际论文总数除以该地区的国内论文总数，该比值能在一定程度上反映该地区的国际交流能力及影响力。

2014年中国国际国内论文比居前10位的地区大部分与2013年的相同，如表4-13所示。总体上，根据这10个地区的情况来看，国际论文产量在所有科技论文中的所占比例越来越大。其中，与2013年中国国际国内论文比排名居前10位的地区情况不同的是，2014年安徽取代江苏进入前10位。

表4-13　2014年中国国际国内论文比居前10位的地区

地区	国际论文总篇数	国内论文总篇数	国际国内论文比	排名
吉林	12625	8704	1.450483	1
上海	36978	29708	1.244715	2
北京	80978	66999	1.208645	3
黑龙江	13663	11345	1.204319	4
湖南	15986	14447	1.106527	5
湖北	23420	23855	0.981765	6
浙江	22377	23063	0.970255	7
辽宁	18524	19291	0.960241	8
安徽	12339	12863	0.959263	9
天津	12846	13546	0.948324	10

（2）国际权威期刊载文分析

Cell、Nature和Science是国际公认的3个享有最高学术声誉的科技期刊。发表在三大名刊上的论文，基本都是经过世界范围内知名专家层层审读、反复修改而成的高质量、高水平的论文。2014年以上3种期刊共刊登论文5774篇，比2013年减少了32篇。其中，中国论文数为246篇，论文数增加了20篇，排在世界第7位，比2013年下降了1位。美国仍然排在首位，论文数为2567篇。英国、德国、法国、澳大利亚和加拿大分列第2～第6位，排在中国之前。若仅统计Article和Review两种类型的论文，则中国论文数为177篇，排在世界第5位。

如表4-14所示，按第一作者地址统计，2014年中国内地第一作者在三大名刊上发表的论文（文献类型只统计了Article和Review）共67篇，其中在Nature上发表38篇，Science上发表21篇，Cell上发表8篇。这67篇论文中作者所在地北京以30篇排名居第1位，上海以13篇排名居第2位，南京、武汉、杭州、深圳、昆明和青岛均为3篇并列第3位，大连发表论文2篇。

表4-14　2014年中国内地第一作者发表在三大名刊上的论文城市分布

城市	机构总数	论文总数	城市	机构总数	论文总数
北京	15	30	武汉	3	3
上海	9	13	杭州	1	3
南京	3	3	深圳	1	3

续表

城市	机构总数	论文总数	城市	机构总数	论文总数
青岛	2	3	厦门	1	1
大连	1	2	秦皇岛	1	1
广州	1	1	哈尔滨	1	1
昆明	3	3			

注：“机构总数”指在 Science、Nature 和 Cell 上发表论文的第一作者单位属于该地区的机构总数。

4.4 讨论

2014 年中国科技人员共发表国际论文 447162 篇。北京、江苏、上海、陕西、广东、湖北、浙江、四川和山东仍为国际论文高产地区，情况与 2013 年相似，只是具体排名有所改变。西藏、新疆、贵州、内蒙古和宁夏等偏远地区由于论文基数小，3 年国际论文总数平均增长速度较快，广东在论文基数较大情况下仍保持了较高的增长率。

2014 年中国科技人员共发表国内论文 497849 篇。北京、江苏、广东、上海、陕西、湖北、浙江、四川、山东和辽宁仍是国内论文高产地区，情况与 2013 年相似。内蒙古、新疆、山西、河北和海南等省（自治区）3 年国内论文总数平均增长率亦居全国前列，是 2014 年国内论文快速发展地区。

与 2011—2012 年度统计结果一样，2012—2013 年 R&D 经费投入量较大的有江苏、广东、北京、山东和浙江等地，这些地区 2014 年的科技论文和专利授权数也较多。北京 R&D 经费投入虽排名居第 3 位，但其国际与国内论文发表总数和国内发明专利授权数均居第 1 位。

国际论文产量在所有科技论文中所占比例越来越大。2014 年中国内地第一作者在三大名刊上发表的论文共 67 篇，分属 13 个城市。其中，北京和上海的三大名刊论文数最多。

参考文献

[1] 中国科学技术信息研究所 .2013 年度中国科技论文统计与分析（年度研究报告）[M]. 北京：科学技术文献出版社，2015：28-37.

[2] 中国科学技术信息研究所 .2012 年度中国科技论文统计与分析（年度研究报告）[M]. 北京：科学技术文献出版社，2014：35-45.

[3] 国家知识产权局 .http：//www.sipo.gov.cn/tjxx/.

5 中国科技论文的机构分布情况分析

5.1 引言

科技论文作为科技活动产出的一种重要形式，能够在很大程度上反映科研机构的研究活跃度和影响力，是评估科研机构科技实力和运行绩效的重要依据。为全面系统考察 2014 年中国科研机构的整体发展状况及发展趋势，本章从国际上 3 个重要的检索系统（SCI、Ei、CPCI-S）和国内数据库（CSTPCD）出发，从发文量、总被引次数、学科分布等多角度分析了我国 2014 年不同类型科研机构的论文发表状况。

5.2 数据与方法

数据采集自 SCI、Ei、CPCI-S 三大国际检索系统及 CSTPCD 国内数据库。从以上数据库分别采集“地址”字段中含有“中国”的论文数据。

SCI 数据是基于 Article 和 Review 两类文献进行统计，CSTPCD 数据是基于论著、综述、研究快报和工业工程设计四类文献进行统计。还需指出的是，机构类型由二级单位性质决定，如高等院校附属医院归类于医疗机构。

下载的数据通过自编程序导入数据库 Foxpro 中。尽管这些数据库整体数据质量都不错，但还是存在不少不完全、不一致甚至是错误的现象，在统计分析之前，必须对数据进行清洗规范。本章所涉及的数据处理主要包括：

①分离出论文的第一作者及第一作者单位。

②作者单位不同写法标准化处理。例如，把单位的中文写法、英文写法、新旧名、不同缩写形式等采用程序结合人工方式统一编码处理。

③单位类型编码。采用机器结合人工方式给单位类型编码。

本章主要采用的方法有文献计量法、文献调研法和数据可视化分析等。为更好地反映中国科研机构研究状况，基于文献计量法思想，我们设计了发文量、总被引次数、篇均被引次数、未被引率等指标。

5.3 研究分析与结论

5.3.1 各机构类型 2014 年发表论文情况分析

2014 年 SCI、Ei、CPCI-S 和 CSTPCD 收录中国科技论文的机构类型分布如表 5-1 所示。由表 5-1 可以看出，不论是国际论文（SCI、CPCI-S、Ei）还是国内论文（CSTPCD），高等院校都是中国科技论文产出的主要贡献者，这主要还是因为高等院校一般都有鼓励发表国际论文的科研奖励政策。不过与国际论文比例相比，高等院校的国内论文比例相对较低，为 55.4%。相反的是，医疗机构发表国内论文占比 26.8%，SCI 收录占比 12.3%，Ei 收录占比 0.6%，CPCI-S 收录占比 3.2%，医疗机构的国内论文与国际期刊论文占比相比则较高，国际论文中国际会议论文与工程类论文占比差距则更大。研究机构发表国内论文占比 10.0%，SCI 收录占比 11.6%，Ei 收录占比 10.8%，CPCI-S 收录占比 5.3%，除国际会议论文外，研究机构的国际国内论文占比较为接近。

表 5-1 2014 年 SCI、Ei、CPCI-S 和 CSTPCD 收录中国科技论文的机构类型分布

机构类型	SCI		CPCI-S		Ei		CSTPCD		合计	
	论文篇数	占比	论文篇数	占比	论文篇数	占比	论文篇数	占比	论文篇数	占比
高等院校	187299	75.1%	37821	80.3%	141287	86.3%	320530	55.4%	686937	66.1%
研究机构	29048	11.6%	2487	5.3%	17674	10.8%	57600	9.9%	106809	10.3%
医疗机构	30646	12.3%	1510	3.2%	1009	0.6%	154984	26.8%	188149	18.1%
企业	1417	0.6%	565	1.2%	1896	1.2%	23489	4.1%	27367	2.6%
其他	1120	0.4%	4709	10.0%	1933	1.2%	21961	3.8%	29723	2.9%
总计	249530	100.0%	47092	100.0%	163799	100.0%	578564	100.0%	1038985	100.0%

5.3.2 各机构类型被引情况分析

论文的被引情况可以大致反映论文的质量。表 5-2 为 2005—2014 年 SCI 收录的中国科技论文累计被引情况。由表 5-2 可以看出，中国科技论文的篇均被引次数为 5.9 次，未被引论文占比为 41.9%。从篇均被引次数来看，研究机构发表论文的篇均被引次数最高，为 8.4 次，高于平均水平 5.9 次。除高等院校（5.9 次）持平外，其他类型机构发表论文的篇均被引次数均低于平均水平，分别为企业的 2.8 次和医疗机构的 1.3 次。从未被引论文占比来看，研究机构发表的论文中未被引论文占比最低，为 34.0%。其次为高等院校的 40.4%，这两者都低于平均水平；高于平均水平的为企业的 56.9% 和医疗机构的 72.3%。

表 5-2 中国各机构类型论文被引情况

机构类型	发文量	未被引论文篇数	总被引次数	篇均被引次数	未被引论文占比
高等院校	987112	398565	5782851	5.9	40.4%
研究机构	190564	64825	1604312	8.4	34.0%
医疗机构	98122	70896	125860	1.3	72.3%
企业	3831	2181	10594	2.8	56.9%
总计	1279629	536467	7523617	5.9	41.9%

数据来源：2005—2014 年 SCI 收录的中国科技论文。

5.3.3 各机构类型发表论文学科分布分析

表 5-3 为 CISPCD 收录的各机构类型发表论文占比居前 10 位的学科。由表 5-3 可以看出，在高等院校发表的论文中，数学，信息、系统科学，计算技术，管理学，力学，材料科学，物理，食品，工程与技术基础学科和动力电气等学科论文占比较高，均超过了 75%，其中数学，信息、系统科学超过了 90%。从学科性质看，高等院校是基础科学等理论性研究的绝对主体。在研究机构发表的论文中，天文，核科学技术，水产，农学，地学，航空航天，林学，能源科学技术，预防、卫生和畜牧兽医等偏工程技术方面应用性研究学科方面占比较多。在医疗机构发表的论文中，学科占比居前 10 位的为临床医学，军事医学与特种医学，基础医学，药物学，自然科学类其他，中医学，预防、卫生，管理学，生物和畜牧兽医等。值得注意的是，其中有管理学和生物，查看其详细论文列表可以发现，管理学中多为医学管理方面论文，生物中多是分子生物学等与医学关系密切的学科。在企业发表的论文中，学科占比居前 10 位的为矿业，能源科学技术，交通运输，轻工纺织，冶金、金属，化工，土木建筑，核科学技术，动力与电气和水利等。

表 5-3 CSTPCD 收录的各机构类型发表论文占比居前 10 位的学科分布

高等院校		研究机构		医疗机构		企业	
学科	占比	学科	占比	学科	占比	学科	占比
数学	96.0%	天文	40.4%	临床医学	86.5%	矿业	30.5%
信息、系统科学	93.1%	核科学技术	38.7%	军事医学与特种医学	75.0%	能源科学技术	24.4%
计算技术	85.2%	水产	32.6%	基础医学	61.5%	交通运输	22.8%
管理学	82.7%	农学	32.5%	药物学	50.3%	轻工纺织	17.1%
力学	82.7%	地学	30.0%	自然科学类其他	50.2%	冶金、金属	16.5%
材料科学	80.3%	航空航天	25.9%	中医学	45.5%	化工	15.4%
物理	80.0%	林学	25.2%	预防、卫生	44.1%	土木建筑	14.1%
食品	77.3%	能源科学技术	24.6%	管理学	10.9%	核科学技术	12.4%
工程与技术基础学科	77.2%	预防、卫生	22.9%	生物	10.3%	动力与电气	11.5%
动力与电气	76.3%	畜牧兽医	22.8%	畜牧兽医	2.6%	水利	10.4%

5.3.4 SCI、Ei、CPCI-S 和 CSTPCD 收录论文较多的高等院校

由表 5-4 可以看出，2014 年 SCI 收录中国论文数量居前 10 位的高等院校总发文量 39206 篇，占收录的所有高等院校发文量的 20.9%；Ei 收录论文数量居前 10 位的高等院校总发文量 28043 篇，占收录的所有高等院校发文量的 19.8%；CPCI-S 收录论文数量居前 10 位的高等院校总发文量 6615 篇，占收录的所有高等院校发文量的 17.5%；CSTPCD 收录论文数量居前 10 位的高等院校总发文量 48393 篇，占收录的所有高等院

校发文量的15.1%。这说明中国高等院校发文集中在少数高等院校，并且国际论文集中度高于国内论文的集中度。

表5-4　Top 10 高等院校发文量占比

SCI			Ei			CPCI-S			CSTPCD		
Top 10 篇数	总篇数	比例	Top 10 篇数	总篇数	比例	Top 10 篇数	总篇数	比例	Top 10 篇数	总篇数	比例
39206	187299	20.9%	28043	141287	19.8%	6615	37821	17.5%	48393	320530	15.1%

表5-5列出了2014年SCI、Ei、CPCI-S和CSTPCD收录论文数量居前10位的高等院校。4个列表均进入前10位的高等院校有：浙江大学、上海交通大学和吉林大学。进入3个列表的高等院校有：清华大学和华中科技大学。进入两个列表的高等院校有：北京大学、四川大学、西安交通大学、哈尔滨工业大学和北京航空航天大学。只进入一个列表的高等院校有：复旦大学、山东大学、天津大学、东南大学、北京理工大学、昆明理工大学、华北电力大学、武汉理工大学、首都医科大学、武汉大学、中山大学和南京大学。应该指出的是我们不能简单地认为4个列表均进入前10位的学校就比只进入两个或一个前10位列表的学校要好，但是，进入前10位列表多大致可以说明该机构学科发展的覆盖程度和均衡程度较好。

由表5-5还可以看出，在发文量靠前的高等院校中，国际论文发表数量已经超出了国内论文发表的数量。这说明我国较好高等院校的科研人员倾向在国际期刊、国际会议上发表论文。

表5-5　2014年SCI、Ei、CPCI-S和CSTPCD收录论文居前10位的高等院校

排名	SCI	Ei	CPCI-S	CSTPCD
	高等院校（发文篇数）	高等院校（发文篇数）	高等院校（发文篇数）	高等院校（发文篇数）
1	浙江大学（5836）	清华大学（4195）	清华大学（972）	上海交通大学（6868）
2	上海交通大学（5398）	浙江大学（3732）	哈尔滨工业大学（744）	首都医科大学（5795）
3	清华大学（4235）	哈尔滨工业大学（3273）	北京航空航天大学（705）	北京大学（5717）
4	北京大学（3871）	上海交通大学（2895）	上海交通大学（655）	四川大学（4797）
5	四川大学（3647）	天津大学（2495）	北京理工大学（639）	浙江大学（4281）
6	华中科技大学（3457）	北京航空航天大学（2421）	浙江大学（608）	武汉大学（4268）
7	复旦大学（3355）	西安交通大学（2352）	昆明理工大学（606）	吉林大学（4244）
8	山东大学（3222）	华中科技大学（2278）	华北电力大学（595）	华中科技大学（4208）
9	吉林大学（3103）	吉林大学（2232）	武汉理工大学（554）	中山大学（4202）
10	西安交通大学（3082）	东南大学（2170）	吉林大学（537）	南京大学（4013）

注：按第一作者第一单位统计。

5.3.5 SCI、Ei、CPCI-S 和 CSTPCD 收录论文数量较多的研究机构

由表 5-6 可以看出，中国 2014 年 SCI 收录中国论文数量居前 10 位的研究机构总发文量 5455 篇，占所有研究机构发文量的 18.8%；Ei 收录论文数量居前 10 位的研究机构总发文量 4795 篇，占所有研究机构发文量的 27.1%；CPCI-S 收录论文数量居前 10 位的研究机构总发文量 1110 篇，占所有研究机构发文量的 44.6%；CSTPCD 收录论文数量居前 10 位的研究机构总发文量 7606 篇，占所有研究机构发文量的 13.2%。和高等院校情况类似，中国研究机构发文也较为集中在少数研究机构，并且国际论文集中度高于国内论文的集中度。与 TOP 10 高等院校发文量占比相比，TOP 10 研究机构在 Ei 和 CPCI-S 中的占比要高于 TOP 10 高等院校，而在 SCI 和 CSTPCD 中的占比要低于高等院校。说明研究机构在 SCI 和国内论文中的集中度低于高等院校，而在 Ei 和 CPCI-S 中的集中度高于高等院校。可能的原因是高等院校更侧重于国际论文中的 SCI 论文和国内论文，而研究机构对于国际论文的重视则更为均衡。

表 5-6 Top 10 研究机构发文量占比

SCI			Ei			CPCI-S			CSTPCD		
Top 10 篇数	总篇数	比例	Top 10 篇数	总篇数	比例	Top 10 篇数	总篇数	比例	Top 10 篇数	总篇数	比例
5455	29048	18.8%	4795	17674	27.1%	1110	2487	44.6%	7606	57600	13.2%

表 5-7 列出了 2014 年 SCI、Ei、CPCI-S 和 CSTPCD 收录论文数量居前 10 位的研究机构。进入 3 个列表前 10 位的研究机构只有中国工程物理研究院。进入两个列表前 10 位的研究机构有：中国科学院长春应用化学研究所、中国科学院化学研究所、中国科学院合肥物质科学研究院、中国科学院大连化学物理研究所、中国科学院上海硅酸盐研究所、中国科学院金属研究所、中国科学院地理科学与资源研究所、中国科学院半导体研究所、中国科学院长春光学精密机械与物理研究所和中国航天科技集团公司第五研究院。只进入一个列表前 10 位的研究机构有：中国科学院地质与地球物理研究所、军事医学科学院、中国科学院兰州化学物理研究所、中国疾病预防控制中心、中国科学院对地观测与数字地球科学中心、中国水产科学研究院、中国林业科学研究院、中国科学院自动化研究所、中国热带农业科学院、中国科学院上海技术物理研究所、中国科学院电工研究所、中国科学院光电技术研究所、山东省科学院、中国电力科学研究院、中国中医科学院、中国科学院物理研究所和中国科学院生态环境研究中心。

由表 5-7 可以看出，在发文量靠前的研究机构中，国际论文发文量也超出了国内科技论文，但超出程度要比高等院校弱一些。

表 5-7　2014 年 SCI、Ei、CPCI-S 和 CSTPCD 收录论文数量居前 10 位的研究机构

排名	SCI	CPCI-S	Ei	CSTPCD
	研究机构（篇数）	研究机构（篇数）	研究机构（篇数）	研究机构（篇数）
1	中国科学院长春应用化学研究所（854）	中国科学院对地观测与数字地球科学中心（202）	中国工程物理研究院（692）	中国中医科学院（1443）
2	中国科学院化学研究所（733）	中国电力科学研究院（168）	中国科学院长春光学精密机械与物理研究所（675）	中国疾病预防控制中心（856）
3	中国科学院合肥物质科学研究院（664）	中国科学院电工研究所（140）	中国科学院合肥物质科学研究院（597）	中国工程物理研究院（804）
4	中国科学院大连化学物理研究所（557）	中国科学院自动化研究所（100）	中国科学院长春应用化学研究所（584）	军事医学科学院（763）
5	中国科学院物理研究所（472）	中国工程物理研究院（95）	中国科学院化学研究所（468）	中国科学院长春光学精密机械与物理研究所（755）
6	中国科学院上海硅酸盐研究所（472）	中国科学院半导体研究所（94）	中国科学院上海硅酸盐研究所（388）	中国林业科学研究院（694）
7	中国科学院生态环境研究中心（454）	中国航天科技集团公司第五研究院（91）	中国科学院金属研究所（385）	中国水产科学研究院（617）
8	中国科学院金属研究所（444）	中国科学院光电技术研究所（84）	中国科学院大连化学物理研究所（370）	中国热带农业科学院（593）
9	中国科学院地质与地球物理研究所（403）	山东省科学院（70）	中国科学院半导体研究所（334）	中国航天科技集团公司第五研究院（582）
10	中国科学院地理科学与资源研究所（402）	中国科学院上海技术物理研究所（66）	中国科学院兰州化学物理研究所（302）	中国科学院地理科学与资源研究所（499）

注：按第一作者第一单位统计。

5.3.6 SCI、Ei、CPCI-S 和 CSTPCD 收录论文数量较多的医疗机构

由表 5-8 可以看出，2014 年 SCI 收录中国论文数量居前 10 位的医疗机构总发文量 5293 篇，占所有医疗机构发文量的 17.3%；Ei 收录论文数量居前 10 位的医疗机构总发文量 207 篇，占所有研究机构发文量的 20.5%；CPCI-S 收录论文数量居前 10 位的医疗机构总发文量 646 篇，占所有研究机构发文量的 42.8%；CSTPCD 收录论文数量居前 10 位的医疗机构总发文量 11946 篇，占所有医疗机构发文量的 7.7%。和高等院校、研究机构情况类似的是，中国医疗机构国际论文集中度高于国内论文的集中度。其中，国际会议论文的 Top 10 医疗机构的占比最高为 42.8%。与高等院校、研究机构有所不同的是，国内论文中居前 10 位医疗机构占医疗机构总发文量的 7.7%，远远低于高等院校的 15.1% 和研究机构的 13.2%。

表 5-8 Top 10 医疗机构发文量占比

SCI			Ei			CPCI-S			CSTPCD		
Top 10 篇数	总篇数	比例	Top 10 篇数	总篇数	比例	Top 10 篇数	总篇数	比例	Top 10 篇数	总篇数	比例
5293	30646	17.3%	207	1009	20.5%	646	1510	42.8%	11946	154984	7.7%

表 5-9 列出了 2014 年 SCI、Ei、CPCI-S 和 CSTPCD 收录论文数量居前 10 位的医疗机构。4 个列表均进入前 10 位的医疗机构有 2 个，分别是：解放军总医院和四川大学华西医院。3 个列表均进入前 10 位的医疗机构有 2 个，分别是：南京医科大学第一附属医院和南京军区总医院。两个列表均进入前 10 位的医疗机构有：华中科技大学附属同济医院、吉林大学附属白求恩第一医院、复旦大学附属中山医院、中山大学附属第一医院和浙江大学附属第一医院。只进入一个列表的有：北京协和医院、郑州大学第一附属医院、新疆医科大学第一附属医院、武汉大学附属人民医院、中国医科大学附属盛京医院、中国医科大学附属第一医院、北京大学附属人民医院、南方医科大学附属南方医院、华中科技大学附属协和医院、上海交通大学附属仁济医院、复旦大学附属华山医院、上海交通大学附属第九人民医院、中山大学附属第三医院、山东大学齐鲁医院、北京大学附属口腔医院和四川大学附属华西口腔医院。与高等院校和研究机构不同，发文量靠前的医疗机构一般国际论文要少于国内论文。

表 5-9 2014 年 SCI、CPCI-S、Ei 和 CSTPCD 发表论文居前 10 位的医疗机构

排名	SCI	CPCI-S	Ei	CSTPCD
	医疗机构（篇数）	医疗机构（篇数）	医疗机构（篇数）	医疗机构（篇数）
1	四川大学华西医院（1076）	中山大学附属第一医院（132）	四川大学华西医院（46）	解放军总医院（2157）
2	解放军总医院（784）	南方医科大学附属南方医院（83）	上海交通大学附属第九人民医院（29）	四川大学华西医院（1571）
3	浙江大学医附属第一医院（476）	浙江大学附属第一医院（80）	解放军总医院（26）	北京协和医院（1299）
4	南京医科大学第一附属医院（455）	四川大学华西医院（66）	吉林大学附属白求恩第一医院（17）	南京医科大学第一附属医院（1062）
5	山东大学齐鲁医院（448）	解放军总医院（58）	四川大学附属华西口腔医院（16）	郑州大学第一附属医院（1027）
6	中国医科大学附属第一医院（447）	复旦大学附属中山医院（55）	华中科技大学附属协和医院（15）	新疆医科大学第一附属医院（1009）
7	华中科技大学附属同济医院（425）	吉林大学附属白求恩第一医院（55）	南京军区总医院（15）	华中科技大学附属同济医院（999）
8	中山大学附属第一医院（402）	北京大学附属人民医院（42）	北京大学附属口腔医院（15）	武汉大学附属人民医院（957）

续表

排名	SCI	CPCI-S	Ei	CSTPCD
	医疗机构（篇数）	医疗机构（篇数）	医疗机构（篇数）	医疗机构（篇数）
9	上海交通大学附属仁济医院（396）	南京医科大学第一附属医院（38）	复旦大学附属中山医院（14）	南京军区总医院（955）
10	南京军区总医院（384）	中山大学附属第三医院（37）	复旦大学附属华山医院（14）	中国医科大学附属盛京医院（910）

5.4 讨论

从国内外 4 个重要检索系统收录 2014 年中国科技论文的机构分布情况可以看出，高等院校是国际论文（SCI、Ei、CPCI-S）发表的绝对主体，平均占比 80% 左右，在国内论文发表上也占据一半以上。医疗机构是国内论文发表的重要力量，占 26.8%，但它的国际论文占比要小得多。研究机构国际论文、国内论文发表占比变化不大，为 10% 左右。

从篇均被引次数和未被引率来看，研究机构发表论文的总体质量相对是最高的，其次为高等院校。

从学科性质看，高等院校是基础科学等理论性研究的绝对主体；研究机构在应用性研究学科方面相对活跃；医疗机构是医学领域研究的重要力量；企业在矿业，能源科学技术，交通运输，轻工纺织，冶金、金属，化工和土木建筑等领域相对活跃。

中国高等院校发文集中度高，并且国际论文集中度高于国内论文的集中度。中国研究机构发文集中度也高，国际论文集中度高于国内论文的集中度。研究机构的 Ei 和 CPCI-S 国际论文集中度要高于高等院校，而 SCI 和国内论文的集中度要低于高等院校。医疗机构国内论文集中度远远低于高等院校和研究机构。

在发文量靠前的高等院校中，国际论文发表数量已经超出了国内论文发表的数量。在发文量靠前的研究机构中，国际论文发表论文量也超出了国内科技论文，但超出程度要比高等院校弱一些。与高等院校和研究机构不同，发文量靠前的医疗机构一般国际论文要少于国内论文。

参考文献

[1] 中国科学技术信息研究所 .2012 年度中国科技论文统计与分析（年度研究报告）[M]. 北京：科学技术文献出版社，2014.

[2] 中国科学技术信息研究所 .2013 年度中国科技论文统计与分析（年度研究报告）[M]. 北京：科学技术文献出版社，2015.

6 中国科技论文被引情况分析

6.1 引言

论文是科研工作产出的重要体现。对科技论文的评价方式主要有 3 种：基于同行评议的定性评价、基于科学计量学指标的定量评价及二者相结合的评价方式。虽然对具体的评价方法存在诸多争议，但被引用情况仍不失为重要的参考指标。在《自然》(Nature)的一项关于计量指标的调查中，当允许被调查者自行设计评价的计量指标时，排在第 1 位的是在高影响因子的期刊上所发表的论文数量，被引用情况排在第 3 位。

分析研究中国科技论文的国际、国内被引情况，可以从一个侧面揭示中国科技论文的影响，为管理决策部门和科研工作提供数据支撑。

6.2 数据与方法

本章在进行被引情况国际比较时，采用的是汤森路透集团（Thomson Reuters）出版的 ESI 数据。ESI 数据包括第一作者单位和非第一作者单位的数据统计。具体分析地区、学科和机构等分布情况时采用的数据有：① 2005—2014 年 SCI 收录的中国科技人员作为第一作者的论文累计被引用数据；② 1988—2014 年 CSTPCD 收录论文在 2014 年度被引用数据。

6.3 研究分析与结论

6.3.1 国际比较

（1）总体情况

《国家中长期科学和技术发展规划纲要（2006—2020 年）》指出，到 2020 年，中国国际科学论文被引用数进入世界前 5 位。由表 6-1 可以看出，中国（含香港和澳门）国际论文被引次数排名逐年提高，从 1994—2015 年的第 18 位上升到 2005—2015 年的第 4 位，提前完成了纲要目标。

表 6-1 中国各十年段科技论文被引次数世界排名变化

时间段	1994—2004 年	1995—2005 年	1996—2006 年	1997—2007 年	1998—2008 年	1999—2009 年	2000—2010 年	2001—2011 年	2002—2012 年	2003—2013 年	2004—2014 年	2005—2015 年
世界排名	18	14	13	13	10	9	8	7	6	5	4	4

注：按 ESI 数据库统计，检索时间 2015 年 9 月。

2005—2015年中国科技人员共发表SCI收录论文158.11万篇，继续排在世界第2位，比2014年统计时增加了15.4%；论文共被引用1287.60万次，增加了24.2%，排在世界第4位，排名保持不变（如表6-2所示）。中国国际科技论文被引次数增长的速度显著超过其他国家。中国平均每篇论文被引用8.14次，比2014年度统计时的7.57次提高了7.5%。世界平均值为11.29次/篇，中国平均每篇论文被引次数虽与世界平均值还有一定的差距，但提升速度相对较快。

以SCI收录论文统计，在2005—2015年发表科技论文累计超过20万篇以上的国家（地区）共有20个，按平均每篇论文被引次数排名，中国排在第15位，与2014年度统计相同。每篇论文被引次数大于平均值（11.29次）的国家有12个。瑞士、荷兰、美国、英国、瑞典和德国的论文篇均被引次数均超过15次。

表6-2 2005—2015年发表科技论文数20万篇以上的国家（地区）论文数及被引情况

国家（地区）	论文数		被引情况		篇均被引情况	
	篇数	排名	次数	排名	次数	排名
美国	3578497	1	60417220	1	16.88	3
德国	935193	3	14174102	2	15.16	6
英国	841664	4	14042524	3	16.68	4
中国	1581126	2	12875990	4	8.14	15
法国	660820	6	9474241	5	14.34	8
日本	806493	5	9188750	6	11.39	12
加拿大	572025	7	8558172	7	14.96	7
意大利	549117	8	7482787	8	13.63	9
荷兰	326675	13	5825208	9	17.83	2
澳大利亚	431477	11	5821169	10	13.49	10
西班牙	468337	9	5790699	11	12.36	11
瑞士	235719	17	4494425	12	19.07	1
韩国	423054	12	3672993	13	8.68	14
瑞典	216941	19	3510650	14	16.18	5
印度	439381	10	3225074	15	7.34	17
巴西	325024	14	2351918	16	7.24	18
中国台湾	246125	16	2188260	17	8.89	13
俄罗斯	289607	15	1633210	18	5.64	20
波兰	206740	20	1588886	19	7.69	16
土耳其	223373	18	1416158	20	6.34	19

注：1. 按ESI数据统计，检索时间2015年9月。

2. 中国数据包括中国香港和澳门。

（2）学科比较

表6-3列出了2005—2015年中国各学科产出论文被引情况。分析各学科论文数量、被引次数及其占世界的比例，中国有12个学科产出论文的比例超过世界该学科论文的

10%。有 19 个学科论文被引次数进入世界前 10 位，比 2014 年度统计时又增加了 3 个学科。其中，农业科学、化学、计算机科学、工程技术、材料科学、数学、药学与毒物学 7 个领域论文的被引次数排名居世界第 2 位，环境与生态学和物理排在世界第 3 位，生物与生物化学和地学排名居世界第 5 位。与 2014 年度统计相比，有 10 个学科领域的论文被引次数排名有所上升，其中药学与毒物学跃升 3 位，另有 5 个学科领域上升了 2 位。

表 6-3　2005—2015 年中国各学科产出论文与世界平均水平比较

学科	论文情况		被引情况				篇均被引次数	相对影响
	篇数	占世界比例	次数	占世界比例	世界排名	排名变化		
农业科学	33325	9.40%	238771	8.70%	2	↑ 1	7.16	0.92
生物与生物化学	68843	10.49%	663683	6.29%	5	↑ 2	9.64	0.60
化学	320882	21.97%	3304389	17.97%	2	—	10.3	0.82
临床医学	153356	6.51%	1200154	4.11%	10	—	7.83	0.63
计算机科学	51864	15.80%	209632	11.82%	2	—	4.04	0.75
经济贸易	11041	4.85%	67488	4.14%	7	—	6.11	0.85
工程技术	175047	17.29%	997467	16.49%	2	—	5.7	0.95
环境与生态学	43220	11.71%	397612	8.85%	3	↑ 2	9.2	0.76
地学	52117	13.86%	451731	11.00%	5	—	8.67	0.79
免疫学	14391	6.33%	148633	3.46%	12	—	10.33	0.55
材料科学	168992	26.40%	1391515	22.64%	2	—	8.23	0.86
数学	67889	18.32%	253803	17.46%	2	—	3.74	0.95
微生物学	17083	9.60%	141234	5.35%	6	—	8.27	0.56
分子生物学与遗传学	40144	10.30%	465587	4.91%	8	↑ 1	11.6	0.48
综合类	3105	11.07%	58364	6.36%	6	↑ 2	18.8	0.57
神经科学与行为学	27580	6.00%	252332	3.16%	10	↑ 2	9.15	0.53
药学与毒物学	39705	11.77%	332259	8.04%	2	↑ 3	8.37	0.68
物理学	202904	18.27%	1642553	14.17%	3	—	8.1	0.78
植物学与动物学	51346	7.91%	372270	6.68%	6	↑ 2	7.25	0.84
精神病学与心理学	8031	2.37%	63200	1.59%	14	↑ 1	7.87	0.67
空间科学	10450	7.74%	110696	4.90%	13	—	10.59	0.63
社会科学	19811	2.65%	112617	2.45%	9	—	5.68	0.93

注：1. 统计时间截至 2015 年 9 月。
2. "↑ 2"的含义是：与上年度统计相比，排名上升了 2 位；"—"表示排名未变。
3. 相对影响：中国篇均被引用次数与该学科世界平均值的比值。

（3）高被引论文

中国各学科论文在 2005—2015 年的被引次数处于世界前 1% 的高被引论文为 15011 篇，占世界份额的 11.9%，数量比 2014 年统计时增加了 22.2%，占世界的份额提升了 1.5

个百分点，排在世界第 4 位，排名保持不变。美国排在第 1 位，高被引论文数高达 65079 篇，占世界份额为 51.6%，比 2013 年度减少了 0.8 个百分点；英国和德国的高被引论文数分别为 16478 和 15073 篇，分别居第 2 和第 3 位；法国排在第 5 位，高被引论文数 10022 篇。

（4）热点论文

近两年间发表的论文在最近两个月得到大量引用，且被引用次数进入本学科前 1‰的论文称为热点论文，这样的文章往往反映了最新的科学发现和研究动向，可以说是科学研究前沿的风向标。截至 2015 年 9 月，统计出的中国热点论文数为 383 篇，占世界热点论文总数的 14.5%，排在世界第 4 位，与 2014 年统计时持平。美国热点论文数最多，为 1475 篇，占世界热点论文总量的 55.7%，其次为英国 540 篇和德国 448 篇。

其中被引最高的一篇论文是 2014 年 9 月发表在 CHIN PHYS C 38（9）上的论文，题为 Review of Particle Physics Particle Data Group，截至 2015 年 10 月 10 日已被引 841 次，由 209 位作者署名、149 个机构参与、6 个国际基金项目共同资助。

（5）CNS 论文

Science、Nature 和 Cell 是国际公认的 3 个享有最高学术声誉的科技期刊。发表在三大名刊上的论文，往往都是经过世界范围内知名专家层层审读、反复修改而成的高质量、高水平的论文。2014 年以上 3 种期刊共刊登论文 5774 篇，比 2013 年减少了 32 篇。其中中国论文为 246 篇，论文数增加了 20 篇，排在世界第 7 位，比 2013 年下降了 1 位。美国仍然排在首位，论文数为 2567 篇。英国、德国、法国、澳大利亚和加拿大分列第 2 ～第 6 位，排在中国之前。若仅统计 Article 和 Review 两种类型的论文，则中国有 177 篇，排在世界第 5 位。

（6）最具影响力期刊上发表的论文

2014 年被引次数超过 10 万次且影响因子超过 30 的国际期刊有 7 种（Nature、Science、Cell、Chem Rev、New Engl J Med、Lancet 和 JAMA-J AM MED ASSOC），2014 年共发表论文 11211（2013 年 11396）篇，其中中国论文 415 篇，占总数的 3.7%，排在世界第 7 位。若仅统计 Article 和 Review 两种类型的论文，则中国有 269 篇，比 2013 年增长 36 篇，仍排在世界第 6 位。

各学科领域影响因子最高的期刊可以被看作是世界各学科最具影响力期刊。2014 年 176 个学科领域中高影响力期刊共有 154 种，2014 年各学科高影响力期刊上的论文总数为 50404 篇。中国在这些期刊上发表的论文数为 5505 篇，比 2013 年增加 386 篇，占世界的 10.9%，排在世界第 2 位；美国有 19772 篇，占 39.2%。中国在这些高影响力期刊上发表的论文中有 3060 篇是受国家自然科学基金资助产出的，占 55.6%。发表在世界各学科高影响力期刊上的论文较多的中国高校是：北京大学（210 篇）、清华大学（209 篇）、上海交通大学（181 篇）、浙江大学（180 篇）和哈尔滨工业大学（156 篇）。

6.3.2 时间分布

图 6-1 为 2005—2014 年 SCI 收录中国科技论文在 2014 年度被引的分布情况。可以发现， SCI 被引的峰值为 2014 年，表明 SCI 收录论文更倾向于引用较新的文献。

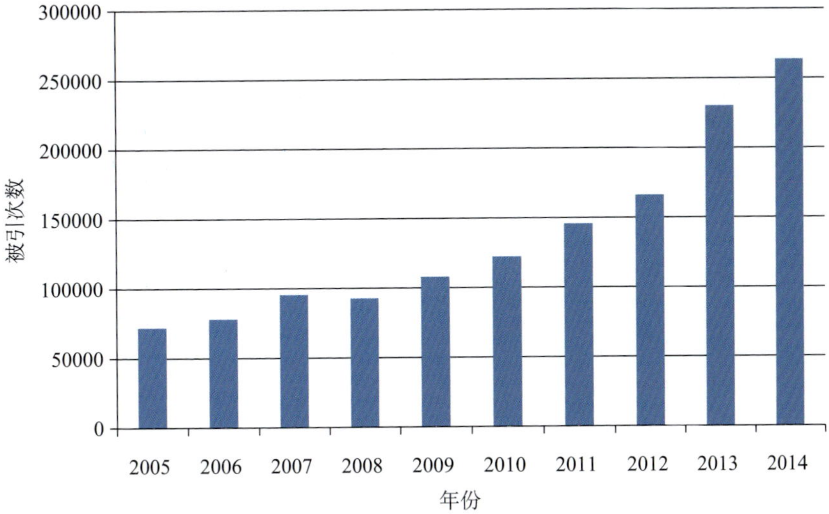

图 6-1　2005—2014 年 SCI 收录中国科学论文被引情况时间分布

6.3.3　地区分布

2005—2014 年 SCI 收录论文总被引次数居前 3 位的地区为北京、上海和江苏，篇均被引次数居前 3 位的地区为吉林、安徽和福建，未被引论文比例较低的 3 个地区为甘肃、吉林和上海（如表 6-4 所示）。进入 3 个排名列表前 10 位的地区有安徽、辽宁、上海、北京、湖北和吉林 6 个地区；进入 2 个排名列表前 10 位的地区有福建、甘肃、广东、天津和浙江 5 个地区；只进入 1 个列表前 10 位的地区有江苏和山东。

表 6-4　2005—2014 年 SCI 收录中国科技论文被引情况地区分布

排名	总被引情况		篇均被引情况		未被引情况	
	地区	次数	地区	次数	地区	比例
1	北京	2323745	吉林	11.38	甘肃	19.92%
2	上海	1341821	安徽	10.19	吉林	21.07%
3	江苏	955839	福建	10.15	上海	21.38%
4	浙江	591065	上海	10.03	福建	21.45%
5	广东	582127	北京	9.61	安徽	21.90%
6	湖北	563346	甘肃	9.33	天津	22.91%
7	辽宁	463736	天津	9.25	湖北	23.26%
8	山东	419914	辽宁	8.90	北京	23.33%
9	吉林	418613	湖北	8.62	浙江	23.92%
10	安徽	379347	广东	8.24	辽宁	24.25%

6.3.4　学科分布

2005—2014 年 SCI 收录论文总被引次数居前 3 位的学科为化学、生物和物理，篇均被引次数居前 3 位的学科为化学、环境科学和化工，未被引论文比例较低的 3 个学科为测绘科学技术、天文和化工（如表 6-5 所示）。进入 3 个排名列表前 10 位的学科有化学、环境科学和材料科学 3 个学科；进入 2 个排名列表前 10 位的学科有生物、农学、天文、动力与电气、化工和地学 6 个学科；只进入 1 个列表前 10 位的学科有测绘技术，电子、通信与自动控制，基础医学，临床医学，能源科学技术，轻工纺织，数学，水产和物理。

表 6-5 2005—2014 年 SCI 收录中国科技论文被引情况学科分布

排名	总被引情况		篇均被引情况		未被引情况	
	学科	次数	学科	次数	学科	比例
1	化学	3496256	化学	12.63	测绘科学技术	5.26%
2	生物	1279264	环境科学	11.94	天文	14.11%
3	物理	1089104	化工	10.26	化工	14.49%
4	材料科学	862343	天文	10.17	环境科学	15.09%
5	临床医学	643246	能源科学技术	9.59	化学	17.48%
6	基础医学	485092	生物	9.35	动力与电气	19.67%
7	环境科学	386817	动力与电气	9.10	轻工纺织	20.00%
8	地学	329504	农学	8.77	水产	20.29%
9	数学	266120	材料科学	8.34	农学	20.38%
10	电子、通信与自动控制	262270	地学	8.17	材料科学	20.65%

6.3.5 高被引论文

中国各学科论文在 2005—2015 年 10 年段的被引次数处于世界前 1% 的高被引论文为 15011 篇，数量比 2014 年统计时增加了 22.2%，排在世界第 4 位，排名保持不变，占世界份额的 11.9%，比 2013 年统计时提升了 1.5 个百分点。美国排在第 1 位，高被引论文数高达 65079 篇，占世界份额为 51.6%，比 2013 年度减少了 0.8 个百分点；英国和德国的高被引论文数分别为 16478 和 15073 篇，居第 2 和第 3 位；法国排在第 5 位，高被引论文数 10022 篇。

2005—2015 年 SCI 累计被引次数居前 10 位的中国科技论文如表 6-6 所示。居前 10 位的论文被引次数都超过了 1000 次。其中化学 5 篇，物理 3 篇，分子生物与遗传学和生物与生物化学各 1 篇。其中清华大学 3 篇。

表 6-6 2005—2015 年中国高被引论文中被引次数居前 10 位的论文

学科	累计被引次数	单位	作者	来源
生物与生物化学	1766	华大基因	QIN JJ，LI RQ，RAES J 等	NATURE 464（7285）：59-U70 MAR 4 2010

续表

学科	累计被引次数	单位	作者	来源
物理	1529	华南理工大学	HE ZC； ZHONG CM；SU SJ 等	NAT PHOTONICS6（9）： 591-595 SEP 2012
化学	1466	清华大学	XU YX，BAI H，LU GW 等	J AM CHEM SOC 130（18）： 5856-+ MAY 7 2008
化学	1443	清华大学	WANG X，ZHUANG J，PENG Q 等	NATURE 2005， 437（7055）： 121-124
化学	1441	厦门大学	TIAN N； ZHOU ZY；SUN SG 等	SCIENCE 316（5825）： 732-735 MAY 4 2007
化学	1410	浙江大学	CUI YJ； YUE YF；QIAN GD 等	CHEM REV 112（2）： 1126-1162 SP.ISS.SI FEB 2012
分子生物与遗传学	1217	南京大学	CHEN X； BA Y；MA LJ 等	CELL RES 18（10）： 997-1006 OCT 2008
物理	1202	清华大学	NAN CW； BICHURIN MI；DONG SX 等	J APPL PHYS 103（3）： - FEB 1 2008
物理	1164	中国科学技术大学	CHEN XH，WU T，WU G 等	NATURE 2008， 453（7196）： 761-762
化学	1122	南华大学	WANG GP； ZHANG L；ZHANG JJ	CHEM SOC REV 41（2）： 797-828 2012

注：1. 统计截至 2015 年 9 月。

2. 对于作者总人数超过 3 人的论文，本表作者栏中仅列出前 3 位。

6.3.6 机构分布

（1）高等院校

表 6-7 列出了 CSTPCD 被引篇数、被引次数和 SCI 被引篇数、被引次数这 4 个列表中至少有 1 个列表进入前 10 位的高等院校。

其中上海交通大学的 CSTPCD 被引篇数及被引次数均排名第一；浙江大学的 SCI 被引篇数及被引次数均排名第一；北京大学的 CSTPCD 被引篇数及被引次数均排名第二；清华大学的 SCI 被引篇数排名第三，被引次数排名第二。

表 6-7 CSTPCD 和 SCI 被引情况排名居前的高等院校

高等院校	CSTPCD 被引情况				SCI 被引情况			
	篇数	排名	次数	排名	篇数	排名	次数	排名
上海交通大学	16560	1	26068	1	35488	2	308723	4
北京大学	13471	2	24966	2	28942	4	331785	3
首都医科大学	12578	3	20033	4	8203	30	40934	53

表 6-9 CSTPCD 和 SCI 被引情况排名居前的医疗机构

医疗机构	CSTPCD 被引情况				SCI 被引情况			
	篇数	排名	次数	排名	篇数	排名	次数	排名
中国人民解放军第 301 医院	6020	1	9654	1	2	3715	17576	7
四川大学医学院附属华西医院	3282	2	5388	2	1	6509	40747	1
北京协和医院	2863	3	4946	3	11	2331	12551	18
华中科技大学医学院附属同济医院	2570	4	3825	6	3	3567	26962	2
南京医科大学第一附属医院	2305	5	3448	9	9	2685	18121	6
南京大学医学院附属金陵医院	2239	6	3851	5	21	1834	12637	16
上海交通大学医学院附属瑞金医院	2151	7	3473	8	7	2859	23725	4
北京大学医学院附属第一医院	2092	8	4101	4	20	1848	13300	14
中国医科大学医学院附属盛京医院	2004	9	3069	14	38	1215	5021	53
第二军医大学医学院附属长海医院	1999	10	3090	12	24	1702	11239	23
北京大学医学院附属人民医院	1941	12	3508	7	27	1597	8382	29
中山大学医学院附属第一医院	1967	11	3209	10	8	2707	15923	10
中国医科大学医学院附属第一医院	1926	13	2987	15	4	3089	17555	8
浙江大学医学院附属第一医院	671	92	1337	70	5	3077	19815	5
第四军医大学医学院附属西京医院	1749	21	2530	25	6	2924	24559	3
复旦大学医学院附属中山医院	1734	22	3075	13	10	2355	16867	9

6.4 讨论

从 10 年段国际被引来看，中国科技论文被引次数、世界排名均呈逐年上升趋势，这说明中国科技论文的国际影响力在逐步上升。从国际论文的相对影响力来看，中国没有一个学科论文的篇均被引次数超过世界平均水平。其中最接近世界平均水平的学科是工程技术和数学，与世界平均水平差距最大的学科是神经科学与行为学和分子生物学与遗传学。从高被引论文和热点论文来看，中国均处于世界第 4 位。

总被引次数居前 3 位的地区为北京、上海和江苏，篇均被引次数居前 3 位的地区为吉林、安徽和福建，未被引论文比例较低的 3 个地区为甘肃、吉林和上海。

SCI 收录论文总被引次数居前 3 位的学科为化学、生物和物理，篇均被引次数居前 3 位的学科为化学、环境科学和化工，未被引论文比例较低的 3 个学科为测绘科学技术、天文和化工。

7 中国各类基金资助产出论文情况分析

本章以 2014 年 CSTPCD 和 SCI 为数据来源，对中国各类基金资助产出论文情况进行了统计分析，主要分析了基金资助来源、基金论文的文献类型分布、机构分布、学科分布、地区分布、合著情况及其被引情况，此外还对 3 种国家级科技计划项目的投入产出效率进行了分析。统计分析表明，中国各类基金资助产出的论文处于不断增长的趋势之中，且已形成了一个以国家自然科学基金、科技部计划项目资助为主，其他部委和地方基金、机构基金、公司基金、个人基金和海外基金为补充的、多层次的基金资助体系。对比分析发现，CSTPCD 和 SCI 数据库收录的基金论文在基金资助来源、机构分布、学科分布、地区分布上存在一定的差异，但整体上保持了相似的分布格局。

7.1 引言

早在 17 世纪之初，弗兰西斯・培根就曾在《学术的进展》一书中指出，学问的进步有赖于一定的经费支持。科学基金制度的建立和科学研究资助体系的形成这种支持的连续性和稳定性提供了保障。新中国成立以来，中国已经初步形成了国家（国家自然科学基金、科技部 973 计划、863 计划和科技支撑等）为主，地方（各省级）基金、机构（大学、研究机构）基金、公司（各公司）基金、个人（私人）基金和海外基金等为补充的多层次的资助体系。这种资助体系作为科学研究的一种运作模式，为推动我国科学技术的发展发挥了巨大作用。

由基金资助产出的论文称为基金论文，对基金论文的研究具有重要意义：基金资助课题研究都是在充分论证的基础上展开的，其研究内容一般都是国家目前研究的热点问题；基金论文是分析基金资助投入与产出效率的重要基础数据之一；对基金资助产出论文的研究，是不断完善我国基金资助体系的重要支撑和参考依据。

中国科学技术信息研究所自 1989 年起每年都会在其《中国科技论文统计与分析（年度研究报告）》中对中国的各类基金资助产出论文情况进行统计分析，其分析具有数据质量高、更新及时、信息量大的特征，是及时了解相关动态的最重要的信息来源。此外，中国科学技术信息研究所论文统计组成员撰写了一系列与基金论文相关的文章，从理论和实证两种不同的角度做出了探索。例如，以基金标注的规范化为出发点，郭红选取了 25 种期刊为样本，对国内外期刊基金资助项目标注现状进行了调研；翟丽华则从标注条件、标注位置、标注内容、规范化监督主体 4 个方面对基金项目的规范化标注给出了建议。作为年度报告的重要补充，以基金资助来源为主要关注点，郭红等对 2000—2009 年国家自然科学基金资助产出论文的学科分布、地区分布及国家自然科学基金资助论文被引用情况等进行了分析，揭示了国家自然科学基金资助产出论文的情况和存在的问题；以特定学科领域为主要关注点，郭红等对国家自然科学基金在 2000—2009 年资助产出的医学领域的论文进行了计量分析。

7.2 数据与方法

本章研究的基金论文主要来源于两个数据库：CSTPCD 和 SCI 网络版。本章所指的中国各类基金资助限定于附表 39 列出的科学基金与资助。

2014 年 CSTPCD 延续了 2013 年对基金资助项目的标引方式，最大限度地保持统计项目、口径和方法的延续性。SCI 数据库自 2009 年起其原始数据中开始有基金字段，中国科学技术信息研究所也自 2009 年起开始对 SCI 收录的基金论文进行统计。SCI 数据的标引采用了与 CSTPCD 相一致的基金项目标引方式。

CSTPCD 和 SCI 数据库分别收录符合其遴选标准的中国和世界范围内的科技类期刊，CSTPCD 收录论文以中文为主，SCI 收录论文以英文为主。两个数据库收录范围互为补充，能更加全面地反映中国各类基金资助产出科技期刊论文的全貌。值得指出的是，由于 CSTPCD 和 SCI 收录期刊存在少量重复现象，所以在宏观的统计中其数据加和具有一定的科学性和参考价值，但是用于微观的计算时两者基金论文不能做简单的加和。在后文的统计分析中，将以节为单位，对这两个数据库收录的基金论文进行统计分析，必要时对比归纳了两个数据库收录基金论文在对应分析维度上的异同。文中的“全部基金论文”指所论述的单个数据库收录的全部基金论文。

本章的研究主要使用了统计分析的方法，对 CSTPCD 和 SCI 收录的中国各类基金资助产出论文的基金资助来源、文献类型分布、机构分布、学科分布、地区分布、合著情况进行了分析，并在最后计算了 3 种国家级科技计划项目的投入产出效率。

7.3 研究分析与结论

7.3.1 中国各类基金资助产出论文的总体情况

（1）CSTPCD 收录基金论文的总体情况

根据 CSTPCD 数据统计，2014 年中国各类基金资助产出论文共计 306789 篇，占当年全部论文总数（497849 篇）的 61.62%。如表 7-1 所示，与 2013 年相比，2014 年基金论文总数增加了 9431 篇，基金论文增长率为 3.2%。

表 7-1 2009—2014 年 CSTPCD 收录中国各类基金资助产出论文情况

年份	论文总篇数	基金论文篇数	基金论文比	全部论文增长率	基金论文增长率
2009	521327	226907	43.52%	10.4%	16.1%
2010	530635	237831	44.82%	1.8%	4.8%
2011	530087	232744	43.91%	-0.1%	-2.1%
2012	523589	248434	47.45%	-1.2%	6.7%
2013	516883	297358	57.53%	-1.3%	19.7%
2014	497849	306789	61.62%	-3.7%	3.2%

（2）SCI 收录基金论文的总体情况

2014 年，SCI 收录中国科技论文（Article 和 Review 类型）总数为 225097 篇，其中 190328 篇是在基金资助下产生，基金论文比为 87.47%。如表 7-2 所示，2014 年中国全部 SCI 论文总量较 2013 年增长了 16.81%，基金论文总数与 2013 年相比增加了 29887 篇，增长率为 17.90%。

表 7-2 2009—2014 年 SCI 收录中国各类基金资助产出论文情况

年份	论文总篇数	基金论文篇数	基金论文比	全部论文增长率	基金论文增长率
2009	127532	79097	62.02%	—	—
2010	143769	96286	66.97%	12.7%	21.7%
2011	143636	100829	70.20%	-0.1%	4.7%
2012	158615	124668	78.60%	10.4%	23.6%
2013	192697	167003	82.96%	21.5%	34.0%
2014	225097	196890	87.47%	16.8%	17.9%

（3）中国各类基金资助产出论文的历时性分析

图 7-1 以蓝色柱状图和红色折线图分别给出了 2009—2014 年 CSTPCD 收录基金论文的数量和基金论文比；以绿色柱状图和紫色折线图分别给出了 2009—2014 年 SCI 收录基金论文的数量和基金论文比。综合表 7-1、表 7-2 和图 7-1 可知，CSTPCD 收录中国各类基金资助产出的论文数和基金论文比在 2009—2014 年都保持了较为平稳的上升态势。SCI 收录的中国各类基金资助产出的论文数和基金论文比在 2009—2014 年一直平稳上升。

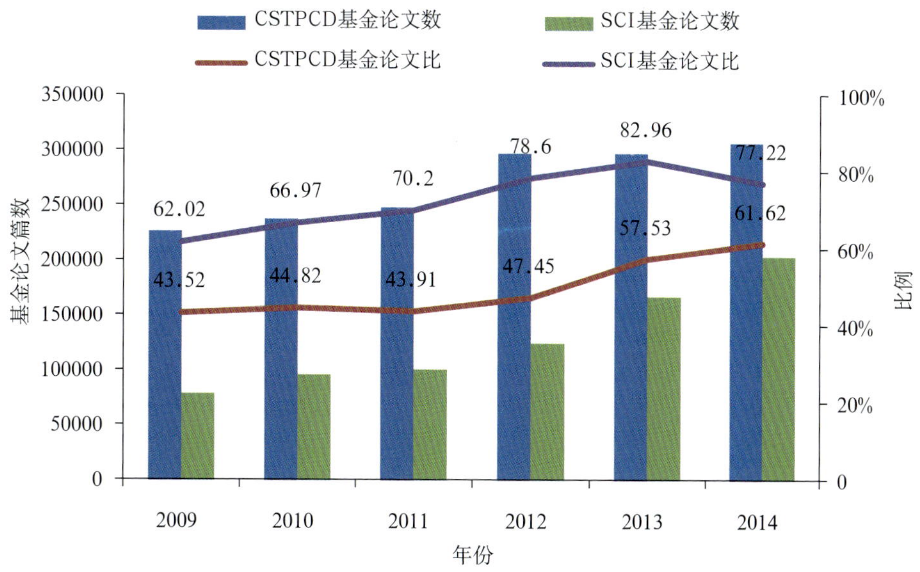

图 7-1 2009—2014 年基金资助产出论文的历时性变化

总体来说，随着中国科技事业的发展，中国的科技论文有较大数量增加，基金论文的数量也平稳增长，基金论文在所有论文中所占比重也在不断增长，基金资助正在对中国科技事业的发展发挥越来越大的作用。

7.3.2 基金资助来源分析

（1）CSTPCD 收录基金论文的基金资助来源分析

附表 39 列出了 2014 年 CSTPCD 所统计的中国各类基金与资助产出的论文数及占全部基金论文的比例。表 7-3 列出了 2014 年产出基金论文居前 10 位的国家级和各部委基金资助来源及其产出论文的情况。其中不包括省级各项基金项目资助。

由表 7-3 可以看出，在 CSTPCD 数据库中，2014 年中国各类基金资助产出论文排在首位的仍然是国家自然科学基金委员会，其次是科技部，由这两种基金资助来源产出的论文占到了全部基金论文数的一半左右。

根据 CSTPCD 数据统计，2014 年由国家自然科学基金委员会资助产出的论文共计 108391 篇，占全部基金论文的 35.33%，这一比例较 2013 年降低了 2.66 个百分点。与 2013 年相比，2014 年由国家自然科学基金委员会资助产出的基金论文增加了 10152 篇，增长了 10.33 个百分点。

2014 年由科技部的基金资助产出论文共计 40008 篇，占全部基金论文的 13.04%，这一比例较 2013 年下降了 0.95 个百分点。与 2013 年相比，2014 年由科技部的基金资助产出的基金论文增加了 3815 篇，增幅为 10.54%。

表 7-3 2014 年产出论文居前 10 位的国家级和各部委基金资助来源

基金资助来源	2014 年			2013 年		
	基金论文篇数	占全部基金论文的比例	排名	基金论文篇数	占全部基金论文的比例	排名
国家自然科学基金委员会	108391	35.33%	1	98239	37.99%	1
科技部	40008	13.04%	2	36193	13.99%	2
教育部	5416	1.77%	3	5109	1.98%	3
军队系统基金	2324	0.76%	4	592	0.23%	8
国家社会科学基金	2138	0.70%	5	1593	0.62%	4
农业部基金项目	1095	0.36%	6	1076	0.42%	5
国家中医药管理局基金项目	783	0.26%	7	653	0.25%	7
外交部	675	0.22%	8	737	0.75%	6
国土资源部	660	0.22%	9	517	0.2%	9
水利部	511	0.17%	10	504	0.19%	10

数据来源：CSTPCD。

省一级地方（包括省、自治区、直辖市）设立的地区科学基金产出论文是全部基金资助产出论文的重要组成部分。根据 CSTPCD 数据统计，2014 年省级基金资助产出论文 96410 篇，占全部基金论文产出数量的 31.43%。如表 7-4 所示，广东、江苏、浙江、上海基金资助产出论文数量均超过了5000篇，在全国31个省级基金资助中位列前茅。地区科学基金的存在，有力地促进了中国科技事业的发展，丰富了中国基金资助体系层次。

表7-4　2014年产出论文居前10位的省级基金资助来源

基金资助来源	2014年			2013年		
	基金论文篇数	占全部基金论文的比例	排名	基金论文篇数	占全部基金论文的比例	排名
广东	9074	2.96%	1	9460	3.66%	1
江苏	8959	2.92%	2	8847	3.42%	2
浙江	6539	2.13%	3	6520	2.52%	3
上海	5831	1.90%	4	6328	2.45%	4
河北	4816	1.57%	5	4324	1.67%	7
北京	4362	1.42%	6	3787	1.46%	10
河南	4293	1.4%	7	4342	1.68%	5
山东	4232	1.38%	8	4336	1.68%	6
陕西	3852	1.26%	9	4095	1.58%	8
四川	3845	1.25%	10	1799	0.59%	13

数据来源：CSTPCD。

由科技部设立的中国的科技计划主要包括：基础研究计划[国家自然科学基金和国家重点基础研究发展计划（973计划）]、国家科技支撑计划、高技术研究发展计划（863计划）、科技基础条件平台建设和政策引导类计划等。此外教育部、卫生部等部委及各省级政府科技厅、教育厅、卫生厅都分别设立了不同的项目以支持科学研究。表7-5列出了2014年产出基金论文居前10位的基金资助计划（项目）。根据CSTPCD数据统计，2014年产出论文数超过10000篇的基金资助计划（项目）有两个，依次是国家自然科学基金项目和国家科技支撑计划。其中，国家自然科学基金项目以产出108391篇论文遥居首位。

表7-5　2014年产出基金论文居前10位的基金资助计划（项目）

排名	基金资助计划（项目）	基金论文篇数	占全部基金论文的比例
1	国家自然科学基金委员会	108391	35.33%
2	国家科技支撑计划	11209	3.65%
3	国家科技重大专项	9129	2.98%
4	广东省基金	9074	2.96%
5	江苏省基金	8959	2.92%
6	国家重点基础研究发展计划（973计划）	7825	2.55%

续表

排名	基金资助计划（项目）	基金论文篇数	占全部基金论文的比例
7	国家高技术研究发展计划（863 计划）	7414	2.42%
8	浙江省基金	6539	2.13%
9	上海市基金	5831	1.90%
10	河北省基金	4816	1.57%

数据来源：CSTPCD。

（2）SCI 收录基金论文的基金资助来源分析

2014 年，SCI 收录中国各类基金资助产出论文共计 196890 篇。表 7-6 列出了产出基金论文居前 10 位的国家级和各部委基金资助来源。其中，国家自然科学基金委员会以支持产生 101690 篇论文高居首位，占全部基金论文的 51.65%；排在第 2 位的是科技部，在其支持下产出了 24636 篇论文，占全部基金论文的 12.51%；中国科学院以支持产生 2215 篇论文居第 3 位。

表 7-6 2014 年产出基金论文居前 10 位的国家级和各部委基金资助来源

基金资助来源	2014 年			2013 年		
	基金论文篇数	占全部基金论文的比例	排名	基金论文篇数	占全部基金论文的比例	排名
国家自然科学基金委员会	101690	51.65%	1	82251	49.25%	1
科技部	24636	12.51%	2	25018	14.98%	2
中国科学院	2215	1.12%	3	2383	1.43%	4
教育部	1117	0.57%	4	4742	2.84%	3
人力资源和社会保障部	691	0.35%	5	530	0.32%	6
农业部	445	0.23%	6	813	0.49%	5
国家人口和计划生育委员会	210	0.11%	7	214	0.13%	7
国家林业局	117	0.06%	8	186	0.11%	8
国务院国有资产监督管理委员会	45	0.02%	9	133	0.08%	9
国家国防科技工业局	34	0.02%	10	119	0.07%	10

数据来源：SCI。

根据 SCI 数据统计，2014 年省一级地方（包括省、自治区、直辖市）设立的地区科学基金产出论文 21117 篇，占全部基金论文的 10.73%。表 7-7 列出了 2014 年产出基金论文居前 10 位的省级基金资助来源，其中江苏以支持产出 2648 篇基金论文居第 1 位，其后分别是上海和浙江，分别支持产出 2537 篇和 1854 篇基金论文。

表 7-7 2014 年产出基金论文居前 10 位的省级基金资助来源

基金资助来源	2014 年			2013 年		
	基金论文篇数	占全部基金论文的比例	排名	基金论文篇数	占全部基金论文的比例	排名
江苏	2648	1.34%	1	1472	0.88%	3
上海	2537	1.29%	2	1902	1.14%	1
浙江	1854	0.94%	3	1567	0.94%	2
广东	1581	0.80%	4	1064	0.64%	5
北京	1513	0.77%	5	1040	0.62%	6
山东	1422	0.72%	6	1239	0.74%	4
湖南	733	0.37%	7	400	0.24%	11
四川	695	0.35%	8	417	0.25%	10
河南	652	0.33%	9	559	0.33%	7
河北	625	0.32%	10	426	0.26%	8

数据来源：SCI。

根据 SCI 数据统计，2014 年有两种基金资助计划（项目）产出论文数超过了 10000 篇，分别是国家自然科学基金委员会项目产出 101690 篇论文，占全部基金论文数的 51.65%；科技部资助基金项目产出 24636 篇论文，占全部基金论文数的 12.51%。

表 7-8 2014 年产出基金论文居前 10 位的基金资助计划（项目）

排名	基金资助计划（项目）	基金论文篇数	占全部基金论文的比例
1	国家自然科学基金委员会基金项目	101690	51.65%
2	科技部基金项目	24636	12.51%
3	江苏省基金	2648	1.34%
4	上海市基金	2537	1.29%
5	中国科学院基金项目	2215	1.12%
6	浙江省基金	1854	0.94%
7	广东省基金	1581	0.80%
8	北京市基金	1513	0.77%
9	山东省基金	1422	0.72%
10	教育部基本项目	1117	0.57%

数据来源：SCI。

（3）CSTPCD 和 SCI 收录基金论文的基金资助来源的异同

通过对 CSTPCD 和 SCI 收录基金论文的分析可以看出，目前中国已经形成了一个以国家（国家自然科学基金、科技部 973 计划、863 计划和科技支撑计划等）为主，地方（各省级）基金、机构（大学、研究机构）基金、公司（各公司）基金、个人（私人）基金和海外基金等为补充的多层次的资助体系。无论是 CSTPCD 收录的基金论文或者是 SCI 收录的基金论文，都是在这一资助体系下产生，所以其基金资助来源必然呈现出一定的一致性，这种一致性主要表现在：

①国家自然科学基金在中国的基金资助体系中占据了绝对的主体地位。在CSTPCD数据库中，由国家自然科学基金资助产出的论文占该数据库全部基金论文的35.33%；在SCI数据库中，国家自然科学基金资助产出的论文比例更是高达51.65%。

②科技部在中国的基金资助体系中发挥了极为重要的作用。在CSTPCD数据库中，科技部资助产出的论文占该数据库全部基金论文的13.04%；在SCI数据库中，科技部资助产出的论文占12.51%。

③省一级地方（包括省、自治区、直辖市）是中国基金资助体系的有力的补充。在CSTPCD数据库中，由省一级地方基金资助产出的论文占该数据库基金论文总数的31.43%；在SCI数据库中，省一级地方基金资助产出的论文占10.73%。

7.3.3 基金资助产出论文的文献类型分布

（1）CSTPCD收录基金论文的文献类型分布与各类型文献基金论文比

根据CSTPCD数据统计，论著（A）、综述与评论（R）类型论文的基金论文比高于其他类型的文献。2014年CSTPCD收录论著类型论文325463篇，其中237895篇由基金资助产生，基金论文比为73.09%；收录综述与评论类型论文23807篇，其中15138篇由基金资助产生，基金论文比为63.59%。其他类型文献（短篇论文、研究快报和工业工程设计）共计148579篇，其中53756篇由基金资助产生，基金论文比为36.18%。论著、综述与评论这两种类型论文的基金论文比远高于其他类型的文献。

CSTPCD收录的基金论文中，论著（A）、综述与评论（R）类型的论文占据了主体地位。如图7-2所示，2014年CSTPCD收录由基金资助产出的论文共计306789篇，其中论著237895篇，综述与评论15138篇，这两种类型的文献占全部基金论文总数的82.48%。

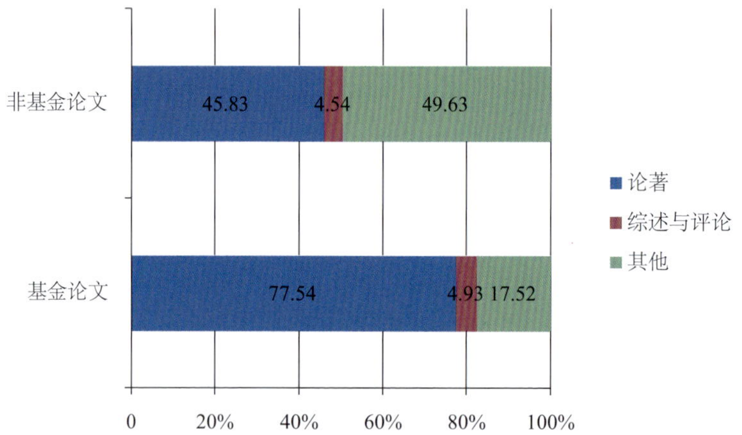

图7-2 基金论文文献类型分布

（2）SCI收录基金论文的文献类型分布与各类型文献基金论文比

如表7-9所示，2014年SCI收录中国论文235139篇（不包含港澳台地区），其中 A、R 两种类型（Article、Review）的论文有 225097 篇，其他类型（Bibliography，Biographical-Item， Book Review， Correction， Editorial Material， Letter， Meeting Abstract， News Item， Proceedings Paper， Reprint 等）论文 10042 篇。

SCI 收录基金论文中，A、R 类型论文占据了绝对的主体地位。如表 7-9 所示，2014 年 SCI 收录中国基金论文 196904 篇，其中 A、R 类型论文共计 196890 篇，A、R 论文所占比例达 99.99%。2014 年 SCI 收录 A、R 论文的基金论文比为 80.64%。

表 7-9　2014 年基金资助产出论文的文献类型与基金论文比

	基金论文篇数	论文总篇数	基金论文比
A、R 论文	196890	225097	87.47%
其他类型	14	10042	0.14%
合计	196904	235139	83.74%

数据来源：SCI。

7.3.4　基金论文的机构分布

（1）CSTPCD 收录基金论文的机构分布

2014 年，CSTPCD 收录中国各类基金资助产出论文在各类机构中的分布情况见附表 40 和图 7-3。多年来，高等院校一直是基金论文产出的主体力量，由其产出的基金论文占全部基金论文的比例长期保持在 60% 以上。从 CSTPCD 的统计数据可以看到，2014 年有 74.98% 的基金论文产自高等院校。自 2009 年起，高等院校产出基金论文连续 5 年保持在了 18 万篇以上的水平，2014 年达到了 23 万篇之上。基金论文产出的第二力量来自科研机构，2014 年由科研机构产出的基金论文共计 38524 篇，占全部基金论文的 12.56%。

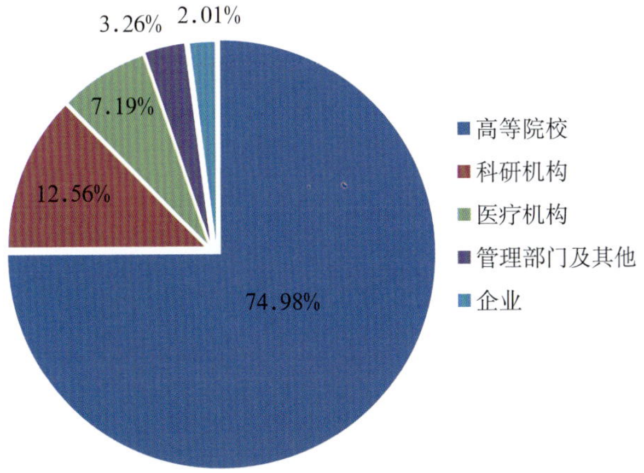

图 7-3　2014 年 CSTPCD 收录中国各类基金资助产出论文在各类机构中的分布

注：医疗机构数据不包括高等院校附属医院。

各类型机构产出基金论文数占该类型机构产出论文总数的比例，称之为该种类型机构的基金论文比。根据CSTPCD数据统计，2014年不同类型机构的基金论文比存在一定差异。如表7-10所示，高等院校和科研院所的基金论文比明显高于其他类型的机构。这一现象与科研中高等院校和科研院所是主体力量，基金资助在这两类机构的科研人员中有更高的覆盖率的事实是相一致的。

表7-10 2014年各类型机构的基金论文比

机构类型	基金论文篇数	论文总篇数	基金论文比
高等院校	230041	320530	71.77%
研究机构	38524	57600	66.88%
医疗机构	22053	74269	29.69%
管理部门及其他	10006	18206	54.96%
公司企业	6165	23489	26.25%
合计	306789	494094	62.09%

注：医疗机构数据不包括高等院校附属医院。

数据来源：CSTPCD。

根据CSTPCD数据统计，中国高等院校2014年产出基金论文居前50位的机构见附表43。表7-11列出了产出基金论文居前10位的高等院校。2014年进入前10位的高学院校的基金论文仅有5家超过了2000篇，而进入前10位的高校的基金论文均超过了2000篇，2012年和2011年产出基金论文数超过2000篇的高等院校分别有5家和4家。

表7-11 2014年产出基金论文居前10位的高等院校

排名	机构名称	基金论文篇数	占全部基金论文的比例
1	上海交通大学	2930	0.96%
2	浙江大学	2464	0.80%
3	中南大学	2315	0.75%
4	同济大学	2217	0.72%
5	四川大学	2062	0.67%
6	北京大学	1964	0.64%
7	西北工业大学	1899	0.62%
8	武汉大学	1894	0.62%
9	中国石油大学	1844	0.60%
10	吉林大学	1843	0.60%

注：高等院校数据包括其附属医院。

数据来源：CSTPCD。

根据CSTPCD数据统计，中国科研院所2014年产出基金论文居前50位的机构见附表44。表7-12列出了产出基金论文居前10位的科研院所。与2013年相比，进入前10位的科研院所没有发生太大变化，只有中国医学科学院取代2013年进入前10位的军事医学科学院。2011年，仅中国中医科学院的基金论文数超过了600篇；2012年，基金论文数超过 600 篇的机构有 2 家，分别是中国中医科学院 719 篇、中国林业科学研究院 640 篇；2013 年，基金论文数超过 600 篇的机构有 3 家，分别是中国中医科学院 924 篇、中国科学院长春光学精密机械与物理研究所 668 篇和中国林业科学研究院 647 篇；2014 年，基金论文数超过 600 篇的机构有 4 家，分别是中国林业科学院 655 篇、中国科学院长春光学精密机械与物理研究所 634 篇、中国医学科学院 603 篇和中国水产科学研究院 602 篇。

表 7-12　2014 年产出基金论文居前 10 位的科研院所

排名	机构名称	基金论文篇数	占全部基金论文的比例
1	中国林业科学研究院	655	0.21%
2	中国科学院长春光学精密机械与物理研究所	634	0.21%
3	中国医学科学院	603	0.20%
4	中国水产科学研究院	602	0.20%
5	中国热带农业科学院	533	0.17%
6	中国疾病预防控制中心	526	0.17%
7	中国科学院地理科学与资源研究所	469	0.15%
8	中国中医科学院	458	0.15%
9	江苏省农业科学院	430	0.14%
10	中国工程物理研究院	420	0.14%

数据来源：CSTPCD。

（2）SCI 收录基金论文的机构分布

2014 年，SCI 收录中国各类基金资助产出论文在各类机构中的分布情况如图 7-4 所示。根据 SCI 数据统计，2014 年高等院校共产出基金论文 165854 篇，占 84.24%；科研院所共产出基金论文 26397 篇，占 13.41%；医疗机构共产出基金论文 3338 篇，占 1.70%；管理部门、公司企业等基金论文数量均不足总数的 1%。

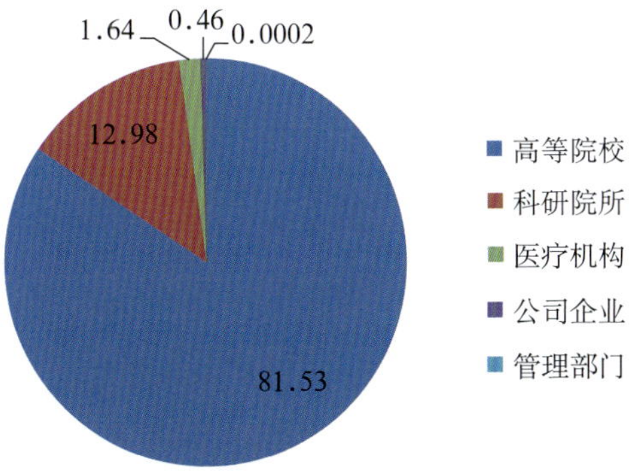

图 7-4　2014 年 SCI 收录中国各类基金资助产出论文在各类机构中的分布

注：医疗机构数据不包括高等院校附属医院。

如表 7-13 所示，不同类型机构的基金论文比存在一定差异的现象同样存在于 SCI 数据库中。根据 SCI 数据统计，医疗机构、公司企业和管理部门的基金论文比明显低于高等院校和科研院所。前三者基金论文比均低于 60%，而后两者的基金论文比均超过了 80%。其中，科研院所产出论文的基金论文比为 85.96%，高等院校产出论文的基金论文比为 84.90%。

表 7-13 2013 年各类型机构的基金论文比

机构类型	基金论文篇数	论文总篇数	基金论文比
科研院所	26397	29048	90.87%
高等院校	165358	187299	88.29%
管理部门	58	92	63.04%
公司企业	935	1417	65.98%
医疗机构	3338	6213	53.73%
其他	804	1028	78.21%
合计	196890	225097	87.47%

注：医疗机构数据不包括高等院校附属医院。

数据来源：SCI。

表 7-14 列出了根据 SCI 数据统计出的 2014 年中国产出基金论文居前 10 位的高等院校。在高等院校中，浙江大学是基金论文最大的产出机构，共产出 5196 篇，占全部基金论文的 2.64%；其次是上海交通大学，共产出 4045 篇，占全部基金论文的 2.05%；排在第 3 位的是清华大学，共产出 3875 篇，占全部基金论文的 1.97%。

表 7-14 2013 年中国产出基金论文居前 10 位的高等院校

排名	机构名称	基金论文篇数	占全部基金论文的比例
1	浙江大学	5196	2.64%
2	上海交通大学	4045	2.05%
3	清华大学	3875	1.97%
4	北京大学	3372	1.71%
5	华中科技大学	3021	1.53%
6	四川大学	2915	1.48%
7	复旦大学	2787	1.42%
8	西安交通大学	2719	1.38%
9	吉林大学	2626	1.33%
10	山东大学	2618	1.33%

注：高等院校数据包括其附属医院。

数据来源：SCI。

表 7-15 列出了根据 SCI 数据统计出的 2014 年中国产出基金论文居前 10 位的科研院所。在科研院所中，中国科学院长春应用化学研究所是基金论文最大的产出机构，共产出 823 篇，占全部基金论文的 0.42%；其次是中国科学院化学研究所，共产出 697 篇，占全部基金论文的 0.35%；排在第 3 位的是中国科学院合肥物质科学研究所，共产出 569 篇，占全部基金论文的 0.29%。

表 7-15 2014 年产出基金论文居前 10 位的科研院所

排名	机构名称	基金论文篇数	占全部基金论文的比例
1	中国科学院长春应用化学研究所	823	0.42%
2	中国科学院化学研究所	697	0.35%
3	中国科学院合肥物质科学研究所	569	0.29%
4	中国科学院大连化学物理研究所	520	0.26%
5	中国科学院物理研究所	467	0.24%
6	中国工程物理研究院	454	0.23%
7	中国科学院生态环境研究中心	441	0.22%
8	中国科学院上海硅酸盐研究所	429	0.22%
9	中国科学院金属研究所	411	0.21%
10	中国科学院地理科学与资源研究所	399	0.20%

数据来源：SCI。

（3）CSTPCD 和 SCI 收录基金论文机构分布的异同

长期以来，高等院校和科研院所一直是中国科学研究的主体力量，也是中国各类基金资助的主要资金流向。高等院校和科研院所的这一主体地位反映在基金论文上便是：无论 CSTPCD 或是在 SCI 数据库中，高等院校和科研院所产出的基金论文数量较多，所占的比例也最大。2014 年，CSTPCD 数据库收录高等院校和科研院所产出的基金论文共 268565 篇，占该数据库收录基金论文总数的 87.54%；SCI 数据库收录高等院校和科研院所产出的基金论文共 191755 篇，占该数据库收录基金论文总数的 97.39%。

以上是 CSTPCD 和 SCI 收录基金论文机构分布的相同点。与此同时，这两个数据库收录基金论文的机构分布也存在一些不同。例如，在两个数据库中 2014 年产出基金论文居前 10 位的高等院校和科研院所的名单存在较大差异；SCI 数据库中，基金论文集中在少数机构中产生，而在 CSTPCD 数据库中，基金论文的机构分布较 SCI 数据库更为分散。

7.3.5 基金论文的学科分布

（1）CSTPCD 收录基金论文的学科分布

根据 CSTPCD 数据统计，2014 年中国各类基金资助产出论文在各学科中的分布情况如附表 41 所示。表 7-16 为基金论文居前 10 位的学科，进入该名单的学科与 2013 年一致，排名略有差别。

表 7-16　2014 年基金论文数量居前 10 位的学科

学科	2014 年			2013 年		
	基金论文篇数	占全部基金论文的比例	排名	基金论文篇数	占全部基金论文的比例	排名
临床医学	48404	15.78%	1	46531	15.6%	1
计算技术	23883	7.78%	2	24811	8.3%	2
农学	18529	6.04%	3	17863	6%	3
电子、通信与自动控制	16244	5.29%	4	16945	5.7%	4
中医学	13277	4.33%	5	13208	4.5%	7
生物	13022	4.24%	6	13207	4.4%	6
地学	12142	3.96%	7	12161	4.1%	5
基础医学	11550	3.76%	8	11512	3.9%	8
环境科学	10907	3.56%	9	10575	3.6%	9
化学	8885	2.90%	10	9343	3.1%	10

数据来源：CSTPCD。

（2）SCI 收录基金论文的学科分布

根据 SCI 数据统计，2014 年中国各类基金资助产出论文在各学科中的分布情况如表 7-17 所示。基金论文最多的来自于化学领域，共计 36220 篇，占全部基金论文的 17.80%；其次是临床医学，29274 篇基金论文来自该领域，占全部基金论文的 14.39%；排在第 3 位的是物理，23200 篇基金论文来自该领域，占全部基金论文的 11.40%。

表 7-17　2014 年各学科基金论文数及基金论文比

学科	基金论文篇数	占全部基金论文的比例	基金论文数排名	论文总篇数	基金论文比
化学	37301	18.95%	1	40471	92.17%
物理	23717	12.05%	2	26346	90.02%
生物	21632	10.99%	3	23751	91.08%
临床医学	18272	9.28%	4	25870	70.63%
材料科学	15754	8.00%	5	17783	88.59%
电子、通信与自动控制	8583	4.36%	6	9678	88.69%
数学	8521	4.33%	7	9344	91.19%
基础医学	8146	4.14%	8	10564	77.11%
地学	7063	3.59%	9	7978	88.53%
计算技术	6648	3.38%	10	7371	90.19%
环境	4875	2.48%	11	5151	94.64%
药学	4813	2.44%	12	5690	84.59%
能源科学技术	4011	2.04%	13	4453	90.07%
化工	3078	1.56%	14	3311	92.96%
机械、仪表	2661	1.35%	15	3003	88.61%
农学	2567	1.30%	16	2684	95.64%

续表

学科	基金论文篇数	占全部基金论文的比例	基金论文数排名	论文总篇数	基金论文比
食品	2233	1.13%	17	2413	92.54%
力学	1958	0.99%	18	2130	91.92%
冶金、金属	1766	0.90%	19	1958	90.19%
预防医学、卫生	1667	0.85%	20	2062	80.84%
工程与技术基础学科	1631	0.83%	21	1820	89.62%
天文学	1255	0.64%	22	1313	95.58%
土木建筑	1232	0.63%	23	1430	86.15%
水利	1001	0.51%	24	1077	92.94%
信息、系统科学	829	0.42%	25	900	92.11%
畜牧兽医	783	0.40%	26	837	93.55%
中医学	774	0.39%	27	904	85.62%
水产	723	0.37%	28	760	95.13%
管理学	584	0.30%	29	674	86.65%
核科学技术	521	0.26%	30	702	74.22%
航空航天	517	0.26%	31	653	79.17%
交通运输	443	0.22%	32	500	88.60%
林学	414	0.21%	33	425	97.41%
矿山工程技术	367	0.19%	34	404	90.84%
动力与电气	230	0.12%	35	259	88.80%
军事医学与特种医学	80	0.04%	36	118	67.80%
安全科学技术	80	0.04%	37	88	90.91%
文化科学教育体育	79	0.04%	38	126	62.70%
经济	70	0.04%	39	78	89.74%
其他	11	0.01%	40	18	61.11%
合计	196890	100.00%		225097	87.47%

数据来源：SCI。

（3）CSTPCD 和 SCI 收录基金论文学科分布的异同

通过以上两节的分析可以看出，CSTPCD 和 SCI 数据库收录基金论文在学科分布上存在较大差异：

① CSTPCD 收录基金论文的数量居前 3 位的学科分别是临床医学、计算技术和农学；SCI 收录基金论文的数量居前 3 位的学科分别是化学、临床医学和物理学。

②与 CSTPCD 数据库相比，SCI 数据库收录的基金论文在学科分布上呈现了更明显的集中趋势。在 CSTPCD 数据库中，基金论文数量排名居前 8 位的学科集中了 50% 以上的基金论文；前 20 位的学科集中了 80% 以上的基金论文。在 SCI 数据库中，基金论文数量排名前 4 位的学科集中了 50% 以上的基金论文；前 11 位的学科集中了 80% 以上的基金论文。

7.3.6 基金论文的地区分布

(1) CSTPCD 收录基金论文的地区分布

CSTPCD 2014 收录各类基金资助产出论文的地区分布情况如附表 42 所示。表 7-18 给出了 2014 年基金资助产出论文数量居前 10 位的地区。根据 CSTPCD 数据统计，2014 年基金论文数居首位的仍然是北京，产出 40688 篇，占全部基金论文的 13.26%。排在第 2 位的是江苏，产出 29095 篇基金论文，占全部基金论文的 9.48%。位列其后的广东、上海、陕西、山东、湖北和四川基金论文的产量也都超过了 12000 篇。

表 7-18 2014 年产出基金论文数量居前 10 位的地区

地区	2014 年			2013 年		
	基金论文篇数	占全部基金论文的比例	排名	基金论文篇数	占全部基金论文的比例	排名
北京	40688	13.26%	1	39059	13.10%	1
江苏	29095	9.48%	2	28635	9.60%	2
广东	18828	6.14%	3	18911	6.40%	3
上海	17950	5.85%	4	17857	6.00%	4
陕西	17519	5.71%	5	17502	5.90%	5
山东	13276	4.33%	6	12902	4.30%	7
湖北	13255	4.32%	7	12447	4.20%	8
浙江	13213	4.31%	8	13025	4.40%	6
四川	12984	4.23%	9	12117	4.10%	9
辽宁	11886	3.87%	10	11258	3.80%	10

数据来源：CSTPCD。

各地区的基金论文数占该地区全部论文数的比例，称之为该地区的基金论文比。2013—2014 年各地区产出基金论文比与基金论文变化情况如表 7-19 所示。2014 年基金论文比最高的地区是西藏，其基金论文比为 73.04%；最低的地区是河北，其基金论文比为 49.23%。与 2013 年相比，多数地区的基金论文比变化并不显著，其中变化最大的是西藏，上升了 9.16 个百分点。基金论文比变化较大的同时我们要注意到一个事实，即西藏基金论文基数较小，基金论文在绝对数量上较小的变化可能引起基金论文比的大幅度改变。

表 7-19 2013—2014 年各地区基金论文比与基金论文数变化情况

地区	基金论文比		基金论文比变化（百分点）	基金论文篇数		基金论文年增长率
	2014 年	2013 年		2014 年	2013 年	
北京	60.73%	57.82%	2.91	40688	39059	4.17%
江苏	62.50%	58.90%	3.60	29095	28635	1.61%
广东	59.81%	55.97%	3.84	18828	18911	-0.44%
上海	60.42%	57.22%	3.20	17950	17857	0.52%

续表

地区	基金论文比		基金论文比变化（百分点）	基金论文篇数		基金论文年增长率
	2014 年	2013 年		2014 年	2013 年	
陕西	66.23%	61.94%	4.29	17519	17502	0.10%
山东	59.36%	55.23%	4.13	13276	13025	2.90%
湖北	55.56%	50.55%	5.01	13255	12902	6.49%
浙江	57.29%	53.18%	4.11	13213	12447	1.44%
四川	56.71%	52.20%	4.51	12984	12117	7.16%
辽宁	61.61%	57.69%	3.92	11886	11258	5.58%
河南	59.96%	55.28%	4.68	10882	10417	4.46%
湖南	68.53%	65.59%	2.94	9901	10190	-2.84%
河北	49.23%	45.87%	3.36	8699	8601	9.35%
黑龙江	72.53%	68.38%	4.15	8228	8156	-4.34%
重庆	64.42%	60.25%	4.17	8143	7955	-0.16%
天津	59.38%	53.99%	5.39	8044	7858	8.16%
安徽	61.95%	58.24%	3.71	7969	7437	1.41%
广西	67.57%	59.58%	7.99	6281	6096	3.03%
福建	68.92%	65.26%	3.66	6168	5873	5.02%
吉林	70.54%	65.00%	5.54	6140	5524	11.15%
甘肃	66.51%	62.77%	3.74	5812	5519	5.31%
新疆	70.63%	65.57%	5.06	5705	4931	17.19%
云南	67.44%	62.74%	4.70	5098	4868	3.39%
山西	61.92%	60.32%	1.60	4898	4346	13.59%
江西	70.26%	65.37%	4.89	4652	4312	7.04%
贵州	72.29%	68.41%	3.88	3871	3748	3.28%
内蒙古	64.40%	57.77%	6.63	2761	2212	24.82%
海南	62.40%	59.20%	3.20	1895	1747	8.47%
宁夏	67.32%	63.56%	3.76	1374	1270	8.19%
青海	55.56%	51.55%	4.01	694	649	6.93%
西藏	73.04%	63.88%	9.16	168	168	0.00%
不详	28.85%	30.67%	—	712	1768	—
合计	61.48%	57.53%	0.88	306789	297338	3.18%

数据来源：CSTPCD。

（2）SCI 收录基金论文的地区分布

根据 SCI 数据统计，2014 年中国各类基金资助产出论文的地区分布情况如表 7-20 所示。

2014 年，中国各类基金资助产出论文最多的地区是北京，产出 30378 篇，占全部基金论文的 14.93%；其次是江苏，产出 19372 篇，占全部基金论文的 9.52%；排在第 3 位的是上海市，产出 18923 篇，占全部基金论文的 9.30%。

表 7-20 2014 年各地区基金论文比与基金论文数变化情况

排名	地区	基金论文篇数	占全部基金论文的比例	论文篇数	基金论文比
1	北京	35378	17.97%	40463	87.43%
2	江苏	21080	10.71%	23470	89.82%
3	上海	18047	9.17%	20904	86.33%
4	广东	10994	5.58%	12516	87.84%
5	浙江	10638	5.40%	12067	88.16%
6	湖北	10464	5.31%	11871	88.15%
7	陕西	9804	4.98%	11088	88.42%
8	山东	8564	4.35%	9996	85.67%
9	四川	7718	3.92%	9301	82.98%
10	辽宁	7434	3.78%	8744	85.02%
11	湖南	6587	3.35%	7544	87.31%
12	安徽	5808	2.95%	6484	89.57%
13	天津	5636	2.86%	6463	87.20%
14	黑龙江	5547	2.82%	6229	89.05%
15	吉林	5118	2.60%	5861	87.32%
16	重庆	4406	2.24%	4960	88.83%
17	福建	4141	2.10%	4570	90.61%
18	河南	3768	1.91%	4677	80.56%
19	甘肃	3333	1.69%	3635	91.69%
20	河北	2318	1.18%	2872	80.71%
21	云南	2086	1.06%	2280	91.49%
22	江西	1902	0.97%	2120	89.72%
23	山西	1785	0.91%	2049	87.12%
24	广西	1400	0.71%	1668	83.93%
25	新疆	983	0.50%	1107	88.80%
26	内蒙古	658	0.33%	736	89.40%
27	贵州	607	0.31%	662	91.69%
28	海南	383	0.19%	420	91.19%
29	宁夏	162	0.08%	182	89.01%
30	青海	129	0.07%	143	90.21%
31	西藏	12	0.01%	15	80.00%

数据来源：SCI。

（3）CSTPCD 与 SCI 收录基金论文地区分布的异同

CSTPCD 和 SCI 两个数据库收录基金论文地区分布的相同点主要表现在：无论在 CSTPCD 还是在 SCI 数据库中，产出基金论文数量居前 4 位的地区都是北京、江苏、上海和广东，只是排名稍有差异。

CSTPCD 和 SCI 两个数据库收录基金论文地区分布的不同点主要表现为：SCI 数据库中基金论文的地区分布更为集中。例如，在 CSTPCD 数据库中，基金论文数量居前 8 位的地区产出了 50% 以上的基金论文，基金论文数量居前 17 位的地区产出了 80% 以上的基金论文；在 SCI 数据库中，基金论文数量居前 5 位的地区产出了 50% 以上的基金论文，基金论文居前 13 位的地区产出了 80% 以上的基金论文。

7.3.7 基金论文的合著情况分析

（1）CSTPCD 收录基金论文合著情况分析

如图 7–5 所示，2014 年 CSTPCD 收录基金论文 306077 篇，其中 2942492 篇是合著论文，合著论文比例为 95.91%，这一值较 CSTPCD 收录所有论文的合著比例（91.05%）高出 4.86 个百分点。

2014 年，CSTPCD 收录所有论文的篇均作者数为 4.01 人 / 篇，该数据库收录基金论文篇均作者数为 4.38 人 / 篇，基金论文的篇均作者数较所有论文的篇均作者数高出 0.37 人 / 篇。

如表 7–21 所示，CSTPCD 收录基金论文中的合著论文以 4 位作者论文最多，共计 63599 篇，占全部基金论文总数的 20.73%；3 位作者论文所占比例排名居第 2 位，共计 58608 篇，占全部基金论文总数的 19.10%；排在第 3 位的是 5 位作者论文，共计 54076 篇，占全部基金论文的 17.63%。

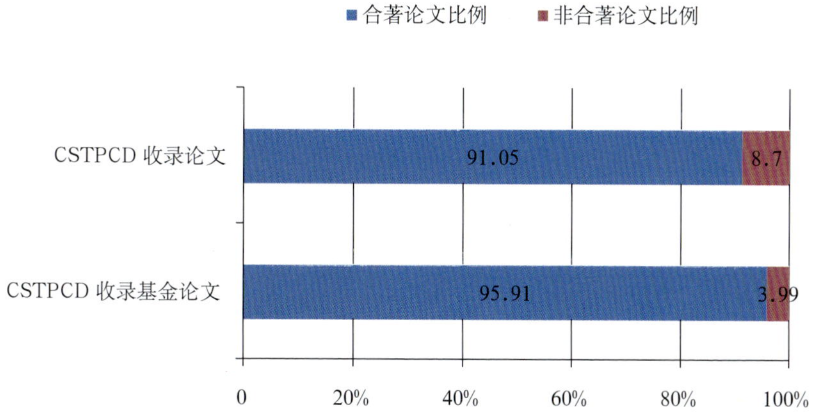

图 7–5 2014 年基金论文合著比例

数据来源：CSTPCD。

表 7-21 2014 年不同作者数的基金论文数量

作者数	基金论文篇数	占全部基金论文的比例	作者数	基金论文篇数	占全部基金论文的比例
1	12252	3.99%	7	21238	6.92%
2	38194	12.45%	8	10769	3.51%
3	58608	19.10%	9	8409	2.74%
4	63599	20.73%	10	753	0.25%
5	54076	17.63%	≧ 11 及不详	778	0.34%
6	37825	12.33%	总计	306789	100.00%

数据来源：CSTPCD。

表 7-22 列出了基金论文的合著论文比例与篇均作者数的学科分布。根据 CSTPCD 数据统计，各学科基金论文中合著论文比例最高的是动力与电气，为 98.96%；水产、畜牧兽医、核科学技术、材料科学、化学、药物学、航空航天、食品和生物这 9 个学科基金论文的合著论文比例也都超过了 98.00%；数学学科基金论文的合著比例最低，为 82.75%；排在倒数第 2 位的是天文，该学科基金论文的合著比例为 86.38%。

如表 7-22 所示，各学科篇均作者数在 2.72 ～ 5.85 人 / 篇，篇均作者数最高的是畜牧兽医，为 5.85 人 / 篇；其次是水产，为 5.43 人 / 篇；排在第 3 位的是军事医学与特种医学，为 5.37 人 / 篇。

表 7-22 2014 年基金论文的合著论文比例与篇均作者数的学科分布

学科	基金论文篇数	合著论文篇数	合著论文比例	篇均作者数 /（人 / 篇）
数学	5245	4340	82.75%	2.72
力学	1676	1613	96.24%	3.63
信息、系统科学	372	345	92.74%	3.03
物理	4840	4630	95.66%	4.49
化学	8885	8736	98.32%	4.74
天文	301	260	86.38%	4.30
地学	12142	11762	96.87%	4.62
生物	13022	12774	98.10%	5.04
预防医学与卫生学	7955	7684	96.59%	5.10
基础医学	11550	11258	97.47%	5.25
药物学	6105	6001	98.30%	5.02
临床医学	48404	46466	96.00%	5.07
中医学	13277	12650	95.28%	4.82
军事医学与特种医学	1191	1162	97.57%	5.37

续表

学科	基金论文篇数	合著论文篇数	合著论文比例	篇均作者数 /（人 / 篇）
农学	18529	18123	97.81%	5.26
林学	3690	3585	97.15%	4.77
畜牧兽医	5299	5227	98.64%	5.85
水产	1802	1782	98.89%	5.43
测绘科学技术	2183	2101	96.24%	3.79
材料科学	5116	5037	98.46%	4.66
工程与技术基础学科	2601	2522	96.96%	4.14
矿业工程技术	3716	3363	90.50%	3.96
能源科学技术	4045	3833	94.76%	4.86
冶金、金属学	7579	7255	95.73%	4.35
机械、仪表	7203	6972	96.79%	3.78
动力与电气	2886	2856	98.96%	4.27
核科学技术	591	582	98.48%	5.06
电子、通信与自动控制	16244	15729	96.83%	4.04
计算技术	23883	22547	94.41%	3.47
化工	7727	7535	97.52%	4.58
轻工、纺织	1299	1241	95.54%	4.46
食品	6816	6692	98.18%	4.88
土木建筑	7976	7631	95.67%	3.67
水利	2060	1994	96.80%	3.79
交通运输	6405	6144	95.93%	3.63
航空航天	3090	3034	98.19%	3.81
安全科学技术	173	156	90.17%	3.72
环境科学	10907	10638	97.53%	4.62
管理学	883	809	91.62%	2.96
其他	19121	17180	89.85%	3.72
总计	306789	294249	95.91%	4.53

数据来源：CSTPCD。

（2）SCI 收录基金论文合著情况分析

2014 年 SCI 收录基金论文 196890 篇，其中 138219 篇是合著论文，合著论文比例为 70.20%，这一值较 SCI 收录所有论文的合著比例 68.92% 低了 1.28 个百分点（如图 7-6 所示）。

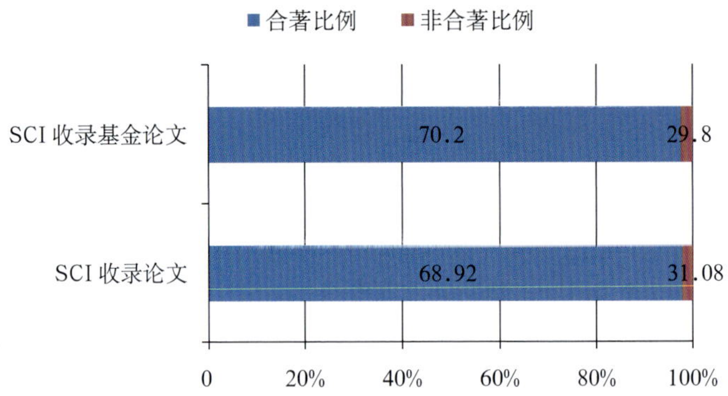

图 7-6　2014 年 SCI 收录基金论文合著比例

数据来源：SCI。

如表 7-23 所示，SCI 收录基金论文中的合著论文以 5 位作者最多，共计 33565 篇，占全部基金论文总数的 17.05%；其次是 4 位作者论文，共计 32645 篇，占全部基金论文总数的 16.58%；排在第 3 位的是 6 位作者论文，共计 28754 篇，占全部基金论文总数的 14.60%。

表 7-23　2014 年不同作者数的基金论文数量

作者数	基金论文篇数	占全部基金论文的比例	作者数	基金论文篇数	占全部基金论文的比例
1	3173	1.61%	8	13706	6.96%
2	15521	7.88%	9	8860	4.50%
3	25472	12.94%	10	5811	2.95%
4	32645	16.58%	11	3242	1.65%
5	33565	17.05%	12	2086	1.06%
6	28754	14.60%	≧ 13	3980	2.02%
7	20075	10.20%	总计	196890	100.00%

数据来源：SCI。

表 7-24 列出了基金论文的合著论文比例与篇均作者数的学科分布。根据 SCI 数据统计，基金论文数超过 100 篇的学科中，合著论文比例最高的是预防医学、卫生，该学科的基金论文中合著论文比例达到 84.34%；其次是地学，其基金论文中合著论文比例为 81.57%。

如表 7-24 所示，各学科篇均作者数在 2.83 ～ 7.83 人 / 篇，篇均作者数最高的是预防医学、卫生，为 7.83 人 / 篇；其次是临床医学，为 7.77 人 / 篇。

表 7-24　基金论文的合著论文比例与篇均作者数的学科分布

学科	基金论文篇数	合著论文篇数	合著论文比例	篇均作者数 /（人 / 篇）
化学	37301	24104	64.62%	5.97
生物	21632	16643	76.94%	6.95

续表

学科	基金论文篇数	合著论文篇数	合著论文比例	篇均作者数 /（人 / 篇）
物理	23717	15720	66.28%	5.47
临床医学	18272	14730	80.62%	7.77
材料科学	15754	10355	65.73%	5.79
基础医学	8146	6598	81.00%	7.70
地学	7063	5761	81.57%	5.16
电子、通信与自动控制	8583	5293	61.67%	4.40
数学	8521	5224	61.31%	2.83
计算技术	6648	4689	70.53%	4.04
药物学	4813	3831	79.60%	7.28
环境科学	4875	3759	77.11%	5.67
能源科学技术	4011	2629	65.54%	5.39
化工	3078	1932	62.77%	5.47
农学	2567	1903	74.13%	6.19
食品	2233	1617	72.41%	6.10
机械、仪表	2661	1548	58.17%	4.52
预防医学、卫生	1667	1406	84.34%	7.83
力学	1958	1219	62.26%	3.72
冶金、金属	1766	1097	62.12%	4.75
工程与技术基础学科	1631	1023	62.72%	3.73
天文学	1255	1022	81.43%	4.93
土木建筑	1232	871	70.70%	4.01
水利	1001	728	72.73%	4.93
中医学	774	624	80.62%	7.09
信息、系统科学	829	578	69.72%	3.62
畜牧兽医	783	531	67.82%	7.32
水产	723	520	71.92%	5.88
管理学	584	442	75.68%	3.46
交通运输	443	345	77.88%	4.08
核科学技术	521	329	63.15%	5.88
林学	414	314	75.85%	5.39
矿山工程技术	367	248	67.57%	5.50
航空航天	517	242	46.81%	3.91
动力与电气	230	123	53.48%	4.76
军事医学与特种医学	80	61	76.25%	6.56

续表

学科	基金论文篇数	合著论文篇数	合著论文比例	篇均作者数 /（人 / 篇）
经济	70	53	75.71%	3.09
安全科学技术	80	53	66.25%	3.85
文化科学教育体育	79	45	56.96%	5.36
其他	11	9	81.82%	3.33
合计	196890	138219	70.20%	5.94

数据来源：SCI。

7.3.8 中国国家级科技计划（项目）投入与论文产出的效率

根据 CSTPCD 数据统计，2014 年产出论文数量最多的 3 个科技计划（项目）分别是国家自然科学基金项目、国家科技支撑计划、国家重点基础研究发展计划（973 计划）。下文以这 3 个国家科技计划（项目）作为统计的样本。

2014 年这 3 个国家级科技计划（项目）论文产出效率如表 7-25 所示。一般说来，国家科技计划项目资助时间在 1 ～ 3 年时间。我们以统计当年之前 3 年的投入总量作为产出的成本，计算中国科技论文的产出效率，即用 2014 年基金项目论文数量除以 2011—2013 年基金项目投入的总额。由表 7-26 可以看到，2011—2013 年，国家自然科学基金项目的投入最多，在 2014 年产出的论文数量也最多，同时基金论文产出效率也是最高的，达到约 165.60 篇 / 亿元。国家科技支撑计划的基金论文产出效率为 61.09 篇 / 亿元。973 计划的投入规模尽管相对其他两个基金项目比较小，但是基金论文产出效率相对较高，为 78.15 篇 / 亿元。

表 7-25 2014 年 3 个国家级科技计划（项目）国内论文产出效率

基金资助项目	2014 年论文篇数	资助总额 / 亿元				基金论文产出效率 /（篇/亿元）
		2011 年	2012 年	2013 年	总计	
国家自然科学基金委员会项目	108391	182.75	236.56	235.24	654.55	165.60
国家科技支撑计划	11209	55	67.23	61.26	183.49	61.09
国家重点基础研究发展计划（973 计划）	7825	45	26.76	28.37	100.13	78.15

注：2014 年论文数的数据来源于 CSTPCD；资助金额数据来源于科技部统计年报、国家自然科学基金委统计年报。

根据 SCI 数据统计，2014 年产出论文数量超过 10000 篇的科技计划（项目）有两个，分别是国家自然科学基金委员会项目、国家重点基础研究发展计划（973 计划）。下文以这两个国家科技计划（项目）作为统计的样本。

根据 SCI 数据统计，2014 年这两个国家级科技计划（项目）论文产出效率如表 7-26 所示。2011—2013 年，国家自然科学基金委员会项目的投入产出效率约 155.36 篇 / 亿元。

973 计划的投入产出效率约 164.31 篇 / 亿元。

表 7-26 2014 年 2 个国家级科技计划项目 SCI 论文产出效率

基金资助项目	2014 年论文篇数	资助总额 / 亿元				基金论文产出效率 /（篇 / 亿元）
		2011 年	2012 年	2013 年	总计	
国家自然科学基金委员会项目	101690	182.75	236.56	235.24	654.55	155.36
国家重点基础研究发展计划（973 计划）	16452	45	26.76	28.37	100.13	164.31

注：2014 年论文数的数据来源于 SCI。

7.4 讨论

本章对 CSTPCD 和 SCI 收录的基金论文从多个维度进行了分析，包括基金资助来源、基金论文的文献类型分布、机构分布、学科分布、地区分布、合著情况及 3 个国家级科技计划（项目）的投入产出效率。通过以上分析，主要得到了以下结论：

①中国各类基金资助产出论文数量在整体上保持了上升的态势，基金论文在所有论文中所占比重也在不断增长，基金资助正在对中国科技事业的发展发挥越来越大的作用。

②中国目前已经形成了一个以国家自然科学基金、科技部计划（项目）资助为主，其他部委基金及地方基金、机构基金、公司基金、个人基金和海外基金为补充的多层次的基金资助体系。

③ CSTPCD 和 SCI 收录的基金论文在文献类型分布、机构分布、地区分布上具有一定的相似性；其各种分布情况与 2013 年相比也具有一定的稳定性。

④基金论文的合著论文比例和篇均作者数高于平均水平，这一现象同时存在于 CSTPCD 和 SCI 这两个数据库中。

⑤ 2014 年以产出论文较多的 3 项国家科技计划项目为例，继续研究中国科技投入和论文产出的效率。数据显示，国家自然科学基金项目的资助规模、论文产出数量和效率都是最高的。

参考文献

[1] 培根 . 学术的进展 [M]. 刘运同译 . 上海：上海人民出版社，2007： 58.

[2] 中国科学技术信息研究所 .2011 年度中国科技论文统计与分析 [M]. 北京：科学技术文献出版社， 2012：57-65.

[3] 郭红 . 科技期刊基金标注的规范化现状和存在的问题及建议 [J]. 数字图书馆论坛，2013（3）：1-5.

[4] 翟丽华 . 科技期刊论文的基金标注规范化调查研究 [J]. 数字图书馆论坛，2013（3）：6-11.

[5] 郭红，潘云涛，马峥，等 . 国家自然科学基金资助产出论文计量分析 [J]. 科技导报，2011，29（27）：61-66.

[6] 郭红，潘云涛，马峥，等. 国家自然科学基金资助产出医学论文的计量分析 [J]. 科技管理研究，2012，32（10）：46–50.

[7] 中国科学技术信息研究所 .2013 年度中国科技论文统计与分析（年度研究报告）[M]. 北京：科学技术文献出版社，2014.

[8] 中华人民共和国科学技术部 . 国家科技计划年度报告 2014[EB/OL].[2015–2–11].http：//www.most.gov.cn/ndbg/2014ndbg/.

[9] 国家自然科学基金委员会 .2013 年度报告 [EB/OL].[2015–2–11].http：//www.nsfc.gov.cn/nsfc/cen/ndbg/2013ndbg/index.html.

8 中国科技论文合著情况统计分析

科技合作是科学研究工作发展的重要模式。随着科技的进步、全球化趋势的推动，以及先进通信方式的广泛应用，科学家能够克服地域的限制，参与合作的方式越来越灵活，合著论文的数量一直保持着增长的趋势。中国科技论文统计与分析项目自 1990 年起对中国科技论文的合著情况进行了统计分析。2014 年合著论文所占比例与 2013 年度相比有所提升，合著论文的数量较之 2013 年度持平。2014 年度数据显示，无论西部地区还是其他地区，都十分重视并积极参与科研合作。各个学科领域内的合著论文比例与其自身特点相关。同时，对国内论文和国际论文的统计分析表明，中国与其他国家和地区的合作论文情况总体保持稳定。

8.1 CSTPCD 2014 收录的合著论文统计与分析

8.1.1 概述

《2014 年中国科技论文与引文数据库》（CSTPCD 2014）收录中国机构作为第一作者单位的自然科学领域论文 497849 篇，这些论文的作者总人次达到 1996166 人次，平均每篇论文由 4.01 个作者完成，其中合著论文总数为 545284 篇，所占比例为 91.3%，比 2013 年的 89.7% 增加了 2.2 个百分点。有 43321 篇是由一位作者独立完成的，数量比 2013 年的 53057 篇有所减少，在全部中国论文中所占的比例为 8.7%，与 2013 年的 8.7% 相比，也有所下降。

表 8-1 列出了 1993—2014 年 CSTPCD 论文篇数、作者人数、篇均作者人数、合著论文篇数及比例的变化情况。从表中可以看出，2006 年以前篇均作者的数值一直都保持着增长的趋势，2007 年出现波动，数值有所下降，但是在 2008 年之后又返回到增长的状态。

从表 8-1 还可以看出，合著论文的比例在 2005 年以后一般都保持在 88% 以上，而在 2007 年略有下降，但是在 2008 年以后又开始回升，保持在 88% 以上的水平波动，2014 年的合著论文的比例相比 2013 年有所上升。

如图 8-1 所示，合著论文的数量在持续快速增长，但是在 2008 年合著论文数量的变化幅度明显小于相邻年度。这主要是 2008 年论文总数增长幅度也比较小，比 2007 年仅增长 8898 篇，增幅只有 2%，因此导致尽管合著论文比例增加，但是数量增幅较小。而在 2009 年，随着论文总数增幅的回升，在比例保持相当水平的情况下，合著论文数量的增幅也有较明显的回升。2009 年以后合著论文的增减幅度基本持平。相对 2010 年，2011 年合著论文减少了 977 篇，降幅约为 0.2%。相对 2011 年，2012 年论文总数减少了 6498 篇，降幅约为 1.2%，合著论文的数量和 2011 年相对持平，论文的合著比例显著增加。2014 年合著论文数量继续保持下降的趋势。

表 8-1 CSTPCD 1993—2014 年论文作者数及合作情况

年份	论文篇数	作者人数	篇均作者人数	合著论文篇数	合著比例
1993	101983	272495	2.67	70478	69.1%
1994	107492	295125	2.75	76556	71.2%
1995	107991	304651	2.82	81110	75.1%
1996	116239	340473	2.93	88673	76.3%
1997	120851	366473	3.03	95510	79.0%
1998	133341	413989	3.10	107989	81.0%
1999	162779	511695	3.14	132078	81.5%
2000	180848	580005	3.21	151802	83.9%
2001	203299	662536	3.25	169813	83.5%
2002	240117	796245	3.32	203152	84.6%
2003	274604	929617	3.39	235333	85.7%
2004	311737	1077595	3.46	272082	87.3%
2005	355070	1244505	3.50	314049	88.4%
2006	404858	1430127	3.53	358950	88.7%
2007	463122	1615208	3.49	403914	87.2%
2008	472020	1702949	3.61	419738	88.9%
2009	521327	1887483	3.62	461678	88.6%
2010	530635	1980698	3.73	467857	88.2%
2011	530087	1975173	3.72	466880	88.0%
2012	523589	2155230	4.12	466864	89.2%
2013	513157	1994679	3.89	460100	89.7%
2014	497849	1996166	4.01	454528	91.3%

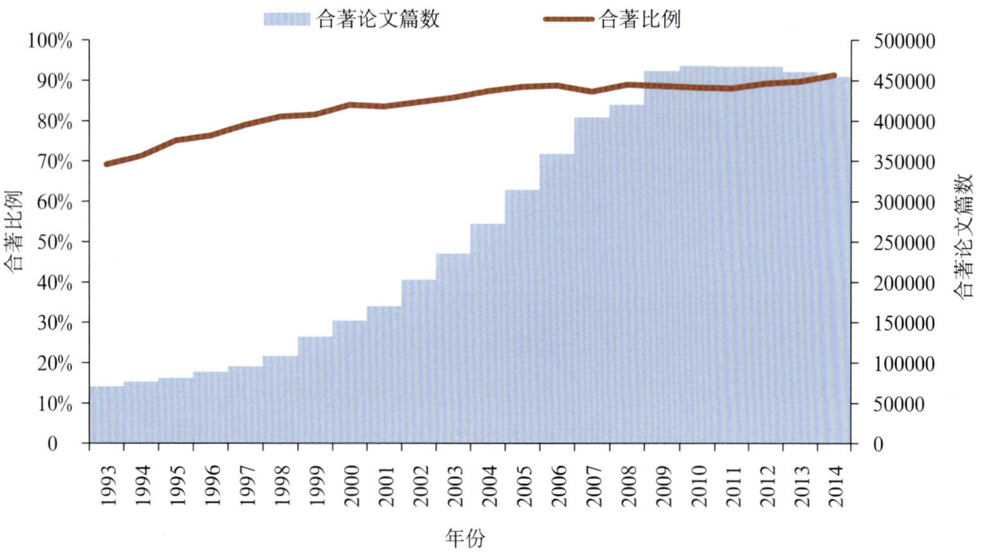

图 8-1　1993—2014 年 CSTPCD 中国科技论文合著论文数量和合著论文比例的变化

图 8-2 所示为 CSTPCD 1993—2014 年中国科技论文论文数量和篇均作者的变化情况。CSTPCD 收录的论文数量由于收录的期刊数量增加而持续增长，特别是在 2001—2008 年，每年增幅一直持续保持在 15% 左右；2009 年以后增长的幅度趋缓，2010 年的增幅约为 1.8%，2011 年和 2013 相对持平。论文篇均作者数量的曲线显示，尽管在 2007 年出现下降，但是从整体上看仍然呈现缓慢增长的趋势，至 2009 年以后呈平稳趋势。2011 年论文篇均作者数量是 3.72 人，与 2010 年的 3.73 人基本持平。2014 年论文篇均作者数量是 4.01 人，较 2013 年有所上升。

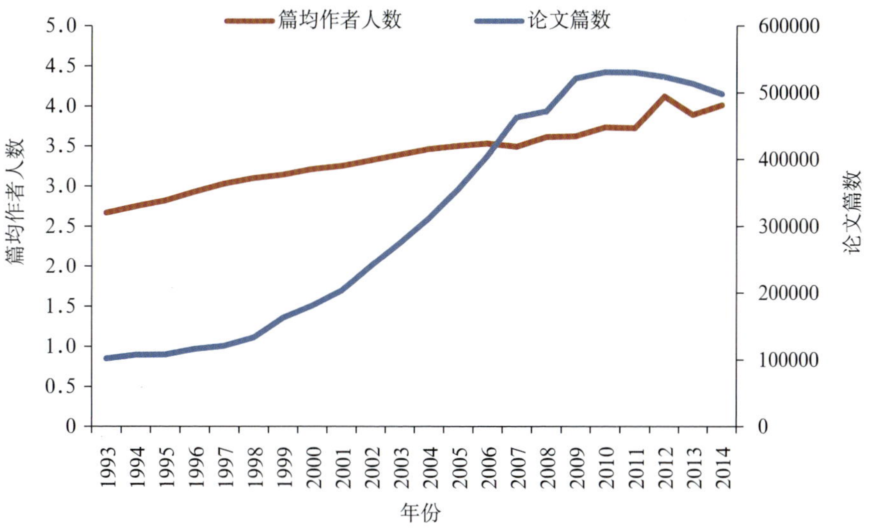

图 8-2　1993—2014 年 CSTPCD 中国科技论文论文数量和篇均作者的变化

论文体现了科学家进行科研活动的成果，近年的数据显示大部分的科研成果由愈来愈多的科学家参与完成，并且这一比例还保持着增长的趋势。这表明中国的科学技术研究活动，越来越依靠科研团队的协作，同时数据也反映出合作研究有利于学术发展和研究成果的产出。2007 年数据显示，合著论文的比例和篇均作者的数量开始下降，这是由于论文数量的快速增长导致这些相对指标的数值降低。2007 年合著论文比例和篇均作者人数两项指标同时下降，到了 2008 年又开始回升，而在 2009 年和 2010 年数值又恢复到 2006 年水平，2011 年基本与 2010 年的数值持平，2012 年合著论文的比例持续上升，同时篇均作者指标大幅上升。2013 年论文数量继续下降，篇均作者数量回落到了 2011 年的水平，2014 年论文数量仍然在下降，但是篇均作者数又出现小幅度回升。这种数据的波动有可能是合著论文比例增长态势从快速上升转变为相对稳定的信号，合著论文的比例大体将稳定在 90% 左右的水平；篇均作者数大体将维持在 4 人 / 篇左右。

8.1.2 各种合著类型论文的统计

与往年一样，我们将中国作者参与的合著论文按照参与合著的作者所在机构的地域关系进行了分类，按照 4 种合著类型分别统计。这 4 种合著类型分别是：同机构合著、同省不同机构合著、省际合著和国际合著。表 8-2 分类列出了 2012—2014 年不同合著类型论文的数量和在合著论文总数中所占的比例。

通过 3 年数值的对比，可以看到各种合著类型所占比例大体保持稳定。图 8-3 显示了各种合著类型论文所占比例，从中可以看出 2012 年、2013 年与 2014 年的论文数量和各种类型论文的比例有些变化。2014 年的同机构合著比例继续减少，同时同省不同机构合著的比例保持不变，2014 年省级合著和国际合著的比例与 2013 年相比略有增长。2014 年同一机构内部人员合著的论文产出仍然占据主导地位，所占的比例为 63.6%，占据绝对多数；同省不同机构合著论文的比例保持在略高于 20% 的水平；省际合著论文所占比例接近 15%。

同时从表 8-2 中还可以看到同机构合著、同省不同机构合著和省际合著类型的论文数量略有起伏，而国际合著论文数量和比例变化却呈现出趋弱的态势。2014 年国际合著论文的数量回落到 4000 篇以内，比 2013 年减少了 110 篇。

表 8-2 2012—2014 年 CSTPCD 各种类型合著论文数量和比例

合作类型	论文篇数			占合著论文总数的比例		
	2012 年	2013 年	2014	2012 年	2013 年	2014 年
同机构合著	299721	294373	288858	64.2%	64.0%	63.6%
同省不同机构合著	95803	96060	95129	20.5%	20.9%	20.9%
省际合著	67207	65578	66562	14.4%	14.3%	14.6%
国际合著	4133	4089	3979	0.9%	0.9%	0.9%
总数	466864	460100	454528	100%	100%	100%

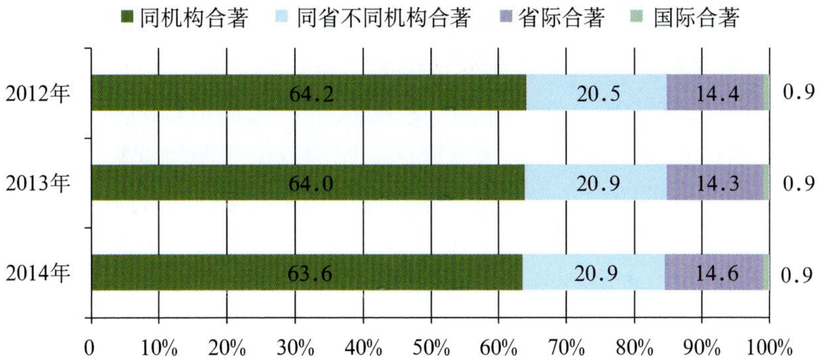

图 8-3 2012—2014 年 CSTPCD4 种合著类型论文的比例

CSTPCD 2014 收录中国科技论文合著关系的学科分布详见附表 45，地区分布详见附表 46。

以下分别详细分析论文的各种类型的合著情况。

（1）同机构合著情况

2014 年同机构合著论文在全部论文中所占的比例达到了 58.0%，与 2013 年的 57.4% 相比略有增加，在各个学科和各个地区的统计中，同机构合著论文所占比例同样是最高的。

由附表 45 中的数据可以看到，力学学科的合著论文中，同机构合著论文比值为 67.9%，也就说该学科论文有近七成是同机构的作者合著完成。航空航天和材料科学学科同机构合著论文比例也都超过了 65%。由附表 45 还可以看到这一类型合作论文比例最低的学科与往年一样，仍然是能源科学技术，数值为 39.2%。

由附表 46 可以看出，同机构合著论文所占比例最高的为上海，为 63.3%。这一比例数值较高的地区还有黑龙江、安徽、辽宁、江苏、重庆和湖南，这些地区的数值都超过了 60%。这一比例数值最小的地区是西藏，数值为 3.94%。同时由附表 46 还可以看出，同一机构合著论文比例数值较小的地区大都为整体科技实力相对薄弱的西部地区。

（2）同省不同机构合著论文情况

同省内不同机构间的合著论文占全部论文总数的 19.1%。

由附表 45 可以看出，中医学同省不同机构间的合著论文比例最高，达到了 30.9%；农学、畜牧兽医等农业学科同省不同机构间的合著论文比例普遍比较高。比例最低的是核科学技术，为 10.0%。

附表 46 显示，各个省的同省不同机构合著论文比例数值大都集中在 10% ～ 25% 的范围。比例数值最高的省份是宁夏，达到 25.7%。数值最低的是西藏，比例数值为 10.0%。

（3）省际合著论文情况

不同省区的科研人员合著论文占全部论文总数的 13.4%。

附表 45 中还列出了不同学科的省际合著论文比例。可以看到，能源科学技术是省际合著比例最高的学科，比例数值达到 34.7%，是总体比例（13.4%）的 2.5 倍以上。比例数值超过 25% 的学科还有地学和测绘科学技术。比例最低的学科是临床医学，仅为 7.4%。同时由表中还可以看出，医学领域这个比例数值普遍较低，预防医学与卫生学、中医学、军事医学与特种医学等学科的比例都比较低。不同学科省际合著论文比例的差异与各个学科论文总数及研究机构的地域分布有关系，即研究机构地区分布较广的学科，省际合作的机会比较多，省际合著论文比例就会比较高，如地学、矿山工程技术和林学。而医学领域的研究活动的组织方式具有地域特点，这使得其同单位的合作比例最高，同省次之，省际合作的比例较少。

附表 46 中所列出的各省省际合著论文比例最高的是西藏，比例最低的是上海。大体上可以看出这样的规律：科技论文产出能力比较强的地区省际合著论文比例低一些，反之论文产出数量较少的地区省际合著论文比例就高一些。这表明科技实力较弱的地区在科研产出上，对外依靠的程度相对高一些。但是对比北京、江苏、广东和上海这几个论文产出数量较多的地区，可以看到北京省际合著论文比例为 15.7%，明显高于江苏（12.4%）、广东（10.7%）和上海（10.4%）。

（4）国际合著论文情况

国际合著论文比例最高的学科是天文，比例数值达到 6.6%，其后是物理、地学和生物，都超过了 2%。从数量上看，国际合著论文篇数最多的学科是临床医学，达到了 446 篇，远远超过其他学科。

国际合著论文比例最高的地区是北京和上海，分别为 1.3% 和 1.2%。北京地区的国际合著论文数量为 855 篇，远远领先于其他省区。江苏、上海和广东的国际合著论文数量都超过了 300 篇，排在第二阵营。

（5）西部地区合著论文情况

交流与合作是西部地区科技发展与进步的重要途径。将各省的省际合著论文比例与国际合著论文比例的数值相加，作为考察各地区与外界合作的指标。图 8-4 对比了西部地区和其他地区的这一指标值，可以看出西部地区和其他地区之间并没有明显差异，13 个西部地区省际合著论文比例与国际合著论文比例的数值超过 15% 的有 5 个，山西、甘肃和陕西等地区也十分接近 15%，特别是西藏地区对外合著的比例高达 40%，明显高于其他省区。而其他 18 个地区中也只有 7 个达到 15%。这表明西部地区由于科技实力相对较弱而科技发展需求较强，与外界合作的势头还要强一些。

图 8-5 是各省的合著论文比例与论文总数对照的散点图。从横坐标方向数据点分布可以看到，西部地区的合著论文产出数量明显少于其他地区；但是从纵坐标方向数据点分布看，西部地区数据点的分布在纵坐标方向整体上与其他地区没有十分明显的差异。除去个别省区，西部地区合著产生的论文比例超过 85%；新疆地区合作论文比例最高，达到 94.3%；合著论文比例超过 90% 的省区还有西藏、云南、宁夏、甘肃和陕西。

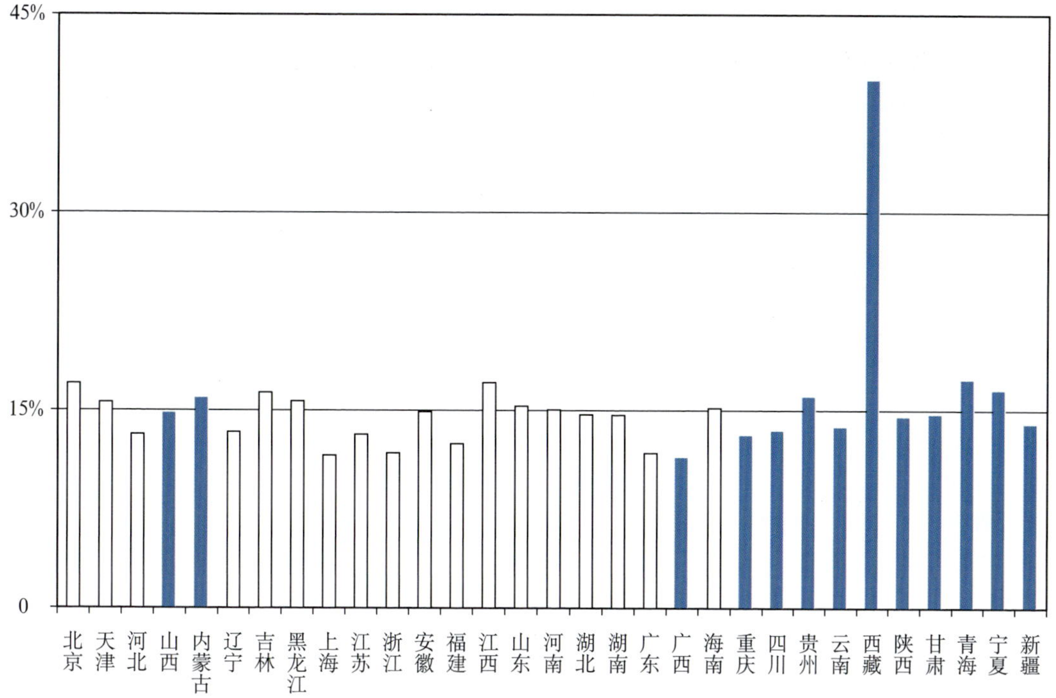

图 8-4 西部地区和其他地区对外合作论文比例的比较

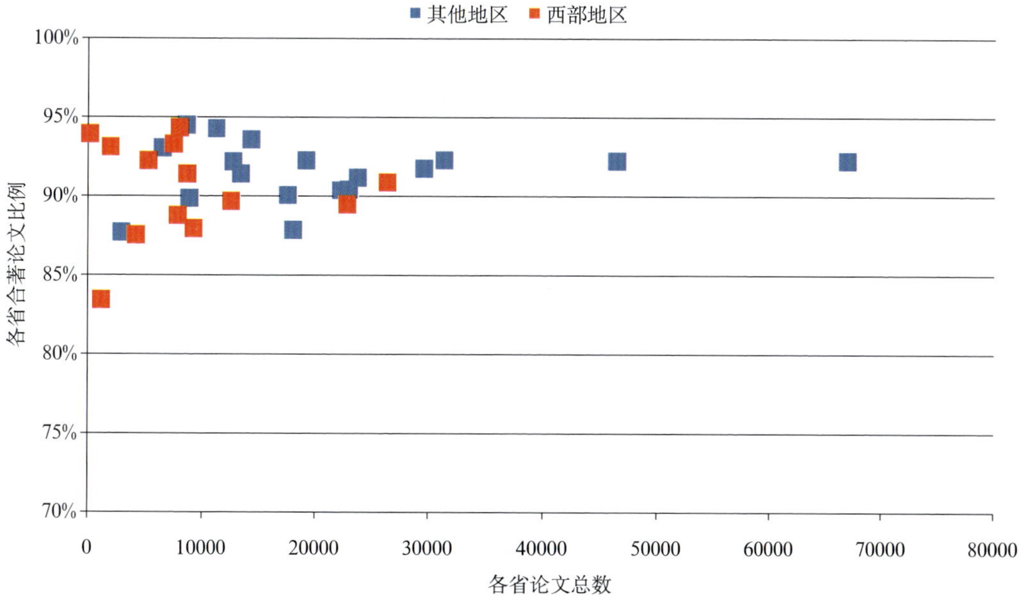

图 8-5 CSTPCD 2014 收录各省论文总数和合著论文比例

表 8-3 列出了西部各省区的各种合著类型论文比例的分布数值。从数值上看，大部分西部省区的各种类型合作论文的分布情况与全部论文计算的数值差别并不是很大，但国际合著论文的比例数值普遍低于整体水平。

表 8-3　2014 年西部各省区的各种合著类型论文比例

地区	单一作者比例	同机构合著比例	同省不同机构合著比例	省际合著比例	国际合著比例
山西	11.2%	56.7%	17.3%	14.2%	0.5%
内蒙古	12.5%	51.7%	19.9%	15.4%	0.5%
广西	12.1%	57.3%	19.3%	11.0%	0.4%
重庆	10.3%	60.1%	16.4%	12.4%	0.7%
四川	10.5%	58.3%	17.8%	12.8%	0.6%
贵州	7.8%	50.9%	25.3%	15.5%	0.5%
云南	6.7%	55.4%	24.1%	13.0%	0.8%
西藏	6.1%	43.9%	10.0%	39.1%	0.9%
陕西	9.1%	59.7%	16.6%	13.8%	0.7%
甘肃	8.6%	55.6%	21.1%	14.1%	0.6%
青海	16.6%	48.0%	18.2%	16.7%	0.6%
宁夏	6.9%	50.9%	25.7%	15.9%	0.6%
新疆	5.7%	56.1%	24.2%	13.2%	0.8%
全部省区论文	8.7%	58.0%	19.1%	13.4%	0.8%

8.1.3　不同类型机构之间的合著论文情况

表 8-4 列出了 CSTPCD 2014 收录的不同机构之间各种类型的合著论文数量，反映了各类机构合作伙伴的分布。数据显示，高等院校之间的合著论文数量最多，而且无论是高等院校主导、其他类型机构参与的合作，还是其他类型机构主导、高等院校参与的合作，论文产出量都很多。科研机构和高等院校的合作也非常紧密，而且更多地依赖于高等院校。高等院校主导、研究机构参加的合著论文数超过了研究机构之间的合著论文数，更比研究机构主导、高等院校参加的合著论文数量多出了 1 倍多。农业机构合著论文的数据和公司企业合著论文的数据也体现出类似的情况，也是高等院校在合作中发挥重要作用。医疗机构之间的合作论文数比较多，这与其专业领域比较集中的特点有关。同时，由于高等院校中有一些医学专业院校和附属医院，在医学和相关领域的科学研究中发挥重要作用，所以医疗机构和高等院校合作产生的论文数量也很多。

表 8-4　CSTPCD 2014 收录的不同机构之间各种类型的合著论文数量

机构类型	高等院校	研究机构	医疗机构	农业机构	公司企业
高等院校①/篇	55127	23029	12341	915	17196
研究机构①/篇	9852	6698	768	575	3761
医疗机构①/篇	11395	1046	8542	4	323
农业机构①/篇	158	142	0	190	34
公司企业①/篇	3929	1563	72	29	3441

①表示在发表合著论文时作为第一作者。

8.1.4 国际合著论文的情况

CSTPCD 2014收录的中国科技人员为第一作者参与的国际合著论文总数为3979篇，与2013年的4089篇相比有减少，减少了110篇。

（1）地区和机构类型分布

2014年在中国科技人员作为第一作者发表的国际合著论文中，有855篇论文的第一作者分布在北京地区，在中国科技人员作为第一作者的国际合著论文中所占比例达20%以上。

对比表8-5中所列出的各省数量和比例，可以看到，与往年的统计结果情况一样，北京远远高于其他的省区，其他各省区中最高为江苏的379篇，所占比例接近全国总量的10%，但是仍不及北京地区的一半。这一方面是由于北京的高等院校和大型科研院所比较集中，论文产出的数量比其他省区多很多；另一方面北京作为全国科技教育文化中心，有更多的机会参与国际科技合作。

在北京、江苏之后，所占比例较高的地区还有上海和广东，它们所占的比例均超过了8%。不足10篇的地区是青海和西藏。

表8-5 CSTPCD 2014收录的中国科技人员作为第一作者的国际合著论文按国内地区分布情况

地区	第一作者		地区	第一作者	
	论文篇数	比例		论文篇数	比例
北京	855	21.5%	安徽	80	2.0%
江苏	379	9.5%	河南	72	1.8%
上海	351	8.8%	新疆	61	1.5%
广东	318	8.0%	云南	57	1.4%
陕西	187	4.7%	甘肃	51	1.3%
湖北	169	4.2%	山西	41	1.0%
浙江	164	4.1%	江西	35	0.9%
山东	145	3.6%	广西	35	0.9%
四川	136	3.4%	河北	30	0.8%
辽宁	131	3.3%	贵州	29	0.7%
湖南	116	2.9%	内蒙古	20	0.5%
黑龙江	104	2.6%	海南	12	0.3%
天津	95	2.4%	宁夏	12	0.3%
福建	87	2.2%	青海	8	0.2%
重庆	85	2.1%	西藏	2	0.1%
吉林	84	2.1%			

2014年国际合著论文的机构类型分布如表8-6所示，依照第一作者单位的机构类型统计，高等院校仍然占据最主要的地位，所占比例超过75%；与2013年相比，其所占比例数值基本持平。公司企业比例与2013年相比略有上升，研究机构和医疗机构国际合著论文的数量和比例都有下降。

表 8-6 中国科技人员作为第一作者的国际合著论文按机构分布情况

机构类型	国际合著论文篇数	国际合著论文比例
高等院校	3083	77.5%
研究机构	569	14.3%
医疗机构	162	4.1%
公司企业	71	1.8%
其他机构	94	2.4%

数据来源：CSTPCD 2014。

CSTPCD 2014 收录的中国作为第一作者发表的国际合著论文中，其国际合著伙伴分布在 89 个国家（地区），覆盖范围比 2013 年有所增加。表 8-7 列出了国际合著论文数量较多的国家（地区）的合著论文情况。由表中可以看到，与中国合著论文的数量超过 100 篇的国家（地区）有 8 个。与此同时，还有另外 8 个国家（地区）的合著论文数超过 30 篇。按照合作论文数量排名，合著论文数和排名居前 8 位的国家（地区）与 2013 年保持一致。其中与美国以 1409 篇合著论文列在第 1 位，数量与 2013 年度大体持平；中国与日本的合著论文数量为 385 篇，比 2013 年有显著减少，居第 2 位。中国大陆与香港特别行政区的合著论文数量同样有所下降，为 357 篇。上述这 3 个国家（地区）的作者参与的合著论文数量远远多于其他国家（地区）的合著论文数量，中国内地作者与这 3 个国家（地区）的作者合著论文的数量加在一起，在全部中国国际合著论文中的比例超过了 50%，因此这 3 个国家（地区）是中国对外科技合作的主要伙伴。

表 8-7 2014 年中国国际合著伙伴的国家（地区）分布情况

国家（地区）	国际合著论文篇数	国家（地区）	国际合著论文篇数
美国	1409	韩国	79
日本	385	中国澳门	63
中国香港	357	瑞典	53
英国	279	俄罗斯	39
澳大利亚	229	荷兰	39
加拿大	212	新西兰	33
德国	192	意大利	29
中国台湾	100	丹麦	26
新加坡	87	瑞士	24
法国	84	比利时	23

（2）学科分布

从 CSTPCD 2014 收录的中国国际合著论文分布（表 8-8）来看，自然科学领域全部 39 个学科都有中国作为第一作者发表的国际合著论文，其中数量最多的学科是临床医学（446 篇），远远高于其他学科，在所有国际合著论文中所占的比例为 11.2%。合著论文数量比较多的还有生物，数量超过了 300 篇。由表中可以看到还有 5 个学科的国际合著论文数量不足 20 篇。

表 8-8 CSTPCD 2014 收录的中国国际合著论文学科分布

学科	论文篇数	比例	学科	论文篇数	比例
数学	61	1.5%	工程与技术基础学科	33	0.8%
力学	38	1.0%	矿山工程技术	26	0.7%
信息、系统科学	5	0.1%	能源科学技术	39	1.0%
物理	154	3.9%	冶金、金属学	112	2.8%
化学	121	3.0%	机械、仪表	51	1.3%
天文	22	0.6%	动力与电气	61	1.5%
地学	294	7.4%	核科学技术	10	0.3%
生物	305	7.7%	电子、通信与自动控制	192	4.8%
预防医学、卫生	121	3.0%	计算技术	272	6.8%
基础医学	160	4.0%	化工	86	2.2%
药物学	74	1.9%	轻工、纺织	23	0.6%
临床医学	446	11.2%	食品	47	1.2%
中医学	80	2.0%	土木建筑	143	3.6%
军事医学与特种医学	16	0.4%	水利	28	0.7%
农学	168	4.2%	交通运输	88	2.2%
林学	39	1.0%	航空航天	20	0.5%
畜牧、兽医	39	1.0%	安全科学技术	2	0.1%
水产	26	0.7%	环境科学	157	3.9%
测绘科学技术	33	0.8%	管理学	18	0.5%
材料科学	61	1.5%	其他	308	7.7%

8.1.5 CSTPCD 2014 海外作者发表论文的情况

CSTPCD 2014 中还收录了一部分海外作者在中国科技期刊上作为第一作者发表的论文（如表 8-9 所示），这些论文同样可以起到增进国际交流的作用，促进中国的研究工作进入全球的科技舞台。

表 8-9 CSTPCD 2014 收录的海外作者论文分布情况

国家（地区）	论文篇数	国家（地区）	论文篇数
美国	1036	加拿大	119
印度	392	中国澳门	110
伊朗	344	法国	96
中国香港	339	土耳其	91
英国	233	意大利	91
日本	226	俄罗斯	67
德国	205	新加坡	66
中国台湾	201	西班牙	66
韩国	184	巴基斯坦	61
澳大利亚	140	马来西亚	57

CSTPCD 2014 共收录了海外作者发表的论文 4874 篇，比 CSTPCD 2013 的数量有所增加。这些海外作者来自于 93 个国家（地区），表 8-9 列出了 CSTPCD 2014 收录的论文数量较多的国家（地区），其中美国作者在中国独立发表的论文数量最多，其次是印度、伊朗和中国香港地区的作者。CSTPCD 2014 收录海外作者论文学科分布也十分广泛，覆盖了除安全科学技术外其他全部学科。表 8-10 列出了各个学科的论文数量和所占比例，由表中可以看到，生物的论文数量最多，达 594 篇，所占比例为 12.2%；超过 100 篇的学科共有 11 个，其中数量较多的学科还有物理和临床医学，论文数超过 300 篇。

表 8-10 CSTPCD 2014 收录的海外论文学科分布情况

学科	论文篇数	比例	学科	论文篇数	比例
数学	131	2.7%	工程与技术基础学科	33	0.7%
力学	74	1.5%	矿山工程技术	25	0.5%
信息、系统科学	1	0.0%	能源科学技术	11	0.2%
物理	305	6.3%	冶金、金属学	129	2.6%
化学	191	3.9%	机械、仪表	17	0.3%
天文	37	0.8%	动力与电气	8	0.2%
地学	65	1.3%	核科学技术	1	0.0%
生物	594	12.2%	电子、通信与自动控制	104	2.1%
预防医学、卫生	82	1.7%	计算技术	88	1.8%
基础医学	150	3.1%	化工	128	2.6%
药物学	70	1.4%	轻工、纺织	12	0.2%
临床医学	301	6.2%	食品	8	0.2%
中医学	77	1.6%	土木建筑	190	3.9%
军事医学与特种医学	5	0.1%	水利	3	0.1%
农学	92	1.9%	交通运输	44	0.9%
林学	44	0.9%	航空航天	12	0.2%
畜牧兽医	67	1.4%	安全科学技术	0	0%
水产	7	0.1%	环境科学	84	1.7%
测绘科学技术	7	0.1%	管理学	4	0.1%
材料科学	135	2.8%			

8.2 SCI 2014 收录的中国国际合著论文

SCI 数据库统计，2014 年收录的中国论文中，国际合作产生的论文为 6.5 万篇，比 2013 年增加了 9372 篇，增长了 16.7%。国际合著论文占我国发表论文总数的 24.7%。

2014 年中国作者为第一作者的国际合著论文共计 44415 篇，占中国全部国际合著论文的 67.9%，合作伙伴涉及 144 个国家（地区）；其他国家作者为第一作者、中国作者参与工作的国际合著论文为 21033 篇，合作伙伴涉及 105 个国家（地区）。

表 8-11 2014 年科技论文的国际合著形式分布

	中国第一作者篇数	比例
双边合作	37457	84.33%
三方合作	5545	12.48%
多方合作	1413	3.18%

注：双边合作指两个国家（地区）参与合作，三方合作指 3 个国家（地区）参与合作，多方合作指 3 个以上国家（地区）参与合作。

（1）合作国家（地区）分布

中国作者作为第一作者的合著论文 44415 篇，涉及的国家（地区）数为 144 个，合作伙伴居前 6 位的合作伙伴分别是：美国、英国、澳大利亚、加拿大、日本和德国。

表 8-12 中国作为第一作者与合作国发表的论文

排名	国家（地区）	论文篇数	排名	国家（地区）	论文篇数
1	美国	19290	4	加拿大	2897
2	英国	3672	5	日本	2632
3	澳大利亚	3556	6	德国	2128

中国参与工作、其他国家（地区）作者为第一作者的合著论文 21033 篇，涉及 105 个国家（地区），合作论文篇数居前 6 位的合作伙伴分别是：美国、日本、德国、英国、澳大利亚和加拿大，其中与美国的合著论文数量上升较多。

表 8-13 中国作为参与方与合作国家（地区）发表的论文

排名	国家（地区）	论文篇数	排名	国家（地区）	论文篇数
1	美国	7920	4	英国	1078
2	日本	1255	5	澳大利亚	1061
3	德国	1066	6	加拿大	872

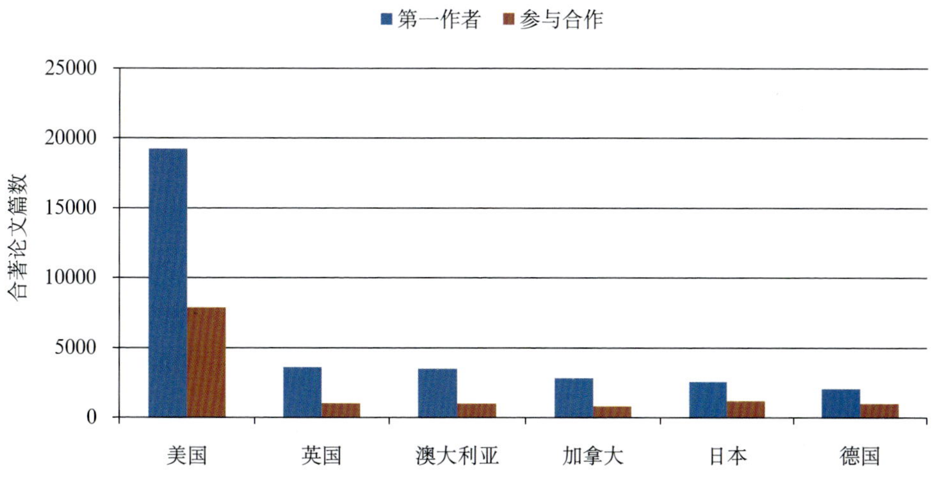

图 8-6 中国作者作为第一作者和作为参与方产出合著论文较多的合作国家（地区）

（2）国际合著论文的学科分布

如表8-14和表8-15所示为中国国际合著论文较多的学科分布情况。

表8-14　中国作者为第一作者的国际合著论文数居前6位的学科

学科	论文篇数	占本学科论文比例
化学	5563	12.46%
生物	5238	18.46%
临床医学	5053	13.88%
物理	4347	14.75%
材料科学	2799	14.61%
地学	2712	28.86%

表8-15　中国作者参与的国际合著论文数居前6位的学科

学科	论文篇数	占本学科论文比例
临床医学	3308	9.08%
生物	2881	10.16%
化学	2671	5..98%
物理	2458	8.34%
基础医学	1221	9.21%
地学	1096	11.66%

（3）国际合著论文数居前6位的中国地区

表8-16　中国为第一作者的国际合著论文数居前6位的地区

地区	论文篇数	占本地区论文比例
北京	8871	21.56%
上海	4624	21.92%
江苏	4531	19.15%
广东	4013	22.97%
浙江	2674	20.88%
湖北	2435	21.05%

（4）中国已具备参与国际大科学合作能力

近年来，通过参与国际热核聚变实验堆（ITER）计划、国际综合大洋钻探计划和全球对地观测系统等一系列“大科学”计划，中国与美、欧、日、俄等主要科技大国开展平等合作，为参与制定国际标准、解决全球性重大问题做出了应有贡献。陆续建立起来的5个国家级国际创新园、33个国家级国际联合研究中心和222个国际科技合作基地，成为中国开展国际科技合作的重要平台。随着综合国力和科技实力的增强，中国已具备参与国际“大科学”和“大科学”合作的能力。

“大科学”研究一般来说是指具有投资强度大、多学科交叉、实验设备复杂、研究目标宏大等特点的研究活动。“大科学”工程是科学技术高度发展的综合体现，是显示各国科技实力的重要标志。

2014 年中国发表的国际论文中，作者数大于 1000 人、合作机构数大于 150 个的论文共有 161 篇。作者数超过 100 人且合作机构数量大于 30 个的论文共计 411 篇，涉及的学科有：高能物理、天文与天体物理、仪器仪表、气象与大气科学、生物学与医药卫生等。其中，中国机构作为第一作者的论文 29 篇，参与合作的国家（地区）有：美国、意大利、俄罗斯、德国、日本、土耳其、韩国、巴基斯坦、瑞典、荷兰、印度、澳大利亚等。在这 29 篇论文上署名的中国机构共 81 个，其中 55 个是高等学校、10 个是研究机构、2 个是公司企业。总体来看，在“大科学”的研究领域中，以中国科研人员为第一作者的国际论文数量有增加，但占所有论文的比例仍较低。

8.3 讨论

通过对 CSTPCD 2014 和 SCI 2014 收录的中国科技人员参与的合著论文情况的分析，我们可以看到，更加广泛和深入的合作仍然是科学研究方式的发展方向。中国的合著论文数量及其在全部论文中所占的比例显示出趋于稳定的趋势。

各种合著类型的论文所占比例与往年相比变化不大，同机构内的合作仍然是主要的合著类型。

不同地区由于其具体情况不同，合著情况有所差别。但是从整体上看，西部地区和其他地区相比，尽管在合著论文数量上有一定的差距，但是在合著论文的比例上并没有明显的差异。而且在用国际合著和省际合著的比例考查地区对外合作情况时，西部地区的合作势头还略强一些。

由于研究方法和学科特点的不同，不同学科之间的合著论文的数量和规模差别较大，基础学科的合著论文数量往往比较多，应用工程和工业技术方面的合著论文相对较少。

参考文献

[1] 中国科学技术信息研究所 .2003 年度中国科技论文统计与分析 [M]. 北京：科学技术文献出版社，2005.

[2] 中国科学技术信息研究所 .2004 年度中国科技论文统计与分析 [M]. 北京：科学技术文献出版社，2006.

[3] 中国科学技术信息研究所 .2005 年度中国科技论文统计与分析 [M]. 北京：科学技术文献出版社，2007.

[4] 中国科学技术信息研究所 .2007 年版中国科技期刊引证报告（核心版）[M]. 北京：科学技术文献出版社，2007.

[5] 中国科学技术信息研究所 .2006 年度中国科技论文统计与分析 [M]. 北京：科学技术文献出版社，2008.

[6] 中国科学技术信息研究所 .2008 年版中国科技期刊引证报告（核心版）[M]. 北京：科学技术文献出版社，2008.

[7] 中国科学技术信息研究所.2007 年度中国科技论文统计与分析 [M]. 北京：科学技术文献出版社，2009.

[8] 中国科学技术信息研究所.2009 年版中国科技期刊引证报告（核心版）[M]. 北京：科学技术文献出版社，2009.

[9] 中国科学技术信息研究所.2008 年度中国科技论文统计与分析 [M]. 北京：科学技术文献出版社，2010.

[10] 中国科学技术信息研究所.2010 年版中国科技期刊引证报告（核心版）[M]. 北京：科学技术文献出版社，2010.

[11] 中国科学技术信息研究所.2011 年版中国科技期刊引证报告（核心版）[M]. 北京：科学技术文献出版社，2011.

[12] 中国科学技术信息研究所.2012 年版中国科技期刊引证报告（核心版）[M]. 北京：科学技术文献出版社，2012.

[13] 中国科学技术信息研究所.2012 年度中国科技论文统计与分析（年度研究报告）[M]. 北京：科学技术文献出版社，2014.

[14] 中国科学技术信息研究所.2013 年度中国科技论文统计与分析（年度研究报告）[M]. 北京：科学技术文献出版社，2015.

9 中国表现不俗论文的统计与分析

9.1 引言

根据 SCI、Ei、CPCI-S、SSCI 等国际权威检索数据库的统计结果，中国的国际论文数量排名均位于世界前列，经过多年的努力，中国已经成为科技论文产出大国。但也应清楚地看到，中国国际论文的质量与一些科技强国相比仍存在一定差距，所以，在提高论文数量的同时，我们也应重视论文影响力的提升，真正实现中国科技论文从“量变”向“质变”的转变。

2009 年，我们首次采用表现不俗论文这一指标进行论文评价，统计结果受到国内外学术界的普遍关注。若在每个学科领域内，按统计年度的论文被引次数世界均值画一条线，则高于均线的论文我们将之称为“表现不俗论文”，即论文发表后的影响超过其所在学科的一般水平。表现不俗论文的数量可以反映国际论文的影响力。

据 SCI（科学引文索引数据库）统计，2014 年，中国内地为第一作者的论文共 235139 篇，其中表现不俗论文为 91336 篇，占论文总数的 38.8%，较 2013 年上升了 5 个百分点。按文献类型分，96% 是原创论文，4% 是评论类论文。

从 2009 年开始，我们在每年的年度报告中增加了这一部分的内容。表现不俗论文统计结果的发布，将对中国高影响力论文的发表起到一定的推动作用。以下我们将对 2014 年度中国表现不俗论文的学科、地区、机构、期刊、基金和合著等方面的情况进行统计与分析。

9.2 研究分析和结论

9.2.1 表现不俗论文与学科影响力关系分析

2014年，中国表现不俗论文主要分布在38个学科中（如表9-1所示），与2013年相比，数量上持平。其中，92% 以上的学科中表现不俗论文数超过 100 篇，该比例比 2013 年的 82% 上升 10 个百分点；表现不俗论文达 1000 篇及以上的学科数量为 16 个，比 2013 年增加 2 个；500 篇以上的学科数量为 21 个，也比 2013 年增加 2 个。

表 9-1 中国表现不俗论文的学科分布

学科	表现不俗论文篇数	全部论文篇数	2014 年表现不俗论文占全部论文的比例	2013 年表现不俗论文占全部论文的比例
数学	2276	10342	22.0%	22.3%
力学	848	2380	35.6%	37.4%
信息科学	255	1022	25.0%	18.8%
物理	5920	29469	20.1%	37.4%
化学	16783	44646	37.6%	30.2%
天文	749	1796	41.7%	18.2%
地学	3541	9395	37.7%	35.2%
生物	11694	28364	41.2%	39.3%
预防医学、卫生	949	3059	31.0%	36.9%
基础医学	4665	13243	35.2%	35.8%
药物学	2770	6615	41.9%	41.1%
临床医学	12232	36385	33.6%	29.3%
中医药	231	1033	22.4%	23.5%
军事医学与特种医学	46	162	28.4%	31.0%
农学	1027	2925	35.1%	31.5%
林学	130	466	27.9%	34.0%
畜牧兽医	233	927	25.1%	24.0%
水产	299	846	35.3%	34.0%
材料科学	8889	19153	46.4%	44.1%
工程基础	290	1957	14.8%	27.6%
矿业	124	449	27.6%	26.0%
能源科学技术	2529	4920	51.4%	48.5%
冶金金属学	380	2009	18.9%	16.1%
机械、仪表	848	3265	26.0%	25.4%
动力与电气	138	275	50.2%	34.4%
核科学技术	207	761	27.2%	20.5%
电子、通信与自动控制	3303	10985	30.1%	28.2%
计算技术	2610	8726	29.9%	29.7%
化工	1908	3581	53.3%	47.9%
食品	1313	2635	49.8%	40.1%
木土建筑	527	1787	29.5%	26.6%
水利	403	1197	33.7%	31.9%
交通运输	168	687	24.5%	28.0%
航空航天	158	667	23.7%	21.5%
安全科学技术	45	115	39.1%	

续表

学科	表现不俗论文篇数	全部论文篇数	2014 年表现不俗论文占全部论文的比例	2013 年表现不俗论文占全部论文的比例
环境科学	2594	5893	44.0%	40.6%
管理学	249	897	27.8%	35.4%
自然科学类其他	5	25	20.0%	

数据来源：SCIE 2014。

表现不俗论文的数量一定程度上可以反映学科影响力的大小，表现不俗论文越多，表明该学科的论文越受关注，中国在该学科的影响力也就越大。表现不俗论文数达1000 篇的 16 个学科中，化工的表现不俗论文比例最高，为 53.3%；能源科学技术和食品两个学科的表现不俗论文比例也较高，分别达到 51.4% 和 49.8%。

9.2.2 中国各地区表现不俗论文的分布特征

2014 年，中国 31 个省（市、自治区）SCI 论文及表现不俗论文的发表情况如表 9-2 所示。

表 9-2 表现不俗论文的地区分布及增长情况

地区	表现不俗论文篇数	年增长率	全部论文篇数	比例	地区	表现不俗论文篇数	年增长率	全部论文篇数	比例
北京	16787	30.19%	42777	39.24%	湖北	5224	47.45%	12267	42.59%
天津	2677	28.27%	6745	39.69%	湖南	2966	34.51%	7769	38.18%
河北	957	37.70%	2993	31.97%	广东	5495	33.93%	13566	40.51%
山西	664	25.28%	2086	31.83%	广西	672	53.08%	1745	38.51%
内蒙古	201	60.80%	766	26.24%	海南	124	96.83%	475	26.11%
辽宁	3348	25.62%	9011	37.17%	重庆	2009	39.32%	5136	39.12%
吉林	2482	30.49%	6180	40.16%	四川	3218	33.14%	9793	32.86%
黑龙江	2401	25.58%	6361	37.75%	贵州	220	14.58%	684	32.16%
上海	9311	25.26%	22210	41.93%	云南	796	39.89%	2349	33.89%
江苏	9706	34.41%	24329	39.89%	西藏	8	700.00%	16	50.00%
浙江	4974	27.73%	12599	39.48%	陕西	4157	32.73%	11392	36.49%
安徽	2630	36.62%	6693	39.29%	甘肃	1531	32.21%	3695	41.43%
福建	1993	34.21%	4686	42.53%	青海	38	65.22%	147	25.85%
江西	798	37.82%	2219	35.96%	宁夏	61	103.33%	189	32.28%
山东	3941	29.46%	10308	38.24%	新疆	369	50.61%	1162	31.76%
河南	1578	42.42%	4791	32.94%					

数据来源：SCIE 2014。

按发表数量计，100 篇以上的省（市、自治区）为 28 个；千篇以上的省（市、自治区）有 19 个，与 2013 年相比，100 篇以上的省（市、自治区）数量增加 1 个，1000 篇以上省（市、自治区）数量保持不变。此外，西藏的表现不俗论文数继 2013 年实现零的突破后，2014 年更是有了较大幅度增加，由 2013 年的 1 篇增加为 8 篇。但从表现不俗论文的总量来看，边远地区与其他地区相比还存在一定差距，宁夏、青海和西藏 3 个地区的表现不俗论文数均低于百篇。

按表现不俗论文数占全部论文数（所有文献类型）的比例看，高于 30% 的省（市、自治区）共有 28 个，占所有地区数量的 90%，这 28 个省（市、自治区）中，除西藏和宁夏外的 26 个地区的不俗论文均达到 100 篇以上。表现不俗论文比例居前 3 位的是：西藏、湖北和福建，分别为 50%、42.59% 和 42.53%。

9.2.3 表现不俗论文的机构分布特征

2014 年中国 91336 篇表现不俗论文数中，高等学校发表 74901 篇，科研院所 13201 篇，医疗机构 2466 篇，其他部门 768 篇，机构分布如图 9-1 所示。与 2013 年相比，高等学校的不俗论文占不俗论文总数的比例略有下降，由 2013 年的 82.42% 下降为 82.01%；科研院所的比例也有所下降，由 2013 年的 15.20% 降为 14.45%；医疗机构的比例则有增加，其表现不俗论文比例由 2013 年的 1.83% 上升为 2.70%。

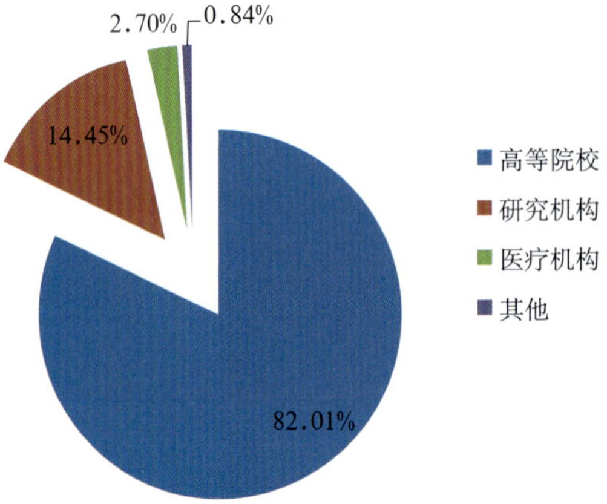

图 9-1 2014 年中国表现不俗论文的机构分布

（1）高等院校

2014 年，共有 732 所高等院校有不俗论文产出，比 2013 年的 668 所高等院校增加了 9.6%。其中，表现不俗论文超过 1000 篇的有 18 所高等院校，与 2013 年的 10 所高等院校相比，增加将近一倍。其中，浙江大学和上海交通大学的表现不俗论文数均超过 2000 篇。表现不俗论文大于 500 篇的高等院校有 43 所，与 2013 年的 27 所高等院校相比，增长 59.3%。表现不俗论文数居前 20 位高等院校的如表 9-3 所示，除哈尔滨工业大学外，其他 19 所高等院校的表现不俗论文占本校 SCI 论文（Article 和 Review 两种文献类型）的比例均已超过 40%。其中，苏州大学、复旦大学和武汉大学的表现不俗论文比例排名居前 3 位。

表 9-3 表现不俗论文数居前 20 位的高等院校

单位名称	表现不俗论文篇数	全部论文篇数	表现不俗论文占全部论文的比例
浙江大学	2550	5836	43.69%
上海交通大学	2402	5398	44.50%
清华大学	1882	4235	44.44%
北京大学	1860	3871	48.05%
复旦大学	1633	3355	48.67%
华中科技大学	1549	3457	44.81%
四川大学	1516	3647	41.57%
中山大学	1444	3072	47.01%
山东大学	1398	3222	43.39%
南京大学	1361	2849	47.77%
吉林大学	1279	3103	41.22%
西安交通大学	1242	3082	40.30%
中南大学	1208	2746	43.99%
武汉大学	1157	2389	48.43%
中国科学技术大学	1148	2460	46.67%
哈尔滨工业大学	1094	2875	38.05%
同济大学	1055	2362	44.67%
天津大学	1016	2450	41.47%
苏州大学	964	1962	49.13%
华南理工大学	887	1916	46.29%

数据来源：SCIE 2014。

（2）研究机构

2014 年，共有 323 个研究机构有表现不俗论文产出，比 2013 年的 297 个增加了 26 个。其中，大于 100 篇的有 36 个，比 2013 年的 27 个增加了 9 个。表现不俗论文数居前 20 位的研究机构如表 9-4 所示，占本研究机构论文数（Article 和 Review 两种文献类型）的比例超过 60% 的有 4 个。其中，中国科学院上海生命科学研究院的表现不俗论文比例最高，为 72.09%。

表 9-4 表现不俗论文居前 20 位的研究机构

单位名称	表现不俗论文篇数	全部论文篇数	不俗论文占全部论文的比例
中国科学院长春应用化学研究所	514	854	60.19%
中国科学院化学研究所	417	733	56.89%
中国科学院大连化学物理研究所	313	557	56.19%
中国科学院上海硅酸盐研究所	262	472	55.51%
中国科学院生态环境研究中心	252	454	55.51%

续表

单位名称	表现不俗论文篇数	全部论文篇数	不俗论文占全部论文的比例
中国科学院合肥物质科学研究院	235	664	35.39%
中国科学院上海生命科学研究院	235	326	72.09%
中国科学院金属研究所	222	444	50.00%
中国科学院过程工程研究所	209	376	55.59%
中国科学院地质与地球物理研究所	206	403	51.12%
中国科学院兰州化学物理研究所	206	389	52.96%
中国科学院地理科学与资源研究所	203	402	50.50%
中国科学院福建物质结构研究所	193	369	52.30%
中国科学院物理研究所	182	472	38.56%
军事医学科学院	180	390	46.15%
中国科学院上海有机化学研究所	174	270	64.44%
中国科学院广州地球化学研究所	163	262	62.21%
国家纳米科学中心	158	312	50.64%
中国科学院大气物理研究所	156	311	50.16%
中国科学院动物研究所	149	262	56.87%

数据来源：SCIE 2014。

（3）医疗机构

2014 年，共有 657 个医疗机构有表现不俗论文产出，与 2013 年的 572 个相比增长了 14.9%。其中，大于 100 篇的有 41 个。表现不俗论文数最多的医疗机构是四川大学华西医院，共产出表现不俗论文 468 篇，而第四军医大学西京医院的表现不俗论文比例最高，为 59.84%（如表 9-5 所示）。

表 9-5　表现不俗论文居前 20 位的医疗机构

单位名称	表现不俗论文篇数	全部论文篇数	不俗论文占全部论文的比例
四川大学华西医院	468	1076	43.49%
解放军总医院	335	784	42.73%
南京医科大学第一附属医院	234	455	51.43%
第四军医大学西京医院	222	371	59.84%
山东大学齐鲁医院	211	448	47.10%
上海交通大学附属瑞金医院	207	374	55.35%
上海交通大学附属仁济医院	205	396	51.77%
浙江大学附属第一医院	205	476	43.07%
中国医科大学附属第一医院	200	447	44.74%
华中科技大学附属同济医院	198	425	46.59%
南京军区南京总医院	190	384	49.48%
中山大学附属第一医院	188	402	46.77%

续表

单位名称	表现不俗论文篇数	全部论文篇数	不俗论文占全部论文的比例
中南大学湘雅二医院	184	375	49.07%
复旦大学附属中山医院	179	374	47.86%
复旦大学附属华山医院	176	376	46.81%
北京协和医院	174	379	45.91%
西安交通大学第一附属医院	168	329	51.06%
上海交通大学附属第六人民医院	167	374	44.65%
华中科技大学附属协和医院	165	325	50.77%
南方医科大学附属南方医院	164	324	50.62%

数据来源：SCIE 2014。

9.2.4 表现不俗论文的期刊分布

2014 年，中国的不俗论文共发表在 5197 种期刊中，比 2013 年的 4712 增长了 10.3%。其中在中国大陆编辑出版的期刊 132 种，共 4105 篇，占全部表现不俗论文数的 4.5%，比 2013 年下降 1.4 个百分点。2014 年，中国共有 142 种期刊被 SCI 收录，其中，有 10 种期刊中没有表现不俗论文。在发表表现不俗论文的全部期刊中，500 篇以上的期刊有 13 种（如表 9-6 所示）。发表表现不俗论文数大于 100 篇的中国科技期刊共 6 种（如表 9-7 所示）。

表 9-6 发表表现不俗论文大于 500 篇的国际科技期刊

期刊名称	论文篇数
PLoS ONE	2783
RSC ADVANCES	1454
JOURNAL OF MATERIALS CHEMISTRY A	904
CHEMICAL COMMUNICATIONS	895
ACS APPLIED MATERIALS & INTERFACES	885
SCIENTIFIC REPORTS	762
MATERIALS LETTERS	692
TUMOR BIOLOGY	672
JOURNAL OF POWER SOURCES	661
JOURNAL OF ALLOYS AND COMPOUNDS	640
CERAMICS INTERNATIONAL	614
ELECTROCHIMICA ACTA	537
NANOSCALE	502

表 9-7 发表表现不俗论文 100 篇以上的中国科技期刊

期刊名称	论文篇数
CHINESE PHYSICS B	194
CHINESE MEDICAL JOURNAL	193
CHINESE SCIENCE BULLETIN	162
CHINESE JOURNAL OF GEOPHYSICS-CHINESE EDITION	122
ACTA PHYSICA SINICA	121
SCIENCE CHINA-TECHNOLOGICAL SCIENCES	112

9.2.5 表现不俗论文的国际国内合作情况分析

2014 年，合作（包括国际国内合作）研究产生的表现不俗论文为 65921 篇，占全部不俗论文的 72.2%，比 2013 年的 70.5% 上升 1.7 个百分点。其中，高等院校合作产生 52797 篇，占合作产生的表现不俗论文的 80.1%；研究机构 10630 篇，占 16.1%。高等院校合作产生的不俗论文占高校不俗论文（74903 篇）的 70.5%，而研究机构的合作表现不俗论文占研究机构表现不俗论文（13202 篇）的 80.5%。与 2013 年相比，高等院校和研究机构的合作表现不俗论文在全部合作表现不俗论文中的比例均略有下降，但两者的合作表现不俗论文在其各自机构类型的全部表现不俗论文的比例均有所上升。

2014 年，以中国为主的国际合作表现不俗论文共有 21044 篇，地区分布如表 9-8 所示。其中，数量超过 100 篇的省（市、自治区）为 23 个，北京、上海和江苏的国际合作表现不俗论文数最多并且均超过 2000 篇，这 3 个地区的国际合作的表现不俗论文分别为 4599、2375 和 2180 篇。国际合作不俗论文占表现不俗论文比例大于 20% 的有 17 个省（均只计不俗论文数大于 10 篇的省、市、自治区）。

从以中国为主的国际合作的不俗论文学科分布看（表 9-9），数量超过 100 篇的学科为 24 个；超过 300 篇的学科为 17 个，其中，数量最多的为生物，国际合作表现不俗论文数为 2850 篇，其次为化学，临床医学，材料科学，地学，物理和电子、通信与自动控制，国际合作不俗论文均达到 1000 篇以上。国际合作表现不俗论文占表现不俗论文比大于 20%（只计表现不俗论文大于 10 篇的学科）的有 25 个学科，大于 30% 的学科为 13 个。

表 9-8 以中国为主的表现不俗国际合作论文的地区分布

地区	国际合作表现不俗论文篇数	表现不俗论文总篇数	合作论文占全部论文比例
北京	4599	16787	27.40%
天津	484	2677	18.08%
河北	142	957	14.84%
山西	132	664	19.88%
内蒙古	40	201	19.90%
辽宁	659	3348	19.68%
吉林	444	2482	17.89%

续表

地区	国际合作表现不俗论文篇数	表现不俗论文总篇数	合作论文占全部论文比例
黑龙江	536	2401	22.32%
上海	2375	9311	25.50%
江苏	2180	9706	22.46%
浙江	1216	4974	24.45%
安徽	613	2630	23.31%
福建	440	1993	22.08%
江西	154	798	19.30%
山东	696	3941	17.66%
河南	212	1578	13.43%
湖北	1313	5224	25.13%
湖南	611	2966	20.60%
广东	1399	5495	25.46%
广西	93	672	13.84%
海南	31	124	25.00%
重庆	437	2009	21.75%
四川	638	3218	19.83%
贵州	66	220	30.00%
云南	213	796	26.76%
西藏	1	8	12.50%
陕西	946	4157	22.76%
甘肃	268	1531	17.50%
青海	10	38	26.32%
宁夏	10	61	16.39%
新疆	86	369	23.31%

表 9-9 以中国为主的表现不俗国际合作论文的学科分布

学科	国际合作表现不俗论文篇数	表现不俗论文总篇数	合作论文占全部论文比例
数学	568	2276	24.96%
力学	231	848	27.24%
信息、系统科学	82	255	32.16%
物理	1384	5920	23.38%
化学	2765	16783	16.48%
天文	317	749	42.32%
地学	1455	3541	41.09%
生物	2850	11694	24.37%
预防医学、卫生	275	949	28.98%
基础医学	989	4665	21.20%
药物学	530	2770	19.13%
临床医学	2431	12232	19.87%
中医药	35	231	15.15%

续表

学科	国际合作表现不俗论文篇数	表现不俗论文总篇数	合作论文占全部论文比例
军事医学与特种医学	16	46	34.78%
农学	334	1027	32.52%
林学	45	130	34.62%
畜牧兽医	42	233	18.03%
水产	39	299	13.04%
材料科学	1659	8889	18.66%
工程基础	66	290	22.76%
矿业	32	124	25.81%
能源科学技术	567	2529	22.42%
冶金、金属学	42	380	11.05%
机械仪表	172	848	20.28%
动力与电气	24	138	17.39%
核技术	26	207	12.56%
电子、通信与自动控制	1042	3303	31.55%
计算技术	971	2610	37.20%
化工	364	1908	19.08%
食品科学	309	1313	23.53%
建筑	193	527	36.62%
水利	111	403	27.54%
交通运输	100	168	59.52%
航空航天	30	158	18.99%
安全科学	22	45	48.89%
环境科学	792	2594	30.53%
管理学	133	249	53.41%
自然科学类其他	1	5	20.00%

9.2.6 表现不俗论文的创新性分析

中国实行的科学基金资助体系是为了扶持我国的基础研究和应用研究，但要获得基金的资助，要求科技项目的立意具有新颖性和前瞻性，即要有创新性。下面，我们将从由各类基金（这里所指的基金是广泛意义的、各省部级以上的各类资助项目和各项国家大型研究和工程计划）资助产生的论文来了解科学研究中的一些创新情况。

2014年，中国的表现不俗论文中得到基金资助产生的论文为82015篇，占不俗论文数的89.8%，比2013年下降0.9个百分比。

从表现不俗基金论文的学科分布看（表9-10），数量最多的学科是化学和生物，这两个学科的表现不俗基金论文数均已超过10000篇，超过5000篇的学科还有临床医学、材料科学和物理。可以看出，自然基础学科是国家各类基金资助的主要对象。86.8%的学科表现不俗基金论文占学科表现不俗论文的比例在 80% 以上，60.5% 的学科表现不俗基金论文占学科表现不俗论文的比例在 90% 以上。

表 9-10 表现不俗基金论文的学科分布

学科	表现不俗基金论文篇数	表现不俗论文总篇数	2014 年表现不俗基金论文比	2013 年表现不俗基金论文比
数学	2099	2276	92.22%	91.65%
力学	786	848	92.69%	92.13%
信息、系统科学	235	255	92.16%	89.47%
物理	5642	5920	95.30%	93.85%
化学	16154	16783	96.25%	95.40%
天文	715	749	95.46%	95.00%
地学	3202	3541	90.43%	90.87%
生物	10722	11694	91.69%	92.98%
预防医学、卫生	742	949	78.19%	86.00%
基础医学	3769	4665	80.79%	83.35%
药物学	2428	2770	87.65%	91.55%
临床医学	9102	12232	74.41%	74.83%
中医学	205	231	88.74%	90.95%
军事医学与特种医学	34	46	73.91%	86.21%
农学	977	1027	95.13%	96.54%
林学	128	130	98.46%	97.64%
畜牧兽医	222	233	95.28%	94.50%
水产	293	299	97.99%	97.54%
材料科学	8257	8889	92.89%	92.92%
工程基础	257	290	88.62%	89.60%
矿业	115	124	92.74%	100.00%
能源科学技术	2327	2529	92.01%	90.01%
冶金、金属学	349	380	91.84%	93.27%
机械	757	848	89.27%	88.26%
动力与电气	123	138	89.13%	78.88%
核科学技术	154	207	74.40%	76.34%
电子、通信与自动控制	2989	3303	90.49%	92.23%
计算技术	2359	2610	90.38%	92.13%
化工	1809	1908	94.81%	94.88%
食品	1218	1313	92.76%	93.88%

学科	表现不俗基金论文篇数	表现不俗论文总篇数	2014 年表现不俗基金论文比	2013 年表现不俗基金论文比
土木建筑	469	527	88.99%	86.90%
水利	380	403	94.29%	93.55%
交通运输	148	168	88.10%	95.24%
航空航天	136	158	86.08%	80.41%
安全科学	41	45	91.11%	—
环境科学	2460	2594	94.83%	97.04%
管理学	208	249	83.53%	88.04%
自然科学类其他	3	5	60.00%	—

数据来源：SCIE 2014。

表现不俗基金论文数居前的地区仍是科技资源配置丰富、高等院校和研究机构较为集中的地区。例如，表现不俗基金论文数居前 6 位的地区为北京、江苏、上海、广东、湖北和浙江。2014 年，表现不俗基金论文比在 90% 以上的地区有 20 个，除西藏外，其他 30 个地区的表现不俗基金论文比均在 80% 以上。由表 9–11 所列数据也可看出，各地区基金论文比的数值差距不是很大。

表 9–11 表现不俗基金论文的地区分布

地区	表现不俗基金论文篇数	表现不俗论文总篇数	2014 年表现不俗基金论文比	2013 年表现不俗基金论文比
北京	15115	16787	90.04%	91.50%
天津	2426	2677	90.62%	89.89%
河北	794	957	82.97%	87.63%
山西	612	664	92.17%	89.81%
内蒙古	183	201	91.04%	93.60%
辽宁	2911	3348	86.92%	87.40%
吉林	2278	2482	91.78%	92.11%
黑龙江	2172	2401	90.46%	89.44%
上海	8192	9311	87.97%	88.89%
江苏	8946	9706	92.17%	92.37%
浙江	4514	4974	90.75%	91.68%
安徽	2416	2630	91.86%	94.23%
福建	1853	1993	92.98%	93.67%
江西	730	798	91.48%	94.13%
山东	3455	3941	87.65%	91.07%
河南	1329	1578	84.22%	86.64%
湖北	4693	5224	89.84%	91.36%
湖南	2674	2966	90.16%	88.80%
广东	4946	5495	90.01%	90.28%

续表

地区	表现不俗基金论文篇数	表现不俗论文总篇数	2014 年表现不俗基金论文比	2013 年表现不俗基金论文比
广西	541	672	80.51%	83.14%
海南	111	124	89.52%	93.65%
重庆	1815	2009	90.34%	90.43%
四川	2742	3218	85.21%	87.71%
贵州	213	220	96.82%	92.19%
云南	739	796	92.84%	92.62%
西藏	5	8	62.50%	100.00%
陕西	3745	4157	90.09%	90.77%
甘肃	1436	1531	93.79%	94.21%
青海	37	38	97.37%	86.96%
宁夏	53	61	86.89%	90.00%
新疆	339	369	91.87%	91.02%

数据来源：SCIE 2014。

9.3 讨论

从中国表现不俗论文的地区、学科、机构等方面看，各类情况都与中国被国际检索系统所收录的论文相同。因此，要得到更多的表现不俗论文，就需要有较多的论文被收录，就需坚持在国际上有影响力的学术期刊上发表论文。

2014 年，中国作者发表表现不俗论文的期刊共 5197 种，其中在中国大陆编辑出版的期刊 132 种，共收录 4105 篇表现不俗论文，占全部表现不俗论文数的 4.5%，比 2013 年下降 1.4 个百分点。发表表现不俗论文的中国期刊数量由 2013 年的 129 种增加为 132 种，表现不俗论文数也从 2013 年的 4065 篇增加到 4105 篇，说明越来越多的中国的科技期刊产生出了更多在国际有影响力的论文。

从 SCI、Ei、CPCI-S 等重要国际检索系统收录的论文数看，中国经过多年的努力，已经成为论文的产出大国。2014 年，SCI 收录中国内地科技论文（不包括港澳地区）235139 篇，占世界的比例为 13.3%，排在了世界第 2 位，仅次于美国。中国已进入论文产出大国的行列，但是论文的影响力还有待进一步提高。

据 2005—2015 年 ESI 数据，中国论文被引用 1287.60 万次，排在世界第 4 位，与 2004—2014 年段数据统计结果持平。中国论文篇均被引用次数为 8.14 次，比 2013 年度提高了 7.5%，但与世界平均值 11.29 相比，还有一定差距。从表现不俗的论文看，2014 年，中国机构作者为第一作者的论文共 23.51 万篇，其中表现不俗的论文为 91339 篇，占论文总数的 38.8%，较 2013 年上升了 5 个百分点。

表现不俗论文，主要是指在各学科领域，论文被引次数高于世界均值的论文。因此要提高这类论文的数量，关键是继续加大对基础研究工作的支持力度，以产生好的创新成果，从而产生优秀论文和有影响的论文，增加国际和国内同行的引用。从文献计量角度看，文献能不能获得引用，与很多因素有关，如文献类型、语种和期刊的影响、合作研究情况等。我们深信，在中国广大科技人员不断潜心钻研和锐意进取的过程中，中国论文的国际影响力会越来越大，表现不俗的论文会越来越多。

（注意：本文数据主要采集自可进行国际比较，并能进行学术指标评估的SCI数据。以上文字和表格中所列数据，是作者根据这些系统提供的数据加工整理产生的。）

参考文献

[1] Thomson Scientific 2015.ISI Web of Knowledge：Web of Science[DB/OL]. Available at http://portal.isiknowledge.com/web of science.

[2] Thomson Scientific 2015.ISI journal citation reports 2015[DB/OL]. Available at http://portal.isiknowledge.com/journal citation reports.

[3] http://www.thomsonscientific.com.cn/Web of science[DB/OL]. Journal selection process.

[4] 中国科学技术信息研究所.2013年度中国科技论文统计与分析（年度研究报告）[M]. 北京：科学技术文献出版社，2015.

[5] 张玉华，潘云涛.科技论文影响力相关因素研究[J]. 编辑学报，2007（1）：1–4.

10 领跑者 5000 论文情况分析

为进一步推动中国科技期刊的发展，提高其整体水平，更好地宣传和利用中国的优秀学术成果，起到引领和示范的作用。在 2012 年年底，中国科学技术信息研究所在中国精品科技期刊中遴选优秀学术论文，建设了“中国精品科技期刊顶尖学术论文——领跑者 5000”（F5000），集中对外展示和交流中国的优秀学术论文。

F5000 论文是基于《中国科技论文与引文数据库》（CSTPCD）的数据，结合定性和定量的方法选取的，具有较高学术水平的国内科技论文。自 2012 年以来，该项目已经发布了 4 批 F5000 提名论文，而最新的第 4 批 F5000 提名论文是在 2015 年 10 月 21 日“2015 年中国科技论文统计结果”发布会上公布的。

本章是以 2015 年度 F5000 提名论文为基础，分析 F5000 论文的地区、学科、机构及被引用等情况。

10.1 引言

中国科学技术信息研究所于 2012 年集中力量启动了“中国精品科技期刊顶尖学术论文——领跑者 5000”（F5000）项目，同时为此打造了向国内外展示 F5000 论文的平台（f5000.istic.ac.cn），并已与国际专业信息服务提供商汤森路透集团（Thomson Reuters）、爱思唯尔集团（Elsevier）和 Wiley 集团展开深入合作。

F5000 展示平台的总体目标是充分利用精品科技期刊评价成果，形成面向宏观科技期刊管理和科研评价工作直接需求，具有一定社会显示度和国际国内影响的新型论文数据平台。平台通过与国际知名信息服务商的合作，最终将国内优秀的科研成果和科研人才推向世界。

10.2 2015 年度 F5000 论文遴选方式

F5000 论文的选取包括两部分：定量分析方法和定性分析方法。在 2012 年、2013 年和 2014 年实践的基础上，2015 年的 F5000 论文遴选进一步做了优化：

①强化单篇论文定量评估方法的研究和实践。在 CSTPCD 的基础上，采用定量分析和定性分析相结合的方法，对学术期刊的质量和影响力做了进一步的科学评价，遴选新的精品科技期刊，并从每种精品期刊中择优选取了 2010—2014 年发表的最多 20 篇学术论文作为 F5000 的提名论文。

具体评价方法为：

a. 以 CSTPCD 为基础，计算每篇论文在 2010—2014 年时间窗口内累计被引次数。

b. 根据论文发表时间的不同和论文所在学科的差异，分别进行归类，并且对论文按照累计被引次数排名。

c. 对各个学科类别每个年度发表的论文，分别计算前 1% 高被引论文的基准线（如表 10-1 所示）。

d. 在各个学科领域各年度基准线以上的论文中，遴选各个精品期刊的提名论文。如果一个期刊在基准线以上的论文数量超过 20 篇，则根据累计被引次数相对基准线标准的情况，择优选取其中 20 篇作为提名论文；如果一个核心期刊在基准线以上的论文不足 20 篇，则只有过线论文作为提名论文。

根据统计，2010—2014 年累计被引次数达到其所在学科领域和发表年度基准线以上的论文有近 2 万篇。其中通过定量分析方式获得精品期刊顶尖论文提名的论文共有 2223 篇。

②中国科学技术信息研究所将继续与各个精品科技期刊编辑部协作配合推进 F5000 项目工作。各个精品科技期刊编辑部通过同行评议或期刊推荐的方式遴选 2 篇 2015 年度发表的学术水平较高的研究论文，作为提名论文。

提名论文的具体条件包括：

a. 遴选范围是在 2015 年期刊上发表的学术论文，增刊的论文不列入遴选范围。已经收录并且确定在 2015 年正刊出版，但是尚未正式印刷出版的论文，可以列入遴选范围。

b. 论文内容科学、严谨，报道原创性的科学发现和技术创新成果，能够反映期刊所在学科领域的最高学术水平。

③中国科学技术信息研究所依托各个精品科技期刊编辑部的支持和协作，联系和组织作者，补充获得提名论文的详细完整资料（包括中英文长摘要、其他合著作者的信息、论文图表及其题注、编委会评价和推荐意见等），提交到领跑者 5000 工作平台参加综合评估。

④中国科学技术信息研究所进行综合评价，根据定量分析数据和同行评议结果，从信息完整的提名论文中评定出 2015 年度 F5000 论文，颁发入选证书，收录入“领跑者 5000——中国精品科技期刊顶尖学术论文”展示平台（f5000.istic.ac.cn）。

表 10-1　2010—2014 年中国各学科 1% 高被引论文基准线

学科	2010 年	2011 年	2012 年	2013 年	2014 年
数学	8	6	5	6	2
力学	13	9	6	4	2
信息、系统科学	12	11	8	4	2
物理	13	10	8	5	2
化学	14	11	8	5	2
天文	23	16	6	3	2
地学	26	18	12	8	3
生物	17	14	8	5	2
预防医学、卫生	15	12	9	6	2
基础医学	13	10	8	5	2

续表

学科	2010 年	2011 年	2012 年	2013 年	2014 年
药物学	11	10	6	5	2
临床医学	11	10	8	5	2
中医学	12	9	8	5	2
军事医学与特种医学	11	9	7	5	2
农学	14	12	9	6	2
林学	14	11	10	6	2
畜牧兽医	17	12	8	5	2
水产	14	11	8	6	2
测绘科学技术	15	10	8	5	2
材料科学	10	8	7	4	2
工程与技术基础学科	10	11	7	4	2
矿山工程技术	13	12	9	5	2
能源科学技术	18	15	12	8	3
冶金、金属学	10	8	6	4	2
机械、仪表	10	9	7	5	2
动力与电气	24	18	8	5	2
核科学技术	8	6	5	4	2
电子、通信与自动控制	12	11	10	6	2
计算技术	11	10	8	5	2
化工	10	8	6	4	2
轻工、纺织	11	8	6	4	2
食品	12	10	8	5	2
土木建筑	11	9	7	4	2
水利	11	9	7	5	2
交通运输	10	8	6	4	2
航空航天	10	10	7	4	2
安全科学技术	8	8	10	6	2
环境科学	18	14	10	6	2
管理学	13	8	7	5	2

10.3 数据与方法

2015 年的 F5000 提名论文包括定量评估的论文和编辑部推荐的论文，后者由于时间（报告编写时间为 2016 年 3 月）的关系，并不完整，为此后续 F5000 论文的分析仅基于定量评估的 2223 篇论文。

论文归属：按国际文献计量学研究的通行做法，论文的归属按照第一作者所在第一地区和第一单位确定。

论文学科：依据国家技术监督局颁布的《学科分类与代码》，在具体进行分类时，一般是依据刊载论文期刊的学科类别和每篇论文的具体内容。由于学科交叉和细分，论文的学科分类问题十分复杂，先暂仅分类至一级学科，共划分了 40 个学科类别，且是按主分类划分，一篇文献只做一次分类。

10.4 研究分析与结论

10.4.1 F5000 论文概况

（1）F5000 论文的参考文献研究

科学研究作为一种继承与创新相结合的知识创造活动。研究人员在撰写学术论文之前，会阅读领域内相关文献，并在论文的写作中加以引用，表达论文思想、方法、工具、技术等的知识来源，而这样的引文在论文中是以参考文献的形式出现的。一般而言，参考文献的数量与质量与论文的科学研究水平有较强的相关性。

2015 年度 F5000 论文的平均参考文献数为 23.3 篇，远高于国内普通科技论文，同时也高于 2014 年度的篇均参考文献数 22.3 篇，具体分布情况如表 10-2 所示。

表 10-2 2015 年度 F5000 论文参考文献数分布情况

序号	参考文献数	论文篇数	比例	序号	参考文献数	论文篇数	比例
1	0 ~ 10	307	13.8%	4	30 ~ 50	274	12.3%
2	10 ~ 20	1006	45.3%	5	50 ~ 100	115	5.2%
3	20 ~ 30	478	21.5%	6	> 100	43	1.9%

其中，参考文献数在 10 ~ 20 篇的论文数最多，为 1006 篇，约占总量的 45.3%，紧随其后的是参考文献数在 20 ~ 30 篇以内的论文数和参考文献数在 10 篇以内的论文数。甚至有 43 篇论文的参考文献数超过 100 篇。

其中，引用参考文献数最多的 1 篇 F5000 论文是中国科学院物理研究所汪卫华撰写的论文《非晶态物质的本质和特性》，共引用了 510 条参考文献，而该文在万方数据库中已被引用了 43 次（检索时间：2016 年 4 月 12 日）。之后，单篇论文引用参考文献数超过 200 篇的论文，还有中国地质科学院地质研究所耿元生、沈其韩和任留东发表的论文《华北克拉通晚太古代末 - 古元古代初的岩浆事件及构造热体制》和中国地质大学地质过程与矿产资源国家重点实验室杨立强、邓军、王中亮等人撰写的《胶东中生代金成矿系统》。

（2）F5000 论文的作者数研究

在全球化日益明显的今天，不同学科不同身份不同国家的科研合作已经成为非常普遍的现象。科研合作通过科技资源的共享、团队协作的方式，有利于提高科研生产率和促进科研创新。

2015 年度的 F5000 论文由单一作者完成的论文有 83 篇，约占总量的 3.7%。如图 10-1 所示，4 人合作完成的论文量最多，为 422 篇，占总量的 19.0%；之后，则是 5 人合作、3 人合作的论文，分别是 369 篇和 360 篇。

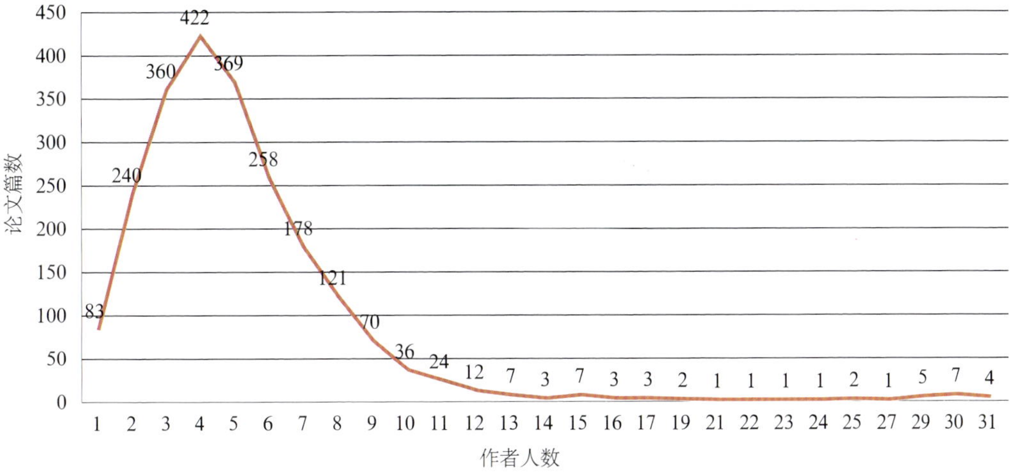

图 10-1 不同合作规模的论文产出

合作者数量最多的论文有 4 篇，都是发表在期刊《中国感染与化疗杂志》上，分别是上海交通大学医学院附属瑞金医院张祎博等人的《2009 年中国 CHINET 铜绿假单胞菌细菌耐药性监测》、复旦大学附属华山医院朱德妹等人的《2009 年上海地区细菌耐药性监测》、复旦大学附属华山医院胡付品等人的《2011 年中国 CHINET 细菌耐药性监测》和复旦大学附属华山医院抗生素研究所汪复等人的《2012 年中国 CHINET 细菌耐药性监测》。

10.4.2 F5000 论文学科分布

学科建设与发展是科学技术发展的基础，了解论文的学科分布情况是十分必要的。论文学科的划分一般是依据刊载论文的期刊的学科类别进行的。在 CSTPCD 统计分析中，论文的学科分类除依据论文所在期刊进行划分外，还会进一步根据论文的具体研究内容进行区分。

在 CSTPCD 中，所有的科技论文被划分为 40 个学科，包括数学、力学、物理、化学、天文学、地学、生物、药物学、农学、林学、水产、化工和食品等。在此基础上，40 个学科被进一步归并为 5 个大类，分别是基础学科、医药卫生、农林牧渔、工业技术和管理及其他。

为 36 篇，涵盖了清华大学本部和清华大学深圳研究院；北京大学论文量次多，为 35 篇，包括北京大学本部、北京大学附属人民医院和北京大学附属第三医院等；浙江大学以 31 篇 F5000 论文排在第 3 位，包括浙江大学本部、浙江大学医学院附属第一医院和浙江大学医学院附属第二医院等（如表 10–5 所示）。

表 10–5　2015 年度 F5000 论文数居前 5 位的高等院校

排名	高等院校	论文篇数
1	清华大学	36
2	北京大学	35
3	浙江大学	31
4	上海交通大学	23
5	中南大学	23

在医疗机构方面，将高等院校附属医院与普通医疗机构进行统一排名比较。北京协和医院的 F5000 论文数量最多，是 37 篇，之后则是解放军总医院的 19 篇；最后四川大学华西医院、北京大学人民医院和北京大学第三医院，都以 13 篇并列第 3 位（如表 10–6 所示）。

表 10–6　2015 年度 F5000 论文数居前 5 位的医疗机构

排名	医疗机构	论文篇数
1	北京协和医院	37
2	解放军总医院	19
3	四川大学华西医院	13
	北京大学人民医院	13
	北京大学第三医院	13

在研究机构方面，中国疾病预防控制中心以论文数 37 篇，居首位；之后则是中国科学院长春光学精密机械与物理研究所，论文量为 22 篇；居第 3 位的是中国中医科学院和中国石油勘探开发科学研究院的 14 篇；排在第 5 位的是中国科学院地理科学与资源研究所的 13 篇（如表 10–7 所示）。

表 10–7　2015 年度 F5000 论文数居前 5 位的研究机构分布

排名	研究机构	论文篇数
1	中国疾病预防控制中心	37
2	中国科学院长春光学精密机械与物理研究所	22
3	中国中医科学院	14
	中国石油勘探开发科学研究院	14
5	中国科学院地理科学与资源研究所	13

10.4.5 F5000 论文基金分布情况

基金资助课题研究一般都是在充分调研论证的基础上展开的，是属于某个学科当前或者未来一段时间内的研究热点或者研究前沿。下文主要分析 2015 年度 F5000 论文的基金资助情况。

表 10–8 2015 年度 F5000 论文居前 5 位的基金项目分布

排名	基金项目名称	论文篇数
1	国家自然科学基金委员会各项基金	749
2	国家重点基础研究发展计划（973 计划）项目	178
3	国家科技支撑计划项目	171
4	国家高技术研究发展计划（863 计划）项目	129
5	国家科技重大专项（五年计划）项目	109

2015 年度产出 F5000 论文最多的项目是国家自然科学基金委员会下的各项基金项目，包括国家自然科学基金面上项目、国家自然科学基金青年基金项目、国家自然科学基金委创新研究群体科学基金资助项目、国家自然科学基金委重大研究计划重点研究项目等，共产出 749 篇，占论文总数的 33.7%；居第 2 位的是国家重点基础研究发展计划（973 计划）项目，共产出 178 篇；之后则是国家科技支撑计划项目的 171 篇和国家高技术研究发展计划（863 计划）项目的 129 篇。

10.4.6 F5000 论文被引情况

论文的被引情况，可以用来评价一篇论文的学术影响力。这里 F5000 论文的被引情况，指的是论文从发表当年到 2015 年的累计被引用情况，亦即 F5000 论文定量遴选时的累计被引次数。其中，被引次数为 12 次的论文数最多，为 193 篇；之后则是被引次数为 6 次，其论文量为 156 篇；而被引次数为 14 次的论文有 152 篇。F5000 论文被引次数位于 3 ～ 14 次，论文数量存在一定的波动；而在 15 次之后，随着被引次数的增加，论文的数量急剧下滑（如图 10–4 所示）。

其中单篇论文被引次数最高的是复旦大学附属华山医院汪复等人在 2010 年发表在《中国感染与化疗杂志》上的论文《2009 年中国 CHINET 细菌耐药性监测》，其被引用了 229 次；单篇论文被引次数居第 2 位的是复旦大学附属华山医院朱德妹等人在 2011 年发表在《中国感染与化疗杂志》上的论文《2010 年中国 CHINET 细菌耐药性监测》，被引用了 224 次；居第 3 位的是复旦大学附属华山医院胡付品在 2012 年发表在《中国感染与化疗杂志》上的论文《2011 年中国 CHINET 细菌耐药性监测》，其被引次数为 161 次。

鉴于 2015 年的 F5000 论文是精品期刊发表在 2010—2014 年的高被引论文，故而不同发表年论文的统计时段是不同的。相对而言，发表较早的论文，它的被引次数会相对较高。

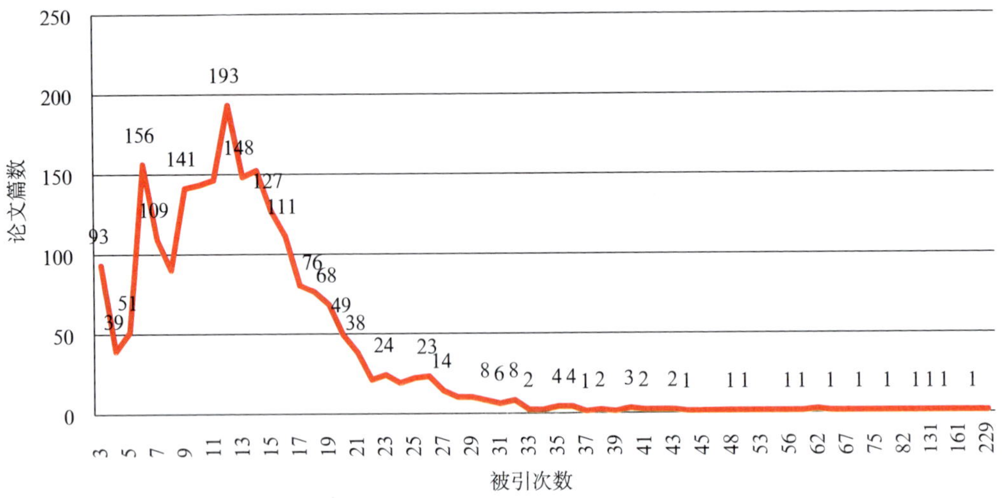

图 10-4　2015 年度 F5000 论文的被引情况

数据来源：CSTPCD。

由表 10-9 可以看出来，不同发表年的 F5000 论文，在被引次数方面有显著差异。发表年份是 2010 年的 F5000 论文，其篇均被引次数为 18.8 次；在 2011 年，F5000 论文篇均被引次数为 16.3 次；在 2012 年，F5000 论文篇均被引次数则是 13.2 次。

表 10-9　2015 年度 F5000 论文在不同发表年的论文分布及其引用情况

发表年份	论文篇数	总被引次数	篇均被引次数 /（次 / 篇）
2010	551	10366	18.8
2011	501	8152	16.3
2012	532	7013	13.2
2013	459	4131	9.0
2014	180	801	4.5

相对而言，2014 年发表的论文，由于统计时间较短，其篇均被引次数相对较低，仅为 4.5 次。不过，国家癌症中心陈万青等人在 2014 年发表在期刊《中国肿瘤》第 1 期上的论文《中国 2010 年恶性肿瘤发病与死亡》，由于结合我国国情，而得到了后来研究人员的大量关注，被引用了 45 次。

相对于论文发表年对论文被引次数的影响，论文分类对论文被引次数的影响相对较小。农林牧渔 F5000 论文的篇均被引次数最高，为 15.3 次；之后则是管理及其他，其 F5000 论文的篇均被引次数为 14.6 次；居第 3 位的是基础学科，其 F5000 论文的篇均被引次数为 14.0 次（如表 10-10 所示）。

表 10-10　2015 年度 F5000 论文不同学科分布及其引用情况

论文分类	论文篇数	总被引次数	篇均被引次数 /（次 / 篇）
工业技术	780	10447	13.4
管理及其他	8	117	14.6
基础学科	303	4247	14.0
农林牧渔	197	3005	15.3
医药卫生	935	12647	13.5

10.5　讨论

在 2012 年、2013 年和 2014 年的基础上，F5000 项目在 2015 年又有了深入的发展。本章首先对 2015 年度 F5000 论文的遴选方式进行了介绍，重点是对 F5000 论文的定量评价指标体系进行了详细说明。

在此基础上，本章对 2015 年度定量选出来的 2223 篇 F5000 论文，从参考文献、学科分布、地区分布、机构分布、基金分布、被引情况等角度进行了统计分析。

2015 年度 F5000 论文的平均参考文献数为 23.3 篇，有 96.2% 的论文是通过合著的方式完成的，其中 4 人合作完成的论文数最多。在学科分布方面，医药卫生和工业技术方面的 F5000 论文较多，二者约占总量的 77.2%，其中临床医学、计算技术、中医学等方面的 F5000 论文相对较多。在地区分布方面，F5000 论文主要分布在北京、江苏、广东等省（直辖市），其中清华大学、北京大学和浙江大学位居高等院校前三甲；北京协和医院和解放军总医院则是 F5000 论文较多的医疗机构；中国疾病预防控制中心、中国科学院长春光学精密机械与物理研究所、中国中医科学院和中国石油勘探开发科学研究院是论文数量较多的研究机构。

在基金方面，F5000 论文主要是由国家自然科学基金委员会下各项基金资助发表的，占论文总量的 33.7%。此外，科技部下国家重点基础研究发展计划（973 计划）项目、国家高技术研究发展计划（863 计划）项目和国家科技支撑计划项目也是 F5000 论文主要的项目基金来源。

在被引情况方面，2015 年度 F5000 论文的篇均被引次数为 13.7 次，不过该值与论文的发表年显著相关，而与论文所属分类关联较弱。在 2010 年发表的 F5000 论文，篇均被引次数最大，为 18.8 次；而在 2014 年发表的论文，篇均被引次数最小，为 4.5 次。农林牧渔方面的 F5000 论文篇均被引次数最高，为 15.3 次；而工业技术的篇均被引次数相对较低，为 13.4 次。

11 中国科技论文引用文献与被引文献情况分析

本章针对 CSTPCD 2014 收录的中国科技论文引用文献与被引文献，分别进行了 CSTPCD 2014 引用文献的学科分布和地区分布的情况分析，并分别对期刊论文、图书文献、网络资源和专利文献的引用与被引情况进行分析。2014 年度在论文发表数量比 2013 年度的论文发表数量下降 14.13% 的情况下，引用文献数量却有较大增长。期刊论文仍然是被引文献的主要来源，图书文献和会议论文也是重要的引文来源，学位论文的被引比例相比 2012 年和 2013 年增长的基础上又有所提高，说明中国学者对学位论文研究成果的重视程度逐渐加强。在期刊论文引用方面，被引次数较多的学科是临床医学，农学，地学，电子、通信与自动控制和中医学等，北京地区仍是科技论文发表数量和引用文献数量方面的领头羊。从论文被引的机构类型分布来看，高等院校占比最高，其次是研究机构和医疗机构，二者相差不多。从图书文献的引用情况来看，用于指导实践的辞书、方法手册及用于教材的指导综述类图书，使用的频率较高，被引次数要高于基础理论研究类图书。从网络资源被引情况来看，动态网页及其他格式是最主要的引用文献类型；商业网站（.com）是占比最大的网络文献的来源，其次是研究机构网站（.org）和政府网站（.gov）。从专利被引用的时间分布来看，2012 年的专利引用次数最多。

11.1 引言

在学术领域中，科学研究是具有延续性的，研究人员撰写论文，通常是对前人观念或研究成果的改进、继承发展，完全自己原创的其实是少数。科研人员产出的学术作品如论文和专著等都会在末尾标注参考文献，表明对前人研究成果的借鉴、继承、修正、反驳和批判，或是向读者提供更进一步研究的参考线索等，即在引文与正文之间建立起一种引证关系。因此，科技文献的引用与被引用，是科技知识和内容信息的一种继承与发展，也是科学不断发展的标志之一。

与此同时，一篇文章的被引情况也从某种程度上体现了论文的受关注程度，以及其影响和价值。随着数字化程度的不断加深，论文的可获得性越来越强，一篇论文被引用的机会也大幅度增加。因此，若能够系统地分学科领域、分地区、分机构和文献类型来分析应用文献，便能够弄清楚学科领域的发展趋势、机构的发展和知识载体的变化等。

本章根据 CSTPCD 2014 的引文数据，详细分析了中国科技论文的参考文献情况和中国科技文献的被引情况，重点分析了不同文献类型、学科、地区、机构和作者的科技论文的被引情况，还包括了对图书文献、网络文献和专利文献的被引情况分析。

11.2 数据与方法

本章所涉及的数据主要来自 2014 年度 CSTPCD 论文与 1994—2014 年引文数据库，

在数据的处理过程中，对长年累积的数据进行了大量清洗和处理的工作，在信息匹配和关联过程中，由于CSTPCD收录的是中国科技论文统计源期刊，是学术水平较高的期刊，因而并没有覆盖所有的科技期刊，以及限于部分著录信息不规范不完善等客观原因，并非所有的引用和被引信息都足够完整。

11.3 研究分析与结论

11.3.1 概况

CSTPCD 2014年共收录497849篇中国科技论文，同比下降14.13%；共引用7531589次各类科技文献，同比下降2.52%；篇均引文数量达到15.13篇，相比2013年度的13.32篇略有上升（如图11-1所示）。

由图11-1可以看出，1995—2014年，除2007年、2009年及2013年有所下降外，中国科技论文的篇均引文数量一直保持上升态势。2014年的篇均引文数量较1995年增加了152.84%，可见这几十年来科研人员越来越重视对参考文献的引用。同时，各类学术文献的可获得性的增加也是论文篇均被引量增加的一个原因。

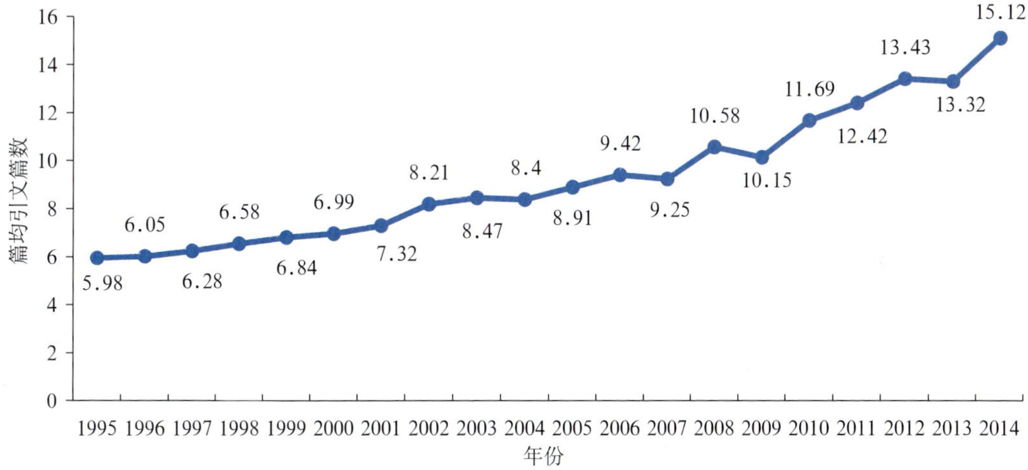

图11-1 1995—2014年CSTPCD论文篇均引文量

通过比较各类型的文献在知识传播中被使用的程度，可以从中发现文献在科学研究成果的传递中所起的作用。被引文献包括期刊论文、图书文献、学位论文、标准、研究报告、专利文献、网络资源和会议论文等类型。图11-2显示了2014年被引用的各类型文献所占的份额，图中期刊论文所占的比例最高，达到了80.83%，相比2013年的85.66%，略有下降。这说明科技期刊仍然是科研人员在研究工作中使用最多的科技文献，所以本章重点讨论期刊中科技论文的被引情况。列在期刊之后的图书专著，所占比例为12.52%。期刊和图书两项比例之和超过93%，值得注意的是，学位论文的被引比例占到了1.96%，相比2012年和2013年增长的基础上又有所提高，说明中国学者对学位论文研究成果的重视程度逐渐加强。

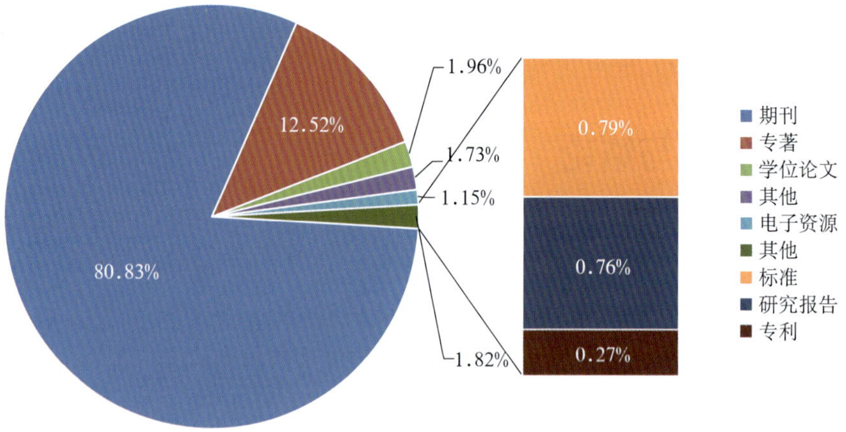

图 11-2 CSTPCD 2014 名类科技文献被引次数所占比例

11.3.2 引用文献的学科和地区分布情况

表 11-1 列出了 CSTPCD 2014 各学科的引文总数和中文引文数。由表 11-1 可知，篇均引文数居前 5 位的学科是天文（33.32 篇）、地学（28.09 篇）、生物（27.63 篇）、水产（25.79 篇）和化学（22.60 篇）；外文引文数所占比例居前 5 位的学科是物理、天文、化学、数学和生物。

表 11-1 CSTPCD 2014 各学科参考文献量

学科	论文篇数	引文总数 / 篇（A）	篇均引文数 / 篇	中文引文数 / 篇（B）	B/A
数学	5889	81871	13.90	19385	0.24
力学	1982	32740	16.52	9669	0.30
信息、系统科学	436	7159	16.42	3115	0.44
物理	5539	119914	21.65	14629	0.12
化学	11003	248709	22.60	43087	0.17
天文	334	11130	33.32	1434	0.13
地学	13975	392619	28.09	205785	0.52
生物	14364	396860	27.63	105313	0.27
预防医学、卫生	17039	192174	11.28	122934	0.64
基础医学	18414	329002	17.87	93440	0.28
药物学	12633	180725	14.31	73162	0.40
临床医学	127263	1816586	14.27	694301	0.38
中医学	20300	256671	12.64	181810	0.71

续表

学科	论文篇数	引文总数 / 篇（A）	篇均引文数 / 篇	中文引文数 / 篇（B）	B/A
军事医学与特种医学	2970	40431	13.61	16041	0.40
农学	20392	402113	19.72	247668	0.62
林学	4068	83724	20.58	53464	0.64
畜牧兽医	6184	118348	19.14	52978	0.45
水产	1897	48932	25.79	24518	0.50
测绘科学技术	3026	42438	14.02	25200	0.59
材料科学	6225	117297	18.84	33833	0.29
工程与技术基础学科	3788	54880	14.49	22557	0.41
矿山工程技术	6369	68618	10.77	58081	0.85
能源科学技术	6045	89937	14.88	64683	0.72
冶金、金属学	13031	151599	11.63	78119	0.52
机械、仪表	11905	125056	10.50	81962	0.66
动力与电气	4026	55926	13.89	25130	0.45
核科学技术	1226	11920	9.72	4600	0.39
电子、通信与自动控制	25666	336749	13.12	167976	0.50
计算技术	31836	438876	13.79	184403	0.42
化工	13187	198255	15.03	89378	0.45
轻工、纺织	2070	26190	12.65	17320	0.66
食品	8925	163443	18.31	93902	0.57
土木建筑	12358	151828	12.29	102590	0.68
水利	3053	36002	11.79	26371	0.73
交通运输	10880	119214	10.96	80342	0.67
航空航天	5227	71558	13.69	32058	0.45
安全科学技术	181	3832	21.17	2684	0.70
环境科学	13670	277054	20.27	139593	0.50
管理学	1108	22604	20.40	8840	0.39

如表 11-2 所示，2014 年 SCI 收录的中国论文中有 38 个学科的篇均引文数大于 20 篇以上，比 2013 年多了 5 个学科；篇均引文数排在前 5 位的学科是轻工、纺织（83.00 次）、天文（50.76 次）、地学（48.58 次）、水产（44.63 次）和林学（42.10 次）。

对比 SCI 篇均引文数与 CSTPCD 篇均引文数，发现 2014 年，除轻工、纺织学科因偶然因素（论文只有 2 篇，被引频次较高）篇均引文数相差值较大，药物学，化工，水利，林学，环境科学，农学，预防医学、卫生学，地学和中医学 9 个学科的篇均引文数的相差值都超过了 20 篇次。

续表

排名	地区	篇均被引次数	被引次数	被引论文篇数
28	广西	1.48	28883	19581
29	山西	1.47	20414	13874
30	海南	1.46	7818	5362
31	宁夏	1.44	4808	3328

（3）各类型机构的论文被引情况

从CSTPCD 2014所显示各类型机构的论文被引情况来看，高等院校占比最高，其次是研究机构和医疗机构，二者相差不多（如图11-3所示）。

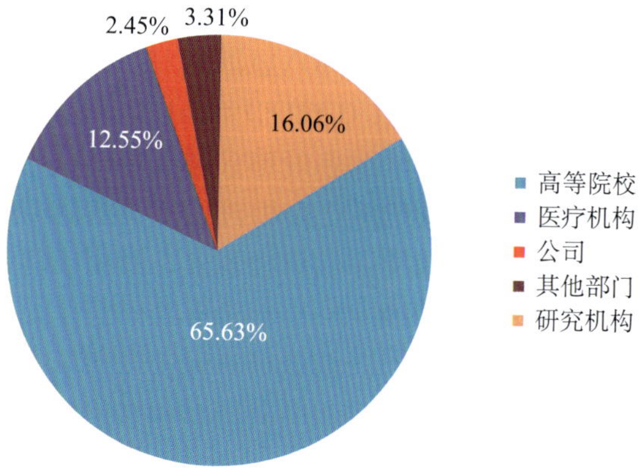

图11-3 各类型机构发表的期刊论文被CSTPCD 2014引用的比例

表11-6显示了期刊论文被CSTPCD 2014引用排名居前50位的高等院校。上海交通大学、北京大学、浙江大学和首都医科大学在2014年论文发表数量和被引次数上都名列前茅。

由于高等院校产生的论文研究领域较为广泛，因此可以从宏观上反映科研的整体状况。通过比较可以看出，2014年被引次数排在前10位的高等院校，在2014年发表的论文数据也大都排在前10位。

表11-6 期刊论文被CSTPCD 2014引用居前50位的高等院校

高等院校名称	2014年论文发表情况		2014年被引情况	
	篇数	排名	次数	排名
上海交通大学	6868	1	26068	1
北京大学	5717	3	24966	2
浙江大学	4281	5	20590	3
首都医科大学	5795	2	20033	4
中南大学	3801	12	17210	5

续表

高等院校名称	2014 年论文发表情况		2014 年被引情况	
	篇数	排名	次数	排名
清华大学	3235	14	16506	6
华中科技大学	4208	8	16333	7
中山大学	4202	9	15814	8
四川大学	4797	4	14959	9
同济大学	3784	13	14715	10
南京大学	4013	10	14612	11
复旦大学	3944	11	13486	12
吉林大学	4244	7	12120	13
中国地质大学	1992	40	12081	14
重庆大学	2074	37	10929	15
西北农林科技大学	1809	49	10770	16
中国石油大学	2362	25	10677	17
中国矿业大学	2375	24	10474	18
西北工业大学	2833	16	10284	19
哈尔滨工业大学	1769	51	10105	20
西安交通大学	2661	17	9820	21
华南理工大学	2056	38	9728	22
山东大学	2595	18	9684	23
武汉大学	4268	6	9412	24
中国农业大学	1191	83	9045	25
南京农业大学	1387	71	8949	26
东南大学	2252	29	8256	27
天津大学	2440	22	8190	28
南京医科大学	2297	27	7976	29
中国医科大学	2328	26	7900	30
安徽医科大学	2582	19	7749	31
南方医科大学	2291	28	7723	32
南京航空航天大学	2166	33	7716	33
第二军医大学	1711	54	7618	34
重庆医科大学	2448	21	7495	35
北京航空航天大学	1636	58	7409	36
郑州大学	3009	15	7332	37
天津医科大学	2225	31	7050	38
第三军医大学	1790	50	6940	39
华北电力大学	1520	63	6819	40
大连理工大学	1689	56	6811	41
江苏大学	2396	23	6637	42
温州医学院	2027	39	6326	43
北京科技大学	1759	52	6043	44

续表

高等院校名称	2014 年论文发表情况		2014 年被引情况	
	篇数	排名	次数	排名
西南大学	1854	46	5992	45
兰州大学	1812	48	5952	46
南京中医药大学	2177	32	5836	47
苏州大学	2536	20	5653	48
合肥工业大学	1414	69	5649	49
东北大学	1445	64	5629	50

表 11-7 列出了 2014 年被引次数排在前 50 位的研究机构的论文被引次数与排名，以及相应的被 CSTPCD 2014 收录的论文数与排名。由表中数据可以看出，中国科学院所属研究所在前 50 位的中占了 20 席。排首位的是中国科学院地理科学与资源研究所，被引次数达到了 6841 次，且排在前 43 位研究机构的论文被引次数均超过了 1000 次。与高等院校不同，被引次数比较多的研究机构，其论文数量并不一定排在前列。表 11-7 所列出的研究机构论文数和被引次数同时排在前 50 位的只有 27 位。相对于的高等院校，由于研究机构的学科领域特点更突出，不同学科方向的研究机构在论文数量和被引情况方面的差异十分明显。

表 11-7 期刊论文被 CSTPCD 2014 引用居前 50 位的研究机构

研究机构名称	2014 年论文发表情况		2014 年被引情况	
	篇数	排名	次数	排名
中国科学院地理科学与资源研究所	499	10	6841	1
中国疾病预防控制中心	856	2	5972	2
中国中医科学院	1443	1	5962	3
中国科学院地质与地球物理研究所	210	34	4083	4
中国林业科学研究院	694	6	4042	5
中国科学院寒区旱区环境与工程研究所	292	20	3831	6
中国水产科学研究院	617	7	3694	7
中国科学院长春光学精密机械与物理研究所	755	5	3456	8
中国电力科学研究院	337	16	3263	9
中国石油勘探开发研究院	393	13	3204	10
中国科学院生态环境研究中心	233	27	2831	11
中国地质科学院矿产资源研究所	223	30	2735	12
中国科学院南京土壤研究所	167	53	2731	13
军事医学科学院	763	4	2331	14
中国科学院大气物理研究所	193	38	2261	15
江苏省农业科学院	459	11	2238	16
中国医学科学院肿瘤研究所	359	14	2093	17

续表

研究机构名称	2014 年论文发表情况		2014 年被引情况	
	篇数	排名	次数	排名
中国地质科学院地质研究所	170	48	2066	18
中国热带农业科学院	593	8	1893	19
中国科学院广州地球化学研究所	107	115	1879	20
中国科学院沈阳应用生态研究所	107	115	1857	21
中国气象科学研究院	105	119	1836	22
中国科学院新疆生态与地理研究所	167	53	1804	23
中国科学院南京地理与湖泊研究所	136	72	1797	24
中国科学院东北地理与农业生态研究所	83	162	1771	25
中国农业科学院农业资源与农业区划研究所	125	82	1764	26
中国环境科学研究院	217	31	1758	27
中国工程物理研究院	804	3	1719	28
中国地震局地质研究所	112	106	1534	29
中国科学院植物研究所	91	144	1489	30
中国农业科学院作物科学研究所	106	118	1469	31
中国科学院海洋研究所	443	12	1386	32
中国水利水电科学研究院	255	26	1244	33
中国科学院地球化学研究所	99	135	1241	34
中国科学院水土保持与生态环境研究中心	53	246	1206	35
中国气象局兰州干旱气象研究所	105	119	1186	36
福建省农业科学院	295	19	1164	37
中国医学科学院药用植物研究所	142	68	1144	38
山东省农业科学院	227	29	1128	39
中国科学院武汉岩土力学研究所	111	108	1113	40
中国石化石油勘探开发研究院	145	65	1084	41
中国农业科学院植物保护研究所	132	77	1040	42
中国科学院对地观测与数字地球科学中心	193	38	1008	43
广东省农业科学院	211	33	997	44
中国农业科学院农业环境与可持续发展研究所	116	98	976	45
北京市农林科学院	201	36	975	46
煤炭科学研究总院	102	128	963	47
国家气候中心	44	287	959	48
中国科学院水生生物研究所	91	144	957	49
中国科学院亚热带农业生态研究所	64	209	941	50

表 11-8 列出了 2014 年论文被引次数排在前 50 位的医疗机构的论文被引次数与排名，以及相应的被 CSTPCD 2014 收录的论文数与排名。由表中数据可以看出，有 39 个

医疗机构被引次数超过 2000 次，中国人民解放军第 301 医院被引次数最多（9654 次），其次是四川大学医学院附属华西医院（5388 次）和北京协和医院（4946 次）。

表 11-8 期刊论文被 CSTPCD 2014 引用居前 50 位的医疗机构

医疗机构名称	2014 年论文发表情况		2014 年被引情况	
	篇数	排名	次数	排名
中国人民解放军第 301 医院	2157	1	9654	1
四川大学医学院附属华西医院	1571	2	5388	2
北京协和医院	1299	3	4946	3
北京大学医学院附属第一医院	755	16	4101	4
南京大学医学院附属金陵医院	955	9	3851	5
华中科技大学医学院附属同济医院	999	7	3825	6
北京大学医学院附属人民医院	687	26	3508	7
上海交通大学医学院附属瑞金医院	811	13	3473	8
南京医科大学第一附属医院	1062	4	3448	9
中山大学医学院附属第一医院	592	40	3209	10
北京大学医学院附属第三医院	643	35	3195	11
第二军医大学医学院附属长海医院	708	21	3090	12
复旦大学医学院附属中山医院	702	23	3075	13
中国医科大学医学院附属盛京医院	910	10	3069	14
中国医科大学医学院附属第一医院	727	20	2987	15
上海交通大学医学院附属第六人民医院	757	15	2966	16
重庆医科大学医学院附属第一医院	886	11	2856	17
首都医科大学医学院附属宣武医院	644	34	2854	18
南方医科大学医学院附属南方医院	685	27	2828	19
华中科技大学医学院附属协和医院	630	36	2808	20
郑州大学第一附属医院	1027	5	2751	21
上海交通大学医学院附属仁济医院	569	41	2693	22
首都医科大学医学院附属北京安贞医院	692	24	2671	23
复旦大学医学院附属华山医院	456	60	2603	24
第四军医大学医学院附属西京医院	732	19	2530	25
中南大学医学院附属湘雅二医院	481	52	2465	26
安徽医科大学第一附属医院	753	17	2460	27
第三军医大学医学院附属西南医院	517	46	2381	28
青岛大学医学院附属医院	667	31	2371	29
北京军区总医院	778	14	2348	30
武汉大学医学院附属人民医院	957	8	2313	31
第二军医大学医学院附属长征医院	433	69	2292	32
中南大学医学院附属湘雅医院	527	45	2282	33
首都医科大学医学院附属北京友谊医院	655	33	2257	34
上海交通大学医学院附属新华医院	670	29	2246	35

续表

医疗机构名称	2014 年论文发表情况		2014 年被引情况	
	篇数	排名	次数	排名
广西医科大学第一附属医院西院	821	12	2235	36
南京大学医学院附属鼓楼医院	672	28	2173	37
安徽医科大学医学院附属省立医院	703	22	2143	38
新疆医科大学第一附属医院	1009	6	2029	39
汕头大学医学院附属华南医院	460	58	1977	40
吉林大学医学院附属白求恩第一医院	741	18	1968	41
首都医科大学医学院附属北京同仁医院	531	44	1952	42
上海交通大学医学院附属第一人民医院	446	65	1936	43
温州医学院第一附属医院	507	50	1926	44
首都医科大学医学院附属北京朝阳医院	475	54	1922	45
中国医学科学院阜外心血管病医院	334	98	1893	46
卫生部中日友好医院	472	56	1893	47
广州军区广州总医院	474	55	1867	48
中山大学医学院附属孙逸仙纪念医院	365	89	1832	49
天津医科大学医学院附属总医院	419	71	1752	50

（4）基金论文被引情况

表 11–9 列出了 2014 年论文被引次数排在前 10 位的基金资助项目的论文被引次数与排名。由表中数据可以看出，国家自然科学基金委各项基金资助的项目被引次数最高（160434 次），且远高于其他基金项目，其次是科技部其他基金项目（72388 次）、国家教育基金（14780 次）和广东省科学基金与资助（10138 次）。

表 11–9 期刊论文被 CSTPCD 2014 引用居前 10 位的基金资助项目

基金项目	2014 年被引情况	
	次数	排名
国家自然科学基金委各项基金	160434	1
科学技术部其他基金项目	72388	2
国家教育部基金	14780	3
广东省科学基金与资助	10138	4
江苏省科学基金与资助	9553	5
国家重点基础研究发展计划（973 计划）	9086	6
上海市科学基金与资助	7873	7
中国高技术研究发展计划（863 计划）	7175	8
浙江省科学基金与资助	6747	9
国内大学、研究机构和公益组织资助	6712	10

（5）被引最多的作者

根据被引论文的作者名字、机构来统计每个作者在CSTPCD 2014中被引的次数。表11-10列出了论文被引次数居前20位的作者。从作者机构所在地区来看，一半左右的机构在北京。从作者机构类型来看，12位作者来自高校及附属医疗机构，被引最高的是中国石油天然气集团公司邹才能，其所发表的论文在2014年被引328次。

表11-10 期刊论文被CSTPCD 2014引用居前20位的作者

作者	机构	被引次数
邹才能	中国石油天然气集团公司	328
王成山	天津大学	311
丁明	合肥工业大学	284
张文亮	国家电网公司	216
张金川	中国地质大学	205
孙继平	中国矿业大学	201
陈士林	中国医学科学院；北京协和医学院	193
孙国祥	沈阳药科大学	184
刘彦随	中国科学院地理科学与资源研究所	174
周涛发	合肥工业大学	174
毛景文	中国地质科学院矿产资源研究所	171
秦四清	中国科学院地质与地球物理研究所	171
邓小华	湖南农业大学	170
康红普	中国煤炭科工集团有限公司	163
聂建国	清华大学	161
蒋琪霞	南京大学医学院附属金陵医院；南京军区南京总医院	158
胡大一	北京大学	152
张福锁	中国农业大学	146
徐锡伟	中国地震局地质研究所	144
季成叶	北京大学	138

11.3.4 图书文献被引情况

图书文献，是对某一学科或某一专门课题进行全面系统论述的著作，具有明确的研究性和系统连贯性，是非常重要的知识载体。尤其在年代较为久远时，图书文献在学术的传播和继承中有着十分重要和不可替代的作用。它有着较高的学术价值，可用来评估科研人员的科研能力及研究学科发展的脉络，这种作用在社会科学领域尤为明显。但是由于图书的一些外在特征，如数量少、篇幅大、周期长等，使其在统计学意义上不具有优势，并且较难阅读分析和快速传播。

而今学术交流形式变化鲜明，图书文献的被引次数在所有类型文献的总被引次数中所占比例虽不及期刊论文，但数量仍然巨大，是仅次于期刊论文的第二大文献。图书文献以其学术性强，系统性和全面性的特点，是为学术和科研中不可或缺的一部分。

在 CSTPCD 2014 引文库中，图书类型的文献被引 1193153 次，占总被引次数的 12.52%。表 11-11 列出了 CSTPCD 2014 中被引次数超过 400 次的图书文献，共有 18 部。被引次数最多的科学著作仍然是乐杰主编的《妇产科学》，2014 年共被引用了 1626 次，被引次数超过 1000 次的还有陆再英的《内科学》。

这 18 部图书文献中有 15 部分布在医药学领域之中，这一方面是由于医学领域论文数量较多，另一方面是由于医学领域自身具有明确的研究体系和清晰的知识传承的学科特点。从这些图书文献的题目可以看出，大部分是用于指导实践的辞书、方法手册及用于教材的指导综述类图书。这些图书与实践结合密切，所以使用的频率较高，被引次数要高于基础理论研究类图书。

表 11-11 被 CSTPCD 2014 引用较多的图书文献情况

作者	机构	被引次数
乐杰	妇产科学	1626
陆再英	内科学	1061
鲍士旦	土壤农化分析	997
陈灏珠	实用内科学	930
赵辨	临床皮肤病学	805
鲁如坤	土壤农业化学分析方法	763
李合生	植物生理生化实验原理和技术	629
郑筱萸	中药新药临床研究指导原则	628
叶任高	内科学	584
吴在德	外科学	543
胡亚美	诸福棠实用儿科学	529
陈新谦	新编药物学	521
曹泽毅	中华妇产科学	520
张之南	血液病诊断及疗效标准	451
谢幸	妇产科学	450
汪向东	心理卫生评定量表手册	435
郑筱萸	中药新药临床研究指导原则（试行）	425
丰有吉	妇产科学	412

11.3.5 网络资源被引情况

在数字资源迅速发展的今天，网络中存在着大量的信息资源和学术材料。因此对网络资源的引用越来越多。虽然网络资源被引次数在 CSTPCD 2014 数据库中所占的比例不大，也无法和期刊论文、专著相比，但是网络确实是获取最新研究热点和动态的一个较好的途径，互联网确实缩短了信息搜寻的周期，减少了信息搜索的成本。但由于网络资源引用的著录格式有些非常的不完整和不规范，因此在统计中只是尽可能地根据所能采集到的数据进行比较研究。

（1）网络文献的文件格式类型分布

网络文献的文件格式类型主要包括静态网页、动态网页两种。根据 CSTPCD 2014 统计，两者构成比例如图 11–4 所示。从数据可以看出，动态网页及其他格式是最主要类型，所占比例为 50.03%，其次是静态网页 38.60%，PDF 格式比例为 11.37%。

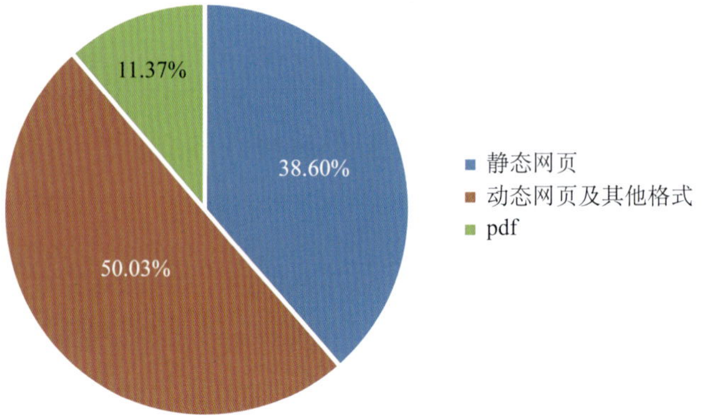

图 11–4　CSTPCD 2014 网络文献主要文件格式类型及其所占比例

（2）网络文献的来源

网络文献资源一半都会列出完整的域名，大部分网络文献资源可以根据顶级域名进行分类。被引次数较多的文献资源类型包括商业网站（.com）、机构网站（.org）、高校网站（.edu）和政府网站（.gov）四类。图 11–5 所示为这几类网络文献来源的构成情况。从图中可以看出，其构成期刊和 2009 年的分布比例一致，商业网站（.com）所占比例最大，达到了 33.01%；研究机构网站（.org）所占比例也比较大，为 19.04%；政府网站（.gov）和高校网站（.edu）份额小一些，分别居第 3 和第 4 位。

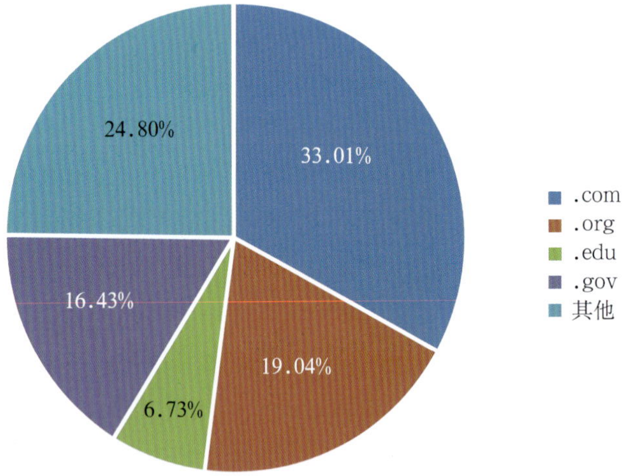

图 11–5　CSTPCD 2014 所引用的网络文献资源的域名分布

11.3.6　专利被引情况

一般而言，专利不会马上被引用，而发表时间太久远的专利也不会一直被引用。专利的引用高峰期普遍为发表后的 2 ～ 3 年。图 11-6 所示是专利在 1994—2014 年的被引时间分布，2012 年为被引最高峰，符合专利被引的普遍规律。

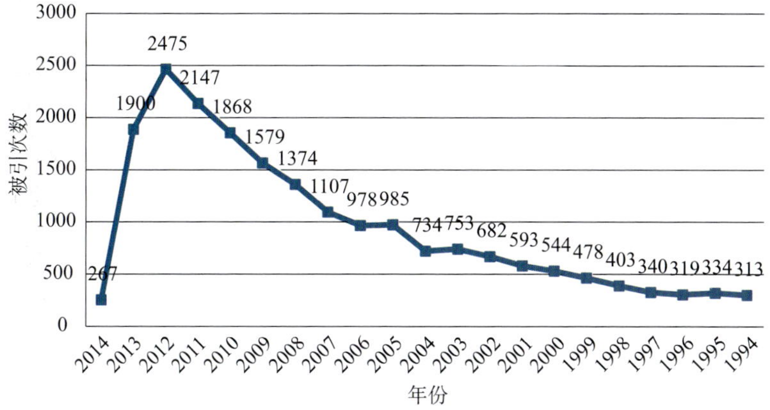

图 11-6　1994—2014 年专利被引时间分布对比

11.4　讨论

通过对 CSTPCD 2014 中被引用的文献的分析，可以看出中国科技论文的引文数量越来越多，也就是说科学研究工作中人们越来越重视对前人和同行的研究结果的了解和使用，其中科技期刊论文仍然是使用最多的文献。在期刊论文中，从学科、地区、机构等角度的统计数据显示，由于各学科、各地区和各类机构自身特点的不同，体现在论文篇均引文数指标数值的差异明显。

网络文献、图书文献、专利文献、会议论文和学位论文等不同类型文献的被引用数据统计结果，显示出了他们各自的特点。

参考文献

[1]　中国科学技术信息研究所 .2008 年度中国科技论文统计与分析 [M]. 北京：科学技术文献出版社，2009.

[2]　中国科学技术信息研究所 .2009 年度中国科技论文统计与分析 [M]. 北京：科学技术文献出版社，2010.

[3]　中国科学技术信息研究所 .2010 年度中国科技论文统计与分析 [M]. 北京：科学技术文献出版社，2011.

[4]　中国科学技术信息研究所 .2011 年度中国科技论文统计与分析 [M]. 北京：科学技术文献出版社，2012.

[5]　中国科学技术信息研究所 .2012 年度中国科技论文统计与分析（年度研究报告）[M]. 北京：科学技术文献出版社，2014.

[6]　中国科学技术信息研究所 .2013 年度中国科技论文统计与分析（年度研究报告）[[M]. 北京：科学技术文献出版社，2014.

12 中国科技期刊统计与分析

12.1 引言

2014 年全国共出版期刊 9966 种，平均期印数 15661 万册，总印数 30.95 亿册，总印张 183.58 亿印张，定价总金额 249.38 亿元。与 2013 年相比，种数增长 0.90%，平均期印数下降 4.81%，总印数下降 5.41%，总印张下降 5.71%，定价总金额下降 1.57%。2014 年，除期刊的种数有微量增加外，平均期印数、总印数、总印张和总定价均有所下降。

2009—2014 年中国期刊的总量呈微增长态势，2011 年期刊总量有所下降，2012—2014 年连续缓慢上升，2009—2014 年中国期刊平均期印数连续下降，在总印数和总印张连续多年增长的态势下，2013 年和 2014 年总印数和总印张有所下降，2014 年期刊定价有所下降。

2009—2014 年中国科技期刊的总量的变化与中国期刊总量变化的态势不尽相同，呈锯齿状微量变化（如表 12-1 所示），中国科技期刊的总量多年来一直占期刊总量的 50% 左右。2014 年科技期刊平均期印数 2852 万册，总印数 42587 万册，总印张 34.42 亿；占期刊总品种 49.91%，总印数 13.76%，总印张 18.75%。与 2013 年相比，种数增长 0.61%，平均期印数下降 8.40%，总印数下降 8.11%，总印张下降 9.28%。

表 12-1　2009—2014 年中国期刊出版情况

	2009 年	2010 年	2011 年	2012 年	2013 年	2014 年
自然科学、技术类期刊种数（A）	4926	4936	4920	4953	4944	4974
期刊种数（B）	9851	9884	9849	9867	9877	9966
A/B	50.01%	49.94%	49.95%	50.20%	50.06%	49.91%

12.2 研究分析与结论

12.2.1 中国科技核心期刊

中国科学技术信息研究所受科技部委托，自 1987 年开始从事中国科技论文统计与分析工作，研制了中国科技论文与引文数据库（CSTPCD），并利用该数据库的数据，每年对中国科研产出状况进行各种分类统计和分析，以年度研究报告和新闻发布的形式定期向社会公布统计分析结果。由此出版的一系列研究报告，为政府管理部门和广大高等院校、研究机构提供了决策支持。

中国科技论文与引文数据库选择的期刊称为中国科技核心期刊（中国科技论文统计源期刊）。中国科技核心期刊的选取经过了严格的同行评议和定量评价，选取的是中国各学科领域中较重要的、能反映本学科发展水平的科技期刊，并且对中国科技核心期刊遴选设立动态退出机制。研究中国科技核心期刊的各项科学指标，可以从一个侧面反映中国科技期刊的发展状况，也可映射出中国各学科的研究力量。本章期刊指标的数据来源即为中国科技核心期刊。2014 年《中国科技论文与引文数据库》（CSTPCD）共收录中国科技核心期刊 2383 种，首次收录了 394 种社科期刊，科技期刊是 1989 种，与 2013 年数量持平，其中有 35 种取消了中国科技核心期刊资格，新增了 35 种中国科技核心期刊（如表 12–2 所示）。

表 12–2 2009—2014 年中国科技核心期刊收录情况

期刊数量	2009 年	2010 年	2011 年	2012 年	2013 年	2014 年
中国科技核心期刊种数（A）	1946	1998	1998	1994	1989	1989
自然科学、技术类期刊种数（B）	4926	4936	4920	4953	4944	4974
A/B	39.51%	40.48%	40.61%	40.25%	40.23%	39.99%

图 12–1 显示 2014 年 1989 种中国科技核心期刊（中国科技论文统计源期刊）的学科部类分布情况，其中工业技术类所占比例最高为 37.40%；其次为医药卫生类，为 33.30%，基础科学类居第 3 位，为 15.73%；以后依次为农林牧渔和管理科学及综合，分别为 7.64% 和 5.93%。与 2013 年比较，收录的期刊总数没变，其中工业技术、医药卫生和农林牧渔 3 个学科期刊所占比例略微变化，基础科学期刊所占比例由 15.03% 上升到 15.73%，上升 0.7 个百分点；管理及综合类学科期刊数略有下降，由 6.52% 下降至 5.93%，下降 0.59 个百分点。

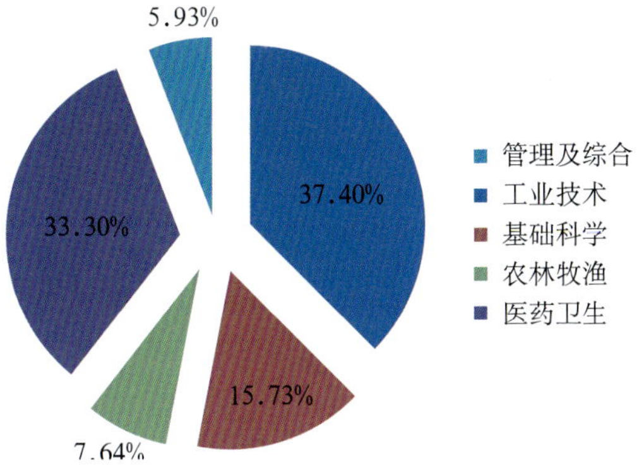

图 12–1 2014 年中国科技核心期刊学科部类分布

在中国科技核心期刊的遴选中，工业技术类期刊和农林牧渔类期刊选取的比例小于同类期刊的比例，说明工业技术类和农林牧渔类期刊的整体水平还有待提高，同时今后一个时期内我们也要对工业技术类和农林牧渔类期刊投以更大的关注。

据对 2009 年《乌里希国际期刊指南》的统计分析，目前世界上生物医学类科技期刊占世界全部科技期刊的 30% 左右，综合类科技期刊占 3%，与中国科技核心期刊收录的期刊数相比较，中国的综合类期刊所占的比例大于世界水平，医药卫生类期刊所占的比例与世界趋势一致。

12.2.2 中国科技期刊引证报告

自 1997 年中国科技论文统计与分析项目组出版第一本《中国科技期刊引证报告》至今，该研究小组连续每年出版新版的科技期刊指标报告。《中国科技期刊引证报告（核心版）》的数据取自中国科学技术信息研究所自建的 CSTPCD，该数据库将中国各学科重要的科技期刊作为统计源期刊，每年进行动态调整。2015 年，中国科技论文统计源期刊共 1989 种。本课题在统计分析中国科技论文整体情况的同时，也对中国科技期刊的发展状况进行了跟踪研究，并形成了每年定期对中国科技核心期刊的各项计量指标进行公布的制度。此外，为了促进中国科技期刊的发展，为期刊界和期刊管理部门提供评估依据，同时为选取中国科技核心期刊做准备，自 1998 年起中国科学技术信息研究所还连续出版了《中国科技期刊引证报告（扩刊版）》，2007 年起，“扩刊版引证报告”与万方公司共同出版，涵盖中国 6000 余种科技期刊。

12.2.3 中国科技期刊的整体指标分析

为了全面、准确、公正、客观地评价和利用期刊，《中国科技期刊引证报告》（核心版）在与国际评价体系保持一致的基础上，结合中国期刊的实际情况，在《2013 年版中国科技期刊引证报告》（核心版）选择 23 项计量指标的基础上，《2014 年版中国科技期刊印证报告》（核心版）增加了一种计量指标：核心开放因子，这些指标基本涵盖和描述了期刊的各个方面。指标包括：

①期刊被引用计量指标：核心总被引次数、核心影响因子、核心即年指标、核心他引率、核心引用刊数、核心扩散因子、核心开放因子、核心权威因子和核心被引半衰期。

②期刊来源计量指标：来源文献量、文献选出率、参考文献量、平均引文数、平均作者数、地区分布数、机构分布数、海外论文比、基金论文比和引用半衰期。

③学科分类内期刊计量指标：综合评价总分、学科扩散指标、学科影响指标、核心总被引次数的离均差率和核心影响因子的离均差率。

其中，期刊被引计量指标主要显示该期刊被读者使用和重视的程度，以及在科学交流中的地位和作用，是评价期刊影响的重要依据和客观标准。期刊来源计量指标通过对来源文献方面的统计分析，全面描述了该期刊的学术水平、编辑状况和科学交流程度，也是评价期刊的重要依据。综合评价总分则是对期刊整体状况的一个综合描述。

表 12-3 显示了科技期刊主要计量指标 2002—2014 年的变化情况。可以看到自 2002 年起，中国科技期刊的各项重要计量指标，除期刊海外论文比在个别年份稍有波动其余年份基本不变外，剩余各项指标的数值都是稳中有增。反映科技期刊被引情况的总被引次数和影响因子指标每年都有进步，其中 2011 年中国期刊的总被引次数平均值首次突破 1000 次，达到了 1022 次，在 2011 年和 2012 年徘徊后，2013—2014 年核心总被引次数连续上升。2014 年为 1265 次，是 2002 年的 4.6 倍；核心影响因子 2014 年又有所提高，上升到 0.560，是 2002 年的 1.9 倍，这两个指标都是反映科技期刊影响力的重要指标。即年指标，即论文发表当年的被引用率自 2002 年起折线上升，2014 年至 0.070。基金论文比显示的是在中国科技核心期刊中国家、省部级以上及其他各类重要

基金资助的论文占全部论文的比例，这也是衡量期刊学术水平的重要指标。在 2002—2014 年，中国科技核心期刊的基金论文比逐年上升，至 2013 年达到 0.56，2014 年略有下降，为 0.54，这说明在 1989 种科技核心期刊发表的论文中有超过 50% 的论文是由国家及省部级以上的各种基金资助的。显示期刊国际化水平的指标之一的海外论文比在 2002—2014 年数值比变化不大，基本保持在 0.01 ~ 0.02，2007 年和 2008 年都是 0.01，2009 年以后又恢复到 0.02% 的水平。平均作者数和平均引文数均为逐年递增，分别由 2002 年的 3.27 和 8.21 上升至 2014 年的 4.1 和 17.1。

表 12-3 2002—2014 年中国科技核心期刊主要计量指标平均值统计

年份	2002	2003	2004	2005	2006	2007	2008	2009	2010	2011	2012	2013	2014
核心总被引次数	278	362	434	534	650	749	804	913	971	1022	1023	1180	1265
核心影响因子	0.294	0.348	0.386	0.407	0.444	0.469	0.445	0.452	0.463	0.454	0.493	0.523	0.560
核心即年指标	0.048	0.056	0.053	0.052	0.055	0.054	0.055	0.057	0.06	0.059	0.068	0.072	0.070
基金论文比	0.36	0.38	0.41	0.45	0.47	0.46	0.46	0.49	0.51	0.53	0.53	0.56	0.54
海外论文比	0.02	0.02	0.02	0.02	0.02	0.01	0.01	0.02	0.02	0.023	0.02	0.02	0.02
篇均作者数	3.27	3.34	3.43	3.47	3.55	3.81	3.66	3.71	3.92	3.8	3.9	4.0	4.1
篇均引文数	8.21	8.81	9.27	9.91	10.55	10.01	11.96	12.64	13.41	13.97	14.85	15.9	17.1

由图 12-2 可见，2002—2014 年中国科技核心期刊的平均核心总被引次数连续 13 年上升，至 2011 年接近线性增长；2012 年的平均核心总被引次数增长明显放缓，与 2011 年几乎相同，平均核心总被引次数仅上升一次，但 2013—2014 年，平均核心总被引次数又连续上升，攀升至 1265 次。图 12-3 显示的是平均核心影响因子和平均核心即年指标 2002—2014 年的变化趋势。由图可见，平均核心影响因子逐年增长，在 2007 年达到一个峰值，之后的 4 年有所下降，2012 年平均核心影响因子连续上升，均超过 2007 年，至 2014 年上升为 0.56。2002—2014 年平均核心即年指标总体呈平稳上涨趋势，2003 年达到一个峰值，之后经历了 5 年的下降后，进入 3 年微调时期，到 2012—2013 年又有所增长，2013 年达到 2002—2014 年的最高值 0.072，2014 年有所回落，为 0.07。这说明，总体说来中国科技核心期刊发表论文当年被引用的情况在波动中有所上升。

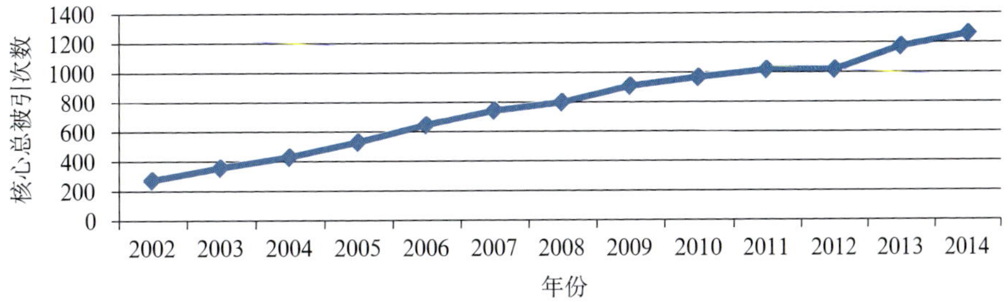

图 12-2 2002—2014 年中国科技核心期刊总被引次数变化趋势

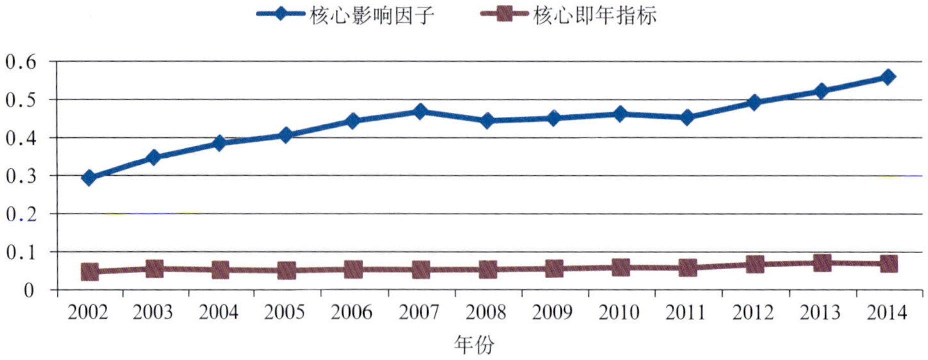

图 12-3　2002—2014 年中国科技核心期刊核心影响因子和核心即年指标变化趋势

图 12-4 反映了各年与上一年比较的平均核心总被引次数和平均核心影响因子数值的变化情况。由图可见，在 2002—2014 年中国科技核心期刊的平均核心总被引次数和平均核心影响因子在保持增长的同时，增长速度趋缓；平均核心总被引次数和平均核心影响因子的增长率在 2003 年达到了一个高峰，从 2004 年起均放慢了速度。平均核心总被引次数增长率在 2004—2014 年分别经历了 3 个波谷，为 2004 年、2008 年和 2012 年，在每个波谷期后的 3 年间增长率均有所上升，但又是跌至谷底，并且是谷底期的增长率逐渐下降，至 2012 年增长率几乎为 0，2013—2014 年核心总被引次数的增长率再次调整，分别为 15.3% 和 7%。平均核心影响因子在 2004—2014 年分别经历了 3 个波谷期，为 2005 年、2008 年和 2011 年，2008 年和 2011 年的平均核心影响因子的增长率分别为 -5% 和 -2%，尤其是 2008 年达到最低值 -5%，平均核心影响因子不增反跌，2012—2014 年平均核心影响因子有所增长，但增长的速度持续放缓。

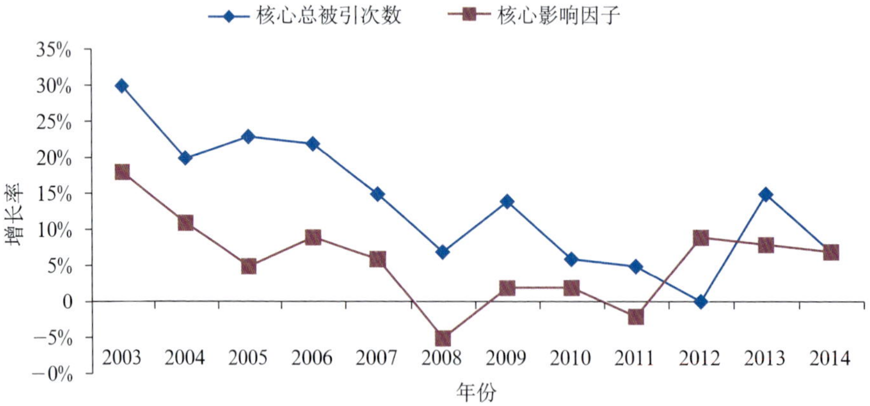

图 12-4　2003—2014 年中国科技核心期刊影响因子和总被引次数增长率的变化趋势

从科技期刊发表的论文指标分析，科技期刊中的重要基金和资助产生的论文的数量可以从一定程度上反映期刊的学术质量和水平，特别是对学术期刊而言，这个指标显得比较重要。海外论文比是期刊国际化的一个重要指标。图 12-5 反映出中国科技期刊的基金资助论文比和海外论文比的变化趋势，2002—2014 年基金论文比总体持续增长，从 2002 年的 0.36，增加到 2014 年的 0.54，即目前中国科技核心期刊发表的论文有一半以上是由省部级以上的项目基金或资助产生的，与中国近年来加大科研投入密切相关。海外论文比在 2002—2014 年在 1% ～ 2% 浮动，期间 2002—2006 年一直保持在 2% 的水平，2007—2008 年下降为 1%，之后至 2014 年保持在 2%。这说明，中国科技核心期刊的国际来稿量一直徘徊在 1% ～ 2% 的水平没有突破，期刊的国际化水平较低。

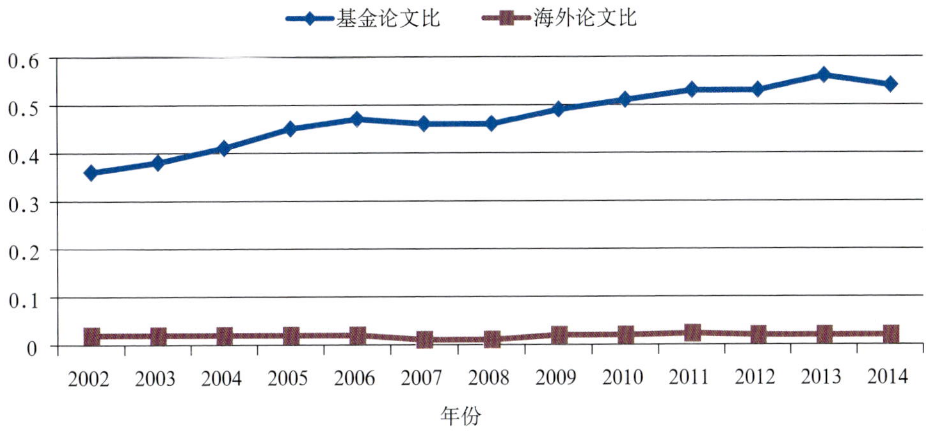

图 12-5　2002—2014 年中国科技核心期刊基金论文比和海外论文比变化趋势

平均引文数指标是指期刊每一篇论文平均引用的参考文献数量，它是衡量科技期刊科学交流程度和吸收外部信息能力的相对指标，同时，参考文献的规范化标注，也是反映中国学术期刊规范化程度及与国际科学研究工作接轨的一个重要指标。由图 12-6 可见，2002—2014 年中国科技核心期刊的平均引文数呈上升趋势，只是在 2007 年有所下降，2006 年首次超过了 10 篇，2007 年为 10.01 篇，至 2014 年中国论文的平均引文数为 17.1 篇，是 2002 年的 2.08 倍。中国科技论文统计与分析工作开展之初就

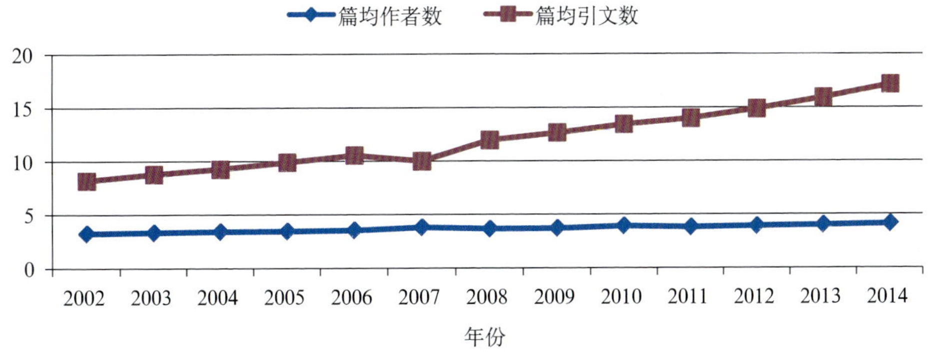

图 12-6　2002—2014 年中国科技核心期刊平均作者数和平均引文数的变化趋势

倡导论文写作的规范，并对科技论文和科技期刊的著录规则进行讲解和辅导，每年的统计结果进行公布。20多年来随着中国科技论文统计与分析工作的长期坚持开展，科技期刊评价体系的广泛宣传，以及中国科研人员与世界学术界交往的加强，科研人员在发表论文时越来越重视论文的完整性和规范性，意识到了参考文献著录的重要性，同时，广大科技期刊编辑工作者也日益认识到保留客观完整的参考文献是期刊进行学术交流的重要渠道，因此，中国论文的平均引文数逐渐提高。2002—2012年，中国科技核心期刊的平均作者数徘徊在3.3～3.9，2013年首次突破3的关口，平均作者数为4，2014年为4.1。

12.2.4 中国科技期刊的载文状况

2014年1989种中国科技核心期刊，共发表论文501289篇，与2013年相比减少了1104篇，论文总数下降了0.22%。平均每刊来源文献量为252.03篇。

来源文献量，即期刊载文量，即期刊所载信息量大小的指标，具体说就是一种期刊年发表论文的数量。需要说明的是，中国科技论文与引文数据库在收录论文时，是对期刊论文进行选择的，我们所指的载文量是指学术性期刊中的科学论文和研究简报；技术类期刊的科学论文和阐明新技术、新材料、新工艺及新产品的研究成果论文；医学类期刊中的基础医学理论研究论文和重要的临床实践总结报告及综述类文献。

2013年有604种期刊的来源文献量大于中国期刊来源文献量的平均值，相比2013年减少19种。来源文献量大于2000篇的期刊有4种，与2013年相比减少1种，最高发文量是2344篇，为《中华医院感染学杂志》；医学期刊除发文第一的期刊以外，另一种是2013年发文并列第一的《中国妇幼保健》；另两种为工程技术类期刊，分别为《科学技术与工程》和《食品工业科技》。来源文献量大于1000篇的期刊有39种，比2013年减少2种，其中医学期刊为24种。

由表12-4和图12-7可见，2005—2014年，来源文献量在50篇以下的期刊所占期刊总数的比例稳中有降，期刊数量仍为最少；发表论文在100～200篇的期刊所占的比例最高，总体呈略微下降趋势，10年间中国科技核心期刊有40%左右的期刊发文量在100～200篇；载文量在50～100篇期刊2005—2007年下降幅度较大，至2007年达到低谷，从2008年起逐渐稳步缓慢上升；其余载文区间期刊所占比例均呈缓慢上升趋势。

表12-4 2005—2014年中国科技核心期刊载文量变化

载文量（P）/篇	比例									
	2005年	2006年	2007年	2008年	2009年	2010年	2011年	2012年	2013年	2014年
P>500	6.17%	7.78%	9.86%	8.51%	10.07%	10.56%	10.21%	9.53%	9.3%	9.15%
400<P≤500	4.12%	4%	6.46%	4.76%	4.98%	5.13%	5.01%	4.76%	5.03%	5.58%
300<P≤400	7.32%	9%	11.05%	10.44%	10.53%	10.96%	10.56%	10.38%	9.6%	9.20%

续表

载文量（P）/篇	比例									
	2005 年	2006 年	2007 年	2008 年	2009 年	2010 年	2011 年	2012 年	2013 年	2014 年
200<P ≤ 300	16.59%	18.17%	19.77%	18.52%	17.93%	18%	18.12%	18.51%	18.85%	18.45%
100<P ≤ 200	42.68%	40.86%	37.39%	40.1%	40.18%	39.42%	38.49%	39.92%	39.22%	39.82%
50<P ≤ 100	20.94%	18.33%	13.66%	15.85%	14.7%	14.71%	15.87%	15.2%	16.39%	16.29%
P ≤ 50	2.18%	1.86%	1.81%	1.82%	1.59%	1.75%	1.75%	2.11%	1.61%	1.51%

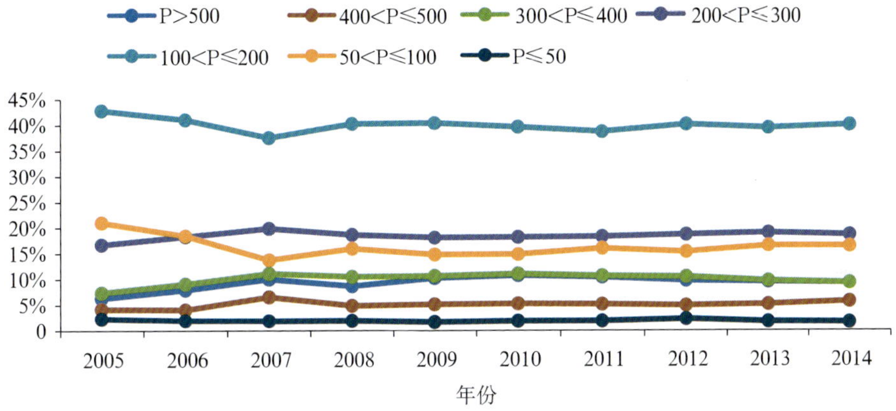

图 12-7　2005—2014 年中国科技核心期刊来源文献量变化情况

我们对 2014 年以上载文量分布区间期刊的学科分类情况做一分析（如图 12-8 所示）。由图可见，在载文量小于等于 50 篇的区域内，基础学科期刊数量所占比例远高于其他四个部类，为 54.84%，随着载文量的逐渐增大，基础学科期刊所占比例急剧下降，在载文量大于 500 篇的区域中，基础学科期刊所占比例下降至 4.71%；医药卫生类的期刊随着载文量的逐渐减少，期刊所占比例下降明显，在载文量小于 300 篇的区域中，期刊

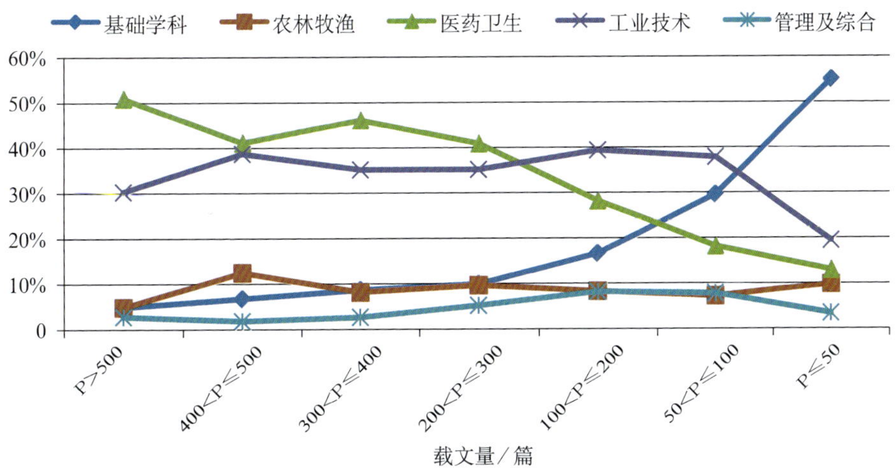

图 12-8　2014 年中国科技核心期刊学科载文量变化情况

比例近乎呈线性下降；工业技术类的期刊在载文量大于 50 篇的区域中，期刊比例分布在 30.17% ～ 39.21%，在载文量小于 50 篇的区域内，期刊比例急剧下降为 19.36%。农林牧渔类在载文量大于 500 篇的区域内，期刊所占比例较小，在载文量的其他区域中期刊比例变化不大；管理及综合类在各个载文量区域内期刊所占比例都较少，所占比例最大为 8.02%，在载文量小于 200 篇大于 50 篇的区域内期刊所占比例相对较大。这说明，工业技术类和医药卫生类期刊均分布于载文量较大的区域内，基础学科的期刊在载文量较小的区域内分布较多。

12.2.5 中国科技期刊的学科分析

从《2013 版中国科技期刊引证报告》（核心版）开始，与前面的版本相比，期刊的学科分类发生较大变化，2013 版的引证报告的期刊分类参照的是最新执行的《学科分类与代码（国家标准 GB/T 13745—2009）》，我们将中国科技核心期刊重新进行了学科认定，将原有的 61 个学科扩展为了 113 个学科类别。《2015 版中国科技期刊引证报告（核心版）》科技期刊类别也为 113 个学科，同时对期刊的学科分类设置进行了调整和复分，对一部分交叉学科和跨学科期刊复分如 2 或 3 个学科分类。新的学科分类体系体现了科学研究学科之间的发展和演变，更加符合当前中国科学技术各方面的发展整体状况，以及中国科技期刊实际分布状况。图 12-9 显示的是 2014 年 1989 种中国科技核心期刊各学科的期刊数量，由图可见，工程技术大学学报、自然科学综合大学学报和医药类大学学报占据期刊数量的前 3 位，最多为工程技术大学学报，是 104 种，大学学报类占总数的 13.46%。这种现象可能也是中国特色，是中国科技期刊的一支主要力量。

2014 年中国科技核心期刊的平均影响因子和平均被引次数分别为 0.560 和 1265 次，高于平均影响因子的学科有 56 个，比 2013 年减少 2 个学科，有 5 个学科的平均影响因子高于 1；高于平均被引次数的学科有 50 个，比 2013 年减少 2 个学科。平均影响因子居前 3 位的分别是地理学，呼吸病学、结核病学和大气科学，平均被引次数居前 3 位的是生态学，护理学和中药学。影响因子与学科领域的相关性很大，不同的学科其影响因子有很大的差异。由于在学科内出现数值较大的差异性，因此 2014 年以学科中值作为分析对象，各学科影响因子中值及总被引次数中值如图 12-10 所示。

2014 年 113 个学科中总被引次数中值超过 1000 次的有 45 个，居前 3 位的分别是生态学、护理学和土壤学，较低的是应用化学工程、数学和天文学。

2014 年学科影响因子中值较高的有地理学，呼吸病学、结核病学和针灸、中医骨伤。而影响因子中值较低的学科有水路运输、数学和核科学技术等。因此判断某一科技期刊影响因子的高低应在学科内与本学科的平均水平进行对比。

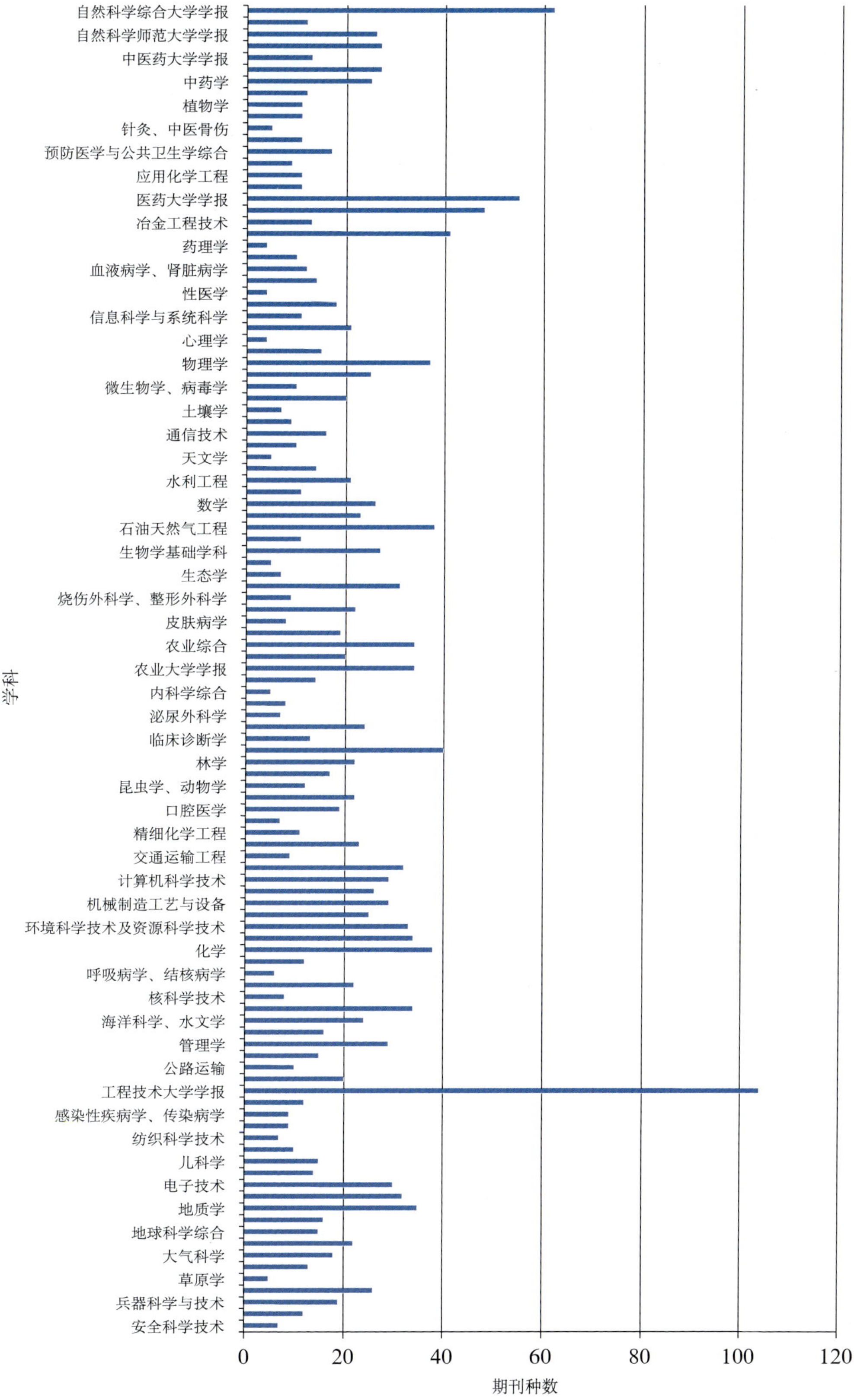

图 12-9 2014 年中国科技核心期刊各学科期刊数量

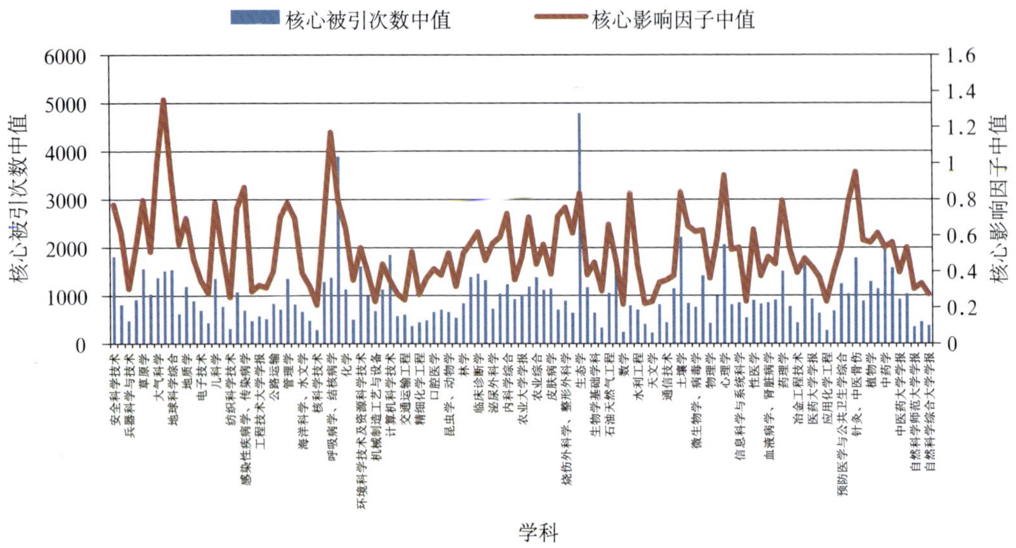

图 12-10 2014 年中国科技核心期刊各学科核心总被引次数与核心影响因子中值

12.2.6 中国科技期刊的地区分析

地区分布数，指来源期刊登载论文作者所涉及的地区数，按全国31个省（市、自治区）计算。

一般说来，用一个期刊的地区分布数可以判定该期刊是否是一个地区覆盖面较广的期刊，其在全国的影响力究竟如何，地区分布数大于 20 个省（市、自治区）的期刊，我们可以认为它是一种全国性的期刊。

如表 12-5 所示，2004 年以后中国科技核心期刊中地区分布数大于或等于 30 个省（市、自治区）的期刊数量总体呈增长态势，但 2012 年有个波谷，2013—2014 年又恢复到 5% 以上，并有所增长。

表 12-5 2004—2014 年中国科技核心期刊地区分布数统计

地区数（D）	比例										
	2004 年	2005 年	2006 年	2007 年	2008 年	2009 年	2010 年	2011 年	2012 年	2013 年	2014 年
D ≥ 30	1.43%	2%	2.44%	3.85%	3.32%	4.06%	4.7%	5.31%	4.61%	5.03%	5.68%
20 ≤ D<30	44.96%	49.88%	53.51%	56.71%	57.92%	57.91%	57.56%	57.86%	59.18%	59.23%	59.23%
15 ≤ D<20	25%	22.52%	23.68%	20.85%	21.04%	21.53%	21.42%	20.67%	21.21%	19.71%	20.11%
10 ≤ D<15	17.66%	17.43%	13.7%	12.35%	11.67%	11.51%	10.71%	10.66%	10.33%	11.71%	10.86%
D<10	10.95%	8.17%	6.67%	6.23%	6.05%	4.98%	5.61%	5.51%	4.66%	4.32%	3.82%

如图 12-11 所示，数量覆盖全国的期刊数量逐年增长，2014 年期刊数量为 113 种，占期刊总数的 5.68%。113 种期刊中出现了刊名带有地域名称的期刊 11 种，如《贵州农业科学》和《重庆医药》等；大学学报 1 种，为《西北农林科技大学学报自然科学版》。这说明，地方性科技期刊和大学学报也在突破地域的界限，不局限于为本区域本学校

性服务，正在敞开胸怀，服务于全国科技工作者。地区分布数大于 20 个省（市、自治区）的期刊也在增加，全国性科技期刊数量占全部期刊的 64.91%，也就是说 2014 年近 65% 的期刊属于全国性科技期刊。地区分布数小于 10 的期刊所占的比例继续下降，2014 年期刊数量为 76 种，其中大学学报为 41 种，占 54%；有 6 种英文版期刊，占 8%。

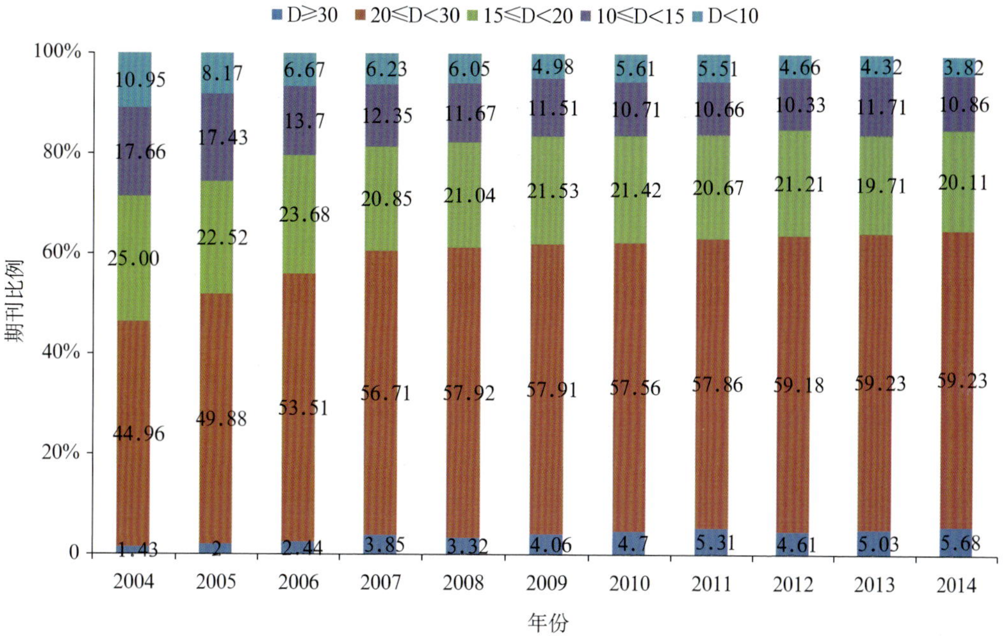

图 12-11 2004—2014 年中国科技核心期刊地区分布数变化情况

12.2.7 中国科技期刊的出版周期

由于论文发表时间是科学发现优先权的重要依据，因此，一般而言，期刊的出版周期越短，吸引优秀稿件的能力越强，也更容易获得较高的影响因子。研究显示，近年来中国科技期刊的出版周期呈逐年缩短趋势。

通过对 2014 年中国科技核心期刊进行统计，科技期刊的出版周期进一步缩短，出版周期刊中月刊由 2007 年占总数的 28.73% 逐年上升至 2014 年的 39.97%；双月刊由 2007 年占总数的 52.49% 下降至 2014 年的 47.41%，有更多的双月刊转变成月刊；季刊由 2008 年占总数 13.22% 下降至 2014 年的 8.35%。与 2013 年期刊出版周期比较，季刊和双月刊的比例有所下降，月刊及半月刊的比例有所上升，旬刊的比例略有下降，周刊比例维持不变，但旬刊和周刊的期刊较少，旬刊为 15 种，周刊 4 种。从总体上看，中国科技期刊的出版周期进一步缩短，双月刊和季刊的出版周期 2014 年较 2013 年下降了 2.66 个百分点，但还是有 55.76% 的期刊以双月刊和季刊的形式出版（如图 12-12 所示）。

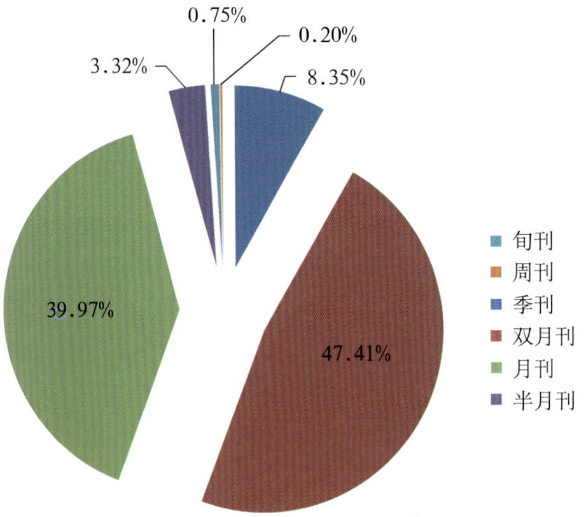

图 12-12 2014 年中国科技核心期刊出版周期分布

从学科分类来看，基础学科和管理及综合类期刊的刊期相对较长，季刊和双月刊的比例均占到了 70% 以上，农林牧渔类期刊季刊和双月刊比例占到 66.85%，这说明，在这三类期刊主要是以季刊和双月刊的形式出版的，其中基础科学类期刊出版周期如图 12-13 所示；工业技术类期刊中（如图 12-14 所示），季刊和双月刊的比例占到该类期刊总数的 57.62%，较 2013 年的 58.18% 和 2012 年的 57.83% 有所下降，也就是说在工业技术类期刊中有超过 50% 的期刊是季刊和双月刊，但较之基础学科、农林牧渔和管理及综合其他类期刊月刊的比例高出 10% 以上；医药卫生类期刊刊期的分布如图 12-15 所示，与其他类别刊期分布不尽相同，季刊和双月刊占该类总数的比例为 43.57%，较 2013 年的 46.63% 下降了 3.06 个百分点，2014 年月刊以下的期刊比例为 56.44%，即在医药卫生类中，超过 50% 的期刊是以月刊、半月刊、旬刊和周刊的形式出版。

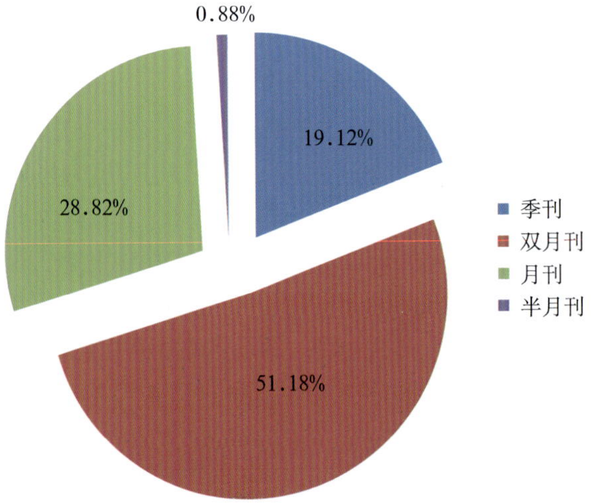

图 12-13 2014 年中国科技核心期刊基础科学类期刊刊期分布

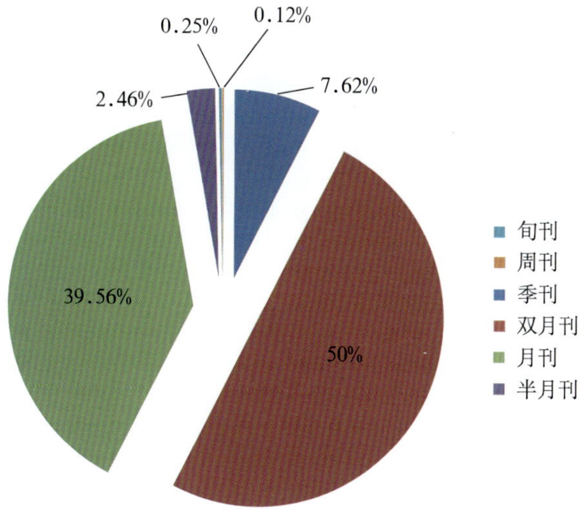

图 12-14 2014 年中国科技核心期刊工业技术类期刊刊期分布

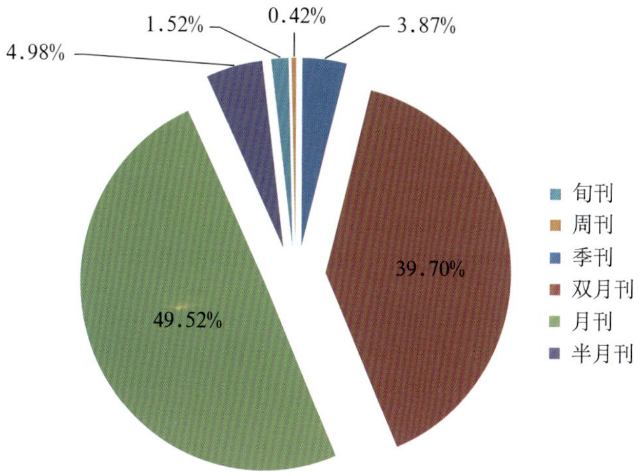

图 12-15 2014 年中国科技核心期刊医药卫生类期刊刊期分布

与国际期刊对比，通过对世界最大的期刊目录指南——《乌利希期刊指南》收录的 50443 种学术类期刊调研发现，季刊占学术期刊总量将近 30%，季刊、半年刊、双月刊、年刊和月刊这 5 种出版周期的刊物占学术刊物总量的 80.9%。这说明，对于全世界范围内的学术期刊而言，季刊是最主要的出版周期，占 29.5%，其次是半年刊、双月刊和年刊，与中国不同，双月刊并不是最主要的出版形式。

图 12-16 显示的是 2016 年 3 月 31 日之前 SCIE 收录期刊的刊期分布图，共有 8831 种期刊，收录期刊有 10 种出版形式，最多为一年出版 60 期，最少为一年出版一期，期刊的出版周期如图 12-16 所示。由图可见，截至 2016 年 3 月底 SCIE 收录期刊中双月刊所占比例最大，为 29.26%，其次为月刊，为 29.15%，季刊为 25.86%。与 2013 年 JCR 相比，季刊和双月刊的比例均有所下降，分别下降了 2.22 和 4.46 个百分点，月刊的比例上升了 1.86 个百分点；刊期较长的 Tri-annual、半年刊和年刊与 2013 年 JCR 相比，下降了 0.17 个百分点。刊期较短的半月刊、旬刊和周刊的比例与 2013 年 JCR 相比，上升了 1.25 个

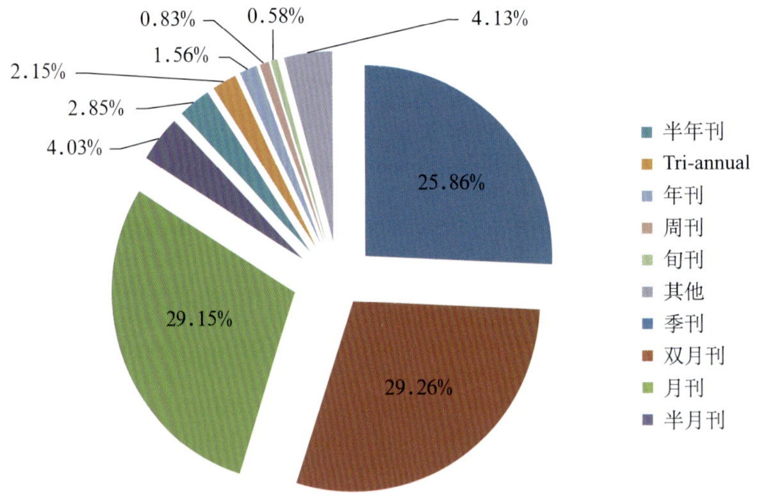

图 12-16　SCIE 收录期刊的出版周期刊

注：数据截至 2016 年 3 月 31 日。

百分点。这说明，国际期刊的出版周期也在缩短。与 2014 年中国科技核心期刊相比，同样是双月刊出版的期刊所占比例最大，但 SCIE 收录的期刊中季刊、双月刊和月刊占总数的比例相差不大，尤其是双月刊和月刊的的比例几近相同，而中国科技核心期刊的双月刊和月刊的比例远高于季刊比例，SCIE 收录的期刊中双月刊、季刊、Tri-annual 及半年刊和年刊出版的期刊占总数的 58.68%，中国科技核心期刊双月刊和季刊所占比例为 55.76%，并且没有 Tri-annual、半年刊和年刊出版的期刊。所以中国科技核心期刊的出版周期短于被 SCIE 收录期刊的出版周期。

图 12-17 显示的是 2014 年 JCR 收录中国 142 种科技期刊的刊期分布，与 2013 年不同的是，2014 年季刊的比例有所下降，月刊的比例基本维持不变，但双月刊的比例有所上升，所占比例最高，为 37.06%，月刊居第 2 位为 35.21%，季刊的比例是 25.35%。双月刊和季刊的比例占到 62.41%，较 2013 年有所上升，与 SCIE 收录期刊的出版周期基本一致。

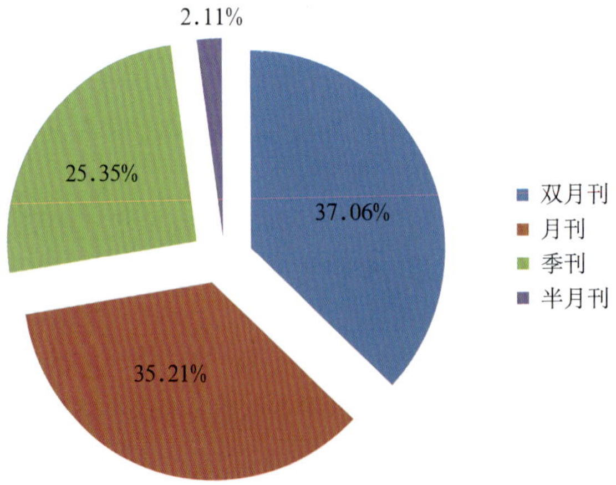

图 12-17　2014 年 JCR 收录中国期刊的出版周期

12.2.8 中国科技期刊的世界比较

表 12-6 显示了 2011—2014 年中国科技核心期刊和 JCR 收录期刊的平均被引次数、平均影响因子和平均即年指标的情况，由此可见，2011—2014 年 JCR 收录期刊的平均被引次数、平均影响因子和平均即年指标都在增长，这点与中国科技核心期刊的增长是一致的，只是我们的绝对数值与国际期刊相比不在一个等级，国际期刊远高于中国科技核心期刊，平均被引次数和平均影响因子均高 4 倍，即年指标高 7 倍以上。

表 12-6 2011—2014 年中国科技的核心期刊与 JCR 收录期刊主要计量指标平均值统计

	中国科技核心期刊			JCR		
	核心总被引次数	核心影响因子	核心即年指标	总被引次数	影响因子	即年指标
2011 年	1022	0.454	0.059	4430	2.05	0.414
2012 年	1023	0.493	0.068	4717	2.099	0.434
2013 年	1182	0.523	0.072	5095	2.173	0.465
2014 年	1265	0.560	0.070	5728	2.22	0.49

图 12-18 显示了中国科技核心期刊和 JCR 收录期刊 2011—2014 年发文量的比较情况，由图可见，中国科技核心期刊和被 JCR 收录期刊发文情况明显不同，在载文量大于 100 篇的各个区域中，中国科技核心期刊数量占总数的比例均高于被 JCR 收录期刊占总数的比例，且比例的分布相差较大；在载文量低于 100 篇的区域内，被 JCR 收录期刊数量占总数的比例明显高于中国科技核心期刊，在载文量小于 50 篇的区域内，差距尤其明显，中国科技核心期刊数量占总数的比例 2011—2014 年分别为 1.75%、2.11%、1.61% 和 1.42%，被 JCR 收录期刊数量占总数的比例为 33.35%、31.96%、32.26% 和 30.74%。中国科技核心期刊刊登 100 篇以上的期刊数量占期刊总数的 82% 以上；而被 JCR 收录期刊刊登 100 篇以上论文的期刊数量占总数的比例为 44% 以下，刊登 100 篇以下论文

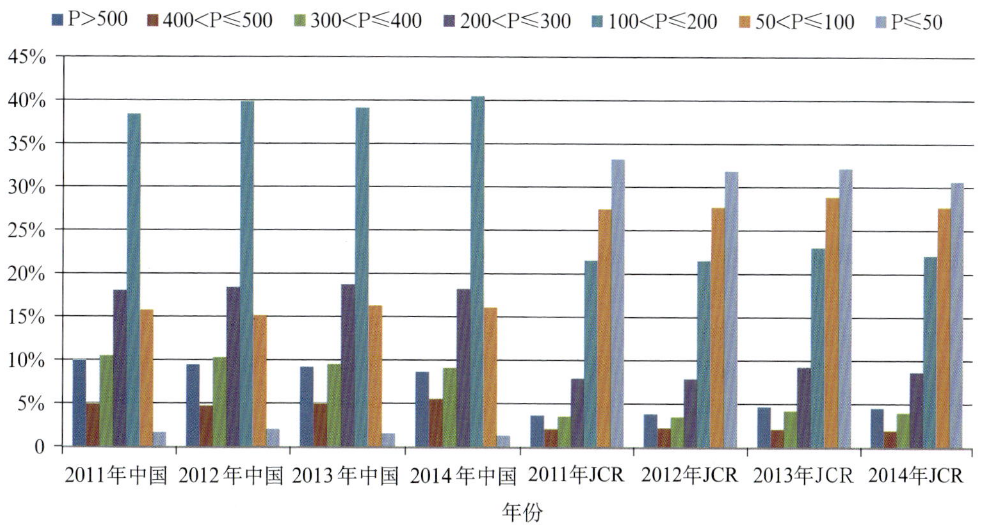

图 12-18 2011—2014 年中国科技的核心期刊与 JCR 收录期刊载文量分布

12.2.9 中国科技期刊综合评分

中国科学技术信息研究所每年出版的《中国科技期刊引证报告（核心版）》定期公布CSTPCD收录的中国科技论文统计源期刊的各项科学计量指标。1999年开始，以此指标为基础，研制了中国科技期刊综合评价指标体系。采用层次分析法，由专家打分确定了重要指标的权重，并分学科对每种期刊进行综合评定。2009—2015年版的《中国科技期刊引证报告（核心版）》连续公布了期刊的综合评分，即采用中国科技期刊综合评价指标体系对期刊指标进行分类、分层次、赋予不同权重后，求出各指标加权得分后，期刊在本学内的排位。

根据综合评分的排序，结合各学科的期刊数量及学科细分后，自2009年起每年评选中国百种杰出学术期刊。

中国科技核心期刊实行动态调整机制，每年对期刊进行评价，通过定量及定性相结合的方式，评选出各学科较重要的、有代表性的、能反映本学科发展水平的科技期刊，评选过程中对连续两年公布的综合评分排在本学科末3位的期刊进行淘汰。

对科技期刊的评价监测主要目的是引导，中国科技期刊评价指标体系中的各指标是从不同角度反映科技期刊的主要特征，涉及多个不同方面，为此要从整体上反映科技期刊的发展进程，必须对各个指标进行综合化处理，做出综合评价。期刊编辑出版者也可以从这些指标上找到自己的特点和不足，从而制定期刊的发展方向。

由科技部推动的精品科技期刊战略就是通过对科技期刊的整体评价和监测，发扬中国科学研究的优势学科，对科技期刊存在的问题进行政策引导，采取切实可行的措施，推动科技期刊整体质量和水平的提高，从而促进中国科技自主创新工作，在中国优秀期刊服务于国内广大科技工作者的同时，鼓励一部分顶尖学术期刊冲击世界先进水平。

12.3 讨论

① 2009—2014年中国期刊的总量呈微增长态势，2009—2014年中国期刊平均期印数连续下降；总印数和总印张在连续多年增长的态势下，在2013年和2014年有所下降；2014年期刊定价连续多年呈增长态势下有所下降。2009—2014年中国科技期刊呈锯齿状微量变化，多年来一直占期刊总量的50%左右；中国科技核心期刊的数量在经过几年增长后，2012—2014年均略有下降。2013年中国科技期刊在出版内容容量基本不变的情况下，纸质期刊的印刷量正在降低，2014年价格也有所下降。

②中国科技期刊中，工业技术类期刊所占比例最高，医药卫生类期刊次之，中国的综合类期刊所占的比例较大。

③中国科技期刊的平均核心总被引次数和平均核心影响因子在保持绝对数增长态势的同时，增长速度持续趋缓。

④ 2014年基金论文比比2013年有所下降，为54%，从统计结果看，中国科技核心期刊论文的一半是由省部级以上基金或资助产生的科研成果。

⑤ 2012年中国期刊的发文数量集中在100～200篇，期刊数量占总数的比例最高；

发文量超过 500 篇的期刊和发文量小于 50 篇的期刊数量均有所下降。

⑥通过比较 2012 年中国被 JCR 收录的科技期刊的影响因子在各学科的位置发现，中国有 14 种期刊处于本学科的 Q1 行列，相比 2013 年上升 6 种；另有 29 种期刊处于 Q2 位置。2009 年、2011 年和 2012—2014 年中国期刊进入其相应学科中值以上水平的数量在逐渐增长。

参考文献

[1] 2014 年全国新闻出版业基本情况．中华人民共和国新闻出版总署，2015.9.

[2] 中国科学技术信息研究所．2015 年版中国科技期刊引证报告（核心版）[M]. 北京：科学技术文献出版社，2015.9.

[3] 中国科学技术信息研究所．2010 年版中国期刊引证报告（扩刊版）[M]. 北京：科学技术文献出版社，2014.9.

[4] 中国高等学校自然科学学报研究会．国际重要检索系统收录中国期刊一览表．

[5] 贾佳，潘云涛．期刊强国的各学科顶尖学术期刊的分布情况研究 [M]. 编辑学报，2011（1）.

[6] 陈理斌．乌利希期刊指南的科学计量学应用研究 [D]. 学位论文，2010.6.

[7] Science Edition 2014 Journal Citation Reports. Thomson Reuters， 2015.

13 CPCI-S 收录中国论文情况统计分析

Conference Proceedings Citation Index-Science （CPCI-S）数据库，即原来的 ISTP 数据库，涵盖了所有科技领域的会议记录文献，其中包括：农业、生物化学、生物学、生物技术学、化学、计算机科学、工程学、环境科学、医学和物理学等领域。

本章利用统计分析方法对 2014 年 CPCI-S 收录的 49148 篇第一作者单位为中国的科技会议论文的地区、学科、会议举办地、参考文献数量和被引次数等进行简单的计量分析。

13.1 引言

2014 年 CPCI-S 收录的、作者地址字段中含有“中华人民共和国”的论文共 56642 篇（包括香港和澳门特区），比 2013 年的 55903 篇，增加 739 篇，增长率为 1.3%。2014 年 CPCI-S 收录的世界论文总数为 427412 篇，比 2013 年的 413348 篇，增加了 14064 篇，增长率为 3.4%。

中国（包括香港和澳门特区）的 CPCI-S 论文总数从 2006 年一直保持国家（地区）排名的第 2 位。排在世界前 5 位的分别是美国、中国、德国、英国和日本。2014 年中国（包括香港和澳门特区）占世界论文总数的比例为 15.34%，比 2013 年的 17.15% 降低了 1.81%。图 13-1 为中国国际科技会议论文数占世界论文总数比例的变化趋势。

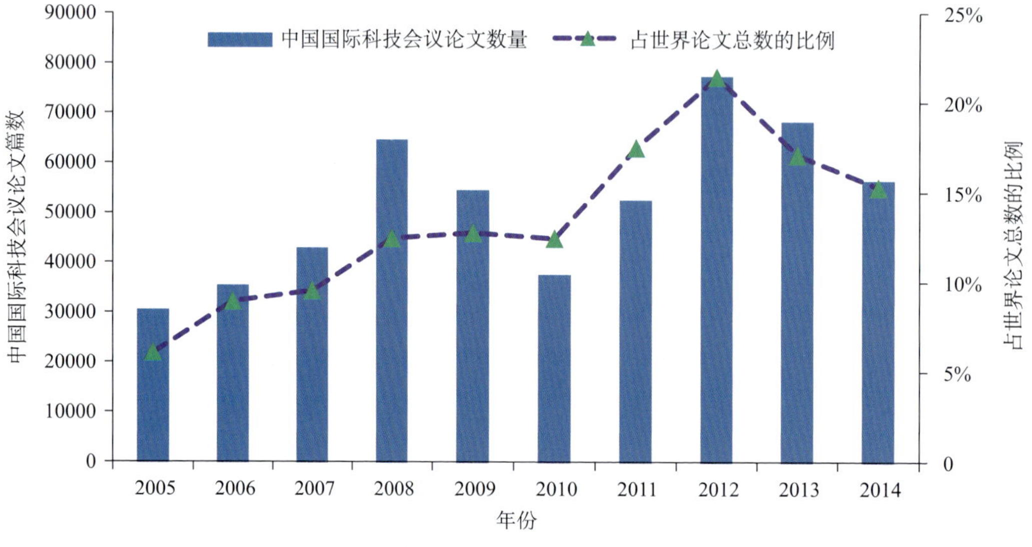

图 13-1 中国国际科技会议论文数占世界论文总数比例的变化趋势

若不统计港澳台地区的论文，2014 年 CPCI-S 收录第一作者单位为中国的科技会议论文共计 49148 篇，占总数的 86.8%。以下统计分析都基于此数据。

13.2 研究分析与结论

12.2.1 2014 年 CPCI-S 收录中国论文的地区分布

表 13-1 是 2014 年中国举办的 CPCI-S 会议，论文居前 10 位的第一作者单位的地区分布情况及其与 2013 年的比较情况。

表 13-1 2014 年中国举办 CPCI-S 会议论文数居前 10 位的城市概况及其与 2013 年的比较

2014 年			2013 年		
地区	论文篇数	排名	地区	论文篇数	排名
北京	9448	1	北京	9560	1
江苏	3561	2	江苏	3881	2
上海	3092	3	上海	3483	3
湖北	3009	4	湖北	3357	4
广东	2698	5	辽宁	3225	5
陕西	2582	6	陕西	3042	6
辽宁	2550	7	山东	2623	7
山东	2289	8	广东	2345	8
四川	1986	9	浙江	2318	9
吉林	1714	10	黑龙江	2182	10

由表 13-1 可以看出，2013 年和 2014 年排名居第 1 位的都为北京，分别产出论文 9560 篇和 9448 篇，占论文总数的 17.8% 和 19.2%。2014 年排名前 10 位的地区作者共发表 CPCI-S 论文 32929 篇，占论文总数的 67.0%。2014 年排名前 10 位的地区与 2013 年相比，地区名次变化不大，只有四川和吉林在 2013 年没有进入前 10 位，在 2014 年取代了浙江和黑龙江。

12.2.2 2014 年 CPCI-S 收录中国论文的学科分布

表 13-2 是 2014 年第一作者为中国的 CPCI-S 论文学科分布情况及其与 2013 年的比较。

表 13-2 2014 年 CPCI-S 收录中国论文数居前 10 位的学科及其与 2013 年的比较

2014 年			2013 年		
排名	学科	论文篇数	排名	学科	论文篇数
1	电子、通信与自动控制	10330	1	电子、通信与自动控制	10167
2	机械、仪表	9512	2	材料科学	9070
3	计算技术	8344	3	计算技术	5643
4	材料科学	4216	4	机械、仪表	4797
5	土木建筑	3010	5	能源科学技术	3780

续表

2014年			2013年		
排名	学科	论文篇数	排名	学科	论文篇数
6	能源科学技术	2226	6	土木建筑	3720
7	临床医学	2172	7	其他	3172
8	物理	1771	8	物理	2941
9	化学	1207	9	临床医学	2670
10	化工	957	10	管理学	1808

由表13-2可以看出。2014年电子、通信与自动控制类的论文数仍排名第一；机械、仪表类论文数有较大增幅，上升到第2位；化学和化工类论文数进入前10位；其他学科变化不大，只是数量略有浮动。2014年排名居前10位的学科领域共发表43745篇会议论文，占总量的89%。

13.2.3 2014年中国作者发表论文较多的会议

2014年CPCI-S收录的中国所有论文发表在1421个会议上，与2013年的1340个会议相比，增加81个。表13-3为11个会议论文数超过500篇的会议。

表13-3 2014年收录中国论文超过500篇的会议

会议名称	论文数量
MECHATRONICS ENGINEERING，COMPUTING AND INFORMATION TECHNOLOGY	1479
26TH CHINESE CONTROL AND DECISION CONFERENCE（2014 CCDC）	986
APPLIED SCIENCE，MATERIALS SCIENCE AND INFORMATION TECHNOLOGIES IN INDUSTRY	956
ABSTRACTS OF PAPERS OF THE AMERICAN CHEMICAL SOCIETY	853
FRONTIERS OF MANUFACTURING AND DESIGN SCIENCE IV，PTS 1-5	610
2014 IEEE TRANSPORTATION ELECTRIFICATION CONFERENCE AND EXPO（ITEC）ASIA-PACIFIC 2014	595
ADVANCES IN CIVIL AND INDUSTRIAL ENGINEERING IV	578
CIVIL，STRUCTURAL AND ENVIRONMENTAL ENGINEERING，PTS 1-4	550
ENERGY DEVELOPMENT，PTS 1-4	545
MATERIAL SCIENCE，CIVIL ENGINEERING AND ARCHITECTURE SCIENCE，MECHANICAL ENGINEERING AND MANUFACTURING TECHNOLOGY II	521
ENVIRONMENTAL ENGINEERING，PTS 1-4	507

由表13-3可以看出，排在第1位的是MECHATRONICS ENGINEERING，COMPUTING AND INFORMATION TECHNOLOGY，会议共收录论文1479篇。

13.2.4 CPCI-S 收录中国论文的语种分布

基于 2014 年 CPCI-S 收录第一作者单位为中国（不包含港澳台地区论文）的 49148 篇科技会议论文，以英语发表的论文共 48989 篇，中文发表的论文共 159 篇（如表 13-4 所示）。

表 13-4 2014 年和 2013 年科技会议论文的语种分布情况

语种	2014 年		2013 年	
	篇数	比例	篇数	比例
英语	48989	99.6%	52544	97.8%
中文	159	0.4%	1185	2.2%

13.2.5 2014 年 CPCI-S 收录论文的参考文献数量和被引次数分布

（1）2014 年 CPCI-S 收录论文的参考文献数量分布

表 13-5 列出了 2014 年 CPCI-S 收录中国论文的参考文献数量分布。引用 5~6 篇参考文献的论文均超过 4000 篇，约占论文总数的 19%；引用 7~10 篇参考文献的论文均在 3000 篇以上；无参考文献的论文 3983 篇，占论文总数的 8.10%。

表 13-5 2014 年 CPCI-S 收录论文的参考文献分布（Top 10）

参考文献量	论文数量	比例	参考文献量	论文数量	比例
5	4815	9.80%	10	3342	6.80%
6	4514	9.18%	9	3044	6.19%
0	3983	8.10%	4	2758	5.61%
7	3931	8.00%	11	2340	4.76%
8	3716	7.56%	12	2110	4.29%

（2）2014 年 CPCI-S 收录论文的被引次数分布

2014 年 CPCI-S 收录论文的被引次数分布（如表 13-6 所示）。由表 13-6 可以看出，大部分会议论文的被引次数为 0，有 47790 篇，占比 97.24%，而被引 1 次的论文仅有 984 篇，占比 2.0%；被引 2 次的论文有 200 篇。

表 13-6 2014 年 CPCI-S 收录论文的被引次数分布

频次	论文篇数	比例	频次	论文篇数	比例
0	47790	97.24%	4	46	0.09%
1	984	2.00%	5	23	0.05%
2	200	0.41%	6	13	0.03%
3	76	0.15%	7	5	0.01%

13.3 讨论

中国（包括香港和澳门特区）的 CPCI–S 论文总数从 2006 年一直保持国家（地区）排名的第 2 位，相比 2013 年增长率为 1.3%，2014 年占世界论文比例为 15.34%。

2014 年 CPCI–S 收录中国论文中英文论文占 99.6%，与 2013 年相比，收录中文论文数量大幅度减少，从 2013 年度的 1185 篇减少到 2014 年的 159 篇。

引用 5 ～ 6 篇参考文献的论文均超过 4000 篇，约占论文总数的 19%。

2014 年 CPCI–S 收录会议论文最多的会议是 MECHATRONICS ENGINEERING, COMPUTING AND INFORMATION TECHNOLOGY，共收录论文 1479 篇。

2014 年论文数排名居前 3 位的学科为电子、通信与自动控制，机械仪表和计算技术。

参考文献

[1] 中国科学技术信息研究所 .2015 年版中国科技期刊引证报告（核心版）[M]. 北京：科学技术文献出版社，2015.

[2] 中国科学技术信息研究所 .2014 年版中国科技期刊引证报告（核心版）[M]. 北京：科学技术文献出版社，2014.

[3] 中国科学技术信息研究所 .2013 年版中国科技期刊引证报告（核心版）[M]. 北京：科学技术文献出版社，2013.

[4] 中国科学技术信息研究所 .2012 年版中国科技期刊引证报告（核心版）[M]. 北京：科学技术文献出版社，2012.

14 Medline 收录中国论文情况统计分析

14.1 引言

Medline 是美国国立医学图书馆（The National Library of Medicine，NLM）开发的当今世界上最具权威性的文摘类医学文献数据库之一。《医学索引》（Index Medicus，IM）为其检索工具之一，收录了全球生物医学方面的期刊，是生物医学方面较常用的国际文献检索系统。

本章统计了中国科研人员被 Medline 2014 收录论文的机构分布情况、论文发表期刊的分布及期刊所属国家和语种分布情况，并在此基础上进行了分析。

14.2 研究分析与结论

14.2.1 Medline 论文的国际概况

Medline 2014 网络版共收录论文 1026038 篇，比 2013 年的 974406 篇增长 5.30%，2009—2014 年 Medline 收录论文情况如图 14-1 所示。可以看出，从 2009—2014 年，Medline 收录论文数呈现逐年递增的趋势，年复合增长率为 5.7%。

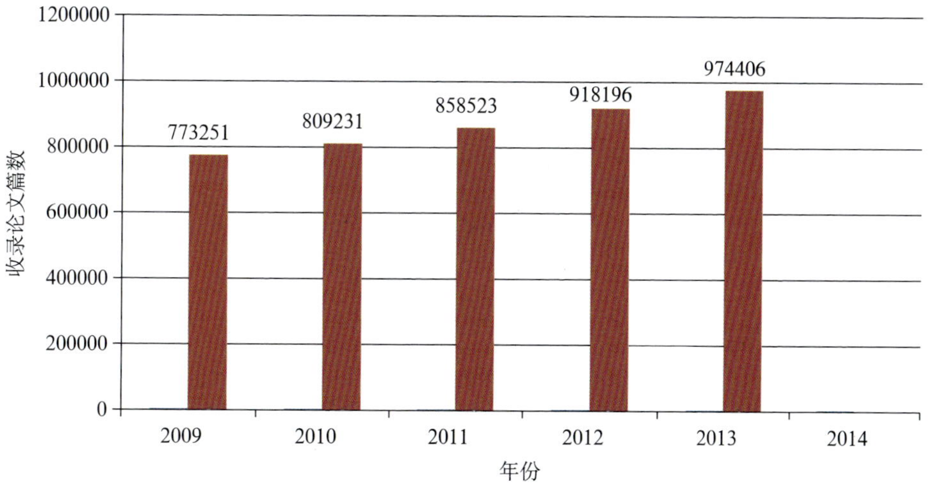

图 14-1　2009—2014 年 Medline 收录论文数统计

14.2.2 Medline 收录中国论文的基本情况

Medline 2014 网络版共收录中国科研人员发表的论文 104987 篇，比 2013 年增加 16.63%，是 2009 年的 2 倍多。2009—2014 年 Medline 收录中国论文情况如图 14-2 所示。

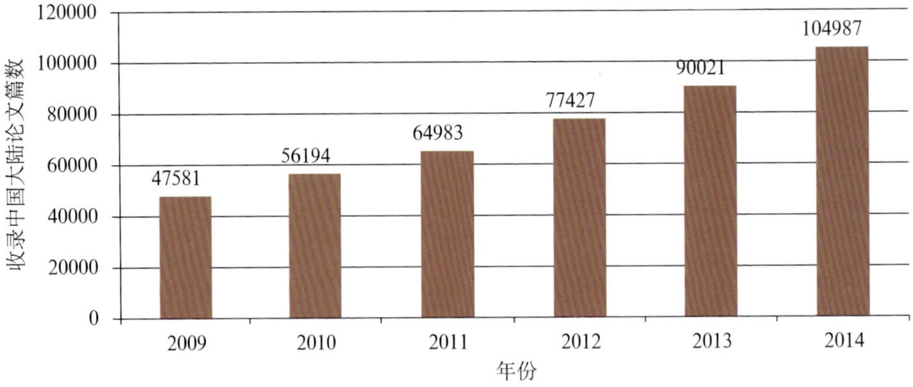

图 14-2 2009—2014 年 Medline 收录中国大陆论文数统计

14.2.3 Medline 收录中国论文的机构分布情况

被 Medline2014 收录的中国论文，以第一作者单位的机构类型分类，其统计结果如图 14-3 所示。其中，高等院校所占比最多，包括其所附属的医院等医疗机构在内，产出论文占总量的 76.80%。医疗机构中，高校所属医疗机构是非高校所属医疗机构产出的论文数量的 2.4 倍，二者之和在总量中所占比例为 39.14%。科研机构所占的比例为 9.79%，与 2013 年相比略有下降。

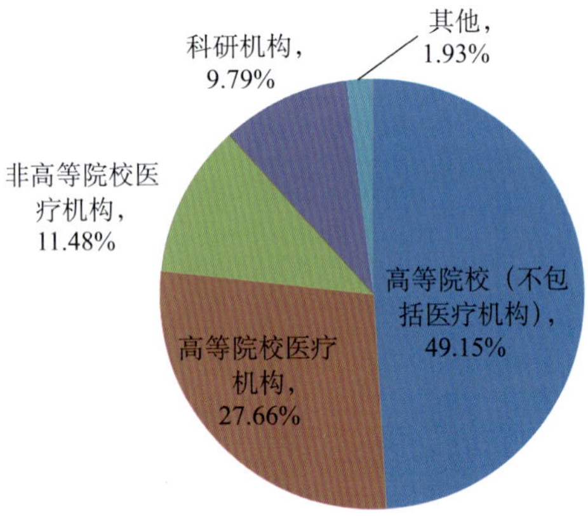

图 14-3 2014 年中国各类型机构 Medline 论文产出的比例

被 Medline 2014 收录的中国论文，以第一作者单位统计，高等学校、科研机构、医疗机构三类机构各自的前 20 名分别如表 14-1 ～表 14-3 所示。

由表 14-1 中可以看到，发表论文数量较多的高等院校大都为综合类大学。

表 14-1 2014 年 Medline 收录中国论文数居前 20 位的高等学校

排名	单位	论文篇数	排名	单位	论文篇数
1	浙江大学	1543	3	复旦大学	1266
2	北京大学	1311	4	中山大学	1199

续表

排名	单位	论文篇数	排名	单位	论文篇数
5	山东大学	954	13	华中科技大学	661
6	清华大学	937	14	中国科学技术大学	659
7	上海交通大学	876	15	南京大学	646
8	吉林大学	800	16	武汉大学	637
9	中国农业大学	744	17	苏州大学	619
10	南京农业大学	732	18	江南大学	563
11	四川大学	730	19	厦门大学	553
12	西北农林科技大学	663	20	南开大学	530

由表 14-2 中可以看到，发表论文数量较多的研究机构中，中国科学院所属机构较多，在前 20 名中占据了 13 席。

表 14-2 2014 年 Medline 收录中国论文数居前 20 位的科研机构

排名	单位名称	论文篇数
1	中国科学院半导体研究所	421
2	中国科学院化学研究所	317
3	中国中医科学院	290
4	中国科学院长春应用化学研究所	284
5	中国疾病预防控制中心	250
6	中国科学院生态环境研究中心	223
7	中国医学科学院	215
8	中国科学院大连化学物理研究所	210
9	中国科学院上海药物研究所	180
10	中国科学院上海生命科学研究院	179
11	中国科学院上海有机化学研究所	140
12	中国科学院微生物研究所	128
13	中国科学院福建物质结构研究所	126
14	军事医学科学院	126
15	中国科学院动物研究所	122
16	中国农业科学院植物保护研究所	101
17	中国科学院昆明植物研究所	97
18	中国科学院物理研究所	94
19	中国农业科学院北京畜牧兽医研究所	89
20	中国农业科学院兰州兽医研究所	87

由 Medline 收录中国医疗机构发表的论文数分析（如表 14-3 所示），2014 年四川大学华西医院发表论文数量以 1398 篇高居榜首；其次为解放军总医院，发表论文 970 篇；北京协和医院排在第 3 位，发表论文 618 篇。在论文数居前 20 位的医疗机构中，除解放军总医院和北京协和医院外，其他全部是高等院校所属的医疗机构。

表 14-3 2014 年 Medline 收录中国论文数居前 20 位的医疗机构

排名	单位名称	论文篇数
1	四川大学华西医院	1398
2	解放军总医院	970
3	北京协和医院	618
4	南京医科大学第一附属医院	577
5	中国医科大学附属第一医院	504
6	山东大学齐鲁医院	454
7	中山大学附属第一医院	445
8	浙江大学医学院附属第一医院	440
9	南方医科大学附属南方医院	440
10	中南大学湘雅二医院	435
11	上海交通大学医学院附属仁济医院	431
12	华中科技大学附属同济医院	426
13	第四军医大学西京医院	417
14	复旦大学附属中山医院	412
15	中南大学湘雅医院	406
16	上海交通大学医学院附属瑞金医院	399
17	南京大学医学院附属金陵医院	398
18	复旦大学附属华山医院	393
19	郑州大学第一附属医院	357
20	西安交通大学医学院第一附属医院；西安医院	356

14.2.4 Medline 收录中国论文的学科分布情况

Medline 2014 收录的中国论文共分布在 117 个学科中，其中，有 12 个学科的论文数在 1000 篇以上，论文数量最多的学科是生物化学与分子生物学，共有论文 10107 篇，超过 100 篇的学科数量为 56，占总量的 46%。论文数量排名前 10 位的学科如表 14-4 所示。

表 14-4 2014 年 Medline 收录中国论文居前 10 位的学科

排名	学科	论文篇数	论文比例
1	生物化学与分子生物学	10107	10.24%
2	药理学及制药	6720	6.81%
3	老年医学	5290	5.36%
4	细胞生物学	4837	4.90%
5	儿科	3450	3.50%
6	遗传学与遗传	3422	3.47%
7	肿瘤学	2145	2.17%
8	免疫学	1924	1.95%
9	数学	1646	1.67%
10	微生物学	1526	1.55%

14.2.5 Medline 收录中国论文的期刊分布情况

Medline 2014 收录的中国论文，发表于 3672 种期刊上，期刊总数比 2013 年增加 2.23%。收录中国论文较多的期刊数量与收录的论文数均有所增加，其中，收录中国论文达到 100 篇及以上的期刊有 205 种，共收录 61161 篇论文，与 2013 相比，分别增加 9.04% 和 20.83%。

收录中国论文最多的 20 种期刊见表 14-5 所示，可以看出，收录中国 Medline 论文最多的 20 个期刊中已经有 14 个为非中国期刊，国外期刊在收录中国最多的 20 种期刊中的比例达到 70%，其中，收录论文数最多的期刊为美国出版的《PloS one》，2014 年该刊共收录中国论文 5804 篇。

表 14-5 2014 年 Medline 收录中国论文居前 20 位的期刊

期刊名	期刊出版国	论文篇数
PLOS ONE	美国	5804
SCIENTIFIC REPORTS	英国	1421
CHEMICAL COMMUNICATIONS（CAMBRIDGE, ENGLAND）	英国	1295
THESCIENTIFICWORLDJOURNAL	英国	1224
TUMOUR BIOLOGY：THE JOURNAL OF THE INTERNATIONAL SOCIETY FOR ONCODEVELOPMENTAL BIOLOGY AND MEDICINE	荷兰	1130
ACS APPLIED MATERIALS & INTERFACES	美国	1097
中国中药杂志	中国	923
CHINESE MEDICAL JOURNAL	中国	839
INTERNATIONAL JOURNAL OF CLINICAL AND EXPERIMENTAL PATHOLOGY	美国	818
GENETICS AND MOLECULAR RESEARCH：GMR	巴西	796
ASIAN PACIFIC JOURNAL OF CANCER PREVENTION：APJCP	日本	782

续表

期刊名	期刊出版国	论文篇数
NANOSCALE	荷兰	758
MOLECULAR MEDICINE REPORTS	希腊	756
中华医学杂志	中国	736
光谱学与光谱分析	中国	672
环境科学	中国	645
BIOMED RESEARCH INTERNATIONAL	美国	633
INTERNATIONAL JOURNAL OF CLINICAL AND EXPERIMENTAL MEDICINE	美国	617
中医杂志	中国	595
INTERNATIONAL JOURNAL OF MOLECULAR SCIENCES	美国	565

按照期刊出版地所在的国家和地区进行统计，发表中国论文数较多的10个国家的情况如表14-6所示。

表14-6　2013年中国Medline论文发表期刊所在国家相关统计情况

期刊出版地	期刊种数	论文篇数	论文比例
美国	1230	33748	30.27%
英国	1089	24219	21.72%
中国	125	15956	14.31%
荷兰	279	10521	9.44%
德国	186	5840	5.24%
瑞士	127	2598	2.33%
希腊	15	1724	1.55%
巴西	28	979	0.88%
印度	72	797	0.71%
泰国	2	797	0.71%

中国Medline论文发表在55个国家出版的期刊上，其中，在美国的1232种期刊上发表28553篇论文，英国的983种期刊上发表19784篇论文，中国的122种期刊共发表15796篇论文。

14.2.6 Medline收录中国论文的发表语种分布情况

Medline 2014收录的中国论文，其发表语种情况如表14-7所示。可以看出几乎全部的论文都是用英文和中文发表的，而英文是中国科技成果在国际发表的主要语种，在全部论文中所占比例达到87.89%。

表 14–7 2014 年中国 Medline 论文发表语种统计情况

语种	论文篇数	论文比例
英文	92270	87.89%
中文	12706	12.10%
其他	11	0.01%

14.3 讨论

Medline 2014 收录中国科研人员发表的论文共计 104987 篇，发表于 3672 种期刊上，其中 87.89% 的论文用英文撰写。

根据学科统计数据，中国 Medline 论文中生物化学与分子生物学学科的论文数量最多，其次是药理学及制药、老年医学、细胞生物学等学科。

2014 年，中国 Medline 论文数量增长达到 16.63%，其中高等院校产出论文达到总量的 76.80%，Medline2014 收录的中国论文发表的期刊数量持续增加。

参考文献

[1] 中国科学技术信息研究所 .2013 年度中国科技论文统计与分析（年度研究报告）[M]. 北京：科学技术文献出版社，2014.

[2] 中国科学技术信息研究所 .2012 年度中国科技论文统计与分析 [M]. 北京：科学技术文献出版社，2014.

[3] 中国科学技术信息研究所 .2011 年度中国科技论文统计与分析 [M]. 北京：科学技术文献出版社，2012.

[4] 中国科学技术信息研究所 .2010 年度中国科技论文统计与分析 [M]. 北京：科学技术文献出版社，2012.

[5] 中国科学技术信息研究所 .2009 年度中国科技论文统计与分析 [M]. 北京：科学技术文献出版社，2011.

15 中国专利情况统计分析

发明专利的数量和质量能够反映一个国家的科技创新实力。本章基于美国专利商标局、欧洲专利局和三方专利数据及汤森路透 Thomson Innovation 数据库数据，统计分析了 2004—2014 年中国专利产出的发展趋势，并与部分国家进行比较。同时根据 Thomson Innovation 数据库统计分析了中国发明专利数量最多的 10 个领域及发明专利产出机构分布情况。

15.1 引言

在 2016 年 3 月 5 日，李克强总理代表国务院在十二届全国人大四次会议上做《政府工作报告》，其中明确强调“我国要强化创新引领作用，为发展注入强大动力。尤其是要加快建设质量强国、制造强国、知识产权强国。到 2020 年，力争在基础研究、应用研究和战略前沿领域取得重大突破，全社会研发经费投入强度达到 2.5%，科技进步对经济增长的贡献率达到 60%，迈进创新型国家和人才强国行列”。专利作为知识产权的重要表现形式之一，在表征知识产权强国方面具有重要的意义。为此，本章从美国专利商标局、欧洲专利局、三方专利数据和汤森路透的 TI 数据库等角度，探讨中国的专利现状，为中国后续的知识产权强国建设提供一定的参考。

15.2 数据与方法

①基于美国专利商标局分析 2004—2014 年中国专利产出的发展趋势及其与部分国家（地区）的比较。

②基于欧洲专利局的专利数据库分析 2004—2014 年中国专利产出的发展趋势及其与部分国家（地区）的比较。

③基于经合组织（OECD）下的三方专利数据库分析 2000—2013 年中国专利产出的发展趋势及其与部分国家（地区）的比较。

④从 Thomson Innovation 数据库中按公开年检索出中国 2014 年获得授权的发明专利数据，进行机构翻译、机构代码标识和去除无效记录后，形成 2014 年中国授权发明专利数据库。按照德温特分类号统计出该数据库收录中国 2014 年获得授权发明专利数量最多的领域和机构分布情况。

15.3 研究分析与结论

15.3.1 中国专利产出的发展趋势及其与部分国家（地区）的比较

(1) 中国在美国专利商标局申请和授权的发明专利数量情况

根据美国专利商标局统计数据，中国在美国专利商标局申请专利数从 2013 年的 15093 件增加到 2014 年的 18040 件，排名同 2013 年一样，保持在第 6 位。所占比例也从 2013 年的 2.64% 上升至 2014 年的 3.12%（如表 15-1 和图 15-1 所示）。

表 15-1　2004—2014 年美国专利商标局专利申请数居前 10 位的国家（地区）

国家（地区）	年份											2014 年占比
	2004	2005	2006	2007	2008	2009	2010	2011	2012	2013	2014	
美国	189536	207867	221784	241347	231588	224912	241977	247750	268782	287831	285096	49.26
日本	64812	71994	76839	78794	82396	81982	84017	85184	88686	84967	86691	14.98
韩国	13646	17217	21685	22976	23584	23950	26040	27289	29481	33499	36744	6.35
德国	19824	20664	22369	23608	25202	25163	27702	27935	29195	30551	30193	5.22
中国台湾	15057	16617	19301	18486	18001	18661	20151	19633	20270	21262	20201	3.49
中国	1655	2127	3768	3903	4455	6879	8162	10545	13273	15093	18040	3.12
英国	7792	7962	8342	9164	9771	10568	11038	11279	12457	12807	13157	2.27
加拿大	8202	8638	9652	10421	10307	10309	11685	11975	13560	13675	12963	2.24
法国	6813	6972	7176	8046	8561	9331	10357	10563	11047	11462	11947	2.06
以色列	2693	3157	3657	4410	4550	4727	5149	5436	6455	7237	7352	1.27

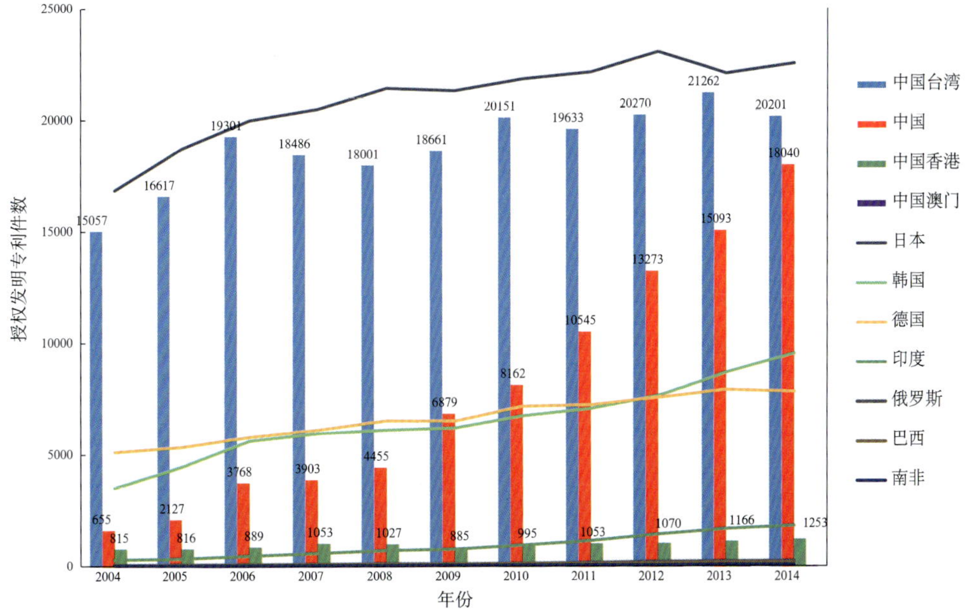

图 15-1　2004—2014 年中国在美国专利商标局申请的发明专利件数情况及其与其他部分国家（地区）的比较

由表 15-2 和图 15-2 可以看出，日本在美国专利商标局申请的发明专利数仅次于美国本国申请专利数，约占美国申请专利的 30.41%。韩国近几年在美国专利商标局的申请专利数量也在不断增加，自 2012 年始已经连续 3 年超过德国稳居世界第 3 位。2014 年，中国在美国专利商标局的申请专利数量仍低于日本、韩国、德国和中国台湾，不过中国的年度增长率为 19.53%，远高于其他几个国家（地区）。相对于印度、俄罗斯、巴西、南非等其他 4 个金砖国家，中国在美国专利商标局申请的发明专利数量具有显著优势，并且也远高于其他四者专利申请量的总和。

表 15-2　2014 年美国专利商标局专利授权数排名居前 10 位的国家（地区）

国家（地区）	年份											2014 年占比
	2004	2005	2006	2007	2008	2009	2010	2011	2012	2013	2014	
美国	84270	74637	89823	79526	77502	82382	107791	108622	121026	133593	144621	48.10%
日本	35348	30341	36807	33354	33682	35501	44813	46139	50677	51919	53848	17.91%
德国	10779	9011	10005	9051	8914	9000	12363	11919	13835	15498	16550	5.50%
韩国	4428	4352	5908	6295	7548	8762	11671	12262	13233	14548	16469	5.48%
中国台湾	5938	5118	6361	6128	6339	6642	8239	8781	10646	11071	11333	3.77%
中国	403	402	661	772	1225	1655	2657	3174	4637	5928	7236	2.41%
加拿大	3374	2894	3572	3318	3393	3655	4852	5014	5775	6547	7042	2.34%
法国	3380	2866	3431	3130	3163	3140	4450	4532	5386	6083	6691	2.23%
英国	3441	3141	3579	3291	3085	3173	4299	4292	5211	5806	6488	2.16%
以色列	1028	924	1218	1107	1166	1404	1819	1981	2474	3012	3472	1.15%

从表 15-2、表 15-3 和图 15-2 看，中国在美国专利局获得授权的专利数从 2013 年的 5928 件增加到 2014 年的 7236 件，排名也从 2013 年的第 8 位上升至 2014 年的第 6 位，占总份额的比例也从 2013 年的 2.13% 上升至 2014 年的 2.41%，占美国国外专利授权总数的 4.64%。近几年中国专利授权数虽增长较快，但由于基数较小，与日本、德国、韩国和中国台湾相比，中国专利授权数还有较大差距。与印度、俄罗斯、巴西、南非等金砖国家相比，中国专利授权数已具有明显优势。

在 2014 年，美国的专利授权数依然位列首位，其以总占比 48.10% 遥遥领先于其他国家，同时也超过 2013 年的占比 48.08%。此外，日本以占比 17.91%、德国以占比 5.50%、韩国以占比 5.48%、中国台湾以占比 3.77% 等分列第 2 ～第 4 位，其中韩国的专利授权数直逼居第 3 位的德国。

在金砖五国中，中国位列首位，之后则是印度、俄罗斯、巴西和南非，其中中国以 7236 件遥遥领先于其他 4 个国家，甚至要远超过这 4 个国家的总授权数 3917 件。在这 4 个国家中，印度的专利授权数增长较快，从 2010 年的不足 1000 件，增长到 2014 年的 2987 件，用了不足 5 年，甚至在 2014 年的全球占比上升到 1.0%。

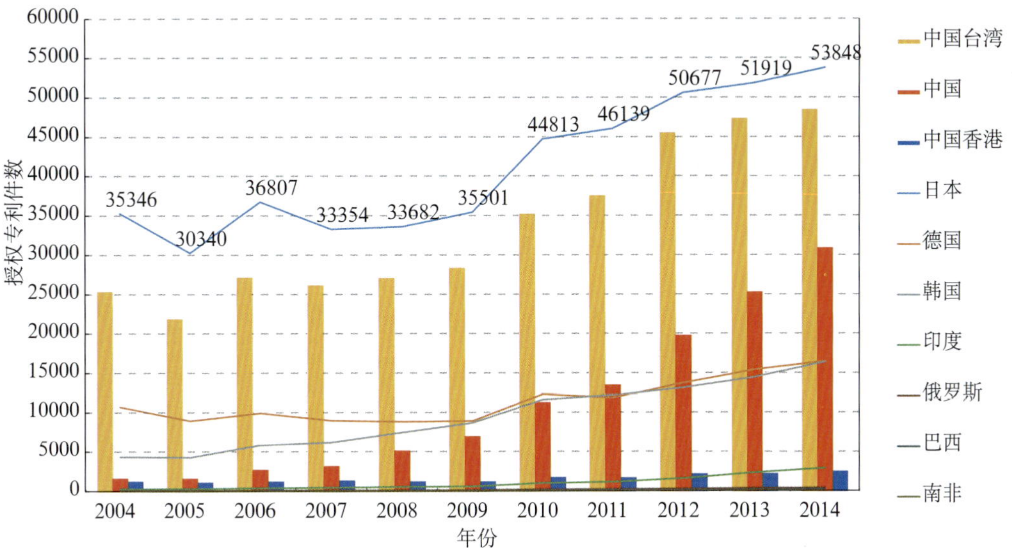

图 15-2　2004—2014 年部分国家（地区）在美国专利商标局获得授权专利数变化情况

2004—2014 年，尽管中国的专利授权数并不是年年保持增长，但是排名却一直在保持增长，同时占总数的比例也在逐年增长，甚至所占比例也由 2004 年的 0.25%，上升到 2009 年的 0.99%，再到 2013 年的 2.13%，且排名也由 2004 年的第 20 位上升至 2014 年的第 6 位。

表 15-3　2004—2014 年中国在美国专利商标局获得授权的专利数及排名次变化情况

年度	2004	2005	2006	2007	2008	2009	2010	2011	2012	2013	2014
专利授权数	403	402	661	772	1225	1655	2657	3174	4637	5928	7236
比上一年增长率	35.69%	-0.25%	64.43%	16.79%	58.68%	35.10%	60.54%	19.46%	46.09%	27.84%	22.06%
排名	20	18	16	16	12	9	9	9	9	8	6
占总数比例	0.25%	0.28%	0.38%	0.49%	0.78%	0.99%	1.21%	1.41%	1.83%	2.13%	2.41%

（2）中国在欧洲专利商标局申请专利数量和授权发明专利数量的变化情况

2013 年中国在欧洲专利局申请专利数为 4056 件，到 2014 年增加到 4680 件，增长了 15.38%，中国专利申请数在世界排名已经上升到 2014 年的第 9 位，所占份额也从 2013 年的 2.74% 上升至 2014 年的 3.06%。与美国、德国、日本和法国等发达国家相比，中国在欧洲专利局的申请数仍有较大差距（如表 15-4、表 15-5、图 15-3 和图 15-4 所示）。

表 15-4　2014 年在欧洲专利局申请专利数居前 10 位的国家

国家	年份									2014 年占比
	2006	2007	2008	2009	2010	2011	2012	2013	2014	
美国	34560	35345	37009	32846	39402	34958	35207	33834	36668	24.01%
德国	24779	25188	26652	25118	27327	26226	27276	26645	25633	16.79%

续表

国家	年份									2014 年占比
	2006	2007	2008	2009	2010	2011	2012	2013	2014	
日本	22198	22903	22972	19863	21767	20538	22659	22555	22118	14.48%
法国	8069	8360	9082	8974	9572	9621	9918	9754	10614	6.95%
瑞士	5579	5908	5946	5887	6845	6503	6685	6651	6910	4.53%
荷兰	7387	7083	7318	6694	5977	5619	5063	5826	6874	4.50%
韩国	4620	4950	4329	4189	4731	4895	5719	6336	6166	4.04%
英国	4693	4919	4979	4801	5382	4753	4717	4567	4764	3.12%
中国	730	1133	1501	1629	2055	2542	3732	4056	4680	3.06%
瑞典	2538	2730	3152	3147	3590	3638	3518	3674	3873	2.54%

在 2014 年，美国、德国和日本依然是在欧洲专利局申请专利数最多的前三甲，其中美国和日本都是属于欧洲之外的国家。此外，前 10 位中，除居第 1 位的美国、第 3 位的日本、第 7 位的韩国和第 9 位的中国外，都是处于欧洲的国家，且以德国、法国为先。

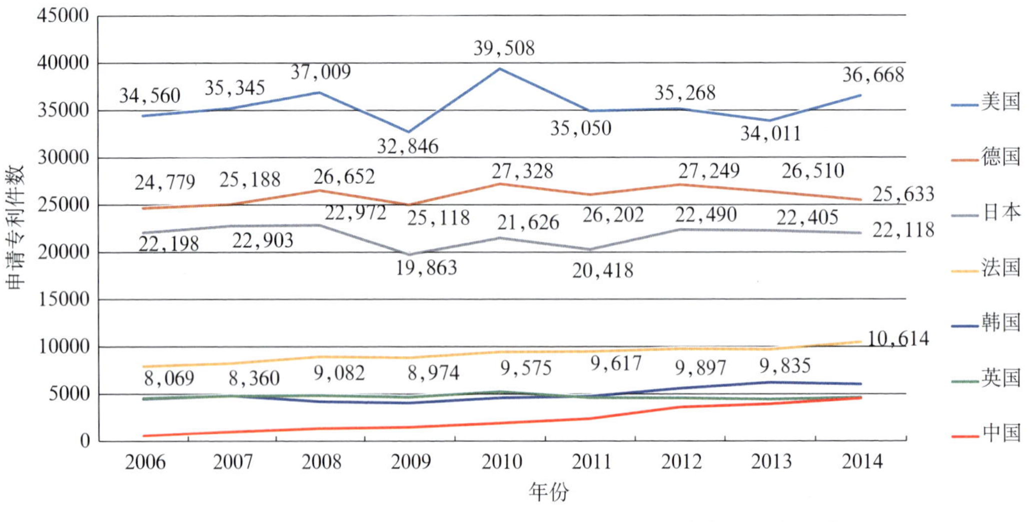

图 15-3 2006—2014 年部分国家在欧洲专利局申请专利数变化情况

表 15-5 2004—2014 年中国在欧洲专利局申请专利数变化情况

年度	2004	2005	2006	2007	2008	2009	2010	2011	2012	2013	2014
申请件数	450	563	730	1133	1501	1629	2055	2542	3732	4056	4680
比上一年增长		25.11%	29.66%	55.21%	32.48%	8.53%	26.15%	23.70%	46.81%	8.68%	15.38%
排名	20	20	20	17	15	13	12	11	10	9	9
占总数的比例	0.02%	0.44%	0.54%	0.8%	1.03%	1.21%	1.36%	1.78%	2.51%	2.74%	3.06%

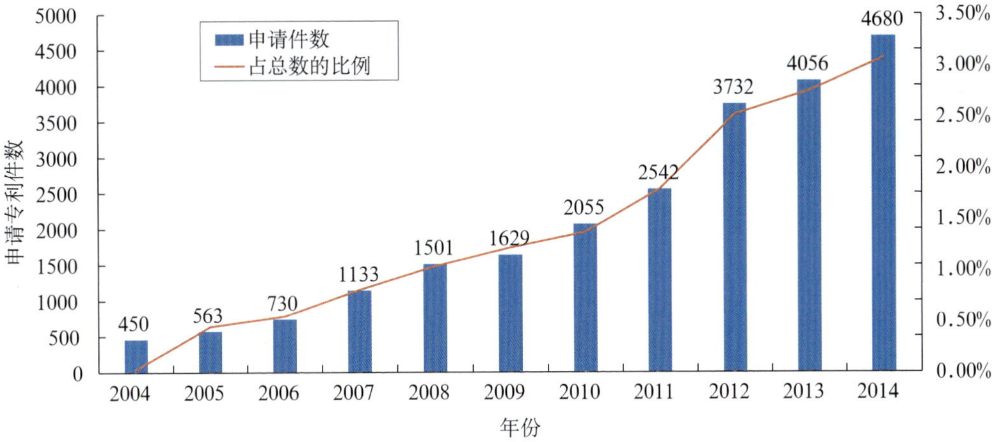

图 15-4 2004—2014 年中国在欧洲专利局申请专利数及占总数比例的变化情况

2013 年中国在欧洲专利局获得授权的发明专利数为 941 件，到 2014 年增加到 1186 件，增长了 26.04%，中国专利授权数在世界排名依然保持在第 11 位，所占比例也从 2013 年的 1.41% 上升至 2014 年的 1.84%。与美国、德国、日本、法国、瑞士等发达国家相比，中国在欧洲专利局获得授权的专利数还太少，所占比例不足 2.0%（如表 15-6、表 15-7、图 15-5 和图 15-6 所示）。

表 15-6 2014 年在欧洲专利局获得授权专利数居前 15 位的国家

国家	年份											2014 年占比
	2004	2005	2006	2007	2008	2009	2010	2011	2012	2013	2014	
美国	14208	13004	14832	12508	12728	11344	12512	13391	14703	14877	14384	22.26%
德国	13607	12486	14274	11924	13496	11370	12550	13578	13315	13425	13086	20.25%
日本	10441	9549	12044	10651	10916	9437	10586	11650	12856	12133	11120	17.21%
法国	4364	3738	4501	3980	4801	4028	4540	4802	4804	4910	4728	7.32%
瑞士	2120	1921	2217	1989	2420	2220	2390	2532	2597	2668	2794	4.32%
意大利	2218	1864	2313	1965	2253	1992	2287	2286	2237	2353	2274	3.52%
英国	2504	2143	2241	1897	1968	1648	1851	1946	2020	2064	2072	3.21%
韩国	460	486	787	858	1201	1095	1390	1424	1785	1989	1891	2.93%
瑞典	1497	1345	1496	1489	1581	1302	1460	1489	1572	1789	1705	2.64%
荷兰	1695	1521	1922	1832	1944	1597	1726	1819	1711	1883	1703	2.64%
中国	66	80	115	136	270	351	432	513	791	941	1186	1.84%
奥地利	637	534	654	518	624	576	671	737	796	837	891	1.38%
加拿大	679	630	791	770	766	666	730	736	876	902	855	1.32%
比利时	574	457	564	523	595	584	643	701	743	736	723	1.12%
芬兰	853	754	883	759	817	661	679	587	669	665	633	0.98%

表 15-7　2004—2014 年中国在欧洲专利局获得授权专利数变化情况

年度	2004	2005	2006	2007	2008	2009	2010	2011	2012	2013	2014
专利授权数	66	80	115	136	270	351	432	513	791	941	1186
比上一年增长		21.21%	43.75%	18.26%	98.53%	30.00%	23.08%	18.75%	54.19%	18.96%	26.04%
排名	26	24	24	21	19	16	16	16	13	11	11
占总数比例	0.11%	0.15%	0.18%	0.25%	0.45%	0.68%	0.74%	0.83%	1.2%	1.41%	1.84%

图 15-5　2004—2014 年中国在欧洲专利局获得授权的专利数及占总数比例的变化情况

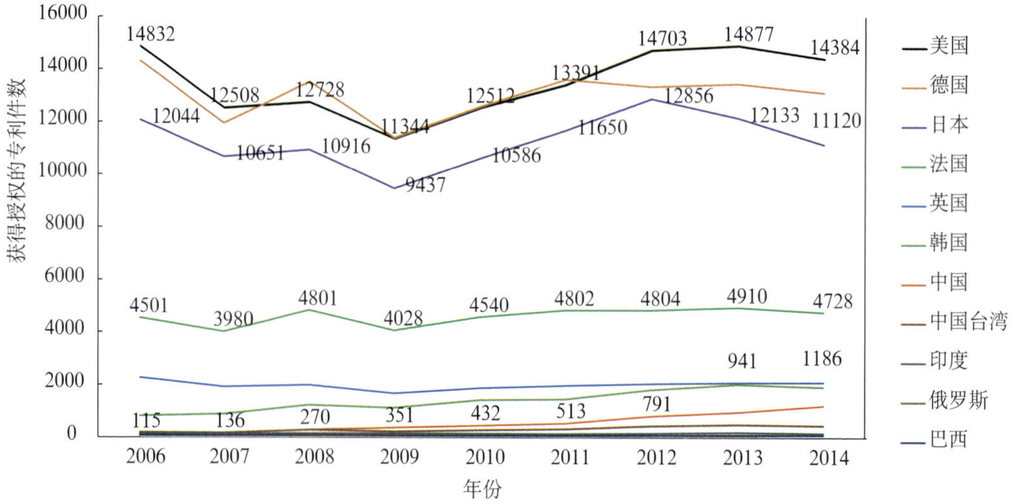

图 15-6　2006—2014 年部分国家在欧洲专利局获得授权的专利数变化情况

（3）中国三方专利情况

OECD 提出的“三方专利”指标通常是指向美国、日本及欧洲专利局都提出了申请并至少已在美国专利商标局获得发明专利权的同一项发明专利。通过三方专利，可以研究世界范围内最具市场价值和高技术含量的专利状况。一般认为，这个指标能很好地反映一个国家的科技实力。按《主要科学和技术指标 2015》（OECD MAIN SCIENCE AND

TECHNOLOGY INDICATORS 2015）中的专利族优先权年统计（http：//stats.oecd.org/Index.aspx?DataSetCode=MSTI_PUB），中国三方专利数从 2012 年的 1715 件上升到 2013 年的 1897 件，比 2013 年统计时增长 10.61%，继续居第 6 位，其所占比例从 2012 年的 1.31%上升至 1.44%（如表 15-8、表 15-9 和图 15-7 所示）。

表 15-8　2013 年三方专利排名居前 10 位的国家

国家	年份													2013
	2000	2001	2002	2003	2004	2005	2006	2007	2008	2009	2010	2011	2012	
日本	17915	16621	16819	17899	18701	17721	17998	17757	15940	16112	16740	17140	16722	16197
美国	15625	15898	16461	16766	17212	17377	15490	13904	13828	13514	12725	13012	13709	14211
德国	7637	7232	6880	6745	6995	7139	6529	5807	5471	5562	5474	5537	5561	5525
韩国	908	1154	1569	2194	2570	2746	2348	1977	1826	2109	2459	2665	2866	3107
法国	2925	2809	2754	2755	2966	3048	2884	2783	2883	2721	2453	2555	2521	2466
中国	87	152	272	356	402	519	561	690	827	1296	1420	1545	1715	1897
英国	2362	2293	2224	2199	2095	2163	2088	1798	1695	1722	1649	1654	1693	1726
瑞士	1004	983	990	1041	1098	1084	1148	1008	997	970	1062	1108	1154	1195
荷兰	1264	1363	1867	1986	1975	1759	1477	1065	1128	1047	823	958	955	947
意大利	832	915	926	896	971	965	821	729	760	736	682	672	679	685

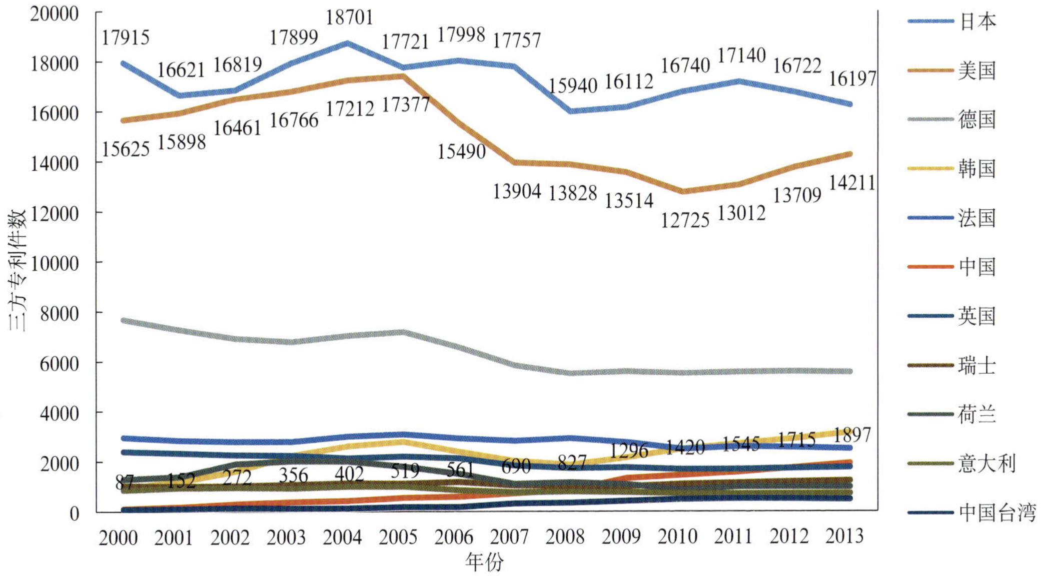

图 15-7　2000—2013 年部分国家（地区）三方专利数变化情况比较

表 15-9　2000—2013 年中国三方专利数变化情况

年度	2000	2001	2002	2003	2004	2005	2006	2007	2008	2009	2010	2011	2012	2013
三方专利数	87	152	272	356	402	519	561	690	827	1296	1420	1545	1715	1897
比上一年增长率		75.01%	78.47%	31.08%	12.74%	29.13%	8.17%	22.95%	19.84%	56.71%	9.59%	8.82%	10.97%	10.62%
排名	20	19	18	15	15	13	12	11	10	7	7	7	6	6

（4）Thomson Innovation 收录中国发明专利授权数变化情况

Thomson Innovation（TI）是由汤森路透集团提供的数据库，集全球最全面的国际专利与业内最强大的知识产权分析工具于一身，可提供全面、综合的内容，包括深度加工的德温特世界专利索引（Derwent World Patents Index，简称 DWPI）、德温特专利引文索引（Derwent Patents Citation Index，简称 DPCI）、欧美专利全文和英译的亚洲专利等。

此外，凭借强大的分析和可视化工具，TI 允许用户快速、轻松地识别与其研究相关的信息，提供有效信息来帮助用户在知识产权和业务战略方面做出更快更准确的决策。

根据 TI 专利数据，中国获得授权的发明专利数从 2013 年的 150152 件增长到 2014 年的 229685 件，当年的年度增长率高达 52.97%。

表 15-10 2000—2014 年中国发明专利授权数变化情况

年度	2000	2001	2002	2003	2004	2005	2006	2007	2008	2009	2010	2011	2012	2013	2014
专利授权数	5737	6450	5761	11333	18344	20319	25725	30525	44828	65869	75517	106581	143951	150152	229685
比上一年增长		12.43%	-10.68%	96.72%	61.86%	10.77%	26.61%	18.66%	46.86%	46.94%	14.65%	41.14%	35.06%	4.31%	52.97%

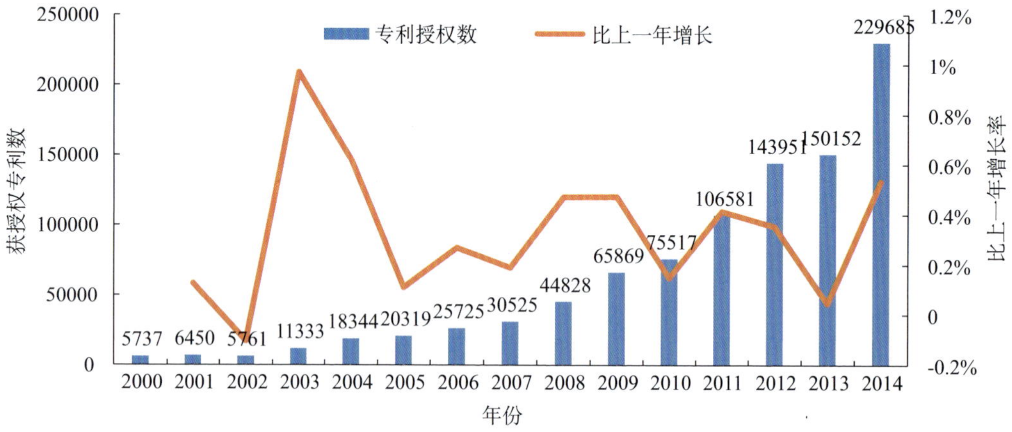

图 15-8 2000—2014 年 Thomson Innovation 收录中国发明专利授权数变化情况

15.3.2 中国获得授权的发明专利产出的领域分布情况

基于 Thomson Innovation 数据库，我们按照德温特专利分类号统计出该数据库收录中国 2014 年授权发明专利数量最多的 10 个领域，如表 15-12 所示。

表 15-11 2014 年中国获得授权专利居前 10 位的领域比较

排名		领域类别	专利授权件数
2014 年	2013 年		
1	1	数字计算机	24781
2	2	天然产品与聚合物	13194

续表

排名		领域类别	专利授权件数
2014 年	2013 年		
3	3	电话与资料传输系统	8621
4	4	别处未指明的杂项物品——包括造纸，唱片，清洁剂、食品和油井应用等其他类	6694
5	5	工程仪器、测量维度、重量、流率、机械振动、力量、加速等	5688
6	6	电性有（无）机物、导体的化学特性、电阻器、磁铁、电容器与开关、放电灯、半导体与其他材料、电池、蓄电池和热电装置	4912
7	9	科学仪器、光度学、量热学、温度计、气象学、地球物理学、核子或 X 辐射的测量	4619
8	8	医学、牙医、兽医、彩妆	4458
9	10	电子应用	4035
10	7	其他粮食与处理——包含食物、奶类、奶制品、奶油替代品、食用油和油脂、非酒精饮料、人工甘味剂、食品添加剂和动物饲料的保存	3748

注：按德温特专利分类号分类。

2014 年被 Thomson Innovation 数据库收录授权发明专利数量最多的领域与 2013 年相同，只是排名有所变化，前 3 个领域仍然是数字计算机、天然产品与聚合物，以及电话与资料传输系统。

15.3.3 中国授权发明专利产出的机构分布情况

(1) 2014 年中国授权发明专利产出的高等院校分布情况

基于 Thomson Innovation 数据库，我们统计出 2014 年中国获得授权专利居前 10 位的高等院校，如表 15-12 所示。

表 15-12 2014 年中国获得授权专利居前 10 位的高等院校

排名	高等院校名称	专利授权件数
1	浙江大学	1417
2	清华大学	992
3	东南大学	819
4	哈尔滨工业大学	816
5	上海交通大学	738
6	北京航空航天大学	731
7	华南理工大学	634
8	天津大学	580
9	西安交通大学	566
10	山东大学	512

由表 15-12 可以看出：2014 年浙江大学、清华大学、东南大学、哈尔滨工业大学和上海交通大学获得的授权发明专利数量分别为 1417 件、992 件、819 件、816 件和 738 件，与 2013 年相比，东南大学由当时的第 6 位上升到第 3 位，而浙江大学、清华大学、哈尔滨工业大学和上海交通大学依然如 2013 年一样保持在前 5 位。

（2）2014 年中国授权发明专利产出的科研院所分布情况

基于 Thomson Innovation 数据库，我们统计出 2014 年中国获得授权专利居前 10 位的科研院所，如表 15-13 所示。

表 15-13 2014 年中国获得授权专利居前 10 位的科研院所

排名	研究机构名称	专利授权件数
1	中国电信科学技术研究院	489
2	中国科学院微电子研究所	249
3	中国科学院过程工程研究所	213
4	中国科学院大连化学物理研究所	191
5	中国科学院化学研究所	176
6	中国科学院长春应用化学研究所	159
7	中国科学院宁波材料技术与工程研究所	154
8	中国科学院金属研究所	149
9	中国科学院深圳先进技术研究院	147
10	中国科学院长春光学精密机械与物理研	147

由表 15-13 看：2014 年被 Thomson Innovation 数据库收录的授权发明专利数量排在前 10 位的科研机构，除中国电信科学技术研究院外，其他均是中国科学院下属科研院所，包括中国科学院微电子研究所、中国科学院过程工程研究所、中国科学院大连化学物理研究所等研究所。不过，位列首位的却不是中国科学院下的研究院所，而是工业和信息化部下属的中国电信科学技术研究院，其专利授权量为 489 件。

（3）2014 年中国授权发明专利产出的企业分布情况

由表 15-14 看：2014 年被 Thomson Innovation 数据库收录的授权发明专利数量排在前 3 位的企业是华为科技有限公司、中兴通信股份有限公司和中国石油化工公司。在前 10 位中，包括 2 家国有企业，分别是第 3 位的中国石油化工公司和第 4 位的中国国家电网公司，其余都是属于民营企业，尤以华为科技有限公司和中兴通信股份有限公司两家民企的专利授权数居多，并且二者甚至要遥遥领先于高等院校和科研院所的首位（浙江大学和中国电信科学技术研究院）等。

表 15-14 2014 年中国获得授权专利居前 10 位的企业

排名	企业	专利授权件数
1	华为科技有限公司	2347
2	中兴通信股份有限公司	2321

续表

排名	企业	专利授权件数
3	中国石油化工公司	1766
4	中国国家电网公司	1259
5	鸿富锦精密工业（深圳）有限公司	657
6	海洋王照明科技股份有限公司	514
7	深圳华星光电技术有限公司	365
8	华三通信技术有限公司	319
9	奇瑞汽车有限公司	291
10	中联重科重工有限公司	267

15.4 讨论

根据 Thomson Innovation 专利数据，近几年，中国获得授权的发明专利数快速增长，从 2009 年开始超过了德国和韩国，2013 年进入世界前 3 位，仅次于日本和美国，提前完成了《国家“十二五”科学和技术发展规划》中提出的“本国人发明专利年度授权量进入世界前 5 位”的目标，获得授权的发明专利数达 229685 件。但从三方专利数和美国专利局及欧洲专利局数据看，中国发明专利主要是在国内申请和获得授权的，中国的三方专利数在美国专利商标局和欧洲专利局申请和获得授权的发明专利数还很少。在 2013 年，中国三方专利数有 1897 项，排在世界第 6 位；2014 年，中国在美国专利商标局申请和获得授权的专利数分别为 18040 和 7236 件，占 3.12% 和 2.41%，都排在第 6 位；在欧洲专利局申请和获得授权的发明专利数分别为 4680 和 1186 件，占 3.06% 和 1.84%，分别排在第 9 和第 11 位。与发达国家相比，中国在三方专利数在美国专利商标局申请或授权专利数和在欧洲专利局申请或获得授权专利数，仍然还有很大差距。

从 Thomson Innovation 数据库 2014 年收录中国各类机构授权发明专利的分布情况可以看出，中国授权发明专利最多的 10 个领域，主要集中在数字计算机、天然产品与聚合物、电话与资料传输系统，其中数字计算机专利授权数连续多年遥遥领先于其他领域。在获得授权的专利权人方面，企业中的华为科技有限公司和中兴通信股份有限公司要遥遥领先于其他专利权人。

16 SSCI 收录中国论文情况统计与分析

对 2014 年 SSCI（Social Science Citation Index）和 JCR（SSCI）数据库收录中国论文进行统计分析，以了解中国社会科学论文的地区、学科、机构分布及发表论文的国际期刊和论文被引用等方面情况。并利用 SSCI 2014 和 JCR 2014 对中国社会科学研究的学科优势及在国际学术界的地位等情况做出分析。

16.1 引言

2014 年，反映社会科学研究成果的大型综合检索系统《社会科学引文索引》（SSCI）已收录世界社会科学领域期刊 3217 种。SSCI 覆盖的领域涉及人类学、社会学、教育、经济、心理学、图书情报、语言学、法学、城市研究、管理、国际关系和健康等 56 个学科门类。通过对该系统所收录的中国论文的统计和分析研究，可以从一个侧面了解中国社会科学研究成果的国际影响和所处的国际地位。为了帮助广大社会科学工作者与国际同行交流与沟通，也为促进中国社会科学和与之交叉的学科的发展，从 2005 年开始，我们就对 SSCI 收录的中国社会科学论文情况做出统计和简要分析。本年度，我们继续对中国大陆的 SSCI 论文情况及在国际上的地位做一简要分析。

16.2 研究分析与结论

16.2.1 2014 年 SSCI 收录的中国论文的简要统计

2014 年 SSCI 收录的世界文献数共计为 27.56 万篇，与 2013 年收录的 26.75 万篇相比，增加了 0.81 万篇。收录文献数居前 10 位的国家 SSCI 论文数所占比例如表 16-1 所示。中国（含香港和澳门地区，不含台湾地区）被收录的文献数为 10952 篇，比 2013 年增加 1885 篇，增长 20.79%；按收录数排序，中国居世界第 6 位，比 2013 年排名上升 1 位。居前 10 位的国家依次为：美国、英国、澳大利亚、加拿大、德国、中国、荷兰、西班牙、法国、意大利。2014 年中国社会科学论文数量占比虽有所上升，但与自然科学论文数在国际上的排名相比仍然有所差距。

表 16-1 SSCI 收录论文数居前 10 位的国家

国家	论文篇数	比例	排名
美国	109919	39.89%	1
英国（England）	31038	11.26%	2
澳大利亚	18295	6.64%	3

续表

国家	论文篇数	比例	排名
加拿大	16740	6.07%	4
德国	15226	5.53%	5
中国	10952	3.99%	6
荷兰	10932	3.97%	7
西班牙	9066	3.29%	8
法国	7236	2.63%	9
意大利	7187	2.61%	10

数据来源：SSCI 2014；数据截至 2016 年 3 月 25 日。

(1) 第一作者论文的地区分布

2014 年 SSCI 共收录中国论文 10952 篇。其中，若不计港澳台地区的论文，中国机构为第一署名单位的论文为 6731 篇，占 SSCI 收录中国论文总数的 61.46%。6731 篇论文分布于 30 个省（市、自治区）中，除西藏外，其余省区均有论文发表；论文数超过 300 的地区是：北京、上海、江苏、广东、浙江、湖北和四川。这 7 个地区的论文数为 4739 篇，占中国机构为第一署名单位论文总数的 70.4%。各地区的 SSCI 论文详情如表 16-2 和图 16-1 所示。

表 16-2　中国第一作者论文的地区分布

地区	排名	论文篇数	比例	地区	排名	论文篇数	比例
北京	1	1917	28.48%	吉林	16	87	1.29%
上海	2	745	11.07%	黑龙江	17	85	1.26%
江苏	3	511	7.59%	江西	18	80	1.19%
广东	4	466	6.92%	河南	19	46	0.68%
浙江	5	448	6.66%	甘肃	20	46	0.68%
湖北	6	340	5.05%	云南	21	41	0.61%
四川	7	312	4.64%	河北	22	34	0.51%
陕西	8	243	3.61%	山西	23	29	0.43%
湖南	9	229	3.40%	广西	24	28	0.42%
天津	10	194	2.88%	新疆	25	27	0.40%
辽宁	11	190	2.82%	内蒙古	26	9	0.13%
重庆	12	172	2.56%	贵州	27	9	0.13%
山东	12	170	2.53%	海南	27	7	0.10%
安徽	14	132	1.96%	青海	29	4	0.06%
福建	15	125	1.86%	宁夏	30	3	0.04%

数据来源：SSCI 2014。

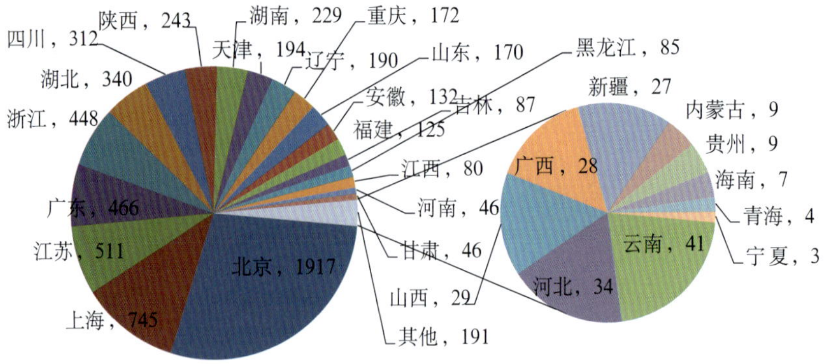

图 16-1 2014 年 SSCI 我国第一作者论文的地区分布

注：单位为篇。

（2）第一作者的论文类型

2014 年收录的中国第一作者的 6731 篇论文中：Article 5811 篇、Review 179 篇、Letter33 篇、Book Review168 篇和 Edit Mat（Editorial Material）106 篇，如表 16-3 所示。

表 16-3 中国 SSCI 论文类型

论文类型	论文篇数	所占比例
研究论文	5811	86.33%
述评	179	2.66%
书评	168	2.50%
编辑信息	106	1.57%
快报	33	0.49%
其他①	434	6.45%

数据来源：SSCI 2014。

①其他论文类型包括 Meeting Abstract 和 Correctiont 等。

（3）第一作者论文的机构分布

中国 SSCI 论文的 96% 以上是由高等学校和科研院所的作者产生的（如表 16-4 所示）。其中，88.16% 的论文是高等学校作者所著，7.87% 的论文是研究院所作者所著。与 2013 年相比，高等学校作者论文数所占比例略有上升，由 87.37% 上升至 88.16%；而科研院所发文数有所下降，由 2013 年的 9.13% 下降到 7.87%。

表 16-4 中国 SSCI 论文的机构分布

机构类型	论文篇数	比例
高等学校	5934	88.16%
研究院所	530	7.87%
医疗机构①	187	2.78%

续表

机构类型	论文篇数	比例
公司企业	5	0.07%
政府部门	1	0.01%
其他	74	1.10%

数据来源：SSCI 2014。

①这里所指的医疗机构不含附属于大学的医院。

SSCI 2014 收录的中国第一作者论文 6731 篇，分布于 682 个机构中。10 篇及以上的机构 122 个，其中高等院校 113 个，科研院所 8 个，医疗机构 1 个。表 16-5 列出了论文数居前 20 的机构，其中高校 19 所，科研院所 1 所。

表 16-5 SSCI 所收录的中国大陆论文数居前 20 位的机构

机构名称	论文篇数	机构名称	论文篇数
北京大学	273	四川大学	133
浙江大学	251	南京大学	125
北京师范大学	219	华中科技大学	123
上海交通大学	208	中国科学院心理研究所	104
清华大学	182	西安交通大学	96
复旦大学	163	天津大学	92
中山大学	161	山东大学	90
中国人民大学	143	东南大学	78
中南大学	139	同济大学	77
武汉大学	137	西南大学	76

数据来源：SSCI 2014。

（4）第一作者论文当年被引用情况

发表当年就被引用的论文，一般来说研究内容都属于热点或大家都较为关注的问题。2014 年中国的 10952 篇论文中，当年被引用的论文为 3656 篇，占总数的 33.38%，其中有 2199 篇是以中国机构为第一署名机构的论文。2014 年，中国机构为第一作者机构（不含港澳台地区）论文中，最高被引数为 26 次，该篇论文产自电子科技大学的《Analytic network process in risk assessment and decision analysis》一文。

（5）中国 SSCI 论文的期刊分布

目前，SSCI 收录的国际期刊为 3217 种。2014 年中国以第一作者发表的 6731 篇论文，分布于 1717 种期刊中，比 2013 年发表论文的范围增加 227 种，发表 5 篇以上（含 5 篇）论文的社会科学的期刊为 307 种，也比 2013 年增加 63 种。

表 16-6 所示为 SSCI 收录中国作者论文数居前 15 位的社科期刊分布情况，数量

最多的期刊是《PLoS ONE》，为204篇。论文数20篇以上（含20篇）的有45种期刊。

表 16-6 SSCI 收录中国作者论文数居前 15 位的社科期刊

论文篇数	期刊名称
204	PLoS ONE
174	JOURNAL OF THE AMERICAN GERIATRICS SOCIETY
145	SUSTAINABILITY
140	VALUE IN HEALTH
113	MATHEMATICAL PROBLEMS IN ENGINEERING
91	ENERGY POLICY
83	SOCIAL BEHAVIOR AND PERSONALITY
76	SCIENTOMETRICS
74	ECONOMIC MODELLING
69	DISCRETE DYNAMICS IN NATURE AND SOCIETY
55	CHINA ECONOMIC REVIEW
53	PHYSICA A-STATISTICAL MECHANICS AND ITS APPLICATIONS
45	HABITAT INTERNATIONAL
43	EMERGING MARKETS FINANCE AND TRADE
40	RENEWABLE & SUSTAINABLE ENERGY REVIEWS

数据来源：SSCI 2014。

（6）SSCI 论文的基金分布

2014年，中国以第一作者发表的6731篇SSCI论文中得到基金资助产生的论文为3222篇，占比47.9%。表16-7为SSCI基金论文的地区分布情况。

SSCI基金论文数居前5位的地区：北京、上海、江苏、广东和浙江。基金论文数超过100篇的地区还有：湖南、湖北、四川、天津和陕西。可以看出基金论文数居前的地区特别是前5位的地区均为科技资源配置丰富、高等学校和研究机构较为集中的地区。2014年，SSCI基金论文比在30%以上的地区有25个，基金论文比在50%以上的地区有10个。

表 16-7 SSCI 基金论文的地区分布

地区	SSCI 基金论文篇数	SSCI 论文总篇数	基金论文比
北京	911	1917	47.52%
天津	117	194	60.31%
河北	16	34	47.06%
山西	6	29	20.69%
内蒙古	5	9	55.56%
辽宁	94	190	49.47%
吉林	26	87	29.89%

续表

地区	SSCI 基金论文篇数	SSCI 论文总篇数	基金论文比
黑龙江	45	85	52.94%
上海	322	745	43.22%
江苏	253	511	49.51%
浙江	164	448	36.61%
安徽	86	132	65.15%
福建	60	125	48.00%
江西	39	80	48.75%
山东	80	170	47.06%
河南	23	46	50.00%
湖北	154	340	45.29%
湖南	157	229	68.56%
广东	213	466	45.71%
广西	13	28	46.43%
海南	0	7	0.00%
重庆	97	172	56.40%
四川	149	312	47.76%
贵州	2	9	22.22%
云南	28	41	68.29%
陕西	113	243	46.50%
甘肃	35	46	76.09%
青海	1	4	25.00%
宁夏	2	3	66.67%
新疆	11	27	40.74%

数据来源：SSCI 2014。

16.2.2 中国社会科学论文的国际显示度分析

（1）国际高影响期刊中的中国社会科学论文

据 2014 SJCR，在 2014 社会科学国际期刊中，有 3217 种期刊。经评估，其期刊影响因子居前 20 位的期刊如表 16-8 所示，这 20 种期刊发表论文共 1304 篇。若不计港澳台地区的论文，2014 年，中国作者在期刊影响因子居前 20 位的社科期刊中的 9 种期刊上发表 32 篇论文，与 2013 年的 14 篇（5 种期刊）相比，论文数与期刊数都有所增加。其中，影响因子居前 10 位的国际社科期刊中，论文发表机构如表 16-9 所示。

表 16-8 影响因子居前 20 位的 SSCI 期刊

排名	期刊名称	总被引数	影响因子	即年指标	中国论文数	期刊论文数	半衰期
1	TRENDS COGN SCI	20396	21.965	3.15		60	8.2
2	ANNU REV PSYCHOL	13101	21.81	4.037	1	27	>10.0

续表

排名	期刊名称	总被引数	影响因子	即年指标	中国论文数	期刊论文数	半衰期
3	BEHAV BRAIN SCI	7562	20.771	2.75	3	20	>10.0
4	PSYCHOL SCI PUBL INT	685	15.833	0.5		4	5.9
5	PSYCHOL BULL	36794	14.756	3.277	1	47	>10.0
6	NAT CLIM CHANGE	5415	14.547	3.774	20	146	2.2
7	ARCH GEN PSYCHIAT	36976	14.48			0	>10.0
8	WORLD PSYCHIATRY	1914	14.225	5.636	4	22	4
9	ANNU REV CLIN PSYCHO	2980	12.674	2.179		28	5.4
10	AM J PSYCHIAT	42476	12.295	3.368	3	95	>10.0
11	JAMA PSYCHIAT	1886	12.008	2.808	3	120	1.3
12	LANCET GLOB HEALTH	457	10.042	4.354	2	48	1
13	PERSPECT PSYCHOL SCI	4439	9.546	2.643		56	4
14	PSYCHOTHER PSYCHOSOM	2866	9.196	1.667	1	27	7.7
15	SCHIZOPHRENIA BULL	13525	8.45	1.859	11	177	6.7
16	BRIT J PSYCHIAT	22557	7.991	1.905	8	116	>10.0
17	PSYCHOL REV	24097	7.972	1.192	1	26	>10.0
18	ACAD MANAG ANN	1148	7.769	0.583		12	5
19	ACAD MANAGE REV	19739	7.475	1.13	2	23	>10.0
20	SOC COGN AFFECT NEUR	3937	7.372	0.888	16	250	3.3

数据来源：SJCR 2014。

表16-9 影响因子居前20位的SSCI期刊中中国机构发表论文情况

序号	发表期刊	论文类型	发表机构	论文题目与第一作者信息
1	BEHAV BRAIN SCI	Editorial Material	中山大学	Interaction between social influence and payoff transparency, Zhou, Xinyue
2	NAT CLIM CHANGE	Article	中国科学院地理科学与资源研究所	Extreme summer weather in northern mid-latitudes linked to a vanishing cryosphere, Tang, Qiuhong
3		Editorial Material	北京师范大学	China-Russia gas deal for a cleaner China, Dong, Wenjie
4		Article	清华大学	Determinants of stagnating carbon intensity in China, Guan, Dabo
5		Article	兰州大学	Evolution of land surface air temperature trend, Ji, Fei
6		Article	国家气候中心	Rapid increase in the risk to extreme summer heat in Eastern China, Sun, Ying
7	WORLD PSYCHIATRY	Editorial Material	上海交通大学	Will RDoC hasten the decline of America's global leadership role in mental health?, Phillips, Michael R.
8	AM J PSYCHIAT	Editorial Material	北京大学第六医院	Mercury Poisoning: A Case of a Complex Neuropsychiatric Illness, Huang, Xuebing

数据来源：SJCR 2014和SSCI 2014。

（2）国际高被引期刊中的中国社会科学论文

总被引数居前 20 位的国际社科期刊如表 16-10 所示，这 20 种期刊共发表论文 3948 篇。不计港澳台地区的论文，中国作者在其中的 10 种期刊共有 299 篇论文发表，占这些期刊论文总数的 7.6%，相比 2013 年降低了 0.6 个百分点。这 299 篇论文中，同时也是影响因子居前 20 位的论文共有 12 篇，这些论文的详细情况如表 16-11 所示，其中有 4 篇是中国作者为第一作者。

表 16-10 总被引数居前 20 位的 SSCI 期刊

排名	期刊名称	总被引数	影响因子	即年指标	中国论文篇数	期刊论文篇数	半衰期
1	J PERS SOC PSYCHOL	55364	5.031	0.653	4	118	>10.0
2	AM J PSYCHIAT	42476	12.295	3.368	3	95	>10.0
3	ARCH GEN PSYCHIAT	36976	14.48			0	>10.0
4	PSYCHOL BULL	36794	14.756	3.277	1	47	>10.0
5	AM ECON REV	33621	3.673	1.075	3	241	>10.0
6	SOC SCI MED	30874	2.89	0.528	18	525	9.2
	AM J PUBLIC HEALTH	29771	4.552	1.029	3	522	9.8
8	J APPL PSYCHOL	25194	4.799	0.325	6	83	>10.0
9	J AM GERIATR SOC	24352	4.572	0.832	201	292	9.3
10	CHILD DEV	24293	4.061	0.75	7	164	>10.0
11	ECONOMETRICA	24175	3.889	1.197		66	>10.0
12	PSYCHOL REV	24097	7.972	1.192	1	26	>10.0
13	J FINANC	23535	5.424	0.915	3	71	>10.0
14	PSYCHOL SCI	23416	4.94	1.366	7	254	7.6
15	NEUROPSYCHOLOGIA	23315	3.302	0.597	18	352	8
16	ENERG POLICY	22983	2.575	0.685	106	629	4.9
17	BRIT J PSYCHIAT	22557	7.991	1.905	8	116	>10.0
18	ACAD MANAGE J	22351	6.448	0.653	6	72	>10.0
19	MANAGE SCI	21112	2.482	0.512	19	166	>10.0
20	J CONSULT CLIN PSYCH	21076	5.279	0.862		109	>10.0

数据来源：SJCR 2014。

表 16-11 总被引次数和影响因子居前 20 位的 SSCI 期刊中中国机构发表论文情况

序号	发表期刊	论文类型	发表机构	论文题目与第一作者信息
1	PSYCHOL REV	Article	国外机构	The Perception of Probability, Gallistel, C.R.
2	AMERICAN JOURNAL OF PSYCHIATRY	Article	国外机构	The Neural Correlates of Anomalous Habituation to Negative Emotional Pictures in Borderline and Avoidant Personality Disorder Patients, Koenigsberg, Harold W.

续表

序号	发表期刊	论文类型	发表机构	论文题目与第一作者信息
3	AMERICAN JOURNAL OF PSYCHIATRY	Editorial Material	北京大学第六医院	Mercury Poisoning：A Case of a Complex Neuropsychiatric Illness，Huang，Xuebing
4		Article	国外机构	Comprehensive Meta-Analysis of Excess Mortality in Depression in the General Community Versus Patients With Specific Illnesses，Cuijpers，Pim
5	NEUROPSYCHOLOGIA	Article	北京师范大学	Access to lexical meaning in pitch-flattened Chinese sentences：An fMRI study，Xu，Guoqing
6		Article	浙江师范大学	Neural correlates of spontaneous deception：A functional near-infrared spectroscopy（fNIRS）study，Ding，Xiao Pan
7		Article	中国科学院心理研究所	Neural competition as a developmental process：Early hemispheric specialization for word processing delays specialization for face processing，Li，Su
8		Article	中国科学院心理研究所	How long-term memory and accentuation interact during spoken language comprehension，Li，Xiaoqing
9		Article	北京师范大学	Altered brain structure in Chinese dyslexic children，Liu，Li
10		Article	浙江大学	Electrophysiological evidence for relation information activation in Chinese compound word comprehension，Jia，Xiaofei
11		Article	深圳大学	An electrophysiological index of changes in risk decision-making strategies，Zhang，Dandan
12		Article	北京交通大学	Resting state neural networks for visual Chinese word processing in Chinese adults and children，Li，Ling

数据来源：SJCR 2014 和 SSCI 2014。

（3）中国社会科学论文的学科分布

2014 年，中国机构作为第一作者单位的 SSCI 论文的学科发文量居前 10 位的学科情况如表 16-12 所示。

表 16-12 2014 年 SSCI 收录中国论文居前 10 位学科

排名	主题学科	论文篇数	排名	主题学科	论文篇数
1	经济	1115	6	图书、情报、文献	91
2	教育	508	7	政治	66
3	管理	354	8	法律	42
4	社会、民族	287	9	统计	35
5	语言、文字	117	10	历史、考古	12

2014 年，在 16 个社科类学科分类中，中国在其中 14 个学科中均有论文发表。其中，发文量超过 100 篇的学科有 5 个，分别是经济，教育，管理，社会、民族和语言、文字，最高发文量的学科为经济，2014 年共发表论文 1115 篇。

16.3 讨论

（1）增加社科论文数量，提高社科论文质量

中国科技和经济实力的发展速度已经引起世界瞩目，无论是自然科学论文还是社会科学论文，数量均呈逐年翻倍增长趋势。随着社会科学研究水平的提高，中国政府也进一步重视社会科学的发展。但与自然科学论文相比，无论是论文总数、国际数据库收录期刊数还是期刊论文的影响因子、被引次数，社会科学论文都有比较大的差距，且与中国目前的国际地位和影响力并不相符。

2013 年，中国的社科论文被国际检索系统收录数较 2012 年有所增加，占 2014 年 SSCI 论文总数的 3.42%，世界排名上升 1 位，居第 7 位，而自然科学论文的该项值是 13.5%，继续排在世界的第 2 位。再从收录的期刊数量看，中国社科期刊被 SSCI 收录了 13 种，有两种为大陆地区出版，而 2013 年中国自然科学期刊被 SCI 收录的达 139 种。若不计港澳台地区的论文，在世界高影响因子居前 20 位的社科期刊中，中国作者在其中 5 种期刊上发表 14 篇论文；在高被引居前 20 位的社科期刊中，中国作者在其中 9 种期刊上发表 340 篇论文。SSCI 收录中国作者论文数居前 15 位的社科期刊中有 5 种期刊同时被 SCI 收录，交叉学科现象与 2012 年相比有所下降。相比 2013 年，中国社会科学论文的国际显示度有明显进步，但也可看出，发表论文占这些期刊论文总数的比例仍不甚高。当然，在国际高影响期刊中发表论文是有一定的难度，但如果能发表，根据“马太”效应，该论文的影响也会加大。因此，中国社会科学研究论文除了在数量上有提高，同时应重点关注如何撰写出高影响力的“精品”论文。

（2）发展优势学科，加强支持力度

2013 年，在 16 个社科类学科分类中，中国在其中 14 个学科中均有论文发表。其中，发文量超过 100 篇的学科有 5 个，分别是经济，教育，管理，社会、民族和图书、情报、文献，最高发文量的学科为经济，2013 年共发表论文 864 篇。我们需要考虑的是如何进一步巩固优势学科的发展，并带动目前影响力稍弱的学科。例如，我们可以对优势学

科的期刊给予重点资助，培育更多该学科的精品期刊等方法。

参考文献

[1] ISI−SSCI 2013.

[2] SSCI—JCR 2013.

17 Scopus 收录中国论文情况统计分析

本章从 Scopus 收录论文的国家分布、中国论文的期刊分布、地区与城市分布、学科分布、机构分布、被引情况等角度进行了统计分析。

17.1 引言

Scopus 由全球著名出版商爱思唯尔（Elsevier）研发，收录了来自于全球 5000 余家出版社的 21000 余种出版物的约 50000000 项数据记录，是全球最大的文摘和引文数据库。这些出版物包括 20000 种同行评议的期刊（涉及 2800 种开源期刊）、365 种商业出版物、70000 余册书籍和 6500000 篇会议论文等。

该数据库收录学科全面，涵盖四大门类 27 个学科领域，收录生命科学（农学、生物学、神经科学和药学等）、社会科学（人文与艺术、商业、历史和信息科学等）、自然科学（化学、工程学和数学等）和健康科学（医学综合、牙医学、护理学和兽医学等）。文献类型则包括文章（Article）、待出版文章（Article-in-Press）、会议论文（Conference paper）、社论（Editorial）、勘误（Erratum）、信函（Letter）、笔记（Note）、评论（Review）、简短调查（Short survey）和丛书（Book series）等。

17.2 数据来源

本章以 Scopus 2014 年收录的中国科技论文进行统计分析，数据检索和下载时间为 2015 年 6 月，文献类型选择 d（trade journal）、j（journal）、k（book series）和 p（conference proceeding），最终共获得 426736 篇文献。

17.3 研究分析与结论

17.3.1 Scopus 收录论文国家分布

Scopus 数据库 2014 年收录的世界科技论文总数为 260.31 万篇，其中中国机构为第一作者第一署名机构的科技论文为 426736 篇，占世界论文总量的 16.39%，排在世界第 2 位。排在世界前 5 位的国家是：美国、中国、英国、德国和日本。

17.3.2 中国论文发表期刊分布

Scopus 收录中国论文较多的期刊为：Appl.Mech.Mater.、Adv.Mater.Res. 和 PLoS ONE。其中前两个期刊收录中国论文均超过了 20000 篇，合计占总数超过 10%，均为材

表 17-5　2014 年 Scopus 收录论文的机构类型

机构类型	论文篇数	比例
高校	320293	75.06%
科研院所	48002	11.25%
医院	41605	9.75%
公司企业	7404	1.74%
其他	9432	2.21%

（2）Scopus 收录论文较多的高等院校

Scopus 收录论文居前 3 位的高等院校为清华大学、上海交通大学和浙江大学，分别收录了 8340、8224 和 8217 篇（如表 17-6 所示）。排名居前 20 位的高校发表论文数均超过了 3000 篇。

表 17-6　2014 年 Scopus 收录论文居前 20 位的高等院校

排名	高等院校	论文篇数	排名	高等院校	论文篇数
1	清华大学	8340	11	山东大学	4582
2	上海交通大学	8224	12	中南大学	4501
3	浙江大学	8217	13	北京航空航天大学	4462
4	哈尔滨工业大学	5783	14	复旦大学	4183
5	北京大学	5331	15	天津大学	4149
6	四川大学	5099	16	武汉大学	4099
7	华中科技大学	5096	17	东南大学	3964
8	吉林大学	4888	18	中山大学	3925
9	同济大学	4845	19	北京理工大学	3659
10	西安交通大学	4809	20	西北工业大学	3496

（3）Scopus 收录论文较多的科研院所

Scopus 收录论文居前 3 位的科研院所为中国工程物理研究院、中国科学院长春应用化学研究所和中国科学院长春光学精密机械与物理研究所，分别收录了 903、836 和 822 篇（如表 17-7 所示）。排名居前 20 位的科研院所中有 16 个单位为中科院下属研究院所。

表 17-7　2014 年 Scopus 收录论文居前 20 位的科研院所

排名	科研院所	论文篇数
1	中国工程物理研究院	903
2	中国科学院长春应用化学研究所	836
3	中国科学院长春光学精密机械与物理研究所	822
4	中国科学院化学研究所	752
5	中国科学院合肥物质科学研究院	742
6	中国电力科学研究院	673

续表

排名	科研院所	论文篇数
7	中国科学院大连化学物理研究所	596
8	中国科学院地理科学与资源研究所	546
9	中国科学院金属研究所	503
10	中国科学院对地观测与数字地球科学中心	496
11	中国科学院地质与地球物理研究所	488
12	中国科学院上海硅酸盐研究所	482
13	中国科学院自动化研究所	481
14	中国科学院半导体研究所	472
15	中国科学院生态环境研究中心	469
16	中国科学院物理研究所	423
17	中国科学院兰州化学物理研究所	416
18	中国林业科学研究院	405
19	军事医学科学院	404
20	中国科学院过程工程研究所	402

17.3.6 被引情况分析

截至 2015 年 6 月，中国 2014 年的 426736 篇 Scopus 收录论文总共被引 273382 次，篇均被引用 0.64 次，高于 2013 年篇均被引次数 0.57 次。

其中被引次数居前 10 位的论文，如表 17-8 所示。被引次数最多的是渤海大学 Yin S. 等人在 2014 年发表的题为《Real-time implementation of fault-tolerant control systems with performance optimization》的论文，截至 2015 年 6 月其共被引 191 次；紧随其后的是中国科学院上海药物研究所的 Wang J. 等人在 2014 年发表的题为《Fluorine in pharmaceutical industry： Fluorine-containing drugs introduced to the market in the last decade（2001—2011）》的论文，共被引 170 次；排在第 3 位的是复旦大学的 Li L. 等人发表的题为《Black phosphorus field-effect transistors》的论文，共被引 160 次。这 10 篇高被引论文中，化学与医学领域论文居多。

表 17-8 2014 年 Scopus 收录中国论文被引次数居前 10 位的论文

被引次数	第一单位	来源
191	渤海大学	Yin S.； Yin S.； Luo H..Real-time implementation of fault-tolerant control systems with performance optimization.IEEE Trans Ind Electron，2014，61（5）：2402-2411
170	中国科学院上海药物研究所	Wang J.；Sanchez-Rosello M.；Sanchez-Rosello M.；Acena J.L.；Sorochinsky A.E.；Sorochinsky A.E..Fluorine in pharmaceutical industry： Fluorine-containing drugs introduced to the market in the last decade（2001-2011）.Chem.Rev.，2014，114（4）：2432-2506
160	复旦大学	Li L.； Ye G.J..Black phosphorus field-effect transistors.Nat.Nanotechnol.，2014，9（5）：372-377

续表

被引次数	第一单位	来源
132	中国科学院化学研究所	Li X..Design strategies for water-soluble small molecular chromogenic and fluorogenic probes.Chem.Rev.，2014，114（1）：590-659
124	汕头大学	Li M.；O'Keeffe M.；O'Keeffe M.；Yaghi O.M..Topological analysis of metal-organic frameworks with polytopic linkers and/or multiple building units and the minimal transitivity principle.Chem.Rev.，2014，114（2）：1343-1370
116	中国科学技术大学	Xie Y.；Yuan C..Mixed transition-metal oxides：Design，synthesis，and energy-related applications.Angew.Chem.Int.Ed.，2014，53（6）：1488-1504
115	聊城大学	Zhang R.-F..Novel2-oxo-bridged dinuclear aryltelluronic triorganotin（IV）esters：Syntheses，structural characterizations，and in vitro cytotoxicity.J.Coord.Chem.，2014，67（4）：649-659
105	中国疾病预防控制中心	Li Q.；Wang D.；Luo H.；Xie R.etc.Epidemiology of human infections with avian influenza A（H7N9）virus in China.New Engl.J.Med.，2014，370（6）：520-532
97	中国科学院长春应用化学研究所	Gai S.；Gai S..Recent progress in rare earth micro/nanocrystals：Soft chemical synthesis，luminescent properties，and biomedical applications.Chem.Rev.，2014，114（4）：2343-2389
95	中国科学院长春应用化学研究所	Liu Y.；Liu Y..Polydopamine and its derivative materials：Synthesis and promising applications in energy，environmental，and biomedical fields.Chem.Rev.，2014，114（9）：5057-5115

17.4 讨论

本章从 Scopus 收录论文国家分布，以及中国论文的期刊分布、地区与城市分布、学科分布、机构分布及被引情况等方面进行了分析，我们可以得知：

①从全球科学论文产出的角度而言，中国发表论文数据全球第 2 位，仅次于美国，同时进一步缩小与美国的差距，拉大与排在第 3 位的英国、第 4 位的德国等之间的差距。

②中国的地区科学实力分布不均衡。北京的科学实力一枝独秀，远远高于其他地区，属于科技实力的第一集团，而江苏、上海、广东和陕西等地，属于科学实力上的“强”地区，属于科技实力的第二集团。

③中国的城市科学实力分布不均衡，北京、上海、南京和西安等经济发达城市发表论文数较多。

④中国的优势学科为：工程、电子与电子工程、材料科学和化学等。

⑤ Scopus 收录中国论文主要集中在高等院校，占比 75.06%；其次是科研院所，占比 11.25%。高等院校发表论文较多的有清华大学、上海交通大学和浙江大学；科研院所中中国科学院所属研究所占据绝对主导地位，发表论文较多的有中国工程物理研究院、中国科学院长春应用化学研究所和中国科学院长春光学精密机械与物理研究所。

⑥中国论文的被引次数呈逐年增加趋势，但总体被引次数还偏少。高被引论文中，化学与医学领域论文居多。

18 中国台湾、香港和澳门科技论文情况分析

18.1 引言

中国台湾地区、香港特别行政区和澳门特别行政区的科技论文产出也是中国科技论文统计与分析关注和研究的重点内容之一。本章介绍了 SCI、Ei 和 CPCI-S 三系统收录 3 个地区的论文情况，为便于对比分析，还采用了 InCites 数据。通过学科、地区、机构分布情况和被引用情况等方面对三地区进行统计和分析，以揭示中国台湾地区、香港特区和澳门特区的科研产出情况。

18.2 研究分析与结论

18.2.1 中国台湾地区、香港特区和澳门特区 SCI、Ei 和 CPCI-S 三系统科技论文产出情况

（1）SCI 收录三地区科技论文情况分析

主要反映基础研究状况的 SCI（Science Citation Index）2014 年收录的世界科技论文总数共计 1766293 篇，比 2013 年的 1723143 篇增加 43150 篇，增长 2.5%。

2014 年 SCI 收录中国台湾地区科技论文 29494 篇，比 2013 年的 29270 增加 224 篇，增长 0.77%，总数占 SCI 论文总数 1766293 篇的 1.67%。

2014 年 SCI 收录中国香港特区为发表单位的科技论文数共计 12920 篇，比 2013 年 12182 篇增加 738 篇，增长 6.1%，总数占 SCI 论文总数的 0.73%。

2014 年，SCI 收录中国澳门特区科技论文 855 篇，比 2013 年 291 篇增加了 564 篇，增长 193.8%。

图 18-1 是 2010—2014 年 SCI 收录中国台湾地区和香港特区科技论文数量的变化趋势。由图上看，两地 SCI 论文数呈稳步上升趋势。

（2）CPCI-S 收录三地区科技论文情况分析

科技会议文献是重要的学术文献之一，2014 年 CPCI-S（Conference Proceedings CitationIndex-Science）共收录世界科技论文总数为 369116 篇，比 2013 年的 413348 篇减少 44232 篇，减少 10.7%。

2014 年 CPCI-S 共收录中国台湾地区科技论文 6701 篇，比 2013 年的 6929 篇减少 228 篇，下降 3.29%。

2014 年 CPCI-S 共收录中国香港特区论文 1981 篇，比 2013 年的 1649 篇增加 332 篇，增长 20.1%。

2014 年 CPCI-S 共收录中国澳门特区论文 164 篇，比 2013 年的 144 篇增加 20 篇。

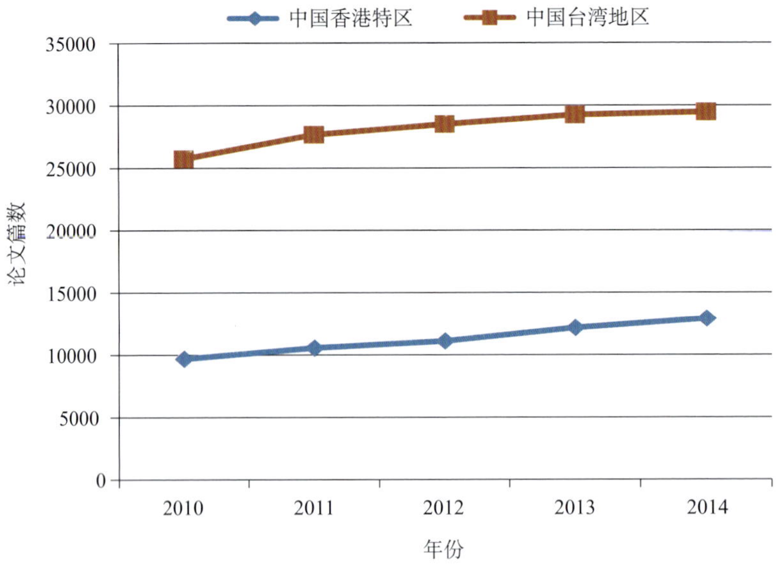

图 18-1 2010—2014 年 SCI 收录中国台湾地区和香港特区科技论文数量变化趋势

（3）Ei 收录三地区科技论文情况分析

反映工程科学研究的 Ei（Engineering Index）在 2014 年共收录世界科技论文 546978 篇，比 2013 年减少 19452 篇，下降 3.43%。

2014 年 Ei 共收录中国台湾地区科技论文 12967 篇，比 2013 年的 13420 篇减少 453 篇，下降 3.38%；占世界论文总数的 2.37%。

2014 年 Ei 共收录中国香港特区科技论文 5477 篇，比 2013 年的 2666 篇增加了 2811 篇；占 Ei 收录世界科技论文总数的 1.00%。

2014 年 Ei 共收录中国澳门特区科技论文 425 篇，比 2013 年 309 篇增加 116 篇，增长 37.54%。

18.2.2 中国台湾地区、香港特区和澳门特区 Web of Science 论文数及被引情况分析

汤森路透的 InCites 数据库中集合了近 30 年来 Web of Science 核心合集（包含 SCI、SSCI 和 CPCI-S 等）七大索引数据库的数据，拥有多元化的指标和丰富的可视化效果，可以辅助科研管理人员更高效地制定战略决策。通过 InCites，能够实时跟踪一个国家（地区）的研究产出和影响力；将该国家（地区）的研究绩效与其他国家（地区）及全球的平均水平进行对比。

表 18-1 2014 年 SCI 收录中国大陆、台湾地区、香港特区和澳门特区论文及被引情况

国家（地区）	中国内地	台湾地区	香港特区	澳门特区
Web of Science 论文篇数	331261	36704	16543	1296
论文数排名	2	19	35	—

续表

国家（地区）	中国内地	台湾地区	香港特区	澳门特区
学科规范化的引文影响力	0.89	0.9	1.41	1.49
学科规范化的引文影响力排名	143	135	50	—
被引次数	780886	76370	50522	3144
被引次数排名	2	20	30	—
论文被引比例	51.92%	49.31%	57.77%	54.58%
引文影响力	2.36	2.08	3.05	3
国际合作论文篇数	66865	8858	5782	333
平均比例	67.52%	69.54%	60.37%	62.1%
被引次数排名居前 1% 的论文比例	1.00%	0.81%	1.95%	2.48%
被引次数排名居前 10% 的论文比例	8.55%	6.69%	13.53%	12.88%
高被引论文比例	0.81%	0.58%	1.57%	1.81%
高被引论文篇数	2683	214	259	19
热门论文比例	0.08%	0.08%	0.25%	0.38%
国际合作论文比例	20.18%	24.13%	34.95%	31.77%
相对于全球平均水平的影响力	1.276	1.126	1.653	1.624

注：以上 2014 年论文和被引情况按出版年计算。

数据来源：2014 年 InCites 数据。

从表 18-1 看，2014 年在 InCites 数据库中，中国内地的论文数远远超过台湾地区、香港特区和澳门特区，在全球 214 个国家（地区）中排名居第 2 位，台湾地区论文数排名居第 19 位，香港特区论文数排在第 35 位；从被引次数看，中国内地被引次数也是最多的，排名也是第 2 名，台湾地区的被引次数排在第 20 位，香港特区排在第 30 位；从学科规范化的引文影响力看，澳门特区和香港特区的影响力最高，分别为 1.49 和 1.41，中国内地最低，为 0.89，台湾地区为 0.9；从被引次数排名前 1% 的论文比例看，香港和澳门特区的比例最高，分别为 1.95% 和 2.48%，大陆和台湾地区的比例分别为 1.00% 和 0.81%；从高被引论文看，中国大陆数量最多，为 2683 篇，其次是香港特区和台湾特区，分别为 259 和 214 篇，澳门特区最少，只有 19 篇，但从高被引论文比例看，澳门和香港特区的比例最高，分别为 1.81% 和 1.57%，中国大陆和台湾特区分别为 0.81% 和 0.58%；从国际合作论文比例看，香港和澳门特区的比例较高，分别为 34.95% 和 31.77%，大陆和台湾地区的比例较低，分别为 20.18% 和 24.13%。

（1）Web of Science 收录中国台湾地区论文情况分析

表 18-2 为 2014 年 Web of Science 收录中国台湾地区论文数居前 10 位的高等院校。其中国立台湾大学的论文数，被引次数及学科规范化的引文影响力 3 个指标都位居榜首。论文数较多的高校还有成功大学、台湾清华大学、台湾中央大学和长庚大学；从被引情况看，被引次数较高的高等院校有台湾清华大学、台湾中央大学、成功大学和中国医药大学。中国医药大学论文被引比例高于其他高等院校，另外该校的学科规范化的引文影响力指标高于除台湾大学外的其他高等院校。

表 18-2 2014 中国台湾地区论文前 10 名高校论文数及被引用情况

高等院校名称	排名	SCI 论文篇数	学科规范化的引文影响力	被引次数	论文被引比例
台湾大学	1	3568	2.63	10928	69.47%
成功大学	2	1677	1.53	2048	63.06%
台湾清华大学	3	1029	1.44	3076	68.77%
台湾中央大学	4	497	1.31	2223	70.42%
长庚大学	5	459	1.1	1313	65.80%
台湾交通大学	6	458	1.34	1634	65.72%
中国医药大学	7	436	1.79	1833	72.48%
台湾阳明大学	8	395	1.64	1322	65.06%
台湾中山大学	9	342	1.02	820	61.11%
高雄医学大学	10	316	1.06	838	65.19%

数据来源：2014 年 InCites 数据。

表 18-3 为 2014 年 Web of Science 收录中国台湾地区论文数居前 5 位的研究机构。在台湾地区研究机构中，“中央研究院”为论文主要产出机构，其他研究机构论文产出较少。从被引情况看，“中央研究院”的所有指标都明显高于其他研究机构。

表 18-3 Web of Science 收录 2014 中国台湾地区论文居前 5 位的研究机构论文数及被引情况

研究机构名称	排名	Web of Science 收录论文篇数	学科规范化的引文影响力	被引次数	论文被引比例
“中央研究院”	1	1 222	2.47	13 386	75.12%
台湾卫生研究院	2	175	2.12	703	71.43%
工业技术研究院	3	70	0.84	186	57.14%
台湾实验研究院	4	27	0.59	37	44.44%
台湾核能研究所	5	20	0.97	55	65%

数据来源：2014 年 InCites 数据。

表 18-4 为 2014 年 Web of Science 收录中国台湾地区论文数居前 10 名的医疗机构，其中长庚纪念医院的论文数和被引次数最多，台湾成功大学医学院附设医院的 学科规范化的引文影响力最高，达 4.11，中国医药大学附设医院的论文被引百分比最高，为 74.55%。

表 18-4 2014 年 Web of Science 收录中国台湾地区论文居前 10 位的医疗机构论文数及被引情况

医疗机构名称	论文数排名	Web of Science 收录论文篇数	学科规范化的引文影响力	被引次数	论文被引比例
长庚纪念医院	1	435	1.92	1442	61.84%
台湾大学医学院附设医院	2	324	3.19	1405	58.95%
中国医药大学附设医院	3	224	1.33	916	74.55%

续表

医疗机构名称	论文数排名	Web of Science 收录论文篇数	学科规范化的引文影响力	被引次数	论文被引比例
台北荣民总医院	4	212	3.45	1030	66.04%
高雄医学大学附设中和纪念医院	5	120	1.13	330	64.17%
台中荣民总医院	6	87	1.52	474	60.92%
三军总医院	7	81	0.92	229	64.20%
台湾成功大学医学院附设医院	8	73	4.11	311	61.64%
马偕纪念医院	9	60	1.22	234	68.33%
中山医学大学附设医院	10	53	1.02	184	54.72%
彰化基督教医院	11	49	1.51	167	63.27%

数据来源：2014 年 InCites 数据。

根据 ESI 的 22 个学科分类，2014 年 Web of Science 收录中国台湾地区论文最多的是临床医学，其次是工程科学、化学、物理、材料科学和计算机科学；被引次数较高的学科是临床医学、化学、物理、空间科学和材料科学；学科规范化的引文影响力较高的学科为空间科学、多学科、临床医学、物理和农业科学，其中空间科学的该指标高达 5.3，远远高于其他学科；论文被引比例较高的学科为空间科学、微生物学、分子生物与遗传学、农业科学和化学；国际合作论文数较多的学科为临床医学、物理、化学、工程科学和材料科学；高被引论文比例较高的学科为空间科学、物理、植物学与动物学、材料科学和临床医学。台湾地区有 8 个学科相对于全球平均水平的影响力高于 1，这些学科为空间科学、物理学、化学、分子生物与遗传学、材料科学、免疫学、微生物学和多学科，其中，空间科学的相对于全球平均水平的影响力指标高达 12.592，远远高于其他学科（如表 18-5 所示）。

表 18-5 2014 年 Web of Science 收录中国台湾地区论文数学科分布情况及被引情况

学科	排名	Web of Science 收录论文篇数	学科规范化的引文影响力	被引次数	论文被引比例	国际合作论文篇数	国际合作论文比例	高被引论文比例	相对于全球平均水平的影响力
临床医学	1	7022	1.17	12817	47.24%	1344	19.14%	0.61%	0.818
工程科学	2	4314	0.8	6533	52.80%	781	18.10%	0.51%	0.679
化学	3	3096	0.85	10707	70.83%	885	28.59%	0.58%	1.55
物理	4	2667	1.09	9257	67.12%	1024	38.40%	1.42%	1.555
材料科学	5	2165	0.94	7105	68.73%	461	21.29%	0.92%	1.471
计算机科学	6	1713	0.73	1922	43.43%	382	22.30%	0.23%	0.503

续表

学科	排名	Web of Science 收录论文篇数	学科规范化的引文影响力	被引次数	论文被引比例	国际合作论文篇数	国际合作论文比例	高被引论文比例	相对于全球平均水平的影响力
一般社会科学	7	1354	0.82	1281	42.47%	353	26.07%	0.59%	0.424
生物学与生物化学	8	1314	0.78	2851	58.98%	385	29.30%	0.23%	0.972
神经科学与行为学	9	914	0.59	1782	54.16%	210	22.98%	0.33%	0.874
药理学与毒物学	10	904	0.69	1604	51.44%	193	21.35%	0.22%	0.795
分子生物与遗传学	11	845	0.74	2873	72.90%	321	37.99%	0.36%	1.524
经济学和商学	12	755	0.72	648	39.74%	217	28.74%	0.40%	0.385
数学	13	644	0.95	538	40.53%	278	43.17%	0.47%	0.374
环境 / 生态学	14	632	0.8	1370	64.87%	216	34.18%	0.47%	0.971
植物学与动物学	15	630	0.98	1134	59.52%	264	41.90%	0.95%	0.807
地球科学	16	625	0.84	1340	63.84%	384	61.44%	0.16%	0.961
精神病学 / 心理学	17	603	0.84	845	50.91%	165	27.36%	0.17%	0.628
免疫学	18	459	0.69	1241	67.54%	110	23.97%	0.22%	1.212
农业科学	19	395	1.09	812	72.41%	94	23.80%	0.25%	0.921
空间科学	20	308	5.3	8655	84.42%	277	89.94%	9.74%	12.592
微生物学	21	226	0.85	605	76.99%	72	31.86%	0.44%	1.2
多学科	22	57	1.29	139	56.14%	15	26.32%	0%	1.093

数据来源：2014年InCites数据，根据ESI的22个学科分类。

（2）Web of Science收录中国香港特区论文情况分析

表18-6为2014年Web of Science收录中国香港特区论文数居前8位的高校，香港大学和香港中文大学的论文数、被引次数居前2位；香港科技大学、香港中文大学和香港岭南大学的学科规范化的引文影响力较大；香港科技大学和香港城市大学的被引次数排名前1%的论文比例较大；香港科技大学、香港浸会大学、香港城市大学、香港大学、香港中文大学和香港理工大学相对于全球平均水平的影响力均高于1，其中香港科技大学的该指标高达2.277。

表 18-6 2014 年 Web of Science 收录中国香港特区居前 8 位的高等院校论文数及被引情况

高校名称	论文数排名	Web of Science 论文篇数	学科规范化的引文影响力	被引次数	论文被引比例	被引次数排名前 1% 的论文比例	高被引论文比例	相对于全球平均水平的影响力
香港大学	1	4474	1.40	13882	57.98%	1.83%	1.54%	1.679
香港中文大学	2	3806	1.59	11402	58.15%	2.10%	1.39%	1.621
香港理工大学	3	2602	1.28	7026	60.68%	1.50%	1.23%	1.461
香港城市大学	4	2590	1.46	8462	61.85%	2.43%	1.93%	1.768
香港科技大学	5	2076	1.70	8736	64.02%	2.55%	2.22%	2.277
香港浸会大学	6	923	1.31	3104	63.49%	1.84%	1.52%	1.82
香港教育学院	7	408	0.83	597	41.91%	0.74%	0.98%	0.792
香港岭南大学	8	132	1.50	185	43.94%	2.27%	2.27%	0.759

根据 ESI 的 22 个学科分类，2014 年 Web of Science 收录中国香港特区论文较多的学科是临床医学、工程科学、化学、一般社会科学和物理学；被引次数较多的学科是临床医学、化学、材料科学、工程科学和物理；学科规范化的引文影响力较大的学科是材料科学、数学、植物学与动物学、农业科学和临床医学；论文被引比例较大的学科为空间科学、材料科学、环境 / 生态学、化学和分子生物学与遗传学，其中，空间科学和材料科学的该指标都在 80% 以上；国际合作论文较多的学科是临床医学、工程科学、一般社会科学、计算机科学和物理学；高被引论文比例较大的学科为数学、材料科学、地球科学、分子生物学与遗传学和物理学；热门论文比例较大的学科为植物学与动物学、材料科学、地球科学、环境 / 生态学和分子生物学与遗传学，有 10 个学科热门论文比例为 0；从相对于全球平均水平的影响力指标看，香港地区有 17 个学科的该指标大于 1，较高的学科是材料科学和分子生物学与遗传学（如表 18-7 所示）。与台湾地区相比，香港特区的学科发展更为均衡。

表 18-7 2014 年 Web of Science 收录中国香港特区论文数学科分布情况及被引情况

学科	论文数排名	Webof Science 收录论文数	学科规范化的引文影响力	被引次数	论文被引比例	国际合作论文篇数	国际合作论文比例	高被引论文比例	热门论文比例	相对于全球平均水平的影响力
临床医学	1	2791	1.65	7478	51.59%	965	34.58%	1.36%	0.21%	1.201
工程科学	2	1950	1.52	5641	67.64%	694	35.59%	2.00%	0.46%	1.296

续表

学科	论文数排名	Webof Science 收录论文数	学科规范化的引文影响力	被引次数	论文被引比例	国际合作论文篇数	国际合作论文比例	高被引论文比例	热门论文比例	相对于全球平均水平的影响力
化学	3	1249	1.40	7082	78.38%	299	23.94%	1.84%	0.16%	2.541
一般社会科学	4	1248	1.02	1339	44.95%	417	33.41%	0.56%	0.08%	0.481
物理	5	1043	1.42	5019	76.99%	360	34.52%	2.01%	0.29%	2.156
计算机科学	6	941	1.51	2135	56.64%	393	41.76%	1.91%	0%	1.017
材料科学	7	895	2.04	6944	84.13%	242	27.04%	3.58%	0.89%	3.477
精神病学 / 心理学	8	513	0.87	959	58.48%	258	50.29%	0.39%	0%	0.838
经济学和商学	9	509	1.22	723	55.60%	304	59.72%	1.77%	0%	0.637
生物学与生物化学	10	491	1.36	1984	73.93%	178	36.25%	1.22%	0.41%	1.811
数学	11	442	1.76	687	50.68%	184	41.63%	4.52%	0.45%	0.697
分子生物学与遗传学	12	397	1.48	2817	77.08%	208	52.39%	3.02%	0.50%	3.18
地球科学	13	373	1.47	1536	76.14%	150	40.21%	3.22%	0.80%	1.845
环境 / 生态学	14	370	1.31	1352	78.65%	140	37.84%	1.35%	0.54%	1.637
神经科学与行为学	15	334	0.89	940	63.17%	146	43.71%	0.30%	0%	1.261
药理学与毒物学	16	329	1.2	940	69.91%	111	33.74%	0.91%	0%	1.28
免疫学	17	209	1.31	995	69.38%	92	44.02%	1.91%	0%	2.133
植物学与动物学	18	158	1.76	526	65.19%	71	44.94%	1.90%	1.27%	1.492
农业科学	19	107	1.68	344	75.70%	18	16.82%	1.87%	0%	1.441
微生物学	20	103	1.15	376	75.73%	38	36.89%	1.94%	0%	1.636
空间科学	21	57	0.99	305	85.96%	45	78.95%	0%	0%	2.398
多学科	22	28	0.59	50	57.14%	12	42.86%	0%	0%	0.8

（3）Web of Science 收录中国澳门特区科技论文情况分析

由表 18-8 看，2014 年 Web of Science 收录澳门大学论文 823 篇，澳门科技大学论文 232 篇，被引次数分别为 2026 和 1118 次。从学科规范化的引文影响力指标看，澳门科技大学论文的影响力更高一些。这两个高校的相对于全球平均水平的影响力均超过了 1。

表 18-8 2014 年 Web of Science 收录中国澳门特区高校论文数及被引情况

高校名称	Web of Science 收录论文篇数	学科规范化的引文影响力	被引次数	论文被引比例	引文影响力	国际合作论文	被引次数排名居前 1% 的论文比例	高被引论文比例	高被引论文篇数	相对于全球平均水平的影响力
澳门大学	823	1.38	2026	54.56%	2.46	257	1.70%	1.34%	11	1.332
澳门科技大学	232	1.85	1118	53.02%	4.82	77	5.17%	3.45%	8	2.608

从学科分类看，澳门特区的工程科学，计算机科学、化学、药理学与毒物学和临床医学等领域论文数较多；从被引次数看，分子生物学与遗传学、化学、计算机科学、药理学与毒物学和生物学与生物化学的被引次数较高；从学科规范化引文影响力看，精神病学 / 心理学、植物学与动物学、分子生物学与遗传学、计算机科学和药理学与毒物学的该指标较高，其中精神病学 / 心理学的该指标高达 7.98。

表 18-9 2014 年 Web of Science 收录中国澳门特区论文数学科分布情况及被引情况

学科名称	排名	Web of Science 收录论文篇数	学科规范化的引文影响力	被引次数	论文被引比例
工程科学	1	112	0.68	89	41.96%
计算机科学	2	102	2.39	377	54.90%
化学	3	100	1.25	537	81.00%
药理学与毒物学	4	91	1.91	289	82.42%
临床医学	5	80	0.83	182	47.50%
数学	6	51	0.92	39	43.14%
生物学与生物化学	7	47	1.41	245	74.47%
经济学和商学	8	47	0.82	46	51.06%
精神病学 / 心理学	9	45	7.98	50	60.00%
物理学	10	36	0.99	115	61.11%
分子生物学与遗传学	11	33	3.95	614	90.91%
神经科学与行为学	12	22	0.81	67	77.27%
数学	13	19	1	66	73.68%
植物学与动物学	14	15	4.57	122	73.33%
空间科学	15	14	0.2	15	57.14%
地球科学	16	12	1.48	46	66.67%
农业科学	17	11	1.8	36	72.73%
环境 / 生态学	18	11	1.13	36	81.82%
多学科	19	7	0.33	7	42.86%
免疫学	20	4	0.26	4	50.00%
微生物学	21	1	0.31	1	100.00%

18.2.3 中国台湾地区、香港特区和澳门特区 SCI 论文分析

SCI 中涉及的文献类型有 Article、Review、Letter、News、Meeting Abstracts、Correction、Editorial Material、Book Review 和 Biographical-Item 等，遵从一些专家的意见和经过我们研究决定，将两类文献，即 Article 和 Review 作为各论文统计的依据。以下所述 SCI 论文分析都是基于此，不再另注。

（1）SCI 收录中国台湾地区科技论文情况分析

由表 18-10 和图 18-2 看，2014 年 SCI 收录中国台湾地区论文 24867 篇，其中第一作者为台湾地区的论文共计 21131 篇，占总数的 84.98%。如图 18-2 所示是 SCI 收录的台湾地区论文中，第一作者为非台湾地区论文的主要国家（地区）分布情况。其中，第一作者为美国的共计 996 篇，占非台湾地区第一作者论文总数的 26.66%。其次为中国内地、日本和澳大利亚。

表 18-10 2014 年 SCI 收录中国台湾地区论文的被引用情况

论文篇数	学科规范化的引文影响力	被引次数	论文被引比例	引文影响力	国际合作论文篇数	被引次数排名居前 10% 的论文比例	高被引论文篇数	热门论文比例	国际合作论文比例	相对于全球平均水平的影响力
24867	0.93	73546	64.99%	2.86	7091	7.70%	207	0.12%	27.59%	1.549

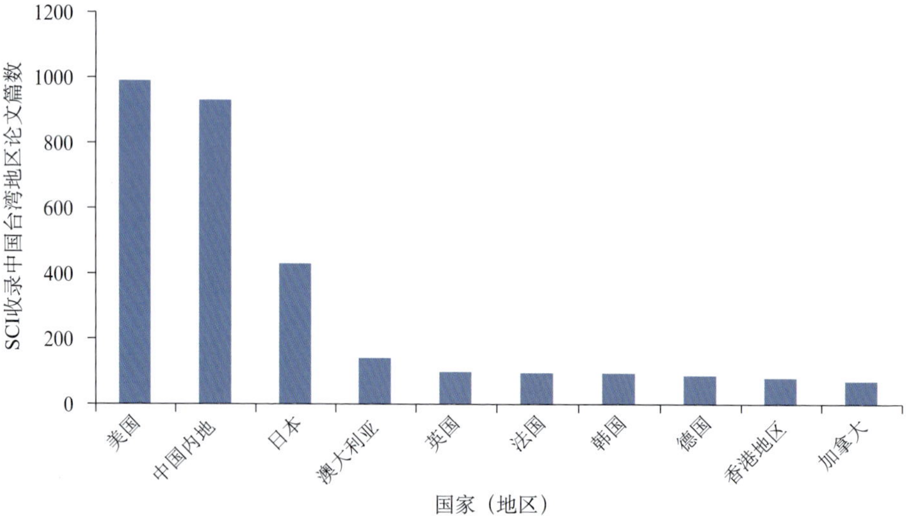

图 18-2 2014 年 SCI 收录中国台湾地区论文中第一作者为非台湾地区作者的主要国家（地区）分布情况

2014 年，SCI 收录台湾论文被引次数为 73546 次；学科规范化的引文影响力为 0.93；国际合作论文 7091 篇，27.59% 的论文参与了国际合作；被引次数排名居前 10% 的论文比例为 7.70%；高被引论文数为 207 篇；相对于全球平均水平的影响力为 1.549（如表 18-10 所示）。

表 18-11 为 2014 年 SCI 收录中国台湾地区论文居前 10 位的高等院校。SCI 收录台湾地区论文居前 10 位的高等院校共 6776 篇，占总数的 32.1%，排名与 2013 年略有不同，台北医学大学取代高雄医学院进入前 10 位。

表 18-11 2014 年 SCI 收录中国台湾地区论文居前 10 位的高等院校

高等院校名称	论文篇数	排名	高等院校名称	论文篇数	排名
台湾大学	2508	1	台湾科技大学	621	6
成功大学	1495	2	台湾中央大学	577	7
台湾清华大学	992	3	中兴大学	569	8
台湾交通大学	941	4	台湾中山大学	458	9
长庚大学	666	5	台北医学大学	457	10

表 18-12 为 2014 年 SCI 收录中国台湾地区论文数居前 10 位的医疗机构，台湾大学医学院附设医院以 420 篇排名居第 1 位，其次是长庚纪念医院和台北荣民总医院。研究机构中 SCI 收录论文较多的有台湾“中央研究院”（663 篇）、台湾卫生研究院（134 篇）和工业技术研究院（98 篇）。

表 18-12 2014 年 SCI 收录中国台湾地区论文居前 10 位的医疗机构

医疗机构名称	论文篇数	排名	医疗机构名称	论文篇数	排名
台湾大学医学院附设医院	420	1	台中荣民总医院	158	6
长庚纪念医院	353	2	马偕纪念医院	144	7
台北荣民总医院	310	3	三军总医院	125	8
高雄长庚纪念医院	214	4	亚东纪念医院	97	9
中国医药大学附设医院	158	5	彰化基督教医院	96	10

按中国学科分类标准 40 个学科分类，2014 年 SCI 收录中国台湾地区论文最多的依然是物理，其次是临床医学、生物、地学和基础医学。图 18-3 是 2014 年 SCI 收录中国台湾地区论文居前 10 位的学科分布情况。

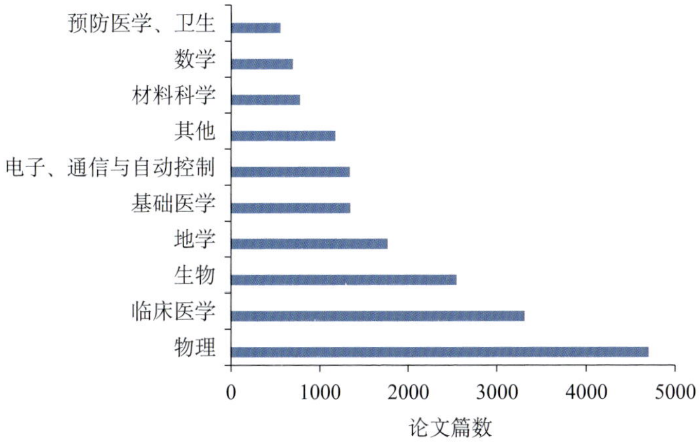

图 18-3 2014 年 SCI 收录台湾地区论文数居前 10 位的学科分布情况

2014 年 SCI 收录的中国台湾地区论文分布在 3725 种期刊上，收录论文最多的 10 种期刊如表 18-13 所示，共收录论文 1987 篇，占总数的 9.4%。

表 18-13　2014 年 SCI 收录中国台湾地区论文数居前 10 位的期刊

期刊名称	论文篇数	排名
PLoS ONE	694	1
BIOMED RES INT	224	2
RSC ADV	202	3
OPT EXPRESS	151	4
MATH PROBL ENG	137	5
SCI WORLD J	135	6
APPL PHYS LETT	123	7
THIN SOLID FILMS	111	8
J ALLOY COMPD	105	9
J TAIWAN INST CHEM E	105	10

（2）SCI 收录中国香港特区科技论文情况分析

由表 18-14 和图 18-4 看，2014 年 SCI 收录香港特区论文 11309 篇，其中第一作者为香港特区的论文共计 5585 篇，占总数的 49.2%。图 18-4 是 SCI 收录的香港特区论文中，第一作者为非香港特区论文的主要国家（地区）分布情况。排在第 1 位的仍是中国内地，共计 3869 篇，占 34.2%。

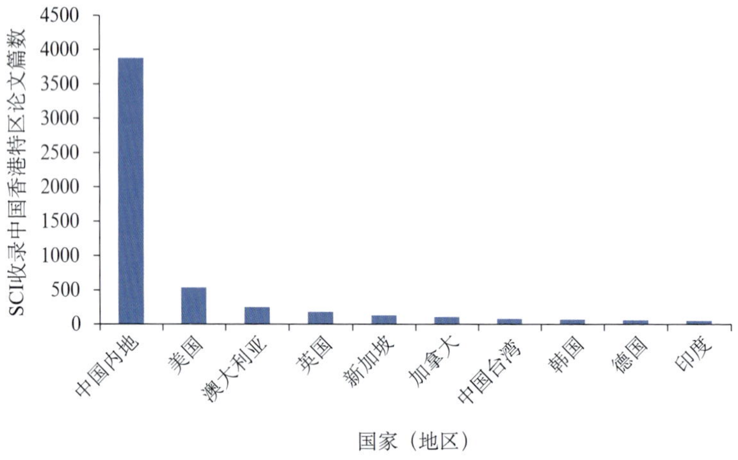

图 18-4　2014 年 SCI 收录中国香港特区论文中第一作者为非香港特区论文的主要国家（地区）分布情况

2014 年，香港地区论文被引次数为 47534 次；学科规范化的引文影响力为 1.46；论文被引比例为 74.47%；国际合作论文 4085 篇；被引次数排名居前 10% 的论文比例为 16.13%；高被引论文 245 篇；相对于全球平均水平的影响力为 2.303，高于台湾地区。

表 18-14 2014 年中国香港地区 SCI 论文数及被引用情况

论文篇数	学科规范化的引文影响力	被引次数	论文被引比例	引文影响力	国际合作论文篇数	被引次数排名居前 10% 的论文比例	高被引论文篇数	热门论文比例	国际合作论文比例	相对于全球平均水平的影响力
11309	1.46	47 534	74.47%	4.26	4 085	16.13%	245	0.38%	36.57%	2.303

SCI 收录香港特区论文数居前 6 位的高等院校共 5096 篇，占总数的 91.2%，排名与 2013 年基本相同，只是香港科技大学和香港城市大学互换了位次。表 18-15 为 2014 年 SCI 收录中国香港特区论文数居前 6 名的高等院校，表 18-16 为医疗机构前 5 位。

表 18-15 2014 年 SCI 收录中国香港特区论文数居前 6 位的高等院校

高校名称	论文篇数	排名	高校名称	论文篇数	排名
香港大学	1492	1	香港科技大学	732	4
香港中文大学	1114	2	香港城市大学	681	5
香港理工大学	868	3	香港浸会大学	209	6

表 18-16 2014 年 SCI 收录中国香港特区论文数居前 5 位的医疗机构

医疗机构	论文篇数	排名
威尔斯亲王医院	211	1
玛丽医院	205	2
伊利沙伯医院	34	3
屯门医院	25	4
东区尤德夫人那打素医院	21	5

按中国学科分类标准 40 个学科分类，2014 年 SCI 收录中国香港特区论文数最多的是物理学科，共计 1125 篇，占香港特区论文总数的 20.1%。其次是临床医学和生物学。图 18-5 是 2014 年 SCI 收录中国香港特区论文居前 10 位的学科分布情况。

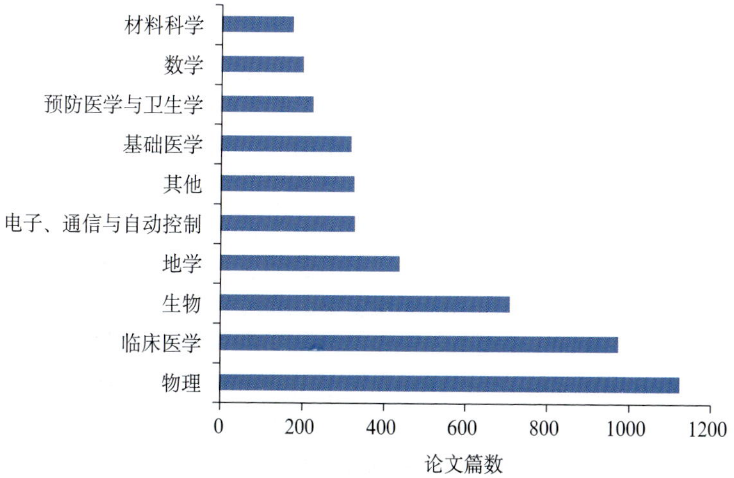

图 18-5 2014 年 SCI 收录中国香港特区论文数居前 10 位的学科分布情况

2014 年 SCI 收录的中国香港特区论文共分布在 3001 种期刊上，收录论文最多的 10 种期刊及论文情况如表 18-17 所示。

表 18-17 2014 年 SCI 收录中国香港特区论文数居前 10 位的期刊

期刊名称	论文篇数	排名
PLoS ONE	137	1
HONG KONG MED J	69	2
SCI REP-UK	49	3
IEEE T MAGN	42	4
APPL PHYS LETT	40	5
RSC ADV	40	6
CHEM COMMUN	33	7
ACS APPL MATER INTER	31	8
BIOMED RES INT	28	9
IEEE T ANTENN PROPAG	28	10

（3）2014 年 SCI 收录中国澳门特区科技论文情况分析

2014 年 SCI 收录澳门特区论文 819 篇，其中第一作者为澳门特区的论文共计 368 篇，占总数的 44.9%。

第一作者为非澳门特区作者的论文中，国家（地区）最多的是中国内地论文（272 篇），其次为香港特区（69 篇）和美国（38 篇）。

第一作者为澳门特区的论文中，论文数居前 3 位的学科为物理、生物和地学，论文数分别为 49 篇、47 篇和 43 篇。收录论文数最多的单位是澳门大学和澳门科技大学，分别为 277 篇和 62 篇。

18.2.4 中国台湾地区、香港特区和澳门特区 CPCI-S 论文分析

CPCI-S 的论文分析限定于第一作者的 Proceedings Paper 类型的文献。

（1）CPCI-S 收录中国台湾地区科技论文情况

2014 年 CPCI-S 收录的中国台湾地区以第一作者发表的 Proceedings Paper 论文共计 5001 篇。

2014 年 CPCI-S 收录第一作者为中国台湾地区的论文出自 815 个会议录。表 18-18 所示为收录台湾地区论文数居前 10 位的会议，共收录论文 1291 篇。

表 18-18 2014 年 CPCI-S 收录中国台湾地区论文数居前 10 位的会议

会议名称	会议地点	论文篇数
International Symposium on Computer, Consumer and Control（IS3C）	中国台湾	228
2nd International Conference on Innovation, Communication and Engineering（ICICE）	中国青岛	204
International Applied Science on Precision Engineering Conference	中国台湾	160

续表

会议名称	会议地点	论文篇数
2nd International Conference on Intelligent Technologies and Engineering Systems（ICITES）	中国台湾	138
10th International Conference on Intelligent Information Hiding and Multimedia Signal Processing（IIH-MSP）	日本	125
International Conference on Information Science， Electronics and Electrical Engineering（ISEEE）	日本	110
Portland International Conference on Management of Engineering & Technology（PICMET）	日本	91
1st IEEE International Conference on Consumer Electronics – Taiwan（ICCE-TW）	中国台湾	87
37th National Conference on Theoretical and Applied Mechanics（37th-NCTAM）	中国台湾	78
IEEE International Symposium on Circuits and Systems（ISCAS）	澳大利亚	70

2014 年 CPCI-S 收录中国台湾地区论文数居前 10 位的单位如表 18-19 所示。收录论文数最多的单位是台湾大学，共计 462 篇。前 10 位的论文数共计 2368 篇，占台湾地区论文总数的 47.3%。被 CPCI-S 收录论文数较多的单位中，除高等院校外，还有台湾“中央研究院”和工业技术研究院。

表 18-19　2014 年 CPCI-S 收录中国台湾地区论文数居前 10 位的单位

单位名称	论文篇数	排名	单位名称	论文篇数	排名
台湾大学	462	1	台湾中山大学	152	6
台湾交通大学	360	2	台湾中央大学	150	7
台湾清华大学	348	3	台北科技大学	139	8
成功大学	295	4	台湾“中央研究院”	133	9
台湾科技大学	213	5	工业技术研究院	116	10

2014 年 CPCI-S 收录台湾地区论文数居前 10 位的学科如图 18-6 所示。收录论文数最多学科的是电子、通信与自动化控制类，共计 983 篇，占总数的 19.7%。

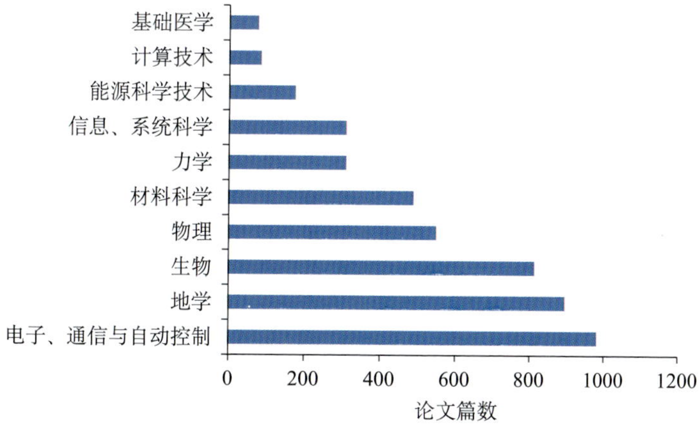

图 18-6　2014 年 CPCI-S 收录台湾地区论文数居前 10 位的学科分布情况

（2）CPCI-S 收录中国香港特区科技论文情况分析

2014 年 CPCI-S 收录的香港特区 Proceedings Paper 论文共计 1207 篇。

2014 年 CPCI-S 收录中国香港特区的论文出自 401 个会议录。表 18-20 为收录香港特区论文居前 10 位的会议，共收录论文 300 篇。

表 18-20 2014 年 CPCI-S 收录中国香港特区论文数居前 10 位的会议

会议名称	会议地点	论文篇数	排名
33rd IEEE Annual Conference on Computer Communications（IEEE INFOCOM）	加拿大	42	1
27th IEEE Conference on Computer Vision and Pattern Recognition（CVPR）	美国	33	2
IEEE International Conference on Communications（ICC）	澳大利亚	33	3
4th IEEE International Conference on Information Science and Technology（ICIST）	中国深圳	32	4
IEEE International Conference on Acoustics， Speech and Signal Processing（ICASSP）	意大利	29	5
19th International Conference on Digital Signal Processing（DSP）	中国香港	28	6
33rd Chinese Control Conference（CCC）	中国南京	28	7
7th Textile Bioengineering and Informatics Symposium（TBIS 2014）	中国香港	28	8
IEEE International Symposium on Circuits and Systems（ISCAS）	澳大利亚	27	9
Conference on Lasers and Electro-Optics（CLEO）	美国	20	10

2014 年 CPCI-S 收录香港特区论文数居前 10 位的单位如表 18-21 所示。论文数最多的单位是香港科技大学，共计 193 篇，占香港特区论文总数的 15.99%。

表 18-21 2014 年 CPCI-S 收录香港特区论文数最多的单位

单位名称	论文篇数	排名	单位名称	论文篇数	排名
香港科技大学	193	1	香港大学	153	4
香港中文大学	174	2	香港城市大学	122	5
香港理工大学	171	3	香港浸会大学	23	6

2014 年 CPCI-S 收录香港特区论文数居前 10 位的学科如图 18-7 所示。收录最多的是电子、通信与自动控制，多达 457 篇，遥遥领先于其他学科。数学和交通运输论文数相同，都是 9 篇，并列第 10 位。

（3）CPCI-S 收录中国澳门特区科技论文情况分析

2014 年 CPCI-S 收录的澳门特区为第一作者的 Proceedings Paper 论文共计 108 篇。其中 32 篇是电子通信与自动控制类论文，18 篇是生物学论文，14 篇是计算技术类论文；收录澳门大学论文共 70 篇，其次是澳门科技大学，共 16 篇。

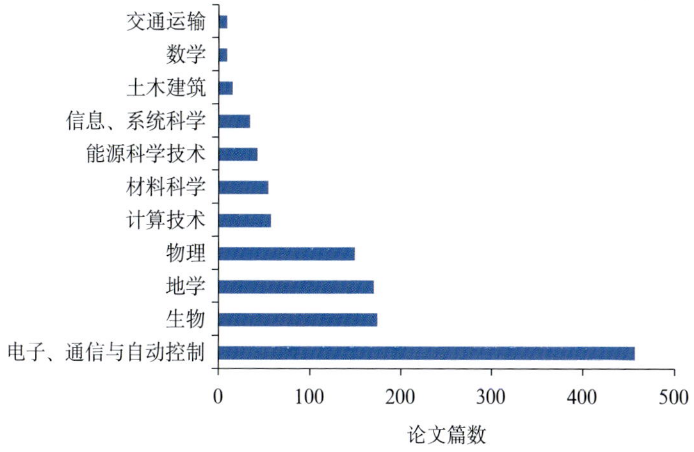

图 18-7　2014 年 CPCI-S 收录香港特区论文数居前 10 位的学科分布情况

18.2.5　中国台湾地区、香港特区和澳门特区 Ei 论文分析

（1）Ei 收录中国台湾地区科技论文情况分析

2014 年 Ei 收录台湾地区为第一作者的论文共计 11750 篇。

表 18-22 为 Ei 收录中国台湾地区论文数居前 10 位的高等院校，论文共 6660 篇，占总数的 56.7%，排在第 1 位的是成功大学，共收录 1520 篇。2014 年台湾“中央研究院”共发表论文 496 篇。

表 18-22　2014 年 Ei 收录中国台湾地区论文数居前 10 位的单位

单位名称	论文篇数	排名	单位名称	论文篇数	排名
台湾大学	1520	1	台湾中央大学	515	6
成功大学	1065	2	台北科技大学	389	7
台湾交通大学	858	3	中兴大学	370	8
台湾清华大学	751	4	逢甲大学	264	9
台湾科技大学	684	5	台湾中山大学	244	10

图 18-8 为 2014 年 Ei 收录台湾地区论文数居前 10 位的学科分布情况。这 10 个学科共发表论文 8968 篇，占总数的 76.3%。排在第 1 位的是土木建筑，其次是电子、通信与自动控制。

Ei 收录的台湾地区论文分布在 1540 种期刊上。表 18-23 为 2014 年 Ei 收录中国台湾地区论文数居前 10 位的期刊。

（2）Ei 收录香港特区科技论文情况分析

2014 年 Ei 收录香港特区以第一作者发表的论文共计 4567 篇。

表 18-24 为 2014 年 Ei 收录中国香港特区论文数居前 6 位的单位，共发表论文 4117 篇，占总数的 90.1%。排在第 1 位的依旧是香港理工大学，共 1037 篇。

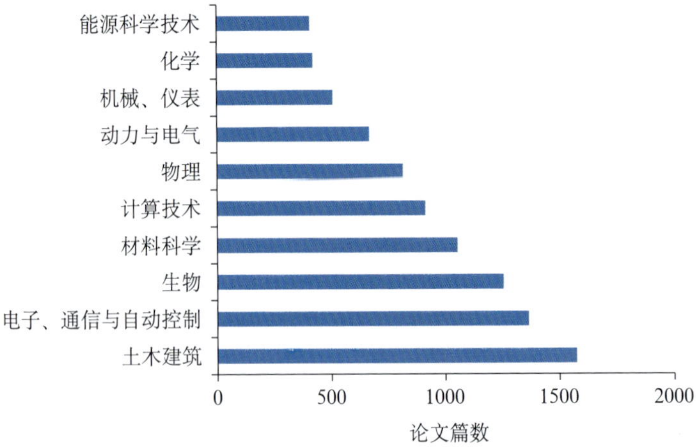

图 18-8　2014 年 Ei 收录台湾地区论文数居前 10 位的学科分布情况

表 18-23　2014 年 Ei 收录中国台湾地区论文数居前 10 位的期刊

期刊名称	论文篇数	排名
RSC Advances	207	1
Mathematical Problems in Engineering	182	2
Applied Physics Letters	150	3
Optics Express	145	4
Taiwan Journal of Forest Science	143	5
Digest of Technical Papers – SID International Symposium	139	6
Journal of Alloys and Compounds	103	7
Journal of Marine Science and Technology（Taiwan）	97	8
ACS Applied Materials and Interfaces	92	9
Thin Solid Films	84	10

表 18-24　2014 年 Ei 收录中国香港特区论文居前 6 位的单位

单位名称	论文篇数	排名	单位名称	论文篇数	排名
香港理工大学	1037	1	香港大学	575	4
香港城市大学	1009	2	香港中文大学	488	5
香港科技大学	783	3	香港浸会大学	225	6

图 18-9 为 2014 年 Ei 收录香港特区论文数居前 10 位的学科情况。这 10 个学科共发表论文 3461 篇，占总数的 75.78%。排在第 1 位的是土木建筑类，共计 769 篇。

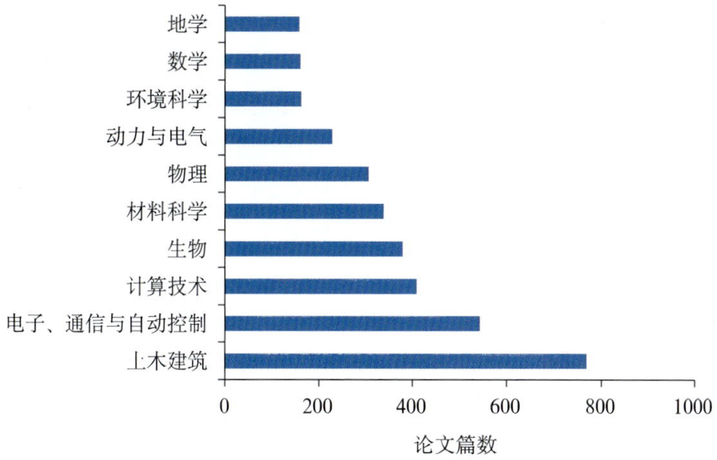

图 18-9 2014 年 Ei 收录香港特区论文数居前 10 位的学科分布情况

Ei 收录的香港特区论文分布在 1114 种期刊上。表 18-25 所示为 2014 年 Ei 收录中国香港特区论文居前 10 位的期刊。

表 18-25 2014 年 Ei 收录中国香港特区论文数居前 10 位的期刊

期刊名称	论文篇数	排名
RSC Advances	65	1
Applied Physics Letters	53	2
ACS Applied Materials and Interfaces	47	3
Nanoscale	44	4
Applied Energy	38	5
Optics Express	38	6
IEEE Transactions on Parallel and Distributed Systems	36	7
IEEE Transactions on Signal Processing	35	8
Journal of Materials Chemistry A	34	9
IEEE Transactions on Antennas and Propagation	33	10

（3）Ei 收录澳门特区科技论文情况分析

2014 年 Ei 收录澳门特区为第一作者的论文共计 160 篇。其中澳门大学发表 84 篇，澳门科技大学发表 33 篇，澳门理工学院发表 13 篇；从学科来看，电子、通信与自动控制论文数最多（51 篇），其次是土木建筑（48 篇）。

18.3 讨论

2014 年 Web of Science 收录的台湾地区的论文数排名第 19 位，香港排在第 35 位。从被引次数看，台湾地区的被引次数排在第 20 位，香港地区排在第 30 位。以两类文献，即 Article 和 Review 作为各论文统计的依据看，2014 年 SCI 收录台湾地区论文被引次数为73546次，学科规范化的引文影响力为0.93，国际合作论文7091篇，有27.59%的论文参与了国际合作，被引次数排名前10%的论文比例为7.70%，高被引论文数为207篇，相对于全球平均水平的影响力为1.549；香港地区论文被引次数为47534，学科规范化的引文影响力为1.46，论文被引比例为74.47%，国际合作论文4085篇，被引次数排名居前10%的论文比例为16.13%，高被引论文245篇；相对于全球平均水平的影响力为2.303，高于台湾地区。按ESI的22个学科分类看，香港地区的论文学科分布比台湾地区更为均衡。

澳门特区的科技论文数相对较少，高产单位集中在澳门大学。

2014年SCI收录的台湾地区论文中，第一作者所属国家（地区）非台湾地区的排名居前3位的依次是：美国、中国内地和日本。香港特区的这一数据是：中国内地、美国和澳大利亚。

香港特区发表论文的单位主要集中于6家高校，台湾地区除高等院校外，发表论文较多的还有台湾"中央研究院"和工业技术研究院。

参考文献

[1] 中国科学技术信息研究所.2013年度中国科技论文统计与分析（年度研究报告）[M].北京：科学技术文献出版社，2014.

19 单篇科技论文学术影响分析

19.1 引言

科技论文是科技活动过程中形成的知识形态成果，是科学研究最直接的产出形式之一。科技论文质量的好坏是作者科研能力高低的体现，是衡量作者科研水平的重要标志。因此，在人才评价、职称评定、科研考核、项目评价、学科评价和机构评价等科技评价活动中，往往要对科技人员发表的科技论文进行评价。客观、公正的论文评价不仅是对科技人员劳动成果的肯定，而且有利于激发科技人员的创新潜能，增强我国的科技持续创新能力。

本章首先介绍科技论文的基本概念，说明为什么科技论文在科技评价中如此重要，然后总结分析当前国内外对单篇科技论文进行评价的方法，最后运用科学计量学方法提出了对 2014 年中国的国际和国内百篇最具影响科技论文的遴选方法，并对遴选结果进行分析。

19.2 科技论文的概念

19.2.1 科技论文的定义

中华人民共和国国家标准（GB 7713—1987）明确指出："科技论文是某一学术课题在实验性、理论性或观测性上具有新的科学研究成果或创新见解与知识的科学记录；或是某种已知原理应用于实际中取得新进展的科学总结，用于提供学术会议上宣读、交流或讨论；或在学术刊物上发表；或作其他用途的书面文件。

科技论文是科研人员在对科学和技术领域中的现象（或问题）进行科学分析以及综合研究基础上，论述科技领域中具有创新意义的理论性、实验性、观测性的新成果、新见解和新知识或者是总结某种已知原理应用于实践所取得的新方法、新技术和新产品的科技文献。科技论文在情报学中又称为原始论文或一次文献。

科技论文区别于其他文体的特点：科技论文是创新性科学技术研究工作成果的科学论述，是某些理论性、实验性或观测性的新知识的科学记录，是某些已知原理应用于实际中取得新进展、新成果的科学总结。

19.2.2 科技论文的特点

（1）学术性

学术性是科技论文的本质特征，也是区别于其他科技文体的基本特点。科技论文以学术成果为表述对象，以学术见解为论文核心，在科学实验（或试验）的前提下阐述学术成果和学术见解，揭示事物发展、变化的客观规律，探索科技领域中的客观真理，推动科学技术的发展。学术性是衡量科技论文价值的标准之一。

（2）创新性

科技论文必须是作者本人研究的，并在科学理论、方法或实践上获得的新的进展或突破，应体现与前人不同的新思维、新方法、新成果。没有新的观点、见解和结论，就不称其为科技论文。科技论文的创新性强调有无创新，对创新性的大小不做衡量。某一篇论文，其创新程度可能很大，也可能很小，但总要有一些独到之处，总要对丰富科学技术知识宝库和推动科学技术发展起到一定的作用。具有重大价值的研究成果毕竟为数不多，在某一个问题上有新意，对某一点有发展，就属于创新的范围。在实际工作中，有很多课题是在引进、消化、移植国内外已有的先进科学技术或应用已有的理论来解决本地区、本行业、本系统的实际问题，只要对丰富理论、促进生产发展和推动技术进步有效果、有作用，报道这类成果的论文也应视为有一定程度的创新。

（3）科学性

科学性是科技论文的生命。科技论文的科学性包括三层含义：一是论文内容的科学性。表现为论文的内容是真实的，不允许丝毫虚假，是可以复现的成熟理论、技巧或物件，或者是经过多次使用，已成熟，能够推广应用的技术。二是论文表述的科学性。表现为表述的准确、明白，这是表达最基本的要求，语言的使用上要十分贴切，没有疏漏、差错或歧义。表述概念要进行科学定义或选择恰当的科学术语，消除口头语言的模糊性。表述数字要有符合要求的准确的数值，同时要求把准确的数值准确地表述出来。三是论文结构的科学性。科技论文是客观事物事理的反映，其结构应具有严密的逻辑性。运用综合方法，从已掌握的材料得出结论。

（4）理论性

理论性指一篇科技论文应具有一定的学术价值，表现内容的专业性和系统性，有两个方面的含义：一方面，科技论文要将实验、观测所得的结果，从理论高度进行分析，把感性认识上升到理性认识，进而找到带有规律性的东西，提出并解决一些有科学价值的问题，得出科学的结论；另一方面，论文所表述的发现或发明，不但具有应用价值，而且还应具有理论价值，使论文具有较浓的理论色彩。

（5）规范性和可读性

撰写科技论文是为了交流、传播、储存新的科技信息，让他人利用，因此，科技论文必须按一定格式写作，必须具有良好的可读性。在文字表达上，要求语言准确、简明、通顺，条理清楚，层次分明，论述严谨。在技术表达方面，包括名词术语、数字、符号的使用，图表的设计，计量单位的使用，文献的著录等都应符合规范化要求。一篇科技论文失去了规范性和可读性，将严重降低它的价值，有时甚至会使人怀疑它报道的研究成果是否可靠。

19.2.3 科技评价中科技论文作用

科学研究的过程是个黑匣子，除研究人员外，别人一无所知。因此，评价评估科学研究是一件困难的事情。科学技术研究的最终结果主要表现在发表科技论文、科技成果获奖和取得社会与经济效益3个方面。科技论文是科技活动和科技成果的主要表现形式，是科学研究最直接产出的形式之一。科技论文的数量和质量，一定程度上反映了科学研究的成果和效率，特别是论文的水平，是评价一个国家、一个单位及科研人员科技能力与水平的一项重要指标，已被社会所公认。

19.3　单篇科技论文评价的研究现状

科技论文是自然科学和社会科学研究工作产出的重要体现，可从一个侧面反映一个国家或者机构在基础研究、应用研究等领域开展的工作及其与国际学术界的交流情况；也可以反映各学科发展现状和趋势；还能反映科研工作者的工作绩效。科技论文评价工作关系到国家科技的良性发展和原始创新能力的提高，关系到科研环境建设，具有重要的现实意义。对每一篇论文进行全面、细致的评价，也促使科研工作者对论文的各个细节都一丝不苟。一个科研工作者发表的论文数量很容易度量，然而，论文的质量则难以真正客观、全面地评价。全面、系统的单篇论文评价体系，能够减少诸多干扰性因素的影响，并且在最大限度上做到公平、公正，这使得高水平论文和科研工作者得到应有的认可，即使这样的学者只发表了几篇甚至只有一篇科技论文。这种学术氛围的形成对于剔除学术界“保量不保质”的作风，减少学术浮躁是非常有益的尝试。目前，国内外科技论文评价方式主要有3种：基于同行评议的定性评价，基于科学计量学指标的定量评价，二者结合的评价方式。

19.3.1　基于同行评议的论文评价

理论上，同行评议（Peer Review）是评价科技论文学术质量和学术影响力的最佳方法，所谓同行评议，是指由从事某领域（或该领域的相关领域）研究的专家根据一定的标准和程序对该领域的科学研究活动及其相关要素（如研究人员、研究机构和研究项目等）进行评价的一种方法。James McKeen Cattell（首位推广科学家表现系统排名的美国心理学家）在他的著作《American Men of Science: A Biographical Directory》（1906年著）写道：“专家评价是最好的，也是最终的、唯一的科学表现评价标准。”同行评议是现代科学进程中的重要环节，是国内科研项目立项与科研经费分配、科技论文录用、科研人才选拔中的重要方法，同行评议肩负着科学“看门人”的地位。但是，由于评价的目的和对象不同，同行评议的地位与作用并不一致。在国际上，同行评议也是一种被广泛接受的评价方式。例如，生物学、医学领域比较权威的数据库Faculty of 1000提供的论文排名就是同行评议的结果。

但是，人不可能是完全理性的，这就决定了同行评议的各种不可避免的弊端。同行评议耗费大量的时间、精力，并且容易受到干扰，专家的个人喜好、学科背景、所处的社会关系和学术道德水平等诸多因素都会对同行评议的结果产生影响，具有很强的随机性，特别是在交叉学科、边缘学科、综合学科表现的更加突出，因为这些领域对专家的知识水平、学术修养要求更高；而且难以在短时间内找到大量合适的专家，特别是需要同时对大量不同学科领域的论文进行评价时，会耗费大量的人力和物力。Michele Lamont在《教授们如何思考：学术判断的隐秘世界》（How Professors Think: Inside the Curious World of Academic Judgment）一书中写道："教授的意见、判断常常受个人利益左右，小组成员之间的交易令大家利益均沾，还有一些不可预测的因素导致的影响。"

19.3.2 基于科学计量学指标的论文评价

当前，计量指标评价主要关注的是发表论文的期刊影响因子和论文的被引次数，但过分强调这两个指标会给学术评价工作带来各种偏见。

（1）影响因子

期刊影响因子（Impact Factor）是由美国SCI创始人尤金·加菲尔德（E. Garfield）于1972年提出的，它是一项期刊计量指标，用于统计在一定时间内某一期刊论文的平均被引率。从影响因子的计算公式可以看出，当论文总数不变，影响因子的高低取决于被引次数的多少。由此可见，影响因子的本质意义为期刊论文的平均被引率，它是一个文献计量统计指标。将期刊影响因子作为单篇论文学术水平的评价标准具有很大争议：有学者研究指出，期刊影响因子的高低并不能够反应所有刊载论文的被引量。也有学者认为，在使用影响因子来评价论文时应取决于评价目的和评价对象，即如果是出于鼓励科研人员到具有高影响因子期刊上发表论文的目的，以扩大论文的学术影响范围，那么，影响因子是可以用来评价论文的；但如果评价对象是科研人员或者是论文水平，由于影响因子与论文质量的关系主要是通过前期的同行评议来实现正相关关系的，因此，用影响因子用来评价论文水平，其实质上是一种定性的评价方法。还有学者分析指出，影响因子是建立在被引次数基础上的，因此，与被引次数一样，也会受到学科差异性的影响，如生命科学类期刊与力学类期刊的影响因子是存在很大差距的，因此不能直接用影响因子来评价论文。

影响因子代表的是一定时间内期刊的平均论文被引水平，用期刊论文的平均水平等同某一篇论文的水平有一定问题。众所周知，一本期刊80%的引用是由20%的文献贡献的。例如，2005年《自然》的89%的引用是由25%的文献贡献的，换言之，另外75%的论文只获得了11%的引用次数，前面的25%的文章的学术价值肯定是高于后75%的，但是使用期刊影响因子这一指标，这些文献的学术价值就无法区分了。著名文献计量学家A. Van Raan指出："如果有一个观点每一位文献计量学家都同意的话，那就是：你们永远不要用刊物的影响因子来评价一篇论文或某个研究人员的学术表现——因为那是一种不可饶恕的大罪（That is a mortal sin）。"

（2）被引次数

1977年，A. J. Virgo验证了被引次数与科技论文重要性的正相关假设，并将被引次数作为科学论文重要性的指标；随后在被引次数的基础上，引证强度、引证系数等评价指标被提出，这些评价方法在学术论文的评价中得到了广泛应用。但是，必须考虑的是，各学科领域在学术研究规模、受关注程度、学科交叉性、文献产出和引文习惯等方面都存在各自不同的特点，因此，不同学科的被引频次水平可能存在比较大的差异。例如，纳米科学领域的研究者数量多，受关注程度高，产出的论文量大，学科交叉性强，这些都使得这个领域容易产生被引次数很高的论文；相比之下，天文学领域高水平论文的被引次数就要低许多。使用被引频次评价单篇论文的学术水平，主要有以下问题。

①学科、发表时间及文献类型的差异使得被引次数不可比。学科间引用习惯大不相同，以1979—2012年Web of Science收录的文献为例，数学的篇均被引次数是2.7次，遗传学的篇均被引次数是9.47次。不同时间发表的论文累计获得的被引次数不同，一篇20世纪发表的论文累计获得高被引次数会比刚发表的论文累计获得高被引次数容易。

②自引与他引、正引与负引如何界定，界定后是否区别计算，这些都是需要考虑的问题。

③引用时滞与评价时限性的矛盾。被引次数需要时间累计，平均来说引用的高峰是一篇文章发表后的3年内，且学科不同引用速度也不同，有些学科需要的时间更长。但是，论文的学术评价工作又希望能越及时越好，这可能会使一部分未来会高被引的论文（即潜在的高质量论文）在评价中遗漏。

④即便是被引频次相同，这两篇文章也不一定水准就相同，因为被不同的人引用，不同的文章引用，其价值也是不尽相同的。

（3）以刊评文

还有一种更粗放的方式，以论文发表的刊物是否被国际知名检索系统（如SCI、EI、ISTP）收录、是否为国内核心期刊为标准，这是目前国内高校及科研机构奖励科研人员的重要标度。该方法过于粗略，存在不科学的地方。这些国际知名检索系统只包括了全球期刊总量的一小部分，尤其是随着互联网的发展，许多科技论文在线发表，并不录入检索系统中，对这部分论文的评价此方法不适用。且由于语言、意识形态等原因，这些检索系统收录的中文期刊并不多，而且各个学科并不平衡，所以不能全面地反映科技论文的质量。

以上简单介绍了当前单篇科技论文评价存在的种种问题，定性与定量都有其弊端。定性评价虽然能从内容层次更深入地判断文章价值，但是其局限也是显而易见的。而且，定性评价还有可能是一定程度参考定量指标得出。施一公教授说过："我们并不看（被评价者的）论文发表记录，也不告知同行评议者这么做，但实际上评价指标确实有影响，因为同行评议专家会看这些东西。"这种情况被描述成"定性的推荐信有时从后门引入定量的评价指标"。

在定量评价方面，虽然学界关于过度使用指标的批判之声不断，但笔者以为，计量指标作为同行评议的补充，甚至某些方面只用定量指标评价，还是十分必要的，因为它能更客观地反映现状。在《自然》的一项关于计量指标的使用情况调查中，虽然75%的调查者对现行指标评价方式表示不满，但是当允许他们自行设计方法时，高影响因子发文量却排在了第1位，论文被引次数排在第3位。这说明，不是定量评价本身不好，而是，我们需要更合理地设计指标与算法，更适度地使用评价指标。正如张春霆院士所言："学术评价是一个复杂的科学和社会问题，没有最好的答案，只有更好的答案，学术评价工作要永远处在不断地改进之中。"

19.4 中国百篇最具影响学术论文遴选方法

19.4.1 国际论文遴选方法

在当前的科技评价与测度中，科技论文作为科技工作者开展科学研究的系统总结和理论结晶，仍然是衡量创新活动特别是基础研究活动的主要分析对象。为了促进中国高影响高质量科技论文的发表，进一步提高中国科技的国际影响力，引导中国的论文发展模式由重视数量向重视质量方向转变，有必要对论文的质量或影响力进行评估。在论文质量或影响力的评估过程中，我们采用定性和定量相结合，即文献计量和专家评估相结合的方式进行，以确定广泛认可的高影响高质量的学术论文。

2014 年度我们在以往工作基础上，广泛采纳了专家和学者的建议，重新修订了论文评定指标，力求做到客观、公平、公正、准确、可靠。

首先，2014 年度百篇最具影响国际学术论文产生自 2014 年表现不俗的论文，这就保证了论文的领先性和在学科中的相对优势，并以此为基础结合以下指标进行遴选。

①论文的创新性（是否获得重大基金和项目支持）；

②发表论文的期刊水平（期刊的主要指标影响因子和总被引次数在学科中所处的位置）；

③是否处于研究前沿（是否属于研究热点，考察论文发表当年的被引次数）；

④合著论文中中国作者的主导性（以我为主的国际合作情况）；

⑤论文的文献类型（只计 Article 和 Review 类型）；

⑥论文的参考文献情况（考察 Article 和 Review 国际平均引文数）。

其次，在选取百篇论文时，既要考虑学科面的平衡，同时也要向属于中国优势学科、重点发展领域、国际合作优先领域及研究热点的论文进行适度倾斜。在遴选时主要考察介绍原创研究成果的论文，适当选取一些综述评论性论文。

19.4.2 国内论文遴选方法

2014 年度论文的选取范围是 2010—2014 年《中国科技论文与引文数据库》（CSTPCD）收录的科技论文。统计全部论文的累计被引次数，进入相应发表年度和所属学科领域的前 1/1000 的论文，作为本年度的候选论文。根据各个学科领域的论文数量、规模及候选论文数量，结合中国科技发展的重点领域和优先主题，参考候选论文的文献类型、基金项目资助情况、被引用分布等方面的情况，从中择优选取“中国百篇最具影响优秀国内学术论文”。

19.5 结果分析

19.5.1 国际论文遴选结果

2014 年度百篇最具影响国际学术论文是从 2014 年 SCI 收录的中国第一作者论文中选取的。具体遴选结果如表 19-1 所示。

表 19-1 2014 年国际百篇最具影响学术论文

第一作者	第一作者单位	论文题目	发表期刊
An, F.P.	中国科学院高能物理研究所	Spectral Measurement of Electron Antineutrino Oscillation Amplitude and Frequency at Daya Bay	PHYSICAL REVIEW LETTERS
Cao, Jinde	东南大学	Matrix measure strategies for stability and synchronization of inertial BAM neural network with time delays	NEURAL NETWORKS
Cao, Yanan	上海交通大学医学院附属瑞金医院	Activating hotspot L205R mutation in PRKACA and adrenal Cushing's syndrome	SCIENCE
Chen, Feng	山东大学晶体材料国家重点实验室	Optical waveguides in crystalline dielectric materials produced by femtosecond- laser micromachining	LASER & PHOTONICS REVIEWS
Chen, Guangxu	厦门大学	Interfacial Effects in Iron-Nickel Hydroxide-Platinum Nanoparticles Enhance Catalytic Oxidation	SCIENCE
Chen, HaiYing	南昌市疾控中心	Clinical and epidemiological characteristics of a fatal case of avian influenza A H10N8 virus infection: a descriptive study	LANCET
Chen, Hao	复旦大学	Nickel- Cobalt Layered Double Hydroxide Nanosheets for High- performance Supercapacitor Electrode Materials	ADVANCED FUNCTIONAL MATERIALS
Chen, Li	西安交通大学，热流科学与工程教育部重点实验室	A critical review of the pseudopotential multiphase lattice Boltzmann model: Methods and applications	INTERNATIONAL JOURNAL OF HEAT AND MASS TRANSFER
Chen, Songlin	中国水产科学院，黄海水产研究所	Whole-genome sequence of a flatfish provides insights into ZW sex chromosome evolution and adaptation to a benthic lifestyle	NATURE GENETICS
Chen, Wanqing	中国医学科学院肿瘤研究所	Annual report on status of cancer in China, 2010	CHINESE JOURNAL OF CANCER RESEARCH
Chen, Xin	厦门大学，细胞应激生物学国家重点实验室	Translocation of mixed lineage kinase domain-like protein to plasma membrane leads to necrotic cell death	CELL RESEARCH
Cheng, Xin-Bing	清华大学	Aligned carbon nanotube/sulfur composite cathodes with high sulfur content for lithium-sulfur batteries	NANO ENERGY
Cui, Chaohua	中国科学院化学研究所	Improvement of open-circuit voltage and photovoltaic properties of 2D-conjugated polymers by alkylthio substitution	ENERGY & ENVIRONMENTAL SCIENCE
Deng, Xinyang	西南大学	Supplier selection using AHP methodology extended by D numbers	EXPERT SYSTEMS WITH APPLICATIONS
Ding, Feng	江南大学	Combined state and least squares parameter estimation algorithms for dynamic systems	APPLIED MATHEMATICAL MODELLING

续表

第一作者	第一作者单位	论文题目	发表期刊
Ergu, Daji	电子科技大学	Analytic network process in risk assessment and decision analysis	COMPUTERS & OPERATIONS RESEARCH
Fang, Shifeng	中国科学院地理科学与资源研究所	An Integrated Approach to Snowmelt Flood Forecasting in Water Resource Management	IEEE TRANSACTIONS ON INDUSTRIAL INFORMATICS
Fu, Fenglian	广东工业大学	The use of zero-valent iron for groundwater remediation and wastewater treatment: A review	JOURNAL OF HAZARDOUS MATERIALS
Gao, Yue	清华大学	3-D Object Retrieval With Hausdorff Distance Learning	IEEE TRANSACTIONS ON INDUSTRIAL ELECTRONICS
Guo, Xia	中国科学院化学研究所	Enhanced Photovoltaic Performance by Modulating Surface Composition in Bulk Heterojunction Polymer Solar Cells Based on PBDTTT-C-T/PC71BM	ADVANCED MATERIALS
He, Jiang	苏州大学	Effects of Immediate Blood Pressure Reduction on Death and Major Disability in Patients With Acute Ischemic Stroke The CATIS Randomized Clinical Trial	JAMA-JOURNAL OF THE AMERICAN MEDICAL ASSOCIATION
Hu, Jie	西安交通大学，生物医学信息工程教育部重点实验室	Advances in paper-based point-of-care diagnostics	BIOSENSORS & BIOELECTRONICS
Jiang, Jin-Wu	上海大学	Negative poisson's ratio in single-layer black phosphorus	NATURE COMMUNICATIONS
Jin, Li	西安交通大学	Decoding the Fingerprint of Ferroelectric Loops: Comprehension of the Material Properties and Structures	JOURNAL OF THE AMERICAN CERAMIC SOCIETY
Kroener, A.	中国地质科学院，地质研究所	Reassessment of continental growth during the accretionary history of the Central Asian Orogenic Belt	GONDWANA RESEARCH
Li, Dongfang	华中科技大学	L-infinity error estimates of discontinuous Galerkin methods for delay differential equations	APPLIED NUMERICAL MATHEMATICS
Li, Hongyi	渤海大学	Output-Feedback-Based H-infinity Control for Vehicle Suspension Systems With Control Delay	IEEE TRANSACTIONS ON INDUSTRIAL ELECTRONICS
Li, Jun-Hao	中山大学	starBase v2.0: decoding miRNA-ceRNA, miRNA-ncRNA and protein-RNA interaction networks from large-scale CLIP-Seq data	NUCLEIC ACIDS RESEARCH
Li, Likai	复旦大学，应用表面物理国家重点实验室	Black phosphorus field-effect transistors	NATURE NANOTECHNOLOGY
Li, Qun	公共卫生急救中心	Epidemiology of Human Infections with Avian Influenza A（H7N9）Virus in China	NEW ENGLAND JOURNAL OF MEDICINE

续表

第一作者	第一作者单位	论文题目	发表期刊
Li，Xiaohua	中国科学院，化学研究所	Design Strategies for Water-Soluble Small Molecular Chromogenic and Fluorogenic Probes	CHEMICAL REVIEWS
Li，Zejiang	兰州大学，功能有机分子化学国家重点实验室	Free-Radical Cascade Alkylarylation of Alkenes with Simple Alkanes： Highly Efficient Access to Oxindoles via Selective（sp（3））C-H and（sp（2））C-H Bond Functionalization	ORGANIC LETTERS
Li，Zhiyuan	南京大学	A review of soil heavy metal pollution from mines in China： Pollution and health risk assessment	SCIENCE OF THE TOTAL ENVIRONMENT
Li，Zhong-Yu	华东师范大学，化学系	Cross-Linked Supramolecular Polymer Gels Constructed from Discrete Multi-pillar[5]arene Metallacycles and Their Multiple Stimuli-Responsive Behavior	JOURNAL OF THE AMERICAN CHEMICAL SOCIETY
Liu， Bin	哈尔滨工业大学	Combining evolutionary information extracted from frequency profiles with sequence-based kernels for protein remote homology detection	BIOINFORMATICS
Liu，Junwei	清华大学	Spin-filtered edge states with an electrically tunable gap in a two-dimensional topological crystalline insulator	NATURE MATERIALS
Liu，Qian	中国科学院长春应用化学研究所	Carbon Nanotubes Decorated with CoP Nanocrystals: A Highly Active Non-Noble-Metal Nanohybrid Electrocatalyst for Hydrogen Evolution	ANGEWANDTE CHEMIE-INTERNATIONAL EDITION
Liu，Shengyi	中国农业科学院，油料作物研究所	The Brassica oleracea genome reveals the asymmetrical evolution of polyploid genomes	NATURE COMMUNICATIONS
Liu，Yanju	哈尔滨工业大学	Shape memory polymers and their composites in aerospace applications： a review	SMART MATERIALS AND STRUCTURES
Liu，Yanjun	江南大学	An efficient hierarchical identification method for general dual-rate sampled-data systems	AUTOMATICA
Liu，Zhengyu	北京大学	Chinese cave records and the East Asia Summer Monsoon	QUATERNARY SCIENCE REVIEWS
Lu，Peilong	清华大学，蛋白质科学教育部重点实验室	Three-dimensional structure of human gamma-secretase	NATURE
Mei，Anyi	华中科技大学	A hole-conductor-free， fully printable mesoscopic perovskite solar cell with high stability	SCIENCE
Niu，Yuyu	中国科学院昆明植物所	Generation of Gene-Modified Cynomolgus Monkey via Cas9/RNA-Mediated Gene Targeting in One-Cell Embryos	CELL
Qiao，Jingsi	中国人民大学	High-mobility transport anisotropy and linear dichroism in few-layer black phosphorus	NATURE COMMUNICATIONS

续表

第一作者	第一作者单位	论文题目	发表期刊
Qin, Cheng	四川农业大学	Whole-genome sequencing of cultivated and wild peppers provides insights into Capsicum domestication and specialization	PROCEEDINGS OF THE NATIONAL ACADEMY OF SCIENCES OF THE UNITED STATES OF AMERICA
Shang, Lu	中国科学院，理化技术研究所	Graphene-Supported Ultrafine Metal Nanoparticles Encapsulated by Mesoporous Silica： Robust Catalysts for Oxidation and Reduction Reactions	ANGEWANDTE CHEMIE-INTERNATIONAL EDITION
Shang, Ming	中国科学院	Cu（II）-Mediated C-H Amidation and Amination of Arenes： Exceptional Compatibility with Heterocycles	JOURNAL OF THE AMERICAN CHEMICAL SOCIETY
Shen, En-Zhi	中国农业大学	Mitoflash frequency in early adulthood predicts lifespan in Caenorhabditis elegans	NATURE
Shen, Yu-Jia	北京航空航天大学，流体力学教育部重点实验室	Bell-polynomial approach applied to the seventh-order Sawada-Kotera-Ito equation	APPLIED MATHEMATICS AND COMPUTATION
Shi, Jiangjian	中国科学院，物理研究所	Hole-conductor-free perovskite organic lead iodide heterojunction thin-film solar cells： High efficiency and junction property	APPLIED PHYSICS LETTERS
Shi, Jianjin	北京大学	Inflammatory caspases are innate immune receptors for intracellular LPS	NATURE
Shi, Yuankai	中国医学科学院肿瘤研究所	A Prospective， Molecular Epidemiology Study of EGFR Mutations in Asian Patients with Advanced Non-Small-Cell Lung Cancer of Adenocarcinoma Histology （PIONEER）	JOURNAL OF THORACIC ONCOLOGY
Song, Feng	中国科学院生物物理所	Cryo-EM Study of the Chromatin Fiber Reveals a Double Helix Twisted by Tetranucleosomal Units	SCIENCE
Sun， Lei	同济大学	Evaluation of elliptical finned-tube heat exchanger performance using CFD and response surface methodology	INTERNATIONAL JOURNAL OF THERMAL SCIENCES
Tang, T.Q.	北京航空航天大学	A car-following model with real-time road conditions and numerical tests	MEASUREMENT
Tang, Tie-Qiao	北京航空航天大学	A macro model for traffic flow on road networks with varying road conditions	JOURNAL OF ADVANCED TRANSPORTATION
Tian, Jingqi	中国科学院，长春应用化学研究所	Self-Supported Nanoporous Cobalt Phosphide Nanowire Arrays： An Efficient 3D Hydrogen-Evolving Cathode over the Wide Range of pH 0-14	JOURNAL OF THE AMERICAN CHEMICAL SOCIETY
Tong, Shaocheng	辽宁工业大学	Observer-Based Adaptive Decentralized Fuzzy Fault-Tolerant Control of Nonlinear Large-Scale Systems With Actuator Failures	IEEE TRANSACTIONS ON FUZZY SYSTEMS
Wang, Dongqing	青岛大学	Least squares algorithm for an input nonlinear system with a dynamic subspace state space model	NONLINEAR DYNAMICS

续表

第一作者	第一作者单位	论文题目	发表期刊
Wang, Huayi	北京生命科学研究所	Mixed Lineage Kinase Domain-like Protein MLKL Causes Necrotic Membrane Disruption upon Phosphorylation by RIP3	MOLECULAR CELL
Wang, Jiang	中国科学院，上海药物所	Fluorine in Pharmaceutical Industry：Fluorine-Containing Drugs Introduced to the Market in the Last Decade（2001-2011）	CHEMICAL REVIEWS
Wang, Lu	中国科学院，基因组科学及信息重点实验室	Programming and Inheritance of Parental DNA Methylomes in Mammals	CELL
Wang, Pin	第二军医大学，医学免疫学国家重点实验室	The STAT3-Binding Long Noncoding RNA lnc-DC Controls Human Dendritic Cell Differentiation	SCIENCE
Wang, Xianhui	中国科学院动物研究所	The locust genome provides insight into swarm formation and long-distance flight	NATURE COMMUNICATIONS
Wang, Xiaopeng	四川大学	Giant Piezoelectricity in Potassium-Sodium Niobate Lead-Free Ceramics	JOURNAL OF THE AMERICAN CHEMICAL SOCIETY
Wei, Lifei	上海交通大学	Security and privacy for storage and computation in cloud computing	INFORMATION SCIENCES
Wu, Yi-Long	广东省肺癌研究所，广东省人民医院	Afatinib versus cisplatin plus gemcitabine for first-line treatment of Asian patients with advanced non-small-cell lung cancer harbouring EGFR mutations（LUX-Lung 6）：an open-label，randomised phase 3 trial	LANCET ONCOLOGY
Wu, Zheng-Guang	浙江大学，工业控制技术国家重点实验室	Asynchronous l（2）-l（infinity）filtering for discrete-time stochastic Markov jump systems with randomly occurred sensor nonlinearities	AUTOMATICA
Xiao, Junwu	华中科技大学	Design Hierarchical Electrodes with Highly Conductive NiCo2S4 Nanotube Arrays Grown on Carbon Fiber Paper for High-Performance Pseudocapacitors	NANO LETTERS
Xie, Feng	东北大学	A critical review on solvent extraction of rare earths from aqueous solutions	MINERALS ENGINEERING
Xing, Weijia	中国疾控中心	Hand，foot，and mouth disease in China，2008-12：an epidemiological study	LANCET INFECTIOUS DISEASES
Xiong, Rui	北京理工大学，电动车辆国家工程实验室	A data-driven multi-scale extended Kalman filtering based parameter and state estimation approach of lithium-ion polymer battery in electric vehicles	APPLIED ENERGY
Xu, Simeng	北京科技大学	alpha-Fe_2O_3 multi-shelled hollow microspheres for lithium ion battery anodes with superior capacity and charge retention	ENERGY & ENVIRONMENTAL SCIENCE

续表

第一作者	第一作者单位	论文题目	发表期刊
Yan，Jun	哈尔滨工程大学，超轻材料与表面技术教育部重点实验室	Recent Advances in Design and Fabrication of Electrochemical Supercapacitors with High Energy Densities	ADVANCED ENERGY MATERIALS
Yang，Jiabao	华东理工大学	Influence of the Donor Size in D-pi-A Organic Dyes for Dye-Sensitized Solar Cells	JOURNAL OF THE AMERICAN CHEMICAL SOCIETY
Yang，Peihua	暨南大学	Low-Cost High-Performance Solid-State Asymmetric Supercapacitors Based on MnO_2 Nanowires and Fe_2O_3 Nanotubes	NANO LETTERS
Ye，Long	中国科学院，化学研究所	Highly Efficient 2D-Conjugated Benzodithiophene-Based Photovoltaic Polymer with Linear Alkylthio Side Chain	CHEMISTRY OF MATERIALS
Yin，Shen	渤海大学	Real-Time Implementation of Fault-Tolerant Control Systems With Performance Optimization	IEEE TRANSACTIONS ON INDUSTRIAL ELECTRONICS
Yu，Hongjie	中国疾控中心	Effect of closure of live poultry markets on poultry-to-person transmission of avian influenza A H_7N_9 virus: an ecological study	LANCET
Zeng，Yingchun	广州医学院第三附属医院	Health benefits of qigong or tai chi for cancer patients: a systematic review and meta-analyses	COMPLEMENTARY THERAPIES IN MEDICINE
Zhang，H.	深圳大学	Molybdenum disulfide（MoS_2）as a broadband saturable absorber for ultra-fast photonics	OPTICS EXPRESS
Zhang，Hui	上海海事大学	On Energy-to-Peak Filtering for Nonuniformly Sampled Nonlinear Systems: A Markovian Jump System Approach	IEEE TRANSACTIONS ON FUZZY SYSTEMS
Zhang，L.W.	上海海洋大学	Large deflection geometrically nonlinear analysis of carbon nanotube-reinforced functionally graded cylindrical panels	COMPUTER METHODS IN APPLIED MECHANICS AND ENGINEERING
Zhang，Ling	西南大学	Comprehensive Review in Current Developments of Imidazole-Based Medicinal Chemistry	MEDICINAL RESEARCH REVIEWS
Zhang，Maojie	中国科学院化学研究所	Synergistic Effect of Fluorination on Molecular Energy Level Modulation in Highly Efficient Photovoltaic Polymers	ADVANCED MATERIALS
Zhang，Nan	福州大学化学化工学院	Toward Improving the Graphene-Semiconductor Composite Photoactivity via the Addition of Metal Ions as Generic Interfacial Mediator	ACS NANO
Zhang，Xiqi	清华大学	Aggregation induced emission-based fluorescent nanoparticles: fabrication methodologies and biomedical applications	JOURNAL OF MATERIALS CHEMISTRY B

续表

第一作者	第一作者单位	论文题目	发表期刊
Zhang, Yong	北京科技大学，新金属材料国家重点实验室	Microstructures and properties of high-entropy alloys	PROGRESS IN MATERIALS SCIENCE
Zhang, Zhangjing	福建师范大学	Perspective of microporous metal-organic frameworks for CO_2 capture and separation	ENERGY & ENVIRONMENTAL SCIENCE
Zhou, Guangmin	福建师范大学	A Graphene-Pure-Sulfur Sandwich Structure for Ultrafast， Long-Life Lithium-Sulfur Batteries	ADVANCED MATERIALS
Zhou, Yuexin	北京大学，蛋白质工程及植物基因工程国家重点实验室	High-throughput screening of a CRISPR/Cas9 library for functional genomics in human cells	NATURE
Zhu, Jian	湖南大学，化学生物传感与计量学国家重点实验室	Graphene double protection strategy to improve the SnO_2 electrode performance anodes for lithium-ion batteries	NANO ENERGY
Zuo, Da-Wei	北京航空航天大学，流体力学教育部重点实验室	Multi-soliton solutions for the three-coupled KdV equations engendered by the Neumann system	NONLINEAR DYNAMICS
Gnyp, Martin L.	中国农业大学	Hyperspectral canopy sensing of paddy rice aboveground biomass at different growth stages	FIELD CROPS RESEARCH
Bu, Qingyun	中国科学院，东北地理农经所	Regulation of Drought Tolerance by the F-Box Protein MAX2 in Arabidopsis（1[C][W][OPEN]）	PLANT PHYSIOLOGY
Jiang, Bo	中国石油大学，重质油国家重点实验室	Review on electrical discharge plasma technology for wastewater remediation	CHEMICAL ENGINEERING JOURNAL
Zhao, Yingguo	中国科学技术大学	Synthesis of amidoxime-functionalized Fe_3O_4@SiO_2 core-shell magnetic microspheres for highly efficient sorption of U（VI）	CHEMICAL ENGINEERING JOURNAL
Kang, Guo-dong	中国科学院大连化学物理所	Application and modification of poly（vinylidene fluoride）（PVDF）membranes – A review	JOURNAL OF MEMBRANE SCIENCE
Qu, Fangshu	哈尔滨工业大学	Ultrafiltration membrane fouling caused by extracellular organic matter（EOM） from Microcystis aeruginosa： Effects of membrane pore size and surface hydrophobicity	JOURNAL OF MEMBRANE SCIENCE

2014 年度百篇最具影响国际学术论文是从 2014 年 SCI 收录的中国第一作者论文中选取的。100 篇高影响国际论文分属于 81 个机构，其中 46 所高等院校 66 篇，中科院 17 个研究所 20 篇，其他机构 12 篇，还有 1 所医院 1 篇。高产大学为清华大学 5 篇；

高产的研究所为中国科学院长春应用化学研究所 4 篇。

100 篇论文分布于化学、物理、生物、材料科学、化工、电子通信和临床医学等 24 个学科。

19.5.2 国内论文遴选结果

2014 年度百篇最具影响国内学术论文是从 2010—2014 年《中国科技论文与引文数据库》（CSTPCD）收录的论文中选取的。具体的遴选结果如表 19-2 所示。

表 19-2 2014 年国内百篇最具影响学术论文

第一作者	第一作者单位	论文题目	发表期刊
杨青	浙江大学医学院附属第一医院	2009 年中国 CHINET 肠球菌属细菌耐药性监测	中国感染与化疗杂志
卓超	广州呼吸疾病研究所	2009 年中国 CHINET 大肠埃希菌和克雷伯菌属细菌耐药性监测	中国感染与化疗杂志
汪洪桥	第二炮兵工程学院	多核学习方法	自动化学报
李叶	合肥工业大学	面向时变的科里奥利质量流量计信号的处理方法研究与实现	仪器仪表学报
孙枫	哈尔滨工程大学	摇摆基座下旋转捷联系统粗对准技术研究	仪器仪表学报
吴桂成	扬州大学	粳型超级稻产量构成因素协同规律及超高产特征的研究	中国农业科学
黄辉玲	浙江大学	基于物元分析的土地生态安全评价	农业工程学报
曹晓翼	第二军医大学	专业自我概念在护士职业认同与职业倦怠间的中介效应	中华护理杂志
黄张洪	西部钛业有限责任公司	航空用钛及钛合金的发展及应用	材料导报
宋莹	中国农业科学院，农产品加工研究所	气相色谱 - 串联质谱法快速检测水果中的多效唑残留	分析化学
茆美琴	教育部	包含电动汽车的风 / 光 / 储微电网经济性分析	电力系统自动化
任玉珑	重庆大学	电动汽车充电站最优分布和规模研究	电力系统自动化
李国龙	重庆大学	拓扑修形齿轮附加径向运动成形磨削中的砂轮廓形优化方法	机械工程学报
张雅媛	江南大学	玉米淀粉与黄原胶复配体系流变和凝胶特性分析	农业工程学报
王树刚	山东农业大学	不同小麦品种对低温胁迫的反应及抗冻性评价	生态学报
郎莹	山东农业大学	不同土壤水分下山杏光合作用光响应过程及其模拟	生态学报
李辉霞	中国科学院生态环境研究中心	基于 NDVI 的三江源地区植被生长对气候变化和人类活动的响应研究	生态学报
刘进杰	鲁东大学	超声波提取莲花粉多糖工艺	食品科学

续表

第一作者	第一作者单位	论文题目	发表期刊
张岩	北京大学第一医院	伴同型半胱氨酸升高的高血压——“H 型”高血	心血管病学进展
陈红霞	沈阳农业大学	施用生物炭对华北平原农田土壤容重、阳离子交换量和颗粒有机质含量的影响	应用生态学报
赵勇	北京交通大学	深埋隧道软弱围岩支护体系受力特征的试验研究	岩石力学与工程学报
尹飞	中国水产科学研究院东海水产研究所	低盐度胁迫对银鲳幼鱼肝脏抗氧化酶、鳃和肾脏 ATP 酶活力的影响	应用生态学报
陈红根	江西省寄生虫病防治研究所	当前我国湖区血吸虫病流行特征与防治策略	中国血吸虫病防治杂志
蒋银芬	苏州大学附属第二医院	229 起护士给药错误分析及对策	中华护理杂志
黄昌林	解放军 150 医院	2009、2010 年全军军事训练伤流行病学抽样调查	解放军医学杂志
沈川	安徽大学	基于像素结构空间光调制器的全息再现像问题研究	光学学报
杜润峰	西北农林科技大学	达乌里胡枝子抗氧化保护系统及膜脂过氧化对干旱胁迫及复水的动态响应	草业学报
吕恒毅	中国科学院长春光学精密机械与物理研究所	遥感相机焦面 CCD 机械拼接中重叠像元数的确定	光学精密工程
叶希	清华大学	大规模风电机组连锁脱网事故机理初探	电力系统自动化
甄峰	南京大学	基于网络社会空间的中国城市网络特征——以新浪微博为例	地理学报
艾晨光	北京邮电大学	基准圆光栅偏心检测及测角误差补偿	光学精密工程
刘霞	浙江大学	风光储混合系统的协调优化控制	电力系统自动化
刘目兴	华中师范大学	不同初始含水率下粘质土壤的入渗过程	生态学报
张洪程	扬州大学	机插杂交粳稻超高产形成群体特征	农业工程学报
王连珠	漳州出入境检验检疫局	QuEChERS 样品前处理——液相色谱 - 串联质谱法测定蔬菜中 66 种有机磷农药残留量方法评估	色谱
郑向华	厦门出入境检验检疫局	固相萃取 - 气相色谱 - 质谱法测定食品中 23 种邻苯二甲酸酯	色谱
王立才	北京邮电大学	上下文感知推荐系统	软件学报
田宜水	农业部规划设计研究院	中国规模化养殖场畜禽粪便资源沼气生产潜力评价	农业工程学报
胡新军	中山大学	中国餐厨垃圾处理的现状、问题和对策	生态学报
郑荣寿	国家癌症中心	中国肿瘤登记地区 2008 年恶性肿瘤发病和死亡分析	中国肿瘤
李晴	南京军区南京总医院	延续护理在腹膜透析治疗肾病综合征伴急性肾损伤患者中的应用	中华护理杂志

续表

第一作者	第一作者单位	论文题目	发表期刊
朱艳伟	华北电力大学	粒子群优化算法在光伏阵列多峰最大功率点跟踪中的应用	中国电机工程学报
李鸿浩	四川大学华西医院	循证评价与遴选中国东中西部乡院基本药物系列之一：我国东中西部 8 家示范乡院 2010 年住院	中国循证医学杂志
冯夏庭	中国科学院武汉岩土力学研究所	深埋隧洞岩爆孕育规律与机制：即时型岩爆	岩石力学与工程学报
陈宝元	天津医科大学总医院	阻塞性睡眠呼吸暂停综合征的系统性损害	中华医学杂志
赵文华	中国疾病预防控制中心	2010 年中国慢性病监测项目的内容与方法	中华预防医学杂志
代珍	全国肿瘤防治研究办公室全国肿瘤登记中心，中国医学科学院肿瘤医院	中国结直肠癌发病趋势分析和预测	中华预防医学杂志
李庆辉	中国石油大学	页岩脆性的室内评价方法及改进	岩石力学与工程学报
蔡佳良	广东药学院	运用近红外光谱法建立广藿香中百秋李醇的定量模型	中国中药杂志
胡付品	复旦大学附属华山医院	2011 年中国 CHINET 细菌耐药性监测	中国感染与化疗杂志
张庆海	湖南大学	一种微电网多逆变器并联运行控制策略	中国电机工程学报
杨薇	中国中医科学院中医临床基础医学研究所	基于 HIS 灯盏细辛注射液真实世界临床用药特点分析	中国中药杂志
王文雅	中国医学科学院 & 北京协和医学院	2010—2011 年北京地区 14 岁以上人群支气管哮喘患病率调查	中华医学杂志
曾宪涛	湖北医药学院附属太和医院	R 软件 R2WinBUGS 程序包在网状 Meta 分析中的应用	中国循证医学杂志
刘保延	中国中医科学院	真实世界的中医临床科研范式	中医杂志
李愈哲	中国科学院地理科学与资源研究所	不同土地利用方式对典型温性草原群落物种组成和多样性以及生	草业学报
李州	四川农业大学	不同叶型白三叶抗氧化保护及渗透调节生理对干旱胁迫的响应	草业学报
刘爱荣	安徽科技学院	盐胁迫对彩叶草生长和渗透调节物质积累的影响	草业学报
冯芷艳	国家自然科学基金委员会	大数据背景下商务管理研究若干前沿课题	管理科学学报
张小曳	中国气象科学研究院	我国雾 – 霾成因及其治理的思考	科学通报
耿维	中国农业大学	中国区域畜禽粪便能源潜力及总量控制研究	农业工程学报
张伟明	沈阳农业大学	生物炭对水稻根系形态与生理特性及产量的影响	作物学报

续表

第一作者	第一作者单位	论文题目	发表期刊
姚泾利	中国石油长庆油田公司勘探开发研究院	鄂尔多斯盆地延长组致密油特征	石油勘探与开发
邹才能	中国石油勘探开发科学研究院	非常规油气概念、特征、潜力及技术——兼论非常规油气地质学	石油勘探与开发
赵冬梅	华北电力大学	基于储能的微网并网和孤岛运行模式平滑切换综合控制策略	电网技术
孙晓明	北京交通大学	基于分时电价的电动汽车有序充电控制策略设计	电力系统自动化
梅生伟	清华大学	一类电力系统鲁棒优化问题的博弈模型及应用实例	中国电机工程学报
张犁	清华大学	基于光伏发电的直流微电网能量变换与管理	电工技术学报
汤广福	国网智能电网研究院	多端直流输电与直流电网技术	中国电机工程学报
罗兴	贵州大学	IFR/OMMT 协同阻燃长玻纤增强聚丙烯的阻燃性能和热稳定性能研	塑料工业
陈宏斌	北京大学人民医院	2011 年中国 13 家教学医院院内感染常见病原菌耐药性分析	中华内科杂志
王芳	重庆大学	基于双树复小波变换的心电信号去噪研究	仪器仪表学报
熊兴江	中国中医科学院广安门医院	经方在高血压病治疗中的运用	中国中药杂志
王青乐	复旦大学附属公共卫生临床中心	新型重组禽流感病毒（H_7N_9）性肺炎的影像学初步观察	中华放射学杂志
王志飞	中国中医科学院中医临床基础医学研究所	喜炎平注射液联用维生素 C 注射液治疗上呼吸道感染的实效分析	中国中药杂志
陈万青	国家癌症中心	中国 2009 年恶性肿瘤发病和死亡分析	中国肿瘤
林旭东	中国科学院长春光学精密机械与物理研究所	137 单元变形镜的性能测试及校正能力实验	光学精密工程
杨悠悠	中粮营养健康研究院	常见食品中邻苯二甲酸酯类增塑剂含量及食品包装材料中邻苯二	色谱
裴斌	山东农业大学	土壤干旱胁迫对沙棘叶片光合作用和抗氧化酶活性的影响	生态学报
高英俊	广西大学	晶体相场方法研究二维六角相向正方相结构转变	物理学报
焦重庆	华北电力大学（北京）	开孔矩形腔体的近场电磁屏蔽效能研究 *	物理学报
石兰芳	南京信息工程大学	一类非线性方程类孤波的近似解法	物理学报
沈清基	同济大学	论基于生态文明的新型城镇化	城市规划学刊
许文良	吉林大学	中国东北中生代构造体制与区域成矿背景：来自中生代火山岩组	岩石学报
张勇	中国地震局地球物理研究所	芦山 4.20 地震破裂过程及其致灾特征初步分析	地球物理学报

续表

第一作者	第一作者单位	论文题目	发表期刊
曾祥方	中国科学院大学	2013年4月20日四川芦山MS 7.0地震：一个高角度逆冲地震	地球物理学报
杜方	四川省地震局	四川芦山7.0级地震及其与汶川8.0级地震的关系	地球物理学报
李建中	哈尔滨工业大学	大数据的一个重要方面：数据可用性	计算机研究与发展
赵秀娟	中国气象局北京城市气象研究所	北京地区秋季雾霾天 $PM_{2.5}$ 污染与气溶胶光学特征分析	环境科学
徐锡伟	中国地震局地质研究所	鲁甸6.5级地震发震断层判定及其构造属性讨论	地球物理学报
杨立强	中国地质大学(北京)	胶东中生代金成矿系统	岩石学报
李长友	华南农业大学	粮食水分结合能与热风干燥动力解析法	农业工程学报
贾利群	平顶山学院	相对运动变质量力学系统Appell方程的广义Lie对称性导致的广义Hojman守恒量	物理学报
沈钧康	苏州大学附属第二医院	1.5T MR功能成像序列联合T2WI对前列腺癌筛查的临床价值	中华放射学杂志
杨文采	中国地质科学院地质研究所	从地壳上地幔构造看洋陆转换作用	地质论评
郭彤楼	中国石化勘探南方分公司	四川盆地焦石坝页岩气田形成与富集高产模式	石油勘探与开发
熊杰	四川省环境监测总站	高效液相色谱-串联质谱法同时测定水中丙烯酰胺、苯胺和联苯胺	分析化学
刘春生	黑龙江科技大学	修正离散正则化算法的截割煤岩载荷谱的重构与推演	煤炭学报
姜耀东	中国矿业大学(北京)	我国煤炭开采中的冲击地压机理和防治	煤炭学报
王强	清华大学	水泥-钢渣-矿渣复合胶凝材料的水化特性	硅酸盐学报

2014年度共选出100篇论文作为“中国百篇最具影响优秀国内学术论文”。按照学科部类划分，工业技术40篇、医药卫生26篇、基础科学23篇、农林牧渔10篇、管理及其他1篇。这些论文分布在77个机构中，清华大学和中国中医科学院各有4篇并列居于首位，华北电力大学、山东农业大学、浙江大学和重庆大学各有3篇，另有10家机构各有2篇。

19.6 讨论

随着建设创新型国家战略的实施，在提高自主创新能力的过程中，必然伴随着更多科研论文的发表和引用，以及更多专利的申请和授权。在当前的科技评价与测度中，科技论文作为科技工作者开展科学研究的系统总结和理论结晶，仍然是衡量创新活动特别是基础研究活动的主要指标。因此单篇学术论文定量评价工作非常有意义，但是现有的单篇论文评价方法（同行评议和以期刊影响因子、被引次数为主的定量评价）并不完善。在广泛吸收专家意见的基础上，中国科学技术信息研究所的研究人员提出了全国百篇最具影响的学术论文的遴选方法。从遴选结果来看，学科覆盖较全，机构分布较广泛。较好地反映了中国高端论文的情况。

参考文献

[1] 吕小康，高树青．数学信息线索下论文价值评估的影响因素 [J]. 西北师范大学学报（社会科学版），2015（6）：120−124.

[2] 刘昌来，李燕文，王国栋，等．加权被引频次——科技期刊单篇论文短期的一种评价方法 [J]. 中国科技期刊研究，2014，25（7）：958−962.DOI：10.3969/j.issn.1001−7143.2014.07.022.

[3] 苏成，Hee−Sop KIM. 基于 PageRank，HITS 和 SALSA 算法的学术论文评价 [J]. 情报杂志，2015（6）：48−54.DOI：10.3969/j.issn.1002−1965.2015.06.010.

[4] 尹闯，黎贞崇，李智娟，等．大数据时代核心论文数据库的构建 [J]. 情报探索，2015，（11）：85−87.DOI：10.3969/j.issn.1005−8095.2015.11.020.

[5] 林琳，何书金，朱晓华，等 .Nature Index 对科技创新评价的意义与思考 [J]. 中国科技期刊研究，2015，26（2）：191−197.DOI：10.11946/cjstp.201412191218.

[6] 周洁，王昕．科技期刊论文低被引情况与探讨 [J]. 中国科技期刊研究，2015，26（8）：851−855.DOI：10.11946/cjstp.201503230256.

[7] 张燕，崔巍，王秀丽，等．学术论文定量评估问题研究 [J]. 内蒙古工业大学学报（自然科学版），2015，34（3）：224−229.DOI：10.3969/j.issn.1001−5167.2015.03.012.

[8] 王燕平．纯网络期刊评价研究进展 [J]. 中国科技期刊研究，2014，25（5）：685−690.DOI：10.3969/j.issn.1001−7143.2014.05.022.

[9] 孙涛涛，唐小利．国内外单篇学术论文评价的思考 [C].// 中国医学科学院 / 北京协和医学院医学信息研究所 / 图书馆 2011 年学术年会论文集 .2012：572−575.

[10] 何星星．单篇学术文献定量评价方法研究 [D]. 北京：中国科学技术信息研究所，2012.

[11] 王术，叶鹰．影响矩作为测度单篇论著影响力的评价指标探讨 [J]. 大学图书馆学报，2014，32（5）：12−18.DOI：10.3969/j.issn.1002−1027.2014.05.002.

[12] 王贤文，方志超，王虹茵，等．连续、动态和复合的单篇论文评价体系构建研究 [J]. 科学学与科学技术管理，2015，36（8）：37−48.

[13] 王贤文，刘趁，毛文莉，等．数字出版时代的科学论文综合评价研究 [J]. 中国科技期刊研究，2014，25（11）：1391−1396.

[14] 唐继瑞，叶鹰．单篇论著学术迹与影响矩比较研究 [J]. 中国图书馆学报，2015（2）：4−16.DOI：10.13530/j.cnki.jlis.150006.

[15] 姜磊．单篇学术论文的评价指标体系研究 [D]. 大连：大连理工大学，2014.

[16] 乔晓东，田瑞强，姚长青，等．从单篇论文评价视角看学术期刊的首篇文章 [J]. 编辑学报，2014，26（4）：307−311.

[17] 韩毅，夏慧，童迎，等．引用结构视角下单篇学术文献影响力测度的 ID 指数 [J]. 情报学报，2013，32（9）：968−975.DOI：10.3772/j.issn.1000−0135.2013.09.009.

[18] 雷二庆，阳沛湘，程瑾，等．单篇论文创新价值指数研究 [C].// 第十一届全国科技评价学术研讨会论文集，2011：1−5.

[19] Van Noorden R.Metrics：a profusion of measures[J].Nature，2010（465）：864–866.

[20] 同行评议的“黑匣子”[N/OL].新快报（广州）.[2009-4-13].http：//news.163.com/09/0413/15/56PS2QS2000120GR.html.

[21] InCitesTM，Thomson Reuters（2012）.Subject Area Ranking Report[R].Report Created：2012-7-3.Data Processed 2011-10-24.Data Source：Web of Science.

[22] Alison Abbott，David Cyranoski，Nicola Jones，et al.Metrics：Do metrics matter?[J].Nature，2010，465：860–862

[23] 张春霆.学术评价的评价[J].中国科学基金，2010，24（6）：328-332.

[24] Loet Leydesdorff.Betweenness centrality as an indicator of the interdisciplinarity of scientific journals[J].Journal of the American Society for Information Science and Technology，2007，58（9）：1303–1319.

[25] Schubert，A.Using the h-index for assessing Singlepublications[J]Scientometrics，2009，78（3），559 - 565.

[26] Kosmulski，M.Successful papers：A new idea in evaluation of scientific output[J]. Journal of Informetrics，2011，5（3）：481–485.

[27] Erjia，Y.，D.Ying.Weighted Citation：An Indicator of an Article's Prestige[J].Journal of the American Society for Information Science and Technology，2010，1635–1643.

[28] Loet Leydesdorff & Lutz Bornmann，Integrated Impact Indicators（I3）compared with Impact Factors（IFs）：An alternative design with policy implications[J].Journal of the American Society for Information Science and Technology，2011，62（11）2133–2146.

[29] Fragkiadaki，E.，G.Evangelidis，Nikolaos Samaras，et al.f-Value：measuring an article's scientific impact[J].Scientometrics，2011，86（3）：671–686.

[30] Bornmann，L.，H.D.Daniel.The citation speed index：A useful bibliometric indicator to add to the h index[J].Journal of Informetrics.2010，4（3）：444–446.

[31] Hu，Xiaojun，Rousseau Ronald，Chen J.Structure indicators in citation networks[J].Scientometrics.2011，91（2）：451–460.

[32] Gunther Eysenbach，MD，MPH，FACMI.Can Tweets Predict Citations? Metrics of Social Impact Based on Twitter and Correlation with Traditional Metrics of Scientific Impact.[J].J Med Internet Res 2011；13（4）：e123.doi：10.2196/jmir.2012.

20 2014 年中国大陆论文学术影响力统计和分析

基础研究是科技创新的源泉，而基础研究的主要产出即是科技论文，高质高影响论文数的增长预示科技创新成果的必然丰硕。

本文仅在可反应论文影响的几个方面做出统计和分析（表现不俗论文相关分析见本书第 9 章）。统计对象为 2014 年 SCI 所收录期刊中的中国大陆作者所发表的论文，仅指 Article 和 Review。

20.1 引言

英国《自然》杂志日前发布的《2015 年中国自然指数》增刊显示，中国高质量科研对世界的总体贡献仅次于美国，居全球第 2 位。而在欧洲物理学会评选的 2015 年国际物理学领域十大重大突破中，中科大研究团队的“多自由度量子隐形传态”成果位居第一。同时上榜的还有中科院物理所研究团队发现的“外尔费米子”，这也是一项入选美国物理学会发布的 2015 年物理学八大“标志性进展”的成果。科学家们预言：基础研究的突破需要积累，中国科研已经积累了几十年，相信未来几年将会涌现更多的优秀成果。另外，对我国科技论文质量和国际影响力提升的保障之一：中国的研发人员规模已居世界第 1 位。中科院物理所副所长方忠研究员是外尔费米子团队的领衔人，在他看来，“人才是科学技术研究最关键的因素”。中国科学技术发展战略研究院的数据显示，“十二五”以来，中国研发人员已由 2010 年的 255.4 万人年增加到 2014 年的 371.1 万人年；“十二五”前 4 年，中国累计培养博士毕业生 20.9 万人，年度海外学成归国人员由 2010 年的 13.5 万人迅速提高到 2014 年的 36.5 万人。2014 年，中国全社会研发人员按全时当量计算达到了 371.1 万人年的历史最高水平，其中各类政府研究机构 37.4 万人年；高等学校 33.5 万人年；企业 289.6 万人年。中国科学技术发展战略研究院科技统计与分析研究所副所长玄兆辉指出：“如今，中国研发人员规模已经居世界第 1 位，形成了规模庞大、学科齐备、结构完善的科技人才体系，科技人员能力与素质显著提升，为科技和经济发展奠定了坚实的基础。”中国科技论文质量和国际影响力提升的另一重大保障是中国 2013 年 R&D 经费支出已居世界第 2 位。玄兆辉认为，当前中国重大科技成果频现，是长期深化科技体制改革、全社会坚持不懈增加科技投入的结果。“十二五”我国 R&D（研究与试验发展）经费从“十一五”末期 2010 年的 7063 亿元增加到 2014 年的 13016 亿元；全社会 R&D 经费占 GDP 的比重从 2010 年的 1.73% 增加到 2014 年的 2.05%。2014 年，全国 R&D 经费中来自各级政府部门的资金为 2636 亿元，带动了 9817 亿元的企业 R&D 投入及 563 亿元的其他民间投入。“十一五”末期，中国 R&D 经费支出总额排名在美国和日本之后，居世界第 3 位。到 2013 年，中国已经超越日本，成为世界第二大 R&D 经费支出国，经费规模接近美国的 1/2，是日本的 1.1 倍，“中国 R&D 投入强度已接近欧盟 15 国的整体水平”。

国家财政对研发经费的大力投入，中国科研人员的增加及科研的积累和研究环境的宽松，这是科技论文质量和学术影响力提升的保证，因此，中国的学术论文逐年大幅度增加，同时，论文的国际学术影响和质量也在提高。

20.2 我国具国际影响的各类论文简要统计和分析

20.2.1 中国已具有参与国际大科学研究的能力

"大科学"（Big Science，Megascience，Large Science）是国际科技界近年来提出的新概念。从运行模式来看，大科学研究国际合作主要分为3个层次：科学家个人之间的合作、科研机构或大学之间的对等合作（一般有协议书）、政府间的合作（有国家级协议，如国际热核聚变实验研究ITER和欧洲核子研究中心的强子对撞机LHC等）。

就其研究特点来看，主要表现为：投资强度大、多学科交叉、需要昂贵且复杂的实验设备、研究目标宏大等。根据大型装置和项目目标的特点，大科学研究可分为两类：

第一类是需要巨额投资建造、运行和维护大型研究设施的"工程式"的大科学研究，又称"大科学工程"，其中包括预研、设计、建设、运行、维护等一系列研究开发活动。例如，国际空间站计划、欧洲核子研究中心的大型强子对撞机计划（LHC）、Cassini卫星探测计划、Gemini望远镜计划等，这些大型设备是许多学科领域开展创新研究不可缺少的技术和手段支撑，同时，大科学工程本身又是科学技术高度发展的综合体现，是各国科技实力的重要标志。

第二类是需要跨学科合作的大规模、大尺度的前沿性科学研究项目，通常是围绕一个总体研究目标，由众多科学家有组织、有分工、有协作、相对分散开展研究，即人类基因图谱研究、全球变化研究等属于这类"分布式"的大科学研究。

大科学研究一般来说是具有投资强度大，多学科交叉，实验设备庞大复杂，研究目标宏大等特点的研究活动，大科学工程是科学技术高度发展的综合体现，是显示各国科技实力的重要标志，中国经过多年的努力和科技力量的积蓄，已与当前科技强国的美、欧、日等国开展平等合作，在参与制定国际标准、解决全球性重大问题上做出了应有的贡献。中国研究人员参与的大科学合作研究项目，作者数超过1000人，机构数在50个以上，2010—2014年，发表论文727篇，仅2014年，这类论文为165篇，涉及的学科为高能物理、天文和天体物理。大型仪器方面，中国参与高能核物理大科学的研究单位包含香港在内有12个，其中高校11个：北京大学、清华大学、南京大学、中国科技大学、中山大学、上海交通大学、山东大学、北京航空航天大学、华中师范大学、香港大学和香港科技大学。研究所仅为中科院高能物理所。而与美国相比，他们参与的大学有42个，国家实验室3个，如表20-1。而中国可参与此类大科学研究的单位就少得多。在医疗卫生领域，2014年发表的1990—2013年78个国家（地区）303个机构联合完成的全球性疟疾、肺结核、艾滋病发病率和死亡率的调查分析中，中国也有11个机构（中国疾控中心、天津疾控中心、复旦大学、山东大学、南京大学、武汉大学、中山大学、重庆医科大学、香港大学、中国医学科学院肿瘤所和成都妇幼保健监测中心）参与了此项工作。在发表的作者数大于100人、合作机构数大于30个的论文中，中国大陆作者为第一单位的论文有29篇，参与合作的国家（地区）有：美国、意大利、俄罗斯、德国、日本、土耳其、韩国、巴基斯坦、瑞典、荷兰、印度和澳大利亚等国。中国大陆有81个机构参加，高校55个、研究所10个、企业2个。总的来看，中国已具备参与国际大科学和大科学合作的能力。但从能担任此类大科学研究的机构数量看，与美国相比还较少，还需提升机构的学术影响力和水平，争取更多的研究机构参加国际大科学的研究。

表 20-1 参与高能物理大科学研究的美国机构

阿贡国家实验室	塔夫茨大学	爱荷华大学
波士顿大学	亚利桑那大学	马萨诸塞大学
布兰迪斯大学	加州大学伯克利分校	美国密歇根大学
布鲁克海文国家实验室分校	加州大学欧文分校	新墨西哥州大学
加州州立大学弗雷斯诺	加州大学圣塔克鲁兹分校	俄克拉荷马大学
哥伦比亚大学	芝加哥大学	俄勒冈大学
杜克大学	伊利诺斯大学	宾夕法尼亚大学
汉普顿大学	纽约大学	匹兹堡大学
哈佛大学	俄亥俄州立大学	北卡罗来纳大学
印第安纳大学	俄克拉荷马州立大学	德州阿灵顿大学
爱荷华州立大学	斯坦福国家加速器实验室	德克萨斯大学奥斯汀分校
路易斯安那科技大学	南部浸礼大学	德克萨斯大学达拉斯分校
曼哈顿学院	纽约州立大学奥尔巴尼分校	华盛顿大学
密歇根州立大学	纽约州立大学石溪分校	威斯康辛大学
麻省理工学院	伊利诺斯大学	耶鲁大学

20.2.2 被引次数居世界各学科前0.1%的论文数继续增加

2012年、2013年和2014年中国SCI论文被引次数进入各学科前千分之一（0.1%）的论文数分别为91186和415篇，增加较多增长速度较快。2014年的415篇论文中，Art 340篇、Rev 74篇、Lett 1篇，415篇论文分属于19个学科，如表20-2所示。材料和化学学科论文最多各超过50篇，可以说，它们也是能最快转化为产业的学科。另外，在我们划分的40个学科中，也还有多半的学科没有出现这样的论文。

表 20-2 前0.1%论文的学科及其论文数

学科	篇数	学科	篇数	学科	篇数
材料	94	能源	22	机械仪表	3
化学	69	物理	17	天文	2
化工	49	力学	13	环境科学	2
电子通信	36	医药	12	食品科技	1
计算技术	30	地学	10	管理	1
生物	24	农学	4		
数学	23	基础科学	3		

表 20-6 学科影响因子首位刊中论文 15 篇以上的研究所

排名	研究所名称	论文篇数
19	中国科学院长春应用化学研究所	46
34	中国科学院上海硅酸盐所	30
45	中国科学院过程工程研究所	23
46	中国科学院金属研究所	23
47	中国科学院生态环境科学研究中心	23
52	中国科学院化学研究所	20
59	中国科学院地理科学与资源研究所	18
60	中国农业科学院	18
66	中国科学院福建物质结构所	17

表 20-7 学科影响因子首位刊中论文 3 篇以上的医院

排名	医院名称	论文篇数
1	北京大学口腔医院	9
2	第四军医大学西京医院	9
3	上海交通大学附属第 9 人民医院	9
4	四川大学华西医院	8
5	第三军医大学西南医院	6
6	重庆医科大学附属第一医院	6
7	华中科技大学附属同济医院	5
8	华中科技大学附属协和医院	5
9	上海交通大学医学院附属仁济医院	5
10	北京大学第三医院	4
11	中山大学附属第一医院	4
12	上海交通大学附属瑞金医院	4

中国作者在 IF 学科首位的 151 种期刊中有论文发表，发表百篇以上的期刊 11 种（如表 20-8 所示）。中国作者在各期刊中发表的论文数与各期刊发表数的比例超过 30% 的期刊有 13 种，超过 50% 的期刊有 4 种（如表 20-9 所示）。发表数过百篇、所占比例又高于 30% 的期刊为 5 种。特别是《INTEGR COMPUT-AID E》，全部是中国作者的论文，《PETROL EXPLOR DEV》的论文中，中国的论文也接近占 100%。

表 20-8 影响因子首位刊中发表 100 篇以上论文的期刊

期刊名称	全部论文篇数	中国论文篇数	比例
BIORESOURCE TECHNOL	1491	530	35.547%
BIOSENS BIOELECTRON	820	416	50.732%
BIOMATERIALS	948	304	32.068%
APPL CATAL B-ENVIRON	685	209	30.511%
IEEE T IND ELECTRON	694	159	22.911%
J ELECTROCHEM SOC	1087	156	14.351%

续表

期刊名称	全部论文篇数	中国论文篇数	比例
DYES PIGMENTS	360	151	41.944%
CRYST GROWTH DES	771	132	17.121%
COMPOS SCI TECHNOL	316	115	36.392%
WATER RES	667	113	16.942%
J EUR CERAM SOC	481	112	23.285%

表 20-9 影响因子首位刊中发表论文比例大于 30% 的期刊

期刊名称	全部论文篇数	中国论文篇数	比例
INTEGR COMPUT-AID E	28	28	100.00%
PETROL EXPLOR DEV+	101	98	97.030%
ORE GEOL REV	173	95	54.913%
BIOSENS BIOELECTRON	820	416	50.732%
IEEE T FUZZY SYST	139	59	42.446%
DYES PIGMENTS	360	151	41.944%
COMPOS SCI TECHNOL	316	115	36.392%
IEEE T NEUR NET LEAR	190	69	36.316%
BIORESOURCE TECHNOL	1491	530	35.547%
INT J ROBUST NONLIN	190	65	34.211%
BIOMATERIALS	948	304	32.068%
IEEE WIREL COMMUN	81	25	30.864%
APPL CATAL B-ENVIRON	685	209	30.511%

20.2.4 总被引次数和影响因子同时居学科前 1/10 的大陆论文情况分析

总被引次数和影响因子同时都居学科前 1/10 的期刊，应归于高影响的期刊，在这类期刊中发表论文有一定的难度，但在这类期刊中发表的论文的影响也大。期刊的影响因子反映的是期刊论文的平均影响力，受期刊每年发表文献数的变化，发表评述性文献量的多少等因素制约，各年间的影响因子值会有较大的波动，会产生大的跳跃，一些刚创刊不久的期刊，会因发表文献数少但已有文献的被引用，从而出现较高的影响因子值，但实际的影响力和影响面都还不大。而期刊的总被引次数会因期刊的规模、刊期的长短和创刊时间等因素而有较大的差别，有些期刊因发文量大而被引机会多从而被引次数高，但篇均被引次数并不高，总体影响力也不大。因此，同时考虑两个指标因素才能表现期刊的影响。影响因子和总被引次数同时居学科前位的期刊才能算是真正影响大的期刊。

2014 年， 我国大陆在影响因子和总被引次数都处于学科前 1/10 位置的论文为 16642 篇，比 2013 年有所减少。在所划分的 39 个学科中，除中医药、测绘科学、冶金、动力电气、轻纺和安全科学等学科外，其余学科都有论文发表。超 1000 篇的学科由 2013 年的 7 个减为 3 个，数量最多的还是化学、材料和生物学；大于 500 篇的学科

12个，与2013年持平（如表20-10所示）。

2014年，大陆作者在总被引次数和影响因子同时居学科前1/10的283种期刊中发表论文，发表论文数大于300篇的期刊有12个，与2013年相同（如表20-11所示）。

表20-10 前1/10的期刊中发文量大于500篇的学科

论文篇数	学科名称	论文篇数	学科名称
4257	化学	785	地学
2001	材料科学	717	物理
1220	生物	698	电子、通信与自动控制
979	环境科学	576	力学
927	临床医学	554	计算技术
792	化工	530	能源科学技术

表20-11 发文量大于300篇的前1/10期刊

论文篇数	期刊名称
1073	ACS APPLIED MATERIALS & INTERFACES
876	JOURNAL OF POWER SOURCES
530	BIORESOURCE TECHNOLOGY
519	CHEMICAL ENGINEERING JOURNAL
488	ORGANIC LETTERS
427	ANALYTICAL CHEMISTRY
416	BIOSENSORS & BIOELECTRONICS
406	JOURNAL OF AGRICULTURAL AND FOOD CHEMISTRY
390	CARBOHYDRATE POLYMERS
384	ANGEWANDTE CHEMIE-INTERNATIONAL EDITION
330	NONLINEAR DYNAMICS
329	INFORMATION SCIENCES

16642篇论文中，中国高等学校有490所共发表了12763篇，占76.60%；研究院所349个3009篇，占18.06%；医疗机构833篇，占4.99%；企业29篇。论文数大于200篇的高校12所（如表20-12所示）；发表论文数大于50篇的研究所11个（如表20-13所示）；发表论文数达到15篇及以上的医院12个（如表20-14所示）。

表20-12 发表论文数200篇以上的大学

论文篇数	大学名称	论文篇数	大学名称
553	清华大学	288	哈尔滨工业大学
459	浙江大学	278	上海交通大学
445	北京大学	266	华中科技大学
353	中国科学技术大学	242	天津大学
325	南京大学	240	武汉大学
297	复旦大学	219	中山大学

表 20-13　发表论文数 50 篇以上的研究所

论文篇数	研究所名称	论文篇数	研究所名称
191	中国科学院长春应用化学所	67	中国科学院物理所
189	中国科学院化学所	62	中国科学院上海生命科学院
108	中国科学院生态环境科学研究中心	61	中国科学院福建物质结构所
81	中国科学院大连化学物理所	54	中国科学院大气物理所
75	中国科学院上海有机化学所	51	中国科学院广州化学所
69	中国科学院上海硅酸盐所		

表 20-14　发表论文数 15 篇以上的医院

论文篇数	医院名称	论文篇数	医院名称
47	四川大学华西医院	19	第三军医大学西南医院
30	上海交通大学瑞金医院	17	第四军医大学西京医院
23	上海交通大学第九人民医院	16	北京协和医院
22	华中科技大学同济医院	15	北京大学第三医院
22	上海交通大学仁济医院	15	解放军总医院
19	北京大学口腔医院	15	武汉大学口腔医院

20.2.5　世界顶级期刊中的发文情况分析

2014 年，被引次数大于 10 万次，影响因子大于 30 的期刊有 7 种，共计发表论文 3259 篇。这些顶级刊的影响力是很大的，其主要指标如表 20-15 所示。金砖五国和美国在此 7 种期刊中的发文数如表 20-16 所示。中国大陆为第一作者单位在此 7 种期刊中发表论文 111 篇，占 7 种期刊全部论文的 3.41%。7 种期刊中，大陆作者论文 111 篇分布于 62 个机构，其中，大学 32 所，研究机构 30 个。32 所大学中有 6 个附属医院发表论文：北京大学附属三院、上海交大瑞金医院、四川大学华西医院、浙江大学附属一院、复旦大学儿童医院和同济大学东方医院。发表 3 篇（含 3 篇）的单位 12 个（如表 20-17 所示）。111 篇中有 69 篇是由国家重点实验室贡献的。

表 20-15　7 种世界顶级期刊的主要学术指标

刊名	论文篇数	总被引次数	影响因子	引用期刊数	他引比	引文篇数
NATUR	862	617363	41.456	7812	99.2	44.5
CELL	436	201108	32.242	3320	98.9	32.2
NEW ENGL J MED	353	268652	55.873	4838	99.3	55.9
CHEMICAL REV	281	137600	46.568	1948	98.7	46.6
LANCET	271	185361	45.217	5070	98.6	45.2
JAMA-AM MED ASS	228	126479	35.289	4461	98.8	35.3
SCIENCE	828	557558	33.611	8470	99.4	34.9

据 SCI 数据，2014 年，金砖五国的基础研究产出论文（含非第一作者单位）分别为：中国 271 篇、印度 69 篇、巴西 59 篇、南非 67 篇和俄罗斯 79 篇，中国仍居第 1 位，但与美国的 2285 篇相比，差距较大。

表 20-16 金砖五国和美国在 7 种期刊中的发文数

单位：篇

期刊名称	中国 A	中国 B	印度	巴西	南非	俄罗斯	美国
NATURE	99	36	11	11	14	28	630
CELL	19	8	0	2	0	4	356
NEW ENGL J MED	16	4	11	10	17	8	282
CHEM REV	45	34	14	2	5	13	102
LANCET	22	6	19	18	20	13	143
JAMA-J AMER MED ASSO	9	3	4	3	2	0	181
SCIENCE	61	20	10	13	9	13	591
合计	271	111	69	59	67	79	2285

注：除中国 B 为大陆作为第一作者的论文数外，各国数中都含非第一作者论文数。

表 20-17 发表论文数 3 篇以上的单位

论文篇数	单位名称	论文篇数	单位名称
9	北京大学	4	中科院上海药物所
7	清华大学	3	复旦大学
5	中科院上海生命科学院	3	深圳华大基因
4	南京大学	3	中科院大连化物所
4	浙江大学	3	中科院古脊椎所
4	中科院长春应化所	3	中科院生物物理所

20.2.6 以我为主的国际合作产生论文情况

国际合作是完成国际重大科技项目和计划必然要采取的方式，中国作为科技发展中国家，经多年的努力，已取得国际举目的成就，但还需要通过国际合作来提升国家的科学技术水平和提高科技的国际地位。而在合作研究中，最能反映一个国家研究实力和水平的还是以我为主的研究，经多年的努力工作，中国科技工作者已发表了相当数量的以我为主的合作论文。

2014 年，中国科技人员通过国际合作研究产生论文（A，R）61778 篇，其中以我为主的合作论文为 42630 篇，占全部合作论文数的 60.0%，合作国家（地区）达 144 个。

由于各省（市、自治区）地区都拥有自身的特点和优势，所以包括西藏自治区在内的省（市、自治区）都有以我为主发表的论文。当然论文数量的多少与地区的科技实力有关，因此该类论文多的地区还是北京、江苏和上海等地。论文数居前 6 位的地区的总和已占全部论文的 60% 还多（如表 20-18 所示）。

表 20-18　以我为主的国际合作论文的大陆地区分布

地区	论文篇数	地区	论文篇数	地区	论文篇数	地区	论文篇数
北京	9018	四川	1461	吉林	835	新疆	187
江苏	4378	辽宁	1453	甘肃	537	贵州	140
上海	4372	湖南	1269	河南	503	内蒙古	93
广东	2954	安徽	1223	云南	485	海南	54
浙江	2581	天津	1057	江西	466	宁夏	23
湖北	2344	黑龙江	1051	河北	345	青海	21
陕西	2001	福建	898	山西	276	西藏	3
山东	1517	重庆	890	广西	195		

在我们对论文所划分的 40 个学科类别中，除测绘科技和轻工纺织外，都有以我为主的国际合作论文发表。论文数多的学科应是中国的优势学科或有地区特点的学科，如论文数居前 6 位的化学、生物、临床医学、物理、材料和地学，该 6 个学科的论文数已达 24529 篇，占全部论文数的 57.5%（如表 20-19 所示）。

表 20-19　以我为主的国际合作论文的学科分布

学科	论文篇数	学科	论文篇数	学科	论文篇数	学科	论文篇数
化学	5399	环境	1422	土木建筑	443	水产	104
生物	4960	药学	897	管理科学	309	核科学	86
临床医学	4451	能源	894	基础交叉学科	298	矿山工程	84
物理	4300	农学	732	交通	256	航空航天	82
材料科学	2759	化工	578	水利	225	其他	68
地学	2660	预防医学卫生	529	信息科学	215	电工	38
计算技术	2402	食品	508	金属冶金	187	安全科学	35
电子通信	2400	力学	489	林学	138	特种医学	34
基础医学	1762	机械仪表	487	畜牧兽医	126		
数学	1704	天文	457	中医药	112		

2014 年以我为主合作发表的论文 42630 篇，涉及大陆近 2000 个高校、研究机构、医院和企业。高校（不含附属机构）约 740 所，论文 31971 篇，占全部论文的 75.0%；研究院所 600 个，论文 6679 篇，占 15.7%；医院（含大学的附属医院）440 个，论文 3642 篇，占 8.5%。发表论文数居前 20 位的高等院校如表 20-20 所示，论文数居前 10 位的研究所如表 20-21 所示，论文数居前的医院如表 20-22 所示。

表 20-20　以我为主国际合作论文数居前 20 位的高校

论文篇数	高校名称	论文篇数	高校名称
1098	浙江大学	694	哈尔滨工业大学
1037	清华大学	636	中国科学技术大学
886	北京大学	582	华中科技大学
881	上海交通大学	581	南京大学

续表

论文篇数	高校名称	论文篇数	高校名称
565	复旦大学	439	大连理工大学
539	西安交通大学	420	山东大学
489	中山大学	413	北京航空航天大学
477	东南大学	402	武汉大学
459	同济大学	392	天津大学
443	中国地质大学	383	厦门大学

表 20-21　以我为主国际合作论文数居前 10 位的研究所

论文篇数	研究院所名称
142	中国科学院地质与地球物理所
140	中国科学院物理所
139	中国科学院长春应用化学所
131	中国科学院地理科学与资源所
107	中国科学院动物所
94	中国科学院上海硅酸盐所
93	中国科学院深圳先进技术院
93	中国疾病预防控制中心
92	中国科学院大气物理所
89	中国科学院上海生命科学研究院

表 20-22　以我为主国际合作论文数居前 10 位的医院

论文篇数	医 院 名 称
111	四川大学华西医院
88	解放军总医院
73	华中科技大学同济医院
68	复旦大学华山医院
68	山东大学齐鲁医院
67	中山大学第一医院
66	上海交通大学瑞金医院
65	北京协和医院
65	上海交通大学仁济医院
62	吉林大学白求恩第一医院

20.2.7　被引次数高于期刊论文均引文数的论文增加

2014 年，中国大陆作者发表论文（A，R）225094 篇，当年即得到引用的论文 104252 篇，比例达 46.31%，比 2013 年被引篇数增加 26160 篇，比例增长约 6 个百分点。论文当年发表后即被引用，一般来说都是当前大家关注的热点。

即年指标（IMM）意为期刊论文当年发表当年的篇均被引次数。显示的是发表论文的快速被引情况。如果发表论文的当年被引次数超过期刊论文的篇均值，应该说这类论文反映的是研究热点或是大家较为关注的研究，也显示论文的实际影响。2014 年，中国大陆即年得到引用的 104252 篇论文中，有 99279 篇论文的被引次数超过期刊的篇均被引次数，这些活跃的论文占全部论文 225094 篇的 44.1%，比 2013 年该比例 38.8% 增加 5.3 个百分点。下面将对中国热点论文的学科、机构和期刊的分布情况做一统计。

2014 年，中国发表的论文中，被引次数高于 IMM 的期刊为 5214 种，发表论文数大于 2000 篇的期刊有 2 种，大于 500 篇的期刊有 15 种（如表 20-23 所示），大于 100 篇的期刊有 187 种。

表 20-23 热点论文数大于 500 篇的期刊

论文篇数	期刊名称	比例
2783	PLOS ONE	2.803%
2404	RSC ADVANCES	2.421%
912	JOURNAL OF ALLOYS AND COMPOUNDS	0.919%
904	JOURNAL OF MATERIALS CHEMISTRY A	0.911%
895	CHEMICAL COMMUNICATIONS	0.902%
885	ACS APPLIED MATERIALS & INTERFACES	0.891%
827	SCIENTIFIC REPORTS	0.833%
714	ELECTROCHIMICA ACTA	0.719%
692	MATERIALS LETTERS	0.697%
666	TUMOR BIOLOGY	0.671%
661	JOURNAL OF POWER SOURCES	0.666%
614	CERAMICS INTERNATIONAL	0.618%
609	APPLIED SURFACE SCIENCE	0.613%
592	APPLIED PHYSICS LETTERS	0.596%
502	NANOSCALE	0.506%

在我们对论文划分的 40 个学科中，2014 年，SCI 收录中国大陆论文即年被引次数高于期刊 IMM 的论文分布在 38 个学科，除轻纺和测绘科技外，各学科都有该类论文。论文数超 10000 篇的有 4 个学科：化学、临床医学、物理和生物，该 4 个学科的论文数的总和已超过全国的一半，达 56.8%；超过 2000 篇的学科为 13 个（如表 20-24 所示）。

表 20-24 热点论文数大于 2000 篇的学科

学科	论文篇数	比例	学科	论文篇数	比例
化学	23044	23.211%	电子通信	3262	3.286%
临床医学	11364	11.447%	药学	2637	2.656%
物理	11032	11.112%	计算技术	2559	2.578%
生物	10930	11.009%	环境科学	2558	2.577%
材料	8586	8.648%	能源	2340	2.357%
基础医学	4384	4.416%	数学	2267	2.283%
地学	3361	3.385%			

在 2014 年 SCI 收录的论文中，中国大陆 31 个省（市、自治区）作者的论文的被引次数都有高于 IMM 的论文，该类论文数居前 10 位的地区也是 SCI 收录论文数高的地区，北京和江苏的这类论文均已占全国论文总数的 10% 以上（如表 20–25 所示）。

表 20–25　热点论文数居前 10 位的地区

论文篇数	地区	比例	论文篇数	地区	比例
16003	北京	16.119%	5166	湖北	5.204%
10346	江苏	10.421%	4662	陕西	4.696%
9216	上海	9.283%	4551	山东	4.584%
7615	广东	7.670%	3733	辽宁	3.760%
5466	浙江	5.506%	3707	四川	3.734%

2014 年中国大陆作者论文即年被引次数超过发表期刊中论文的篇均被引次数的论文为 99279 篇，其中高等院校校园本部作者这类论文为 71593 篇，占全部的 72.1%。高等院校中，发表了 1000 篇以上的高校有 15 所（如表 20–26 所示）。研究院所作者论文 13433 篇，占全部论文的 13.5%，其中，中国科学院所属单位有 9725 篇，约占研究机构的 3/4。发表 150 篇以上的研究单位为 15 个，全是中国科学院下属单位（如表 20–27 所示）；医疗机构（含各高校附属医院）作者论文 13473 篇，占全部论文的 13.6%，论文数居前 10 位的医院如表 20–28 所示。

表 20–26　热点论文数高于 1000 篇的高校

论文篇数	高校名称	论文篇数	高校名称
2209	清华大学	1160	南京大学
2117	浙江大学	1154	复旦大学
1484	北京大学	1133	山东大学
1392	上海交通大学	1128	天津大学
1282	华中科技大学	1104	西安交通大学
1254	中国科学技术大学	1081	四川大学
1231	吉林大学	1019	中山大学
1213	哈尔滨工业大学		

表 20–27　热点论文数高于 150 篇的研究单位

论文篇数	研究单位名称	论文篇数	研究单位名称
549	中国科学院长春应用化学所	247	中国科学院兰州化学物理所
444	中国科学院化学所	230	中国科学院金属所
326	中国科学院物理所	229	中国科学院生态环境科学研究中心
302	中国科学院上海硅酸盐所	225	中国科学院地质与地球物理所
295	中国科学院大连化学物理所	225	中国科学院过程工程所

续表

论文篇数	研究单位名称	论文篇数	研究单位名称
224	中国科学院福建物质结构所	168	中国科学院上海药物所
200	中国科学院地理科学与资源所	164	中国科学院广州化学所
182	中国科学院上海有机化学所	160	中国科学院大气物理所
176	中国科学院半导体所	150	中国科学院上海生命科学研究院

表 20-28　热点论文数高于 150 篇的医院

医院名称	论文篇数	比例	医院名称	论文篇数	比例
四川大学华西医院	430	3.192%	中山大学附 1 院	176	1.306%
解放军总医院	312	2.316%	上海交通大学瑞金医院	172	1.277%
南京医科大学附一院	217	1.611%	中南大学湘雅二医院	170	1.262%
第四军医大学西京医院	203	1.507%	复旦大学附属中山医院	165	1.225%
山东大学齐鲁医院	198	1.470%	上海交通大学第六人民医院	165	1.225%
浙江大学附一院	191	1.418%	复旦大学附属华山医院	163	1.210%
中国医科大学附一院	191	1.418%	华中科技大学协和医院	158	1.173%
南京军区南京总医院	190	1.410%	西安交通大学附一院	157	1.165%
上海交通大学仁济医院	184	1.366%	南方医科大学南方医院	153	1.136%
华中科技大学同济医院	181	1.343%	北京协和医院	152	1.128%

20.2.8　《自然》系列刊发论文数居亚太首位表明中国生命科学研究成果丰硕

以国际知名学术出版机构英国自然出版集团（Nature Publishing Group）的《自然》系列期刊中所发表的论文为基础，可衡量不同国家和研究机构在生命科学领域所取得的成果，以此数据做比较，还可显示各国在生命科学研究领域的国际地位。

2014 年中国大陆作者在 NATURE 系列 27 种刊物中发表论文（仅计 Articles，Review）380 篇，比 2013 年 274 篇增加 106 篇，增长 38.7%。发表论文的单位由 2013 年的 120 个增到 2014 年的 134 个，增加 14 个，其中高校 75 所（含附属医院），研究单位 59 个，不附属于大学的医院 1 个。中国科学院所属的 39 个机构共发表《自然》系列论文 91 篇。发表 5 篇以上的单位 16 个（如表 20-29 所示），12 个为高校，发表 10 篇以上的单位共 7 个，都为大学：北京大学、中国科技大学、清华大学、复旦大学、南京大学、上海交通大学和浙江大学。发表 5 篇以上的研究所为 4 个，均是中科院下属单位，分别是中科院上海生命科学院、动物所、物理所和金属所。有 27 个医院发表《自然》系列论文，发表 2 篇以上的医院 5 个：上海交通大学瑞金医院 4 篇，中国医科院肿瘤医院 3 篇，上海交通大学仁济医院、武汉大学人民医院和同济大学东方医院各 2 篇。

表 20-29 《自然》系列刊物中发表 5 篇以上论文的单位

论文篇数	单位名称	论文篇数	单位名称
21	北京大学	8	华中科技大学
19	中国科学技术大学	8	中国科学院动物所
18	清华大学	7	中科院生物物理所
16	复旦大学	7	中山大学
16	南京大学	5	华中农业大学
14	上海交通大学	5	吉林大学
13	浙江大学	5	四川大学
8	中科院上海生命科学院	5	中科院金属所

在 27 种《自然》系列刊物中，发文数和发文比最高的是《NATURE COMMUNICATION》，共发表 257 篇论文，占该刊 2014 年 2788 篇发文的 9.2%。发文比高于 5% 的期刊仅有 3 种：《NATURE COMMUNICATIONS》《NATURE GENETICS》和《NATURE PROTOCOLS》。中国作者发文数大于 10 篇的期刊为 4 种：《NATURE COMMUNICATIONS》《NATURE》《NATURE GENETICS》和《NATURE PROTOCOLS》。仅发表 1 篇的期刊为 9 种（如表 20-30 所示）。

表 20-30 中国大陆作者在《自然》系列刊物中的发文情况

排名	中国论文篇数	全部论文篇数	期刊名称	比例
1	257	2788	NATURE COMMUNICATIONS	9.218%
2	17	192	NATURE GENETICS	8.854%
3	10	197	NATURE PROTOCOLS	5.076%
4	6	142	NATURE NANOTECHNOLOGY	4.225%
5	36	862	NATURE	4.176%
6	6	153	NATURE MATERIALS	3.922%
7	5	131	NATURE PHYSICS	3.817%
8	5	132	NATURE STRUCTURAL & MOLECULAR BIOLOGY	3.788%
9	4	146	NATURE CLIMATE CHANGE	2.740%
10	4	147	NATURE GEOSCIENCE	2.721%
11	3	111	NATURE BIOTECHNOLOGY	2.703%
12	4	155	NATURE MEDICINE	2.581%
13	3	121	NATURE IMMUNOLOGY	2.479%
14	3	130	NATURE PHOTONICS	2.308%
15	3	133	NATURE CHEMISTRY	2.256%
16	3	145	NATURE CHEMICAL BIOLOGY	2.069%
17	1	52	NATURE REVIEWS CARDIOLOGY	1.923%
18	1	53	NATURE REVIEWS NEPHROLOGY	1.887%

续表

排名	中国论文篇数	全部论文篇数	期刊名称	比例
19	1	55	NATURE REVIEWS UROLOGY	1.818%
20	4	221	NATURE NEURO SCIENCE	1.810%
21	2	117	NATURE CELL BIOLOGY	1.709%
22	1	59	NATURE REVIEWS GENETICS	1.695%
23	1	59	NATURE REVIEWS NEUROLOGY	1.695%
24	1	62	NATURE REVIEWS GASTROENTEROLOGY & HEPATOLOGY	1.613%
25	1	66	NATURE REVIEWS RHEUMATOLOGY	1.515%
26	1	67	NATURE REVIEWS MICROBIOLOGY	1.493%
27	1	156	NATURE METHODS	0.641%

20.2.9　论文吸收外部信息能力进一步提高

显示论文吸收外部信息的能力的指标为论文的参考文献数，即引文数。2014 年中国大陆作者发表的论文数为 225094 篇，其中，Article 为 219301 篇，篇均引文数为 33.6 篇，Review 为 5793 篇，篇均引文数为 86.5 篇。与 2013 年相比，研究论文的引文数大于 100 篇的论文数由 1177 篇升到 1544 篇；评论性文章的引文数大于 200 篇的数目由 236 篇升到 296 篇。从 2010—2014 年看，Art 的篇均引文数分别为 28.5，29.8，31.3，32.4 和 33.6 篇；Rev 的篇均引文数分别为 77.5，79.8，80.4，82.8 和 86.5 篇（如图 20-2 所示）。从 2014 年大陆作者发文的 40 个学科看，篇均引文数超 30 篇的学科由 2013 年的 25 个增至 27 个，其中超 40 篇的学科已由 5 个升到 8 个（如表 20-31 所示）。天文、地学、水产、林学、农学、环境、生物和化学等学科论文的引文数已与国际可比。

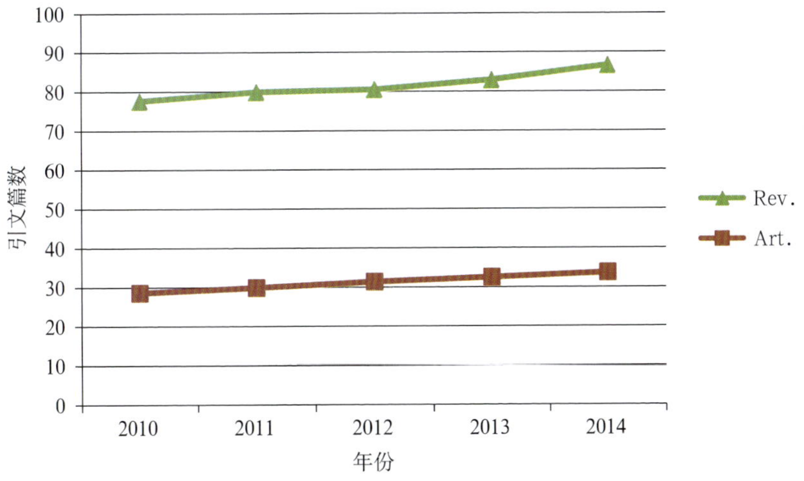

图 20-2　2010—2014 年大陆作者论文引文数变化

表 20-31　中国论文篇均引文数高于 40 篇的学科

学科	论文篇数	引文总篇数	篇均引文数	学科	论文篇数	引文总篇数	篇均引文数
地学	7980	383051	48.00	环境科学	5151	211470	41.05
天文学	1314	61978	47.17	农学	2685	109863	40.92
水产科学	760	32833	43.20	化学	40461	1651546	40.82
林业科学	425	17788	41.85	生物学	23751	953705	40.15

20.3 结语

20.3.1 保持清醒，不能止步

居安应常思危，科研不能止步。在成绩面前，中国科研人员应始终保持清醒。

有专家提醒，现在的成果只是“亮点频出”，还谈不上“全面开花”，虽然我们变化快、进步快，但国际化还不够，尚未形成自己的学派，科技体制改革应进一步推向纵深，包括建立适合的分类评价机制、完善科研人员的待遇和分配机制等。2016年是“十三五”的开局之年，在科研投入上，中国科学技术发展战略研究院科技统计分析所玄兆辉提出了需要关注的几个重点问题。例如，在稳定R&D投入增速的同时，应该调整R&D经费配置结构。近年来，中国科学研究，也就是基础研究和应用研究经费占R&D经费比例持续下降。这一比例在主要发达国家普遍在35%以上，而中国仅为15%。他们认为，一方面，“科学研究经费长期不足势必会影响中国原始创新能力和科技发展总体水平的持续提升”。另一方面，R&D经费使用中“重物轻人”现象仍然严重。玄兆辉说，发达国家R&D经费中，人员费占比通常保持在40%～60%，而中国这一比例仅为27%，“这一结构的有效调整是更好地培养和留住人才，进一步提高科技创新效率的根本保证”。

20.3.2 提高我国优势学科的国际影响力

中国医学精深博大，历史悠久，在世界享有盛名，中国中医药研究学者屠呦呦获得2015年度世界科学最高奖就是证明。我们应更加发扬光大，造福世界。创新始于研究，研究的成果首发于媒体。从中国中医药科技工作者发表于世界各国传统医学期刊中的论文看，2014年SCI源刊中，收录了世界9个国家24种此类医学刊物，共发表了3521篇论文，中国大陆作者在其中的15种刊物中发表论文904篇，占全部的25.67%，大陆有340个机构（大学、研究所和医院）发表了论文，126个大学校园发表论文433篇，175个医院发表论文364篇，从事中医药教育的高校：北京中医药大学，上海中医药大学和南京中医药大学和他们的附属医院是发表论文数居前的高校（医院），分别发表63、45、29篇。中国中医科学院和附属医院也发表了63篇论文。我们认为，中国的中医药研究人员还应多发表高质量的论文，提高中国的影响。目前，中国有中医药类刊物数十种，但仅有3种刊物被国际检索系统收录，要提高中国中医药研究成果的学术影响，除要多发表一些研究成果外，使中国的中医药类期刊挤进国际也是很重要的方面。

20.3.3　发挥国家实验室的学术作用

“十三五”期间，科技部将在重大创新领域组建一批国家实验室。科技部对各国科技进行国际对比研究的结果显示，国家实验室代表国家战略创新的最高水平，是抢占国际前沿制高点的主力军，其影响力和成效将成为评估考量一国综合国力的重要因素。国家实验室规模巨大，人数众多，综合性强，鼓励学科协作和创新，如美国的洛斯阿拉莫斯国家实验室和橡树岭国家实验室。国家实验室体现国家战略意图，必须由政府提供高强度的支持，并指定研究方向，配套庞大的大科学装置群，同时向社会开放，直接支持国防建设和经济领域各个方向的发展。科技部部长万钢表示，国家实验室的研究成果对于新兴产业发展具有重要的影响力，往往是重大科研成果主要诞生地。当前我们建设国家实验室，关键是要做好管理机制设计和领域的选择。

2014 年，中国大陆作者发表论文 225094 篇，其中属于各类实验室的论文是 83300 篇，占全部论文的 37.0%。全国论文中，即年被引 104254 篇，占全部论文的 46.32%，而被引的论文中，属于实验室的有 44623 篇，实验室的被引次数占全部实验室论文的 53.57%，占全国被引次数的 42.80%。从数据看出，实验室论文的影响是较高的，应办好各类实验室，特别是国家级的实验室，发挥更大的学科优势。2014 年发表 300 篇以上论文的实验室全是国家实验室，共有 14 个（如表 20-32 所示）。

表 20-32　发表论文数 300 篇以上的国家实验室

论文篇数	实验室名称
534	江南大学食品科学与技术实验室
480	北京化工大学化工资源有效利用实验室
427	西北工业大学凝固技术实验室
402	清华大学化学工程实验室
394	四川大学高分子材料工程实验室
377	南京大学固体微结构物理实验室
363	大连理工大学精细化工实验室
345	浙江大学硅材料实验室
342	中国科技大学合肥微尺度物质科学实验室
331	电子科技大学电子薄膜与集成器件实验室
327	南京大学生命分析化学实验室
326	中国石油大学重质油实验室

20.3.4　继续发挥科学基金和国家重大项目的支持

中国实行的科学基金制度和实施的各类项目计划，对广大的科研人员从事基础研究和应用基础研究工作起到了很大的作用。基金论文一般来说，具有较高的学术水平和创新性，也得到了较多的应用。科技论文得到国家重大基金（计划）项目的支持，是显示论文是否具有创新性的指标。仅从国家科技部实施多年的 973 计划项目看，2008—2014 年发表的 SCI 论文 54796 篇（标示的基金项目中凡含有 973 的全计入），逐年呈增长之态势（如表 20-33 所示）。发表论文的机构多达 1000 个，仅中国科学院发表 9000 多篇，发表数超 1000 篇的大学 7 所：清华大学、北京大学、浙江大学、上海交通大学、武汉大学、南京大学和福州大学，发表 500 篇以上的大学高达 21 所。发表论文的医院有 300 多个，发表 100 篇以上的医院有 7 个：四川大学华西医院、解放军总医院、浙江大学附一院、华中科技大学同济医院、山东大学齐鲁医院、上海交通大学九院和中南大学湘雅医院。发表论文的地区覆盖全国，发表的国际期刊多达 4000 多种。可以说，没有基金和国家重大科技项目的支持和实施，就不可能产生如此丰硕的成果。为此，国家还应加大实施基金对研发的支持。

表 20-33　2008—2014 年 973 项目产生的论文数

年份	2008	2009	2010	2011	2012	2013	2014
论文篇数	1109	1947	4253	6807	9450	11673	19556

20. 3. 5　加强生命科学的研究，巩固科学研究成果

数十种《自然》系列期刊是当今世界学术界公认的影响力大的期刊，发表难度较大。据自然出版集团发布的信息，中国的《自然》系列论文数已居亚太第一，说明中国的生命科学研究达到了一定的高度，我们应清楚地看到，这个数据的计量是包含香港和澳门地区的，如仅计量大陆科技人员的发表数，就还有差距。在多数的《自然》系列期刊中，大陆科技工作者仅有 1 篇论文发表。因此科技工作者还应努力，在生命科学领域做出成绩，发表较多高质高影响的论文。

20. 3. 6　继续发挥和提升中国高校研究人员的学术影响力和创新能力

在本书所涉及的论文学术影响力方面，各类论文发表数所占的比例中，高校作者论文数所占比例都在约 75%；就参加国际大科学研究的 12 个机构中，大学就占 11 个。中国的高校多，人才济济，不仅要完成繁重的人才的培育，还要担负国家大量重要的研发任务，提升中国的学术影响力高校是重要的力量，还应较大地发挥高校科技工作者的作用。

20. 3. 7　发挥企业创新作用

企业应成为我国创新发展的主力军。但目前，从中国发表的科技论文影响力的各种表现看，具有影响力的各类论文的发表主体还不是企业，这种状况应在短期内快速改变。

中国科学技术发展战略研究院科技统计与分析研究所副所长玄兆辉说：“如今，我国研发人员规模已经居世界第一位，形成了规模庞大、学科齐备、结构完善的科技人才体系，科技人员能力与素质显著提升，为科技和经济发展奠定了坚实的基础。”科技论

文是科学研究的产物，从发表论文情况看，可以说，中国由科技大国向科技强国转变的时间不会太长了。

（注意：本文数据主要采集自可进行国际比较，并能进行学术指标评估的 THOMSON 公司出产的 SCI 2014 数据。以上文字和图表中所列据 Web of Science、SCI、SCIE 和 JCR 等，是笔者根据这些系统提供的数据加工整理产生的。以上各章节中所描述的论文仅指文献类型中的 Articles 和 Review。）

参考文献

[1] 万钢 . 科技部将组建一批国家实验室 [N]. 中国科学报，2016-04-26.

[2] 中国高质量科研对世界总体贡献居全球第二位 [N]. 科学网，2016-01-15.

[3] 我国科技人力资源总量突破 8000 万 [N]. 科技日报，2016-04-21.

[4] 2016 自然指数排行榜 . 中国高质量科研产出呈现两位数增长 [N]. 科技日报，2016-04-21.

[5] Thomson Scientific 2014.ISI Web of Knowledge： Web of Science [DB/OL].[WWW document]. URL http：//portal.isiknowledge.com/web of science.

[6] Thomson Scientific 2014.ISI Web of Knowledge [DB/OL]， journal citation reports 2009.[WWW document].URL http：//portal.isiknowledge.com/journal citation reports.

附　录

附录 1　2014 年 SCI 收录的中国科技期刊

ACTA BIOCHIMICA ET BIOPHYSICA SINICA
ACTA CHIMICA SINICA
ACTA GEOLOGICA SINICA-ENGLISH EDITION
ACTA MATHEMATICA SCIENTIA
ACTA MATHEMATICA SINICA-ENGLISH SERIES
ACTA MATHEMATICAE APPLICATAE SINICA-ENGLISH SERIES
ACTA MECHANICA SINICA
ACTA MECHANICA SOLIDA SINICA
ACTA METALLURGICA SINICA
ACTA METALLURGICA SINICA-ENGLISH LETTERS
ACTA OCEANOLOGICA SINICA
ACTA PETROLOGICA SINICA
ACTA PHARMACOLOGICA SINICA
ACTA PHYSICA SINICA
ACTA PHYSICO-CHIMICA SINICA
ACTA POLYMERICA SINICA
ADVANCES IN ATMOSPHERIC SCIENCES
ALGEBRA COLLOQUIUM
APPLIED GEOPHYSICS
APPLIED MATHEMATICS AND MECHANICS-ENGLISH EDITION
APPLIED MATHEMATICS-A JOURNAL OF CHINESE UNIVERSITIES SERIES B
ASIAN HERPETOLOGICAL RESEARCH
ASIAN JOURNAL OF ANDROLOGY
BIOMEDICAL AND ENVIRONMENTAL SCIENCES
BONE RESEARCH
CELL RESEARCH
CELLULAR & MOLECULAR IMMUNOLOGY
CHEMICAL JOURNAL OF CHINESE UNIVERSITIES-CHINESE
CHEMICAL RESEARCH IN CHINESE UNIVERSITIES
CHINA COMMUNICATIONS
CHINA FOUNDRY
CHINA OCEAN ENGINEERING
CHINA PETROLEUM PROCESSING & PETROCHEMICAL TECHNOLOGY
CHINESE ANNALS OF MATHEMATICS SERIES B
CHINESE CHEMICAL LETTERS
CHINESE GEOGRAPHICAL SCIENCE
CHINESE JOURNAL OF AERONAUTICS
CHINESE JOURNAL OF ANALYTICAL CHEMISTRY
CHINESE JOURNAL OF CANCER
CHINESE JOURNAL OF CANCER RESEARCH
CHINESE JOURNAL OF CATALYSIS
CHINESE JOURNAL OF CHEMICAL ENGINEERING
CHINESE JOURNAL OF CHEMICAL PHYSICS
CHINESE JOURNAL OF CHEMISTRY
CHINESE JOURNAL OF ELECTRONICS
CHINESE JOURNAL OF GEOPHYSICS-CHINESE EDITION
CHINESE JOURNAL OF INORGANIC CHEMISTRY
CHINESE JOURNAL OF INTEGRATIVE MEDICINE
CHINESE JOURNAL OF MECHANICAL ENGINEERING
CHINESE JOURNAL OF NATURAL MEDICINES
CHINESE JOURNAL OF OCEANOLOGY AND LIMNOLOGY
CHINESE JOURNAL OF ORGANIC CHEMISTRY
CHINESE JOURNAL OF POLYMER SCIENCE
CHINESE JOURNAL OF STRUCTURAL CHEMISTRY
CHINESE MEDICAL JOURNAL
CHINESE OPTICS LETTERS
CHINESE PHYSICS B
CHINESE PHYSICS C
CHINESE PHYSICS LETTERS
CHINESE SCIENCE BULLETIN
COMMUN NONLINEAR SCI
COMMUNICATIONS IN THEORETICAL PHYSICS
CURRENT ZOOLOGY
EARTHQUAKE ENGINEERING AND ENGINEERING VIBRATION
FRONTIERS OF CHEMICAL SCIENCE AND ENGINEERING
FRONTIERS OF COMPUTER SCIENCE
FRONTIERS OF EARTH SCIENCE
FRONTIERS OF ENVIRONMENTAL SCIENCE & ENGINEERING
FRONTIERS OF MATERIALS SCIENCE

FRONTIERS OF MATHEMATICS IN CHINA
FRONTIERS OF PHYSICS
HEPATOBILIARY & PANCREATIC DISEASES INTERNATIONAL
INSECT SCIENCE
INTEGRATIVE ZOOLOGY
INTERNATIONAL JOURNAL OF DISASTER RISK SCIENCE
INTERNATIONAL JOURNAL OF MINERALS METALLURGY AND MATERIALS
INTERNATIONAL JOURNAL OF OPHTHALMOLOGY
INTERNATIONAL JOURNAL OF ORAL SCIENCE
INTERNATIONAL JOURNAL OF SEDIMENT RESEARCH
JOURNAL OF ARID LAND
JOURNAL OF BIONIC ENGINEERING
JOURNAL OF CENTRAL SOUTH UNIVERSITY
JOURNAL OF COMPUTATIONAL MATHEMATICS
JOURNAL OF COMPUTER SCIENCE AND TECHNOLOGY
JOURNAL OF EARTH SCIENCE
JOURNAL OF ENERGY CHEMISTRY
JOURNAL OF ENVIRONMENTAL SCIENCES-CHINA
JOURNAL OF FORESTRY RESEARCH
JOURNAL OF GENETICS AND GENOMICS
JOURNAL OF GEOGRAPHICAL SCIENCES
JOURNAL OF GERIATRIC CARDIOLOGY
JOURNAL OF HUAZHONG UNIVERSITY OF SCIENCE AND TECHNOLOGY-MEDICAL SCIENCES
JOURNAL OF HYDRODYNAMICS
JOURNAL OF INFRARED AND MILLIMETER WAVES
JOURNAL OF INORGANIC MATERIALS
JOURNAL OF INTEGRATIVE AGRICULTURE
JOURNAL OF INTEGRATIVE PLANT BIOLOGY
JOURNAL OF IRON AND STEEL RESEARCH INTERNATIONAL
JOURNAL OF MATERIALS SCIENCE & TECHNOLOGY
JOURNAL OF METEOROLOGICAL RESEARCH
JOURNAL OF MOLECULAR CELL BIOLOGY
JOURNAL OF MOUNTAIN SCIENCE
JOURNAL OF NATURAL GAS CHEMISTRY
JOURNAL OF OCEAN UNIVERSITY OF CHINA
JOURNAL OF PLANT ECOLOGY
JOURNAL OF RARE EARTHS
JOURNAL OF SPORT AND HEALTH SCIENCE
JOURNAL OF SYSTEMATICS AND EVOLUTION
JOURNAL OF SYSTEMS ENGINEERING AND ELECTRONICS
JOURNAL OF SYSTEMS SCIENCE & COMPLEXITY
JOURNAL OF SYSTEMS SCIENCE AND SYSTEMS ENGINEERING
JOURNAL OF THERMAL SCIENCE
JOURNAL OF TRADITIONAL CHINESE MEDICINE
JOURNAL OF TROPICAL METEOROLOGY
JOURNAL OF WUHAN UNIVERSITY OF TECHNOLOGY-MATERIALS SCIENCE EDITION
JOURNAL OF ZHEJIANG UNIVERSITY-SCIENCE A
JOURNAL OF ZHEJIANG UNIVERSITY-SCIENCE B
JOURNAL OF ZHEJIANG UNIVERSITY-SCIENCE C-COMPUTERS & ELECTRONICS
LIGHT-SCIENCE & APPLICATIONS
MOLECULAR PLANT
NANO RESEARCH
NEURAL REGENERATION RESEARCH
NEUROSCIENCE BULLETIN
NEW CARBON MATERIALS
NUCLEAR SCIENCE AND TECHNIQUES
NUMERICAL MATHEMATICS-THEORY METHODS AND APPLICATIONS
PARTICUOLOGY
PEDOSPHERE
PETROLEUM SCIENCE
PLASMA SCIENCE & TECHNOLOGY
PROGRESS IN BIOCHEMISTRY AND BIOPHYSICS
PROGRESS IN CHEMISTRY
PROGRESS IN NATURAL SCIENCE
PROTEIN & CELL
RARE METAL MATERIALS AND ENGINEERING
RARE METALS
RESEARCH IN ASTRONOMY AND ASTROPHYSICS
SCIENCE CHINA-CHEMISTRY
SCIENCE CHINA-EARTH SCIENCES
SCIENCE CHINA-INFORMATION SCIENCES
SCIENCE CHINA-LIFE SCIENCES
SCIENCE CHINA-MATHEMATICS
SCIENCE CHINA-PHYSICS MECHANICS & ASTRONOMY
SCIENCE CHINA-TECHNOLOGICAL SCIENCES
SPECTROSCOPY AND SPECTRAL ANALYSIS
TRANSACTIONS OF NONFERROUS METALS SOCIETY OF CHINA
NATIONAL SCIENCE REVIEW
INTERNATIONAL JOURNAL OF DIGITAL EARTH

附录 2　2014 年 Inspec 收录的中国期刊

半导体技术
半导体学报（英文版）
北京大学学报（自然科学版）
北京工业大学学报
北京航空航天大学学报
北京理工大学学报
北京理工大学学报（英文版）
北京师范大学学报（自然科学版）
材料物理化学（英法德文版）
测绘地理信息
测试技术学报
储能科学与技术
传感技术学报
大连理工大学学报
大气科学进展（英文版）
弹箭与制导学报
等离子体科学和技术（英文版）
地球科学前沿（英文版）
地球科学学刊（英文版）
地球科学 - 中国地质大学学报
地震工程与工程振动（英文版）
地震学报（英文版）
电测与仪表
电池
电瓷避雷器
电镀与涂饰
电工电能新技术
电光与控制
电焊机
电机工程学刊
电机与控制学报
电力建设
电力科学与工程
电力科学与技术学报
电力系统及其自动化学报
电力系统自动化
电力自动化设备
电声技术
电视技术
电信科学
电讯技术
电子科技
电子科技大学学报
电子科技学刊（英文版）
电子科学学刊(英文版)
电子器件
电子显微学报
电子学报（英文版）
电子元件与材料
东北大学学报（自然科学版）
东华大学学报（英文版）
东南大学学报（英文版）
东南大学学报（自然科学版）
发展中国家的电子信息系统学报（英文版）
非线性科学与数值模拟通信（英文版）
腐蚀科学与防护技术
钢铁研究学报（英文版）
高分子研究学刊（英文版）
高压电器
工程通信（英文版）
工矿自动化
工业工程
工业工程与管理
公路交通科技
固体火箭技术
光电子快报（英文版）
光电子学前沿（英文版）
光谱学与光谱分析
光学 精密工程
光子学报
广东工业大学学报
国防科技大学学报
国际地图（英文版）
国际电子商业管理杂志（英文版）
国际计算机科学学报（英文版）
国际计算机网络与信息安全杂志（英文版）
国际模糊系统学报（英文版）
国际农业与生物工程学报（英文版）
国际农业与生物工程学报（网络版，英文版）
国际数字地球学报（英文版）
国际网络安全杂志（英文版）
国际现代教育和计算机科学杂志（英文版）

国际新计算机体系结构及其应用杂志(英文版)
国际信息工程和电子商务杂志（英文版）
国际信息技术和计算机科学杂志（英文版）
国际信息与管理科学学报（英文版）
国际应用数学学报（英文版）
国际智能系统和应用程序杂志（英文版）
国际自动化和智能技术杂志（英文版）
国际自动化与计算杂志(英文版)
海军工程大学学报
海洋学报（英文版）
航空材料学报
航空动力学报
航空学报
河北工业大学学报
河北工业科技
河北科技大学学报
河南科技大学学报（自然科学版）
核技术（英文版）
红外与激光工程
湖南农业大学学报（自然科学版）
湖南师范大学自然科学学报
华北电力大学学报
华东电力
华东理工大学学报（自然科学版）
华南理工大学学报（自然科学版）
华中科技大学学报（自然科学版）
化学科学与工程前沿（英文版）
化学物理学报（英文版）
环境科学学报（英文版）
环境科学与工程前沿（英文版）
火箭推进
火力与指挥控制
机电工程
机器人
机械工程前沿（英文版）
机械强度
激光技术
吉林大学学报（工学版）
吉林大学学报（理学版）
计算机测量与控制
计算机辅助工程
计算机辅助设计与图形学学报
计算机工程
计算机工程与科学
计算机工程与设计
计算机工程与应用
计算机集成制造系统
计算机科学技术学报（英文版）
计算机科学前沿（英文版）
计算机生态学与软件（英文版）
计算机应用
计算机应用研究
计算数学（英文版）
建筑节能
建筑与土木工程前沿（英文版）
江苏大学学报（自然科学版）
交通运输工程学报
解放军理工大学学报（自然科学版）
绝缘材料
科技导报
空间科学学报
控制理论与应用
控制理论与应用（英文版）
控制与决策
矿物岩石
兰州理工大学学报
理论物理通信（英文版）
量子电子学报
棉纺织技术
纳米技术与精密工程
纳米研究（英文版） 清华大学
南方电网技术
南京航空航天大学学报
南京航空航天大学学报（英文版）
南京理工大学学报
南京林业大学学报（自然科学版）
南京邮电大学学报（自然科学版）
强激光与粒子束
青岛大学学报（自然科学版）
青岛科技大学学报（自然科学版）
青岛理工大学学报
轻工机械
情报学报
热科学学报（英文版）

热科学与技术
热能前沿（英文版）
软件学报
三峡大学学报（自然科学版）
厦门大学学报（自然科学版）
上海交通大学学报
上海金属
深圳大学学报（理工版）
深圳职业技术学院学报
沈阳工业大学学报
生物医学工程－应用，基础和通信（英文版）
声学技术
数据采集与处理
水电能源科学
水泥工程
台电工程月刊
探测与控制学报
特种油气藏
天津大学学报
天文和天体物理学研究（英文版）
铁路计算机应用
通信学报
微电子学
微纳电子技术
武汉大学学报（工学版）
武汉大学学报（理学版）
武汉大学学报（信息科学版）
武汉大学自然科学学报（英文版）
武汉理工大学学报
物理
物理化学学报
物理学报
物理学前沿（英文版）
西安电子科技大学学报
西安交通大学学报
西安理工大学学报
稀有金属材料与工程
系统仿真学报
系统工程与电子技术
系统工程与电子技术（英文版）
系统科学与复杂性学报（英文版）
系统科学与系统工程学报（英文版）
小型微型计算机系统 更名：计算机系统
新型炭材料
信息工程大学学报
信息与控制
亚洲控制学报（英文版）
烟草科技
冶金自动化
液晶与显示
医疗卫生装备
医学影像学杂志
仪表技术与传感器
应用地球物理（英文版）
应用光学
应用数学和力学（英文版）
浙江大学学报（A 辑 应用物理和工程，英文版）
浙江大学学报（工学版）
浙江电力
浙江工业大学学报
振动工程学报
郑州大学学报（工学版）
智能计算与控制论国际期刊（英文版）
中国地球化学学报（英文版）
中国电机工程学报
中国电力
中国电子科学研究院学报
中国腐蚀与防护学报
中国工程学刊（英文版）
中国惯性技术学报
中国海洋湖沼学报（英文版）
中国航空学报（英文版）
中国环境科学
中国机械工程
中国机械工程学报（英文版）
中国科学（技术科学，英文版）
中国科学（信息科学，英文版）
中国科学技术大学学报
中国农业经济评论（英文版）
中国生物医学工程学报
中国石油大学学报（自然科学版）
中国铁道科学
中国通信（英文版）
中国物理（B，英文版）

中国物理（C，英文版）
中国物理快报（英文版）
中国医学影像技术
中国邮电高校学报（英文版）
中国有色金属学报
中国有色金属学会学报（英文版）
中华民国物理学刊（英文版）（台湾）
中华医学工程学刊（英文版）
中南大学学报（英文版）
中南大学学报（自然科学版）
中兴通信技术（英文版）
中子新闻（英文版）
重庆大学学报（英文版）
装备学院学报
自动化仪表
自动化与仪表
自然灾害学报
组合机床与自动化加工技术

附录3　2014年Medline收录的中国期刊

[ZHONGHUA YAN KE ZA ZHI] CHINESE JOURNAL OF OPHTHALMOLOGY	0412-4081
ACTA BIOCHIMICA ET BIOPHYSICA SINICA	1745-7270
ACTA PHARMACOLOGICA SINICA	1745-7254
ASIAN JOURNAL OF ANDROLOGY	1745-7262
BEIJING DA XUE XUE BAO. YI XUE BAN = JOURNAL OF PEKING UNIVERSITY. HEALTH SCIENCES	1671-167X
BING DU XUE BAO = CHINESE JOURNAL OF VIROLOGY / [BIAN JI, BING DU XUE BAO BIAN JI WEI YUAN HUI]	1000-8721
CELL RESEARCH	1748-7838
CELLULAR & MOLECULAR IMMUNOLOGY	2042-0226
CHINESE JOURNAL OF CANCER	1000-467X
CHINESE JOURNAL OF CANCER RESEARCH = CHUNG-KUO YEN CHENG YEN CHIU	1000-9604
CHINESE JOURNAL OF INTEGRATIVE MEDICINE	1672-0415
CHINESE JOURNAL OF TRAUMATOLOGY = ZHONGHUA CHUANG SHANG ZA ZHI / CHINESE MEDICAL ASSOCIATION	1008-1275
CHINESE MEDICAL JOURNAL	0366-6999
CHINESE MEDICAL SCIENCES JOURNAL = CHUNG-KUO I HSUEH K'O HSUEH TSA CHIH / CHINESE ACADEMY OF MEDICAL SCIENCES	1001-9294
DONG WU XUE YAN JIU = ZOOLOGICAL RESEARCH / ""DONG WU XUE YAN JIU"" BIAN JI WEI YUAN HUI BIA	0254-5853
FA YI XUE ZA ZHI	1004-5619
FRONTIERS OF MEDICINE	2095-0225
GENOMICS, PROTEOMICS & BIOINFORMATICS	1672-0229
GUANG PU XUE YU GUANG PU FEN XI = GUANG PU	1000-0593
HEPATOBILIARY & PANCREATIC DISEASES INTERNATIONAL : HBPD INT	1499-3872
HUA XI KOU QIANG YI XUE ZA ZHI = HUAXI KOUQIANG YIXUE ZAZHI = WEST CHINA JOURNAL OF STOMATOLOGY	1000-1182
HUAN JING KE XUE= HUANJING KEXUE / [BIAN JI, ZHONGGUO KE XUE YUAN HUAN JING KE XUE WEI YUAN HUI ""HUAN JING KE XUE"" BIAN JI WEI YUAN H	0250-3301
INTERNATIONAL JOURNAL OF ORAL SCIENCE	1674-2818
JOURNAL OF ANIMAL SCIENCE AND BIOTECHNOLOGY	1674-9782
JOURNAL OF BIOMEDICAL RESEARCH	1674-8301
JOURNAL OF ENVIRONMENTAL SCIENCES (CHINA)	1001-0742
JOURNAL OF GENETICS AND GENOMICS = YI CHUAN XUE BAO	1673-8527
JOURNAL OF GERIATRIC CARDIOLOGY : JGC	1671-5411
JOURNAL OF HUAZHONG UNIVERSITY OF SCIENCE AND TECHNOLOGY. MEDICAL SCIENCES = HUA ZHONG KE JI DA XUE XUE BAO. YI XUE YING DE WEN BAN = HUAZHONG KEJI DAXUE XUEBAO. YIXUE YINGDEWEN BAN	1672-0733

JOURNAL OF INTEGRATIVE PLANT BIOLOGY	1744-7909
J TRADIT CHIN MED = JOURNAL OF TRADITIONAL CHINESE MEDICINE = CHUNG I TSA CHIH YING WEN PAN / SPONSORED BY ALL-CHINA ASSOCIATION OF TRADITIONAL CHINESE MEDICINE, ACADEMY OF TRADITIONAL CHINESE MEDICINE	0255-2922
JOURNAL OF ZHEJIANG UNIVERSITY. SCIENCE. B	1862-1783
LIN CHUANG ER BI YAN HOU TOU JING WAI KE ZA ZHI = JOURNAL OF CLINICAL OTORHINOLARYNGOLOGY, HEAD, AND NECK SURGERY	1001-1781
NAN FANG YI KE DA XUE XUE BAO = JOURNAL OF SOUTHERN MEDICAL UNIVERSITY	1673-4254
NEUROSCIENCE BULLETIN	1995-8218
PROTEIN & CELL	1674-8018
SCIENCE CHINA. LIFE SCIENCES	1869-1889
SE PU = CHINESE JOURNAL OF CHRO-MATOGRAPHY / ZHONGGUO HUA XUE HUI	1000-8713
SHANGHAI KOU QIANG YI XUE = SHANGHAI JOURNAL OF STOMATOLOGY	1006-7248
SHENG LI KE XUE JIN ZHAN [PROGRESS IN PHYSIOLOGY]	0559-7765
SHENG LI XUE BAO : [ACTA PHYSIOLOGICA SINICA]	0371-0874
SHENG WU GONG CHENG XUE BAO = CHINESE JOURNAL OF BIOTECHNOLOGY	1000-3061
SHENG WU YI XUE GONG CHENG XUE ZA ZHI = JOURNAL OF BIOMEDICAL ENGINEERING = SHENGWU YIXUE GONGCHENGXUE ZAZHI	1001-5515
SICHUAN DA XUE XUE BAO. YI XUE BAN = JOURNAL OF SICHUAN UNIVERSITY. MEDICAL SCIENCE EDITION	1672-173X
VIROLOGICA SINICA	1995-820X
WEI SHENG WU XUE BAO = ACTA MICROBIOLOGICA SINICA	0001-6209
WEI SHENG YAN JIU = JOURNAL OF HYGIENE RESEARCH	1000-8020
WORLD JOURNAL OF CARDIOLOGY	1949-8462
WORLD JOURNAL OF DIABETES	1948-9358

WORLD JOURNAL OF GASTROENTEROLOGY: WJG	1007-9327
WORLD JOURNAL OF GASTROINTESTINAL ENDOSCOPY	1948-5190
WORLD JOURNAL OF GASTROINTESTINAL ONCOLOGY	1948-5204
WORLD JOURNAL OF GASTROINTESTINAL PATHOPHYSIOLOGY	2150-5330
WORLD JOURNAL OF GASTROINTESTINAL SURGERY	1948-9366
WORLD JOURNAL OF HEPATOLOGY	1948-5182
WORLD JOURNAL OF MICROBIOLOGY & BIOTECHNOLOGY	1573-0972
WORLD JOURNAL OF NEPHROLOGY	2220-6124
WORLD JOURNAL OF PEDIATRICS : WJP	1867-0687
WORLD JOURNAL OF RADIOLOGY	1949-8470
WORLD JOURNAL OF STEM CELLS	1948-0210
XI BAO YU FEN ZI MIAN YI XUE ZA ZHI = CHINESE JOURNAL OF CELLULAR AND MOLECULAR IMMUNOLOGY	1007-8738
YAO XUE XUE BAO = ACTA PHARMACEUTICA SINICA	0513-4870
YI CHUAN = HEREDITAS / ZHONGGUO YI CHUAN XUE HUI BIAN JI	0253-9772
YING YONG SHENG TAI XUE BAO = THE JOURNAL OF APPLIED ECOLOGY / ZHONGGUO SHENG TAI XUE XUE HUI, ZHONGGUO KE XUE YUAN SHENYANG YING YONG SHENG TAI YAN JIU SUO ZHU BAN	1001-9332
ZHEJIANG DA XUE XUE BAO. YI XUE BAN = JOURNAL OF ZHEJIANG UNIVERSITY. MEDICAL SCIENCES	1008-9292
ZHEN CI YAN JIU = ACUPUNCTURE RES-EARCH / [ZHONGGUO YI XUE KE XUE YUAN YI XUE QING BAO YAN JIU SUO BIAN JI]	1000-0607
ZHONG NAN DA XUE XUE BAO. YI XUE BAN = JOURNAL OF CENTRAL SOUTH UNIVERSITY. MEDICAL SCIENCES	1672-7347
ZHONG YAO CAI = ZHONGYAOCAI = JOUR-NAL OF CHINESE MEDICINAL MATERIALS	1001-4454
ZHONGGUO DANG DAI ER KE ZA ZHI = CHINESE JOURNAL OF CONTEMPORARY PEDIATRICS	1008-8830

ZHONGGUO FEI AI ZA ZHI = CHINESE JOURNAL OF LUNG CANCER	1999-6187
ZHONGGUO GU SHANG = CHINA JOURNAL OF ORTHOPAEDICS AND TRAUMATOLOGY	1003-0034
ZHONGGUO JI SHENG CHONG XUE YU JI SHENG CHONG BING ZA ZHI = CHINESE JOURNAL OF PARASITOLOGY & PARASITIC DISEASE	1000-7423
ZHONGGUO JI SHENG CHONG XUE YU JI SHENG CHONG BING ZA ZHI = CHINESE JOURNAL OF PARASITOLOGY & PARASITIC DISEASE	1000-7423
ZHONGGUO SHI YAN XUE YE XUE ZA ZHI / ZHONGGUO BING LI SHENG LI XUE HUI = JOURNAL OF EXPERIMENTAL HEMAT- OLOGY / CHINESE ASSOCIATION OF PATHOPHYSIOLOGY	1009-2137
ZHONGGUO XIU FU CHONG JIAN WAI KE ZA ZHI = ZHONGGUO XIUFU CHONGJIAN WAIKE ZAZHI = CHINESE JOURNAL OF REPARATIVE AND RECONSTRUCTIVE SURGERY	1002-1892
ZHONGGUO XUE XI CHONG BING FANG ZHI ZA ZHI = CHINESE JOURNAL OF SCHISTOSOMIASIS CONTROL	1005-6661
ZHONGGUO YI LIAO QI XIE ZA ZHI = CHINESE JOURNAL OF MEDICAL INSTRUMENTATION	1671-7104
ZHONGGUO YI XUE KE XUE YUAN XUE BAO. ACTA ACADEMIAE MEDICINAE SINICAE	1000-503X
ZHONGGUO YING YONG SHENG LI XUE ZA ZHI = ZHONGGUO YINGYONG SHENGLIXUE ZAZHI = CHINESE JOURNAL OF APPLIED PHYSIOLOGY	1000-6834
ZHONGGUO ZHEN JIU = CHINESE ACUPUNCTURE & MOXIBUSTION	0255-2930
ZHONGGUO ZHONG XI YI JIE HE ZA ZHI ZHONGGUO ZHONGXIYI JIEHE ZAZHI = CHINESE JOURNAL OF INTEGRATED TRADITIONAL AND WESTERN MEDICINE / ZHONGGUO ZHONG XI YI JIE HE XUE HUI, ZHONGGUO ZHONG YI YAN JIU Y	1003-5370

ZHONGGUO ZHONG YAO ZA ZHI = ZHONGGUO ZHONGYAO ZAZHI = CHINA JOURNAL OF CHINESE MATERIA MEDICA	1001-5302
ZHONGHUA BING LI XUE ZA ZHI CHINESE JOURNAL OF PATHOLOGY	0529-5807
ZHONGHUA ER BI YAN HOU TOU JING WAI KE ZA ZHI = CHINESE JOURNAL OF OTORHINOLARYNGOLOGY HEAD AND NECK SURGERY	1673-0860
ZHONGHUA ER KE ZA ZHI. CHINESE JOURNAL OF PEDIATRICS	0578-1310
ZHONGHUA FU CHAN KE ZA ZHI	0529-567X
ZHONGHUA GAN ZANG BING ZA ZHI = ZHONGHUA GANZANGBING ZAZHI = CHINESE JOURNAL OF HEPATOLOGY	1007-3418
ZHONGHUA JIE HE HE HU XI ZA ZHI = ZHONGHUA JIEHE HE HUXI ZAZHI = CHINESE JOURNAL OF TUBERCULOSIS AND RESPIRATORY DISEASES	1001-0939
ZHONGHUA KOU QIANG YI XUE ZA ZHI = ZHONGHUA KOUQIANG YIXUE ZAZHI = CHINESE JOURNAL OF STOMATOLOGY	1002-0098
ZHONGHUA LAO DONG WEI SHENG ZHI YE BING ZA ZHI = ZHONGHUA LAODONG WEISHENG ZHIYEBING ZAZHI = CHINESE JOURNAL OF INDUSTRIAL HYGIENE AND OCCUPATIONAL DISEASES	1001-9391
ZHONGHUA LIU XING BING XUE ZA ZHI = ZHONGHUA LIUXINGBINGXUE ZAZHI	0254-6450
ZHONGHUA NAN KE XUE = NATIONAL JOURNAL OF ANDROLOGY	1009-3591
ZHONGHUA NEI KE ZA ZHI	0578-1426
ZHONGHUA SHAO SHANG ZA ZHI = ZHONGHUA SHAOSHANG ZAZHI = CHINESE JOURNAL OF BURNS	1009-2587
ZHONGHUA WAI KE ZA ZHI [CHINESE JOURNAL OF SURGERY]	0529-5815
ZHONGHUA WEI CHANG WAI KE ZA ZHI = CHINESE JOURNAL OF GASTROINTESTINAL SURGERY	1671-0274
ZHONGHUA XIN XUE GUAN BING ZA ZHI	0253-3758
ZHONGHUA XUE YE XUE ZA ZHI = ZHONGHUA XUEYEXUE ZAZHI	0253-2727

ZHONGHUA YI SHI ZA ZHI (BEIJING, CHINA: 1980)	0255–7053
ZHONGHUA YI XUE YI CHUAN XUE ZA ZHI = ZHONGHUA YIXUE YICHUANXUE ZAZHI = CHINESE JOURNAL OF MEDICAL GENETICS	1003–9406
ZHONGHUA YI XUE ZA ZHI	0376–2491
ZHONGHUA YU FANG YI XUE ZA ZHI [CHINESE JOURNAL OF PREVENTIVE MEDICINE]	0253–9624
ZHONGHUA ZHENG XING WAI KE ZA ZHI = ZHONGHUA ZHENGXING WAIKE ZAZHI = CHINESE JOURNAL OF PLASTIC SURGERY	1009–4598
ZHONGHUA ZHONG LIU ZA ZHI [CHINESE JOURNAL OF ONCOLOGY]	0253–3766

附录 4　2014 年 CA plus 核心期刊 (Core Journal) 收录的中国期刊

波谱学杂志
材料热处理学报
催化学报
地球化学
电化学
分析化学
分子催化
分子植物（英文版）
高等学校化学学报
高等学校化学研究（英文版）
高分子材料科学与工程
高分子科学（英文版）
高分子学报
高分子研究学刊（英文版，台湾）
高校化学工程学报
功能高分子学报
光谱学与光谱分析
硅酸盐学报
贵金属
过程工程学报
合成橡胶工业
华东理工大学学报（自然科学版）
化工学报
化学（台湾）
化学反应工程与工艺
化学试剂
化学通报
化学物理学报（英文版）
化学学报
环境化学
环境科学学报
计算机与应用化学
结构化学（中 / 英文版）
金属学报
林产化学与工业
能源化学（英文版）
燃料化学学报
人工晶体学报
色谱
石油化工
石油学报（石油加工）
水处理技术
台湾化学工程学会会志（英文版，台湾）
无机化学学报
物理化学学报
物理学报
稀有金属（英文版）
影像科学与光化学
应用化学
有机化学
质谱学报
中国地球化学学报（英文版）
中国化学（英文版）
中国化学工程学报（英文版）
中国化学会会志（英文版）（台湾）
中国科学：化学（英文版）
中国生物化学与分子生物学报
中国无机分析化学
中国物理（C，英文版）
中国药理学报（英文版）

附录 5　2014 年 Ei 收录的中国期刊

ACTA GEOSCIENTICA SINICA
ACTA MECHANICA SINICA/LIXUE XUEBAO
ACTA MECHANICA SOLIDA SINICA
ACTA METALLURGICA SINICA (ENGLISH LETTERS)
ACTA METEOROLOGICA SINICA
ACTA TABACARIA SINICA
ADVANCES IN MECHANICS
APPLIED MATHEMATICS AND MECHANICS (ENGLISH EDITION)
BAOZHA YU CHONGJI/EXPLOSION AND SHOCK WAVES
BEIJING HANGKONG HANGTIAN DAXUE XUEBAO/JOURNAL OF BEIJING UNIVERSITY OF AERONAUTICS AND ASTRONAUTICS
BEIJING KEJI DAXUE XUEBAO/JOURNAL OF UNIVERSITY OF SCIENCE AND TECHNOLOGY BEIJING
BEIJING LIGONG DAXUE XUEBAO/TRANSACTION OF BEIJING INSTITUTE OF TECHNOLOGY
BEIJING YOUDIAN DAXUE XUEBAO/JOURNAL OF BEIJING UNIVERSITY OF POSTS AND TELECOMMUNICATIONS
BINGGONG XUEBAO/ACTA ARMAMENTARII
BRIDGE CONSTRUCTION
CAIKUANG YU ANQUAN GONGCHENG XUEBAO/JOURNAL OF MINING AND SAFETY ENGINEERING
CAILIAO GONGCHENG/JOURNAL OF MATERIALS ENGINEERING
CAILIAO RECHULI XUEBAO/TRANSACTIONS OF MATERIALS AND HEAT TREATMENT
CAILIAO YANJIU XUEBAO/CHINESE JOURNAL OF MATERIALS RESEARCH
CEHUI XUEBAO/ACTA GEODAETICA ET CARTOGRAPHICA SINICA
CHANG'AN DAXUE XUEBAO (ZIRAN KEXUE BAN)/JOURNAL OF CHANG'AN UNIVERSITY (NATURAL SCIENCE EDITION)
CHEMISTRY AND INDUSTRY OF FOREST PRODUCTS
CHINA OCEAN ENGINEERING
CHINA WELDING (ENGLISH EDITION)
CHINESE JOURNAL OF AERONAUTICS
CHINESE JOURNAL OF CATALYSIS
CHINESE JOURNAL OF CHEMICAL ENGINEERING
CHINESE JOURNAL OF GEOCHEMISTRY
CHINESE JOURNAL OF GEOPHYSICS (ACTA GEOPHYSICA SINICA)
CHINESE JOURNAL OF MECHANICAL ENGINEERING (ENGLISH EDITION)
CHINESE OPTICS LETTERS
CHINESE PHYSICS B
CHINESE RARE EARTHS
CHUAN BO LI XUE/JOURNAL OF SHIP MECHANICS
COMMUNICATIONS IN NONLINEAR SCIENCE AND NUMERICAL SIMULATION
COMPLEX SYSTEMS AND COMPLEXITY SCIENCE
DIANBO KEXUE XUEBAO/CHINESE JOURNAL OF RADIO SCIENCE
DIANGONG JISHU XUEBAO/TRANSACTIONS OF CHINA ELECTROTECHNICAL SOCIETY
DIANJI YU KONGZHI XUEBAO/ELECTRIC MACHINES AND CONTROL
DIANLI XITONG ZIDONGHUA/AUTOMATION OF ELECTRIC POWER SYSTEMS
DIANLI ZIDONGHUA SHEBEI/ELECTRIC POWER AUTOMATION EQUIPMENT
DIANWANG JISHU/POWER SYSTEM TECHNOLOGY
DIANZI KEJI DAXUE XUEBAO/JOURNAL OF THE UNIVERSITY OF ELECTRONIC SCIENCE AND TECHNOLOGY OF CHINA
DIANZI YU XINXI XUEBAO/JOURNAL OF ELECTRONICS AND INFORMATION TECHNOLOGY
DIQIU KEXUE – ZHONGGUO DIZHI DAXUE XUEBAO/EARTH SCIENCE – JOURNAL OF CHINA UNIVERSITY OF GEOSCIENCES
DIZHEN DIZHI
DONGBEI DAXUE XUEBAO/JOURNAL OF NORTHEASTERN UNIVERSITY
DONGNAN DAXUE XUEBAO (ZIRAN KEXUE BAN)/JOURNAL OF SOUTHEAST UNIVERSITY (NATURAL SCIENCE EDITION)
EARTH SCIENCE FRONTIERS
EARTHQUAKE ENGINEERING AND ENGINEERING VIBRATION
FAGUANG XUEBAO/CHINESE JOURNAL OF LUMINESCENCE
FENMO YEJIN CAILIAO KEXUE YU GONGCHENG/MATERIALS SCIENCE AND ENGINEERING OF POWDER METALLURGY
FRONTIERS OF COMPUTER SCIENCE
FUHE CAILIAO XUEBAO/ACTA MATERIAE COMPOSITAE SINICA
GAO XIAO HUA XUE GONG CHENG XUE BAO/JOURNAL OF CHEMICAL ENGINEERING OF CHINESE UNIVERSITIES
GAODENG XUEXIAO HUAXUE XUEBAO/CHEMICAL JOURNAL OF CHINESE UNIVERSITIES
GAODIANYA JISHU/HIGH VOLTAGE ENGINEERING

GAOFENZI CAILIAO KEXUE YU GONGCHENG/POLYMERIC MATERIALS SCIENCE AND ENGINEERING
GEOPHYSICAL PROSPECTING FOR PETROLEUM
GEOTECTONICA ET METALLOGENIA
GONGCHENG LIXUE/ENGINEERING MECHANICS
GONGNENG CAILIAO/JOURNAL OF FUNCTIONAL MATERIALS
GUANG PU XUE YU GUANG PU FEN XI/SPECTROSCOPY AND SPECTRAL ANALYSIS
GUANGDIANZI JIGUANG/JOURNAL OF OPTOELECTRONICS LASER
GUANGXUE JINGMI GONGCHENG/OPTICS AND PRECISION ENGINEERING
GUANGXUE XUEBAO/ACTA OPTICA SINICA
GUANGZI XUEBAO/ACTA PHOTONICA SINICA
GUOFANG KEJI DAXUE XUEBAO/JOURNAL OF NATIONAL UNIVERSITY OF DEFENSE TECHNOLOGY
GUTI HUOJIAN JISHU/JOURNAL OF SOLID ROCKET TECHNOLOGY
HANGKONG DONGLI XUEBAO/JOURNAL OF AEROSPACE POWER
HANGKONG XUEBAO/ACTA AERONAUTICA ET ASTRONAUTICA SINICA
HANJIE XUEBAO/TRANSACTIONS OF THE CHINA WELDING INSTITUTION
HANNENG CAILIAO/CHINESE JOURNAL OF ENERGETIC MATERIALS
HARBIN GONGCHENG DAXUE XUEBAO/JOURNAL OF HARBIN ENGINEERING UNIVERSITY
HARBIN GONGYE DAXUE XUEBAO/JOURNAL OF HARBIN INSTITUTE OF TECHNOLOGY
HEDONGLI GONGCHENG/NUCLEAR POWER ENGINEERING
HIGH TECHNOLOGY LETTERS
HONGWAI YU HAOMIBO XUEBAO/JOURNAL OF INFRARED AND MILLIMETER WAVES
HONGWAI YU JIGUANG GONGCHENG/INFRARED AND LASER ENGINEERING
HSI-AN CHIAO TUNG TA HSUEH/JOURNAL OF XI'AN JIAOTONG UNIVERSITY
HUAGONG XUEBAO/CIESC JOURNAL
HUANAN LIGONG DAXUE XUEBAO/JOURNAL OF SOUTH CHINA UNIVERSITY OF TECHNOLOGY (NATURAL SCIENCE)
HUAZHONG KEJI DAXUE XUEBAO (ZIRAN KEXUE BAN)/ JOURNAL OF HUAZHONG UNIVERSITY OF SCIENCE AND TECHNOLOGY (NATURAL SCIENCE EDITION)
HUNAN DAXUE XUEBAO/JOURNAL OF HUNAN UNIVERSITY NATURAL SCIENCES
INTERNATIONAL JOURNAL OF AUTOMATION AND COMPUTING
INTERNATIONAL JOURNAL OF MINERALS, METALLURGY AND MATERIALS
INTERNATIONAL JOURNAL OF MINING SCIENCE AND TECHNOLOGY
JIANZHU CAILIAO XUEBAO/JOURNAL OF BUILDING MATERIALS
JIANZHU JIEGOU XUEBAO/JOURNAL OF BUILDING STRUCTURES
JIAOTONG YUNSHU GONGCHENG XUEBAO/JOURNAL OF TRAFFIC AND TRANSPORTATION ENGINEERING
JIAOTONG YUNSHU XITONG GONGCHENG YU XINXI/ JOURNAL OF TRANSPORTATION SYSTEMS ENGINEERING AND INFORMATION TECHNOLOGY
JILIN DAXUE XUEBAO (GONGXUEBAN)/JOURNAL OF JILIN UNIVERSITY (ENGINEERING AND TECHNOLOGY EDITION)
JINSHU XUEBAO/ACTA METALLURGICA SINICA
JIQIREN/ROBOT
JISUANJI FUZHU SHEJI YU TUXINGXUE XUEBAO/JOURNAL OF COMPUTER-AIDED DESIGN AND COMPUTER GRAPHICS
JISUANJI JICHENG ZHIZAO XITONG/COMPUTER INTEGRATED MANUFACTURING SYSTEMS, CIMS
JISUANJI XUEBAO/CHINESE JOURNAL OF COMPUTERS
JISUANJI YANJIU YU FAZHAN/COMPUTER RESEARCH AND DEVELOPMENT
JIXIE GONGCHENG XUEBAO/JOURNAL OF MECHANICAL ENGINEERING
JOURNAL OF BEIJING INSTITUTE OF TECHNOLOGY (ENGLISH EDITION)
JOURNAL OF BIONIC ENGINEERING
JOURNAL OF CENTRAL SOUTH UNIVERSITY
JOURNAL OF CHINA UNIVERSITIES OF POSTS AND TELECOMMUNICATIONS
JOURNAL OF CHINESE INSTITUTE OF FOOD SCIENCE AND TECHNOLOGY
JOURNAL OF CHINESE MASS SPECTROMETRY SOCIETY
JOURNAL OF COMPUTER SCIENCE AND TECHNOLOGY
JOURNAL OF DONGHUA UNIVERSITY (ENGLISH EDITION)
JOURNAL OF ENERGY CHEMISTRY
JOURNAL OF ENVIRONMENTAL SCIENCES (CHINA)
JOURNAL OF HARBIN INSTITUTE OF TECHNOLOGY (NEW SERIES)
JOURNAL OF HYDRODYNAMICS
JOURNAL OF MATERIALS SCIENCE AND TECHNOLOGY
JOURNAL OF MOLECULAR CATALYSIS

JOURNAL OF RAILWAY ENGINEERING SOCIETY
JOURNAL OF RARE EARTHS
JOURNAL OF SEMICONDUCTORS
JOURNAL OF SHANGHAI JIAOTONG UNIVERSITY (SCIENCE)
JOURNAL OF SOUTHEAST UNIVERSITY (ENGLISH EDITION)
JOURNAL OF SYSTEMS ENGINEERING AND ELECTRONICS
JOURNAL OF SYSTEMS SCIENCE AND COMPLEXITY
JOURNAL OF SYSTEMS SCIENCE AND SYSTEMS ENGINEERING
JOURNAL OF THE CHINESE CEREALS AND OILS ASSOCIATION
JOURNAL OF THERMAL SCIENCE
JOURNAL OF ZHEJIANG UNIVERSITY: SCIENCE A
KONGZHI LILUN YU YINGYONG/CONTROL THEORY AND APPLICATIONS
KONGZHI YU JUECE/CONTROL AND DECISION
KUEI SUAN JEN HSUEH PAO/JOURNAL OF THE CHINESE CERAMIC SOCIETY
KUNG CHENG JE WU LI HSUEH PAO/JOURNAL OF ENGINEERING THERMOPHYSICS
LIXUE XUEBAO/CHINESE JOURNAL OF THEORETICAL AND APPLIED MECHANICS
MEITAN XUEBAO/JOURNAL OF THE CHINA COAL SOCIETY
MOCAXUE XUEBAO/TRIBOLOGY
MODERN FOOD SCIENCE AND TECHNOLOGY
MODERN TUNNELLING TECHNOLOGY
NATURAL GAS GEOSCIENCE
NATURAL GAS INDUSTRY
NEIRANJI GONGCHENG/CHINESE INTERNAL COMBUSTION ENGINE ENGINEERING
NEIRANJI XUEBAO/TRANSACTIONS OF CSICE (CHINESE SOCIETY FOR INTERNAL COMBUSTION ENGINES)
NONGYE GONGCHENG XUEBAO/TRANSACTIONS OF THE CHINESE SOCIETY OF AGRICULTURAL ENGINEERING
NONGYE JIXIE XUEBAO/TRANSACTIONS OF THE CHINESE SOCIETY FOR AGRICULTURAL MACHINERY
OIL AND GAS GEOLOGY
OPTOELECTRONICS LETTERS
PARTICUOLOGY
PHOTONIC SENSORS
PLASMA SCIENCE AND TECHNOLOGY
QIANGJIGUANG YU LIZISHU/HIGH POWER LASER AND PARTICLE BEAMS
QICHE GONGCHENG/AUTOMOTIVE ENGINEERING
QINGHUA DAXUE XUEBAO/JOURNAL OF TSINGHUA UNIVERSITY
RANLIAO HUAXUE XUEBAO/JOURNAL OF FUEL CHEMISTRY AND TECHNOLOGY
RARE METALS
RENGONG JINGTI XUEBAO/JOURNAL OF SYNTHETIC CRYSTALS
RESEARCH OF ENVIRONMENTAL SCIENCES
RUAN JIAN XUE BAO/JOURNAL OF SOFTWARE
SCIENCE CHINA CHEMISTRY
SCIENCE CHINA EARTH SCIENCES
SCIENCE CHINA INFORMATION SCIENCES
SCIENCE CHINA TECHNOLOGICAL SCIENCES
SCIENCE CHINA: PHYSICS, MECHANICS AND ASTRONOMY
SHANGHAI JIAOTONG DAXUE XUEBAO/JOURNAL OF SHANGHAI JIAOTONG UNIVERSITY
SHENGXUE XUEBAO/ACTA ACUSTICA
SHIP BUILDING OF CHINA
SHIYOU DIQIU WULI KANTAN/OIL GEOPHYSICAL PROSPECTING
SHIYOU KANTAN YU KAIFA/PETROLEUM EXPLORATION AND DEVELOPMENT
SHIYOU XUEBAO, SHIYOU JIAGONG/ACTA PETROLEI SINICA (PETROLEUM PROCESSING SECTION)
SHIYOU XUEBAO/ACTA PETROLEI SINICA
SHUIKEXUE JINZHAN/ADVANCES IN WATER SCIENCE
SHUILI XUEBAO/JOURNAL OF HYDRAULIC ENGINEERING
SICHUAN DAXUE XUEBAO (GONGCHENG KEXUE BAN)/JOURNAL OF SICHUAN UNIVERSITY (ENGINEERING SCIENCE EDITION)
TAIYANGNENG XUEBAO/ACTA ENERGIAE SOLARIS SINICA
TIANJIN DAXUE XUEBAO (ZIRAN KEXUE YU GONGCHENG JISHU BAN)/JOURNAL OF TIANJIN UNIVERSITY SCIENCE AND TECHNOLOGY
TIEDAO XUEBAO/JOURNAL OF THE CHINA RAILWAY SOCIETY
TIEN TZU HSUEH PAO/ACTA ELECTRONICA SINICA
TOBACCO SCIENCE AND TECHNOLOGY
TONGJI DAXUE XUEBAO/JOURNAL OF TONGJI UNIVERSITY
TONGXIN XUEBAO/JOURNAL ON COMMUNICATIONS
TRANSACTIONS OF NANJING UNIVERSITY OF AERONAUTICS AND ASTRONAUTICS
TRANSACTIONS OF NONFERROUS METALS SOCIETY OF CHINA (ENGLISH EDITION)
TRANSACTIONS OF TIANJIN UNIVERSITY

TSINGHUA SCIENCE AND TECHNOLOGY
TUIJIN JISHU/JOURNAL OF PROPULSION TECHNOLOGY
TUMU GONGCHENG XUEBAO/CHINA CIVIL ENGINEERING JOURNAL
WATER SCIENCE AND ENGINEERING
WUHAN DAXUE XUEBAO (XINXI KEXUE BAN)/GEOMATICS AND INFORMATION SCIENCE OF WUHAN UNIVERSITY
WUJI CAILIAO XUEBAO/JOURNAL OF INORGANIC MATERIALS
WULI XUEBAO/ACTA PHYSICA SINICA
XI TONG GONG CHENG YU DIAN ZI JI SHU/SYSTEMS ENGINEERING AND ELECTRONICS
XI'AN DIANZI KEJI DAXUE XUEBAO/JOURNAL OF XIDIAN UNIVERSITY
XIBEI GONGYE DAXUE XUEBAO/JOURNAL OF NORTHWESTERN POLYTECHNICAL UNIVERSITY
XINAN JIAOTONG DAXUE XUEBAO/JOURNAL OF SOUTHWEST JIAOTONG UNIVERSITY
XINXING TAN CAILIAO/NEW CARBON MATERIALS
XITONG GONGCHENG LILUN YU SHIJIAN/SYSTEM ENGINEERING THEORY AND PRACTICE
XIYOU JINSHU CAILIAO YU GONGCHENG/RARE METAL MATERIALS AND ENGINEERING
XIYOU JINSHU/CHINESE JOURNAL OF RARE METALS
YANSHILIXUE YU GONGCHENG XUEBAO/CHINESE JOURNAL OF ROCK MECHANICS AND ENGINEERING
YANTU GONGCHENG XUEBAO/CHINESE JOURNAL OF GEOTECHNICAL ENGINEERING
YANTU LIXUE/ROCK AND SOIL MECHANICS
YI QI YI BIAO XUE BAO/CHINESE JOURNAL OF SCIENTIFIC INSTRUMENT
YINGYONG JICHU YU GONGCHENG KEXUE XUEBAO/JOURNAL OF BASIC SCIENCE AND ENGINEERING
YUANZINENG KEXUE JISHU/ATOMIC ENERGY SCIENCE AND TECHNOLOGY
YUHANG XUEBAO/JOURNAL OF ASTRONAUTICS
ZHEJIANG DAXUE XUEBAO (GONGXUE BAN)/JOURNAL OF ZHEJIANG UNIVERSITY (ENGINEERING SCIENCE)
ZHENDONG CESHI YU ZHENDUAN/JOURNAL OF VIBRATION, MEASUREMENT AND DIAGNOSIS
ZHENDONG GONGCHENG XUEBAO/JOURNAL OF VIBRATION ENGINEERING
ZHENDONG YU CHONGJI/JOURNAL OF VIBRATION AND SHOCK
ZHENKONG KEXUE YU JISHU XUEBAO/JOURNAL OF VACUUM SCIENCE AND TECHNOLOGY
ZHONGGUO DIANJI GONGCHENG XUEBAO/PROCEEDINGS OF THE CHINESE SOCIETY OF ELECTRICAL ENGINEERING
ZHONGGUO GONGLU XUEBAO/CHINA JOURNAL OF HIGHWAY AND TRANSPORT
ZHONGGUO GUANXING JISHU XUEBAO/JOURNAL OF CHINESE INERTIAL TECHNOLOGY
ZHONGGUO HUANJING KEXUE/CHINA ENVIRONMENTAL SCIENCE
ZHONGGUO JIGUANG/CHINESE JOURNAL OF LASERS
ZHONGGUO KUANGYE DAXUE XUEBAO/JOURNAL OF CHINA UNIVERSITY OF MINING AND TECHNOLOGY
ZHONGGUO SHIYOU DAXUE XUEBAO (ZIRAN KEXUE BAN)/JOURNAL OF CHINA UNIVERSITY OF PETROLEUM (EDITION OF NATURAL SCIENCE)
ZHONGGUO TIEDAO KEXUE/CHINA RAILWAY SCIENCE
ZHONGGUO YOUSE JINSHU XUEBAO/CHINESE JOURNAL OF NONFERROUS METALS
ZHONGNAN DAXUE XUEBAO (ZIRAN KEXUE BAN)/JOURNAL OF CENTRAL SOUTH UNIVERSITY (SCIENCE AND TECHNOLOGY)
ZIDONGHUA XUEBAO/ACTA AUTOMATICA SINICA

附录 6 2013 年中国内地第一作者在 Nature、Science、Cell 期刊上发表的论文

论文题目：The exclusion of a significant range of ages in a massive star cluster
论文作者：Li, Chengyuan；de Grijs, Richard；Deng, Licai
所属机构：北京大学
来源期刊：NATURE，2014，516（7531）：367-0
被引次数：2

论文题目：Brain structure resolves the segmental affinity of anomalocaridid appendages
论文作者：Cong, Peiyun；Ma, Xiaoya；Hou, Xianguang；Edgecombe, Gregory D.；Strausfeld, Nicholas J.

所属机构：中山大学
来源期刊：NATURE，2014，511（7509）：358-0
被引次数：8

论文题目：Strong contributions of local background climate to urban heat islands
论文作者：Zhao, Lei；Lee, Xuhui；Smith, Ronald B.；Oleson, Keith
所属机构：南京信息工程大学
来源期刊：NATURE，2014，511（7508）：216-0
被引次数：6

论文题目：Reassess Chinese research awards
论文作者：Wang, Yuan-Feng；Xie, Hui-Bing
所属机构：北京交通大学
来源期刊：NATURE，2014，511（7507）：31-31
被引次数：0

论文题目：Structural basis for lipopolysaccharide insertion in the bacterial outer membrane
论文作者：Qiao, Shuai；Luo, Qingshan；Zhao, Yan；Zhang, Xuejun Cai；Huang, Yihua
所属机构：中国科学院
来源期刊：NATURE，2014，511（7507）：108-0
被引次数：14

论文题目：Rural students are being left behind in China
论文作者：Wang, Qiang
所属机构：中国科学院西安光学精密机械研究所
来源期刊：NATURE，2014，510（7506）：445-445
被引次数：0

论文题目：Chirality-specific growth of single-walled carbon nanotubes on solid alloy catalysts
论文作者：Yang, Feng；Wang, Xiao；Zhang, Daqi；Yang, Juan；Luo, Da；Xu, Ziwei；Wei, Jiake；Wang, Jian-Qiang；Xu, Zhi；Peng, Fei；Li, Xuemei；Li, Ruoming；Li, Yilun；Li, Meihui；Bai, Xuedong；Ding, Feng；Li, Yan
所属机构：中国科学院化学研究所
来源期刊：NATURE，2014，510（7506）：522-0
被引次数：32

论文题目：Nanotwinned diamond with unprecedented hardness and stability
论文作者：Huang, Quan；Yu, Dongli；Xu, Bo；Hu, Wentao；Ma, Yanming；Wang, Yanbin；Zhao, Zhisheng；Wen, Bin；He, Julong；Liu, Zhongyuan；Tian, Yongjun
所属机构：燕山大学
来源期刊：NATURE，2014，510（7504）：250-0
被引次数：12

论文题目：Accelerate research on land creation

论文作者：Li, Peiyue；Qian, Hui；Wu, Jianhua
所属机构：长安大学
来源期刊：NATURE，2014，510（7503）：29-31
被引次数：2

论文题目：Crystal structure of the human glucose transporter
论文作者：Deng, Dong；Xu, Chao；Sun, Pengcheng；Wu, Jianping；Yan, Chuangye；Hu, Mingxu；Yan, Nieng
所属机构：清华大学
来源期刊：GLUT1NATURE，2014，510（7503）：121-0
被引次数：25

论文题目：Strict vaccine quality control in China
论文作者：Liang, Zhenglun；Mao, Qunying；Wang, Junzhi
所属机构：中国食品药品检定研究院
来源期刊：NATURE，2014，509（7501）：427-427
被引次数：0

论文题目：High-throughput screening of a CRISPR/Cas9 library for functional genomics in human cells
论文作者：Zhou, Yuexin；Zhu, Shiyou；Cai, Changzu；Yuan, Pengfei；Li, Chunmei；Huang, Yanyi；Wei, Wensheng
所属机构：北京大学
来源期刊：NATURE，2014，509（7501）：487-0
被引次数：45

论文题目：Identification of genomic alterations in oesophageal squamous cell cancer
论文作者：Song, Yongmei；Li, Lin；Ou, Yunwei；Gao, Zhibo；Li, Enmin；Li, Xiangchun；Zhang, Weimin；Wang, Jiaqian；Xu, Liyan；Zhou, Yong；Ma, Xiaojuan；Liu, Lingyan；Zhao, Zitong；Huang, Xuanlin；Fan, Jing；Dong, Lijia；Chen, G
所属机构：中国医学科学院肿瘤医院；中国医学科学院肿瘤研究所
来源期刊：NATURE，2014，509（7498）：91-0
被引次数：32

论文题目：Structure of the human P2Y(12) receptor in complex with an antithrombotic drug
论文作者：Zhang, Kaihua；Zhang, Jin；Gao, Zhan-Guo；Zhang, Dandan；Zhu, Lan；Han, Gye Won；Moss, Steven M.；Paoletta, Silvia；Kiselev, Evgeny；Lu, Weizhen；Fenalti, Gustavo；Zhang, Wenru；Mueller, Christa E.；Yang, Huaiyu；J
所属机构：中国科学院
来源期刊：NATURE，2014，509（7498）：115-118
被引次数：33

论文题目：Agonist-bound structure of the human P2Y(12) receptor
论文作者：Zhang, Jin；Zhang, Kaihua；Gao, Zhan-Guo；Paoletta, Silvia；Zhang, Dandan；Han, Gye Won；Li, Tingting；Ma, Limin；Zhang, Wenru；Mueller, Christa E.；Yang, Huaiyu；Jiang, Hualiang；Cherezov, Vadim；Katritch, Vsevol

所属机构：中国科学院
来源期刊：NATURE，2014，509（7498）：119-122
被引次数：24

论文题目：Vanadium batteries will be cost-effective
论文作者：Zhang, Huamin
所属机构：中国科学院大连化学物理研究所
来源期刊：NATURE，2014，508（7496）：319-319
被引次数：1

论文题目：Mitoflash frequency in early adulthood predicts lifespan in Caenorhabditis elegans
论文作者：Shen, En-Zhi；Song, Chun-Qing；Lin, Yuan；Zhang, Wen-Hong；Su, Pei-Fang；Liu, Wen-Yuan；Zhang, Pan；Xu, Jiejia；Lin, Na；Zhan, Cheng；Wang, Xianhua；Shyr, Yu；Cheng, Heping；Dong, Meng-Qiu
所属机构：中国农业大学
来源期刊：NATURE，2014，508（7494）：128-0
被引次数：16

论文题目：Transcription factor achaete-scute homologue 2 initiates follicular T-helper-cell development
论文作者：Liu, Xindong; Chen, Xin; Zhong, Bo; Wang, Aibo; Wang, Xiaohu; Chu, Fuliang; Nurieva, Roza I.; Yan, Xiaowei；Chen, Ping；van der Flier, Laurens G.；Nakatsukasa, Hiroko；Neelapu, Sattva S.；Chen, Wanjun；Clevers, Ha
所属机构：清华大学
来源期刊：NATURE，2014，507（7493）：513-0
被引次数：29

论文题目：Melanosome evolution indicates a key physiological shift within feathered dinosaurs
论文作者：Li, Quanguo; Clarke, Julia A.; Gao, Ke-Qin; Zhou, Chang-Fu; Meng, Qingjin Li, Daliang; D' Alba, Liliana；Shawkey, Matthew D.
所属机构：中国地质大学
来源期刊：NATURE，2014，507（7492）：350-0
被引次数：7

论文题目：China must publicize its emissions reports
论文作者：Wang, Yuan-Feng；Zhang, Yu-Rong
所属机构：北京交通大学
来源期刊：NATURE，2014，507（7491）：169-169
被引次数：0

论文题目：Decoded: A Novel
论文作者：Gong, Li
所属机构：Mozilla 公司
来源期刊：NATURE，2014，507（7490）：36-37
被引次数：0

论文题目：Synthetic ivory fails to stop illegal trade
论文作者：Zhou, Zhao-Min
所属机构：云南林业局
来源期刊：NATURE，2014，507（7490）：40-40
被引次数：0

论文题目：A two-fold increase of carbon cycle sensitivity to tropical temperature variations
论文作者：Wang, Xuhui；Piao, Shilong；Ciais, Philippe；Friedlingstein, Pierre；Myneni, Ranga B.；Cox, Peter；Heimann, Martin；Miller, John；Peng, Shushi；Wang, Tao；Yang, Hui；Chen, Anping
所属机构：北京大学
来源期刊：NATURE，2014，506（7487）：212-0
被引次数：13

论文题目：China must protect high-quality arable land
论文作者：Kong, Xiangbin
所属机构：中国农业大学
来源期刊：NATURE，2014，506（7486）：7-7
被引次数：5

论文题目：Unearthing the Nation: Modern Geology and Nationalism in Republican China
论文作者：Xing, Xu
所属机构：中国科学院古脊椎动物与古人类研究所
来源期刊：NATURE，2014，506（7486）：32-32
被引次数：0

论文题目：Crystal structures of the Lsm complex bound to the 3 ‘ end sequence of U6 small nuclear
论文作者：Zhou, Lijun；Hang, Jing；Zhou, Yulin；Wan, Ruixue；Lu, Guifeng；Yin, Ping；Yan, Chuangye；Shi, Yigong
所属机构：清华大学
来源期刊：RNANATURE，2014，506（7486）：116-0
被引次数：8

论文题目：Resolving soil pollution in China
论文作者：Chen, Ruishan；Ye, Chao
所属机构：河海大学
来源期刊：NATURE，2014，505（7484）：483-483
被引次数：2

论文题目：Shift aims of China’s poorer universities
论文作者：Tang, Yanhong；Miao, Xin
所属机构：哈尔滨工业大学
来源期刊：NATURE，2014，505（7483）：291-291
被引次数：0

论文题目：Structural basis for hijacking CBF-beta and CUL5 E3 ligase complex by HIV-1 Vif
论文作者：Guo, Yingying；Dong, Liyong；Qiu, Xiaolin；Wang, Yishu；Zhang, Bailing；Liu, Hongnan；Yu, You；Zang, Yi；Yang, Maojun；Huang, Zhiwei
所属机构：哈尔滨工业大学
来源期刊：NATURE，2014，505（7482）：229-0
被引次数：35

论文题目：Chinese universities: gear up for Nobels
论文作者：Chen, Yi-Ping；Lin, Yi-Shan；Zhang, Yi
所属机构：中国科学院地球环境研究所
来源期刊：NATURE，2014，515（7528）：493-493
被引次数：0

论文题目：Chinese universities: beware cronyism
论文作者：Xiao, Hong-Wei
所属机构：中国农业大学
来源期刊：NATURE，2014，515（7528）：493-493
被引次数：0

论文题目：Overcoming the limitations of directed C-H functionalizations of heterocycles
论文作者：Liu, Yue-Jin；Xu, Hui；Kong, Wei-Jun；Shang, Ming；Dai, Hui-Xiong；Yu, Jin-Quan
所属机构：中国科学院
来源期刊：NATURE，2014，515（7527）：389-393
被引次数：11

论文题目：Solution-processed, high-performance light-emitting diodes based on quantum dots
论文作者：Dai, Xingliang；Zhang, Zhenxing；Jin, Yizheng；Niu, Yuan；Cao, Hujia；Liang, Xiaoyong；Chen, Liwei；Wang, Jianpu；Peng, Xiaogang
所属机构：浙江大学
来源期刊：NATURE，2014，515（7525）：96-99
被引次数：15

论文题目：Crystal structure of the RNA-guided immune surveillance Cascade complex in Escherichia coli
论文作者：Zhao, Hongtu；Sheng, Gang；Wang, Jiuyu；Wang, Min；Bunkoczi, Gabor；Gong, Weimin；Wei, Zhiyi；Wang, Yanli
所属机构：中国科学院
来源期刊：NATURE，2014，515（7525）：147-0
被引次数：14

论文题目：Cell differentiation and germ-soma separation in Ediacaran animal embryo-like fossils
论文作者：Chen, Lei；Xiao, Shuhai；Pang, Ke；Zhou, Chuanming；Yuan, Xunlai
所属机构：中国科学院
来源期刊：NATURE，2014，516（7530）：238-0
被引次数：3

论文题目：Latest anomalocaridid affinities challenged Reply
论文作者：Cong, Peiyun；Ma, Xiaoya；Hou, Xianguang；Edgecombe, Gregory D.；Strausfeld, Nicholas J.
所属机构：云南大学
来源期刊：NATURE，2014，516（7530）：0–0
被引次数：0

论文题目：Three new Jurassic euharamiyidan species reinforce early divergence of mammals
论文作者：Bi, Shundong；Wang, Yuanqing；Guan, Jian；Sheng, Xia；Meng, Jin
所属机构：中国科学院
来源期刊：NATURE，2014，514（7524）：579–0
被引次数：4

论文题目：Open access to Earth land–cover map
论文作者：Jun, Chen；Ban, Yifang；Li, Songnian
所属机构：国家纳米科学与技术中心
来源期刊：NATURE，2014，514（7523）434–434
被引次数：1

论文题目：Genome sequence of a 45,000–year–old modern human from western Siberia
论文作者：Fu, Qiaomei；Li, Heng；Moorjani, Priya；Jay, Flora；Slepchenko, Sergey M.；Bondarev, Aleksei A.；Johnson, Philip L. F.；Aximu–Petri, Ayinuer；Pruefer, Kay；de Filippo, Cesare；Meyer, Matthias；Zwyns, Nicolas；Sal
所属机构：中国科学院
来源期刊：NATURE，2014，514（7523）：445–0
被引次数：16

论文题目：Identification of an iridium–containing compound with a formal oxidation state of IX
论文作者：Wang, Guanjun；Zhou, Mingfei；Goettel, James T.；Schrobilgen, Gary J.；Su, Jing；Li, Jun；Schloeder, Tobias；Riedel, Sebastian
所属机构：复旦大学
来源期刊：NATURE，2014，514（7523）：475–0
被引次数：3

论文题目：Producing more grain with lower environmental costs
论文作者：Chen, Xinping；Cui, Zhenling；Fan, Mingsheng；Vitousek, Peter；Zhao, Ming；Ma, Wenqi；Wang, Zhenlin；Zhang, Weijian；Yan, Xiaoyuan；Yang, Jianchang；Deng, Xiping；Gao, Qiang；Zhang, Qiang；Guo, Shiwei；Ren, Jun；Li
所属机构：中国农业大学
来源期刊：NATURE，2014，514（7523）：486–0
被引次数：6

论文题目：The ‘mitoflash’ probe cpYFP does not respond to superoxide Reply
论文作者：Cheng, Heping；Wang, Wang；Wang, Xianhua；Sheu, Shey–Shing；Dirksen, Robert T.；Dong, Meng–Qiu

所属机构：北京大学
来源期刊：NATURE，2014，514（7523）：0-0
被引次数：1

论文题目：Chinese university reform in three steps
论文作者：Zhang, Jie
所属机构：上海交通大学
来源期刊：NATURE，2014，514（7522）：295-296
被引次数：1

论文题目：Chinese university reform in three steps
论文作者：Zhang, Jie
所属机构：上海交通大学
来源期刊：NATURE，2014，514（7522）：295-296
被引次数：1

论文题目：The genetics of monarch butterfly migration and warning colouration
论文作者：Zhan, Shuai；Zhang, Wei；Niitepold, Kristjan；Hsu, Jeremy；Fernandez Haeger, Juan；Zalucki, Myron P.；Altizer, Sonia；de Roode, Jacobus C.；Reppert, Steven M.；Kronforst, Marcus R.
所属机构：中国科学院，昆虫发育与进化生物学重点实验室
来源期刊：NATURE，2014，514（7522）：317-0
被引次数：4

论文题目：Inefficient star formation in extremely metal poor galaxies
论文作者：Shi, Yong；Armus, Lee；Helou, George；Stierwalt, Sabrina；Gao, Yu；Wang, Junzhi；Zhang, Zhi-Yu；Gu, Qiusheng
所属机构：南京大学
来源期刊：NATURE，2014，514（7522）：335-0
被引次数：4

论文题目：Renewables: can harm environment
论文作者：Miao, Xin
所属机构：哈尔滨工业大学
来源期刊：NATURE，2014，514（7521）：168-168
被引次数：1

论文题目：Renewables: costly long-distance power
论文作者：Zhang, Shuwei
所属机构：中国石油川庆钻探工程公司
来源期刊：NATURE，2014，514（7521）：168-168
被引次数：0

论文题目：Inflammatory caspases are innate immune receptors for intracellular LPS
论文作者：Shi, Jianjin；Zhao, Yue；Wang, Yupeng；Gao, Wenqing；Ding, Jingjin；Li, Peng；Hu, Liyan；

Shao, Feng
所属机构：北京大学
来源期刊：NATURE，2014，514（7521）：187-0
被引次数：43

论文题目：Experimental realization of universal geometric quantum gates with solid-state spins
论文作者：Zu, C.；Wang, W. -B.；He, L.；Zhang, W. -G.；Dai, C. -Y.；Wang, F.；Duan, L. -M.
所属机构：清华大学
来源期刊：NATURE，2014，514（7520）：72-0
被引次数：2

论文题目：Making strong nanomaterials ductile with gradients
论文作者：Lu, K.
所属机构：中国科学院金属研究所
来源期刊：SCIENCE，2014，345（6203）：1455-1456
被引次数：8

论文题目：Demystifying central government R&D spending in China
论文作者：Sun, Yutao；Cao, Cong
所属机构：大连理工大学
来源期刊：SCIENCE，2014，345（6200）：1006-1008
被引次数：0

论文题目：Strength of stick-slip and creeping subduction megathrusts from heat flow observations
论文作者：Gao, Xiang；Wang, Kelin
所属机构：中国科学院海洋地质与环境重点实验室
来源期刊：SCIENCE，2014，345（6200）：1038-1041
被引次数：1

论文题目：Fauna in decline: Plight of the pangolin
论文作者：Liu, Yuning；Weng, Qiang
所属机构：北京林业大学
来源期刊：SCIENCE，2014，345（6199）：884-884
被引次数：0

论文题目：Varying planetary heat sink led to global-warming slowdown and acceleration
论文作者：Chen, Xianyao；Tung, Ka-Kit
所属机构：中国海洋大学
来源期刊：SCIENCE，2014，345（6199）：897-903
被引次数：28

论文题目：Nematic spin correlations in the tetragonal state of uniaxial-strained BaFe2-xNixAs2
论文作者：Lu, Xingye；Park, J. T.；Zhang, Rui；Luo, Huiqian；Nevidomskyy, Andriy H.；Si, Qimiao；Dai, Pengcheng

所属机构：中国科学院物理研究所
来源期刊：SCIENCE，2014，345（6197）：657-660
被引次数：12

论文题目：A hole-conductor-free, fully printable mesoscopic perovskite solar cell with high stability
论文作者：Mei, Anyi；Li, Xiong；Liu, Linfeng；Ku, Zhiliang；Liu, Tongfa；Rong, Yaoguang；Xu, Mi；Hu, Min；Chen, Jiangzhao；Yang, Ying；Graetzel, Michael；Han, Hongwei
所属机构：华中科技大学
来源期刊：SCIENCE，2014，345（6194）：295-298
被引次数：125

论文题目：Oceanic mass transport by mesoscale eddies
论文作者：Zhang, Zhengguang；Wang, Wei；Qiu, Bo
所属机构：中国海洋大学
来源期刊：SCIENCE，2014，345（6194）：322-324
被引次数：7

论文题目：Science ethics: Young scientists speak
论文作者：Li, Fengbo
所属机构：浙江省农业科学院
来源期刊：SCIENCE，2014，345（6192）：25-25
被引次数：0

论文题目：Science ethics: Young scientists speak
论文作者：Zhao, Jiang
所属机构：北京航空航天大学
来源期刊：SCIENCE，2014，345（6192）：26-26
被引次数：0

论文题目：Science ethics: Young scientists speak
论文作者：Miao, Xin
所属机构：哈尔滨工业大学
来源期刊：SCIENCE，2014，345（6192）：27-27
被引次数：0

论文题目：De novo formation of a distinct coronary vascular population in neonatal heart
论文作者：Tian, Xueying；Hu, Tianyuan；Zhang, Hui；He, Lingjuan；Huang, Xiuzhen；Liu, Qiaozhen；Yu, Wei；He, Liang；Yang, Zhen；Yan, Yan；Yang, Xiao；Zhong, Tao P.；Pu, William T.；Zhou, Bin
所属机构：中国科学院研究生院
来源期刊：SCIENCE，2014，345（6192）：90-94
被引次数：12

论文题目：Biology’s drones: New and improved
论文作者：Luo, Cai；Li, Xiu；Dai, Qionghai

所属机构：清华大学
来源期刊：SCIENCE，2014，344（6190）：1351-1351
被引次数：1

论文题目：The sheep genome illuminates biology of the rumen and lipid metabolism
论文作者：Jiang, Yu；Xie, Min；Chen, Wenbin；Talbot, Richard；Maddox, Jillian F.；Faraut, Thomas；Wu, Chunhua；Muzny, Donna M.；Li, Yuxiang；Zhang, Wenguang；Stanton, Jo-Ann；Brauning, Rudiger；Barris, Wesley C.；Hourlier,
所属机构：中国科学院
来源期刊：SCIENCE，2014，344（6188）：1168-1173
被引次数：16

论文题目：Disproportionation of (Mg,Fe)SiO3 perovskite in Earth’s deep lower mantle
论文作者：Zhang, Li；Meng, Yue；Yang, Wenge；Wang, Lin；Mao, Wendy L.；Zeng, Qiao-Shi；Jeong, Jong Seok；Wagner, Andrew J.；Mkhoyan, K. Andre；Liu, Wenjun；Xu, Ruqing；Mao, Ho-kwang
所属机构：高压科技研究
来源期刊：SCIENCE，2014，344（6186）：877-882
被引次数：8

论文题目：Activating hotspot L205R mutation in PRKACA and adrenal Cushing’s syndrome
论文作者：Cao, Yanan；He, Minghui；Gao, Zhibo；Peng, Ying；Li, Yanli；Li, Lin；Zhou, Weiwei；Li, Xiangchun；Zhong, Xu；Lei, Yiming；Su, Tingwei；Wang, Hang；Jiang, Yiran；Yang, Lin；Wei, Wei；Yang, Xu；Jiang, Xiuli；Liu, Li；He,
所属机构：上海交通大学医学院附属瑞金医院
来源期刊：SCIENCE，2014，344（6186）：913-917
被引次数：28

论文题目：China’s Soil Pollution: Farms on the Frontline
论文作者：Chen, Ruishan；De Sherbinin, Alex；Ye, Chao；Shi, Guoqing
所属机构：河海大学
来源期刊：SCIENCE，2014，344（6185）：691-691
被引次数：0

论文题目：Direct, Nonoxidative Conversion of Methane to Ethylene, Aromatics, and Hydrogen
论文作者：Guo, Xiaoguang；Fang, Guangzong；Li, Gang；Ma, Hao；Fan, Hongjun；Yu, Liang；Ma, Chao；Wu, Xing；Deng, Dehui；Wei, Mingming；Tan, Dali；Si, Rui；Zhang, Shuo；Li, Jianqi；Sun, Litao；Tang, Zichao；Pan, Xiulian；Bao, Xi
所属机构：中国科学院大连化学物理研究所
来源期刊：SCIENCE，2014，344（6184）：616-619
被引次数：28

论文题目：Interfacial Effects in Iron-Nickel Hydroxide-Platinum Nanoparticles Enhance Catalytic Oxidation
论文作者：Chen, Guangxu；Zhao, Yun；Fu, Gang；Duchesne, Paul N.；Gu, Lin；Zheng, Yanping；Weng, Xuefei；Chen, Mingshu；Zhang, Peng；Pao, Chih-Wen；Lee, Jyh-Fu；Zheng, Nanfeng

所属机构：厦门大学
来源期刊：SCIENCE，2014，344（6183）：495-499
被引次数：31

论文题目：Cryo-EM Study of the Chromatin Fiber Reveals a Double Helix Twisted by Tetranucleosomal Units
论文作者：Song, Feng；Chen, Ping；Sun, Dapeng；Wang, Mingzhu；Dong, Liping；Liang, Dan；Xu, Rui-Ming；Zhu, Ping；Li, Guohong
所属机构：中国科学院
来源期刊：SCIENCE，2014，344（6182）：376-380
被引次数：34

论文题目：Influenza and the Live Poultry Trade
论文作者：Gao, George F.
所属机构：中国科学院微生物应用研究所
来源期刊：SCIENCE，2014，344（6181）：235-235
被引次数：9

论文题目：The STAT3-Binding Long Noncoding RNA lnc-DC Controls Human Dendritic Cell Differentiation
论文作者：Wang, Pin；Xue, Yiquan；Han, Yanmei；Lin, Li；Wu, Cong；Xu, Sheng；Jiang, Zhengping；Xu, Junfang；Liu, Qiuyan；Cao, Xuetao
所属机构：中国人民解放军第二军医大学
来源期刊：SCIENCE，2014，344（6181）：310-313
被引次数：38

论文题目：NextGen Speaks
论文作者：Zhou, Kaile
所属机构：合肥工业大学
来源期刊：SCIENCE，2014，344（6179）：34-35
被引次数：0

论文题目：NextGen Speaks
论文作者：Li, Fengbo
所属机构：浙江省农业科学院
来源期刊：SCIENCE，2014，344（6179）：37-37
被引次数：0

论文题目：Innovating research in China
论文作者：Cao, Xuetao
所属机构：中国医学科学院
来源期刊：SCIENCE，2014，346（6213）：1035-1035
被引次数：0

论文题目：China’s ecological steps forward
论文作者：Xu, Haigen

所属机构：环境保护部南京环境科学研究所
来源期刊：SCIENCE，2014，346（6213）：1068-1068
被引次数：0

论文题目：Biosynthesis, regulation, and domestication of bitterness in cucumber
论文作者：Shang, Yi；Ma, Yongshuo；Zhou, Yuan；Zhang, Huimin；Duan, Lixin；Chen, Huiming；Zeng, Jianguo；Zhou, Qian；Wang, Shenhao；Gu, Wenjia；Liu, Min；Ren, Jinwei；Gu, Xingfang；Zhang, Shengping；Wang, Ye；Yasukawa, Ken；Bo
所属机构：中国农业科学院蔬菜花卉研究所
来源期刊：SCIENCE，2014，346（6213）：1084-1088
被引次数：0

论文题目：China' s Ivory Market: The Elephant in the Room
论文作者：Huang, Shiyang；Weng, Qiang
所属机构：北京林业大学
来源期刊：SCIENCE，2014，343（6171）：611-611
被引次数：0

论文题目：Science for Sale: Inflated Collaboration Claims
论文作者：Wang, Mouyue
所属机构：中国医学会
来源期刊：SCIENCE，2014，343（6171）：612-612
被引次数：0

论文题目：Science for Sale: Fair Evaluation Standards
论文作者：Luo, Cai
所属机构：清华大学
来源期刊：SCIENCE，2014，343（6167）：137-137
被引次数：0

论文题目：ECOSYSTEMS MANAGEMENT Rethinking China' s new great wall
论文作者：Ma, Zhijun；Melville, David S.；Liu, Jianguo；Chen, Ying；Yang, Hongyan；Ren, Wenwei；Zhang, Zhengwang；Piersma, Theunis；Li, Bo
所属机构：复旦大学
来源期刊：SCIENCE，2014，346（6212）：912-914
被引次数：3

论文题目：Tectonic control of Yarlung Tsangpo Gorge revealed by a buried canyon in Southern Tibet
论文作者：Wang, Ping；Scherler, Dirk；Jing Liu-Zeng；Mey, Juergen；Avouac, Jean-Philippe；Zhang, Yunda；Shi, Dingguo
所属机构：地质研究所
来源期刊：SCIENCE，2014，346（6212）：978-981
被引次数：2

论文题目：On the ground in Sierra Leone
论文作者：Gao, George F.；Feng, Yong
所属机构：中国疾病预防控制中心
来源期刊：SCIENCE，2014，346（6209）：666-666
被引次数：0

论文题目：Medial prefrontal activity during delay period contributes to learning of a working memory task
论文作者：Liu, Ding；Gu, Xiaowei；Zhu, Jia；Zhang, Xiaoxing；Han, Zhe；Yan, Wenjun；Cheng, Qi；Hao, Jiang；Fan, Hongmei；Hou, Ruiqing；Chen, Zhaoqin；Chen, Yulei；Li, Chengyu T.
所属机构：中国科学院上海辰山植物科学研究中心
来源期刊：SCIENCE，2014，346（6208）：458-463
被引次数：4

论文题目：Global collaboration
论文作者：Zhong, Liqiang
所属机构：江苏省淡水水产研究所
来源期刊：SCIENCE，2014，346（6205）：49-49
被引次数：0

论文题目：Doctors Without Borders Humanitarian Quests, Impossible Dreams of Medecins Sans Frontieres
论文作者：Chen, Kai
所属机构：浙江大学
来源期刊：SCIENCE，2014，346（6215）：1304-1304
被引次数：0

论文题目：Reproducibility in ecological research
论文作者：Huang, Xiaolei
所属机构：福建农林大学
来源期刊：SCIENCE，2014，346（6215）：1307-1307
被引次数：0

论文题目：Comparative genomics reveals insights into avian genome evolution and adaptation
论文作者：Zhang, Guojie；Li, Cai；Li, Qiye；Li, Bo；Larkin, Denis M.；Lee, Chul；Storz, Jay F.；Antunes, Agostinho；Greenwold, Matthew J.；Meredith, Robert W.；Odeen, Anders；Cui, Jie；Zhou, Qi；Xu, Luohao；Pan, Hailin；Wang,
所属机构：深圳华大基因
来源期刊：SCIENCE，2014，346（6215）：1311-1320
被引次数：22

论文题目：An integrative approach to understanding bird origins
论文作者：Xu, Xing；Zhou, Zhonghe；Dudley, Robert；Mackem, Susan；Chuong, Cheng-Ming；Erickson, Gregory M.；Varricchio, David J.
所属机构：中国科学院
来源期刊：SCIENCE，2014，346（6215）：1341-0
被引次数：4

论文题目：Metal-organic framework nanosheets as building blocks for molecular sieving membranes
论文作者：Peng, Yuan；Li, Yanshuo；Ban, Yujie；Jin, Hua；Jiao, Wenmei；Liu, Xinlei；Yang, Weishen
所属机构：中国科学院大连化学物理研究所
来源期刊：SCIENCE，2014，346（6215）：1356-1359
被引次数：7

论文题目：Zheng: A systems biology approach to diagnosis and treatments
论文作者：Wang, Yonghua；Xu, Anlong
所属机构：北京中医药大学
来源期刊：SCIENCE，2014，346（6216）：0-0
被引次数：0

论文题目：Microexons Go Big
论文作者：Yang, Li；Chen, Ling-Ling
所属机构：中国科学院上海分院
来源期刊：CELL，2014，159（7）：1488-1489
被引次数：0

论文题目：Complementary Sequence-Mediated Exon Circularization
论文作者：Zhang, Xiao-Ou；Wang, Hai-Bin；Zhang, Yang；Lu, Xuhua；Chen, Ling-Ling；Yang, Li
所属机构：中国科学院
来源期刊：CELL，2014，159（1）：134-147
被引次数：15

论文题目：MicroRNA Directly Enhances Mitochondrial Translation during Muscle Differentiation
论文作者：Zhang, Xiaorong；Zuo, Xinxin；Yang, Bo；Li, Zongran；Xue, Yuanchao；Zhou, Yu；Huang, Jie；Zhao, Xiaolu；Zhou, Jie；Yan, Yun；Zhang, Huiqiong；Guo, Peipei；Sun, Hui；Guo, Lin；Zhang, Yi；Fu, Xiang-Dong
所属机构：武汉大学
来源期刊：CELL，2014，158（3）：607-619
被引次数：3

论文题目：Polar Body Genome Transfer for Preventing the Transmission of Inherited Mitochondrial Diseases
论文作者：Wang, Tian；Sha, Hongying；Ji, Dongmei；Zhang, Helen L.；Chen, Dawei；Cao, Yunxia；Zhu, Jianhong
所属机构：复旦大学
来源期刊：CELL，2014，157（7）：1591-1604
被引次数：15

论文题目：Reconstructing Complex Tissues from Single-Cell Analyses
论文作者：Wen, Lu；Tang, Fuchou
所属机构：北京大学
来源期刊：CELL，2014，157（4）：771-773
被引次数：3

论文题目：Population Genomics Reveal Recent Speciation and Rapid Evolutionary Adaptation in Polar Bears
论文作者：Liu, Shiping；Lorenzen, Eline D.；Fumagalli, Matteo；Li, Bo；Harris, Kelley；Xiong, Zijun；Zhou, Long；Korneliussen, Thorfinn Sand；Somel, Mehmet；Babbitt, Courtney；Wray, Greg；Li, Jianwen；He, Weiming；Wang, Zhu
所属机构：深圳华大基因
来源期刊：CELL，2014，157（4）：785-794
被引次数：12

论文题目：Programming and Inheritance of Parental DNA Methylomes in Mammals
论文作者：Wang, Lu；Zhang, Jun；Duan, Jialei；Gao, Xinxing；Zhu, Wei；Lu, Xingyu；Yang, Lu；Zhang, Jing；Li, Guoqiang；Ci, Weimin；Li, Wei；Zhou, Qi；Aluru, Neel；Tang, Fuchou；He, Chuan；Huang, Xingxu；Liu, Jiang
所属机构：中国科学院，基因组科学及信息重点实验室
来源期刊：CELL，2014，157（4）：979-991
被引次数：37

论文题目：A Glimpse of Structural Biology through X-Ray Crystallography
论文作者：Shi, Yigong
所属机构：清华大学
来源期刊：CELL，2014，159（5）：995-1014
被引次数：2

论文题目：AF9 YEATS Domain Links Histone Acetylation to DOT1L-Mediated H3K79 Methylation
论文作者：Li, Yuanyuan；Wen, Hong；Xi, Yuanxin；Tanaka, Kaori；Wang, Haibo；Peng, Danni；Ren, Yongfeng；Jin, Qihuang；Dent, Sharon Y. R.；Li, Wei；Li, Haitao；Shi, Xiaobing
所属机构：清华大学
来源期刊：CELL，2014，159（3）：558-571
被引次数：4

论文题目：Hippo Pathway Key to Ploidy Checkpoint
论文作者：Zhao, Bin；Guan, Kun-Liang
所属机构：浙江大学
来源期刊：CELL，2014，158（4）：695-696
被引次数：0

论文题目：Generation of Gene-Modified Cynomolgus Monkey via Cas9/RNA-Mediated Gene Targeting in One-Cell Embryos
论文作者：Niu, Yuyu；Shen, Bin；Cui, Yiqiang；Chen, Yongchang；Wang, Jianying；Wang, Lei；Kang, Yu；Zhao, Xiaoyang；Si, Wei；Li, Wei；Xiang, Andy Peng；Zhou, Jiankui；Guo, Xuejiang；Bi, Ye；Si, Chenyang；Hu, Bian；Dong, Guoyin
所属机构：云南省重点实验室
来源期刊：CELL，2014，156（4）：836-843
被引次数：97

附录 7 2014 年《美国数学评价》收录的中国科技期刊

Acta Automat. Sinica
Acta Math. Appl. Sin.
Acta Math. Appl. Sin. Engl. Ser.
Acta Math. Appl. Sinica
Acta Math. Appl. Sinica (English Ser.)
Acta Math. Sci. (Chinese)
Acta Math. Sci. Ser. A Chin. Ed.
Acta Math. Sci. Ser. B Engl. Ed.
Acta Math. Sin. (Engl. Ser.)
Acta Math. Sinica (Chin. Ser.)
Acta Mech. Sin.
Acta Mech. Sin. Engl. Ser.
Adv. Math. (China)
Anal. Theory Appl.
Appl. Math. J. Chinese Univ. Ser. B
Appl. Math. Mech. (English Ed.)
Appl. Math. Mech. (English Ed.)
Approx. Theory Appl.
Approx. Theory Appl. (N.S.)
Asian J. Control
Chin. Ann. Math. Ser. B
Chin. J. Math. (N.Y.)
Chinese Ann. Math. Ser. B
Chinese J. Appl. Probab. Statist.
Chinese J. Comput.
Chinese J. Phys.
Chinese Phys. Lett.
Chinese Phys. Lett.
Chinese Sci. Bull.
Comm. Theoret. Phys.
Commun. Theor. Phys. (Beijing)
Control Theory Technol.
Front. Comput. Sci.
Front. Comput. Sci. China
Front. Math. China
Gaoxiao Yingyong Shuxue Xuebao Ser. B
IEEE/CAA J. Autom. Sin.
J. Anhui Univ. Nat. Sci.
J. Beijing Inst. Tech.
J. Beijing Inst. Tech. (Engl. Ed.)
J. Beijing Inst. Technol.
J. Chongqing Univ. (Engl. Ed.)
J. Comput. Math.
J. Comput. Sci. Tech.
J. Control Theory Appl.
J. East China Norm. Univ. Natur. Sci. Ed.
J. Harbin Inst. Tech.
J. Hohai Univ.
J. Math. Res. Appl.
J. Northwest Univ. Nat. Sci.
J. Oper. Res. Soc. China
J. Shaanxi Normal Univ. Nat. Sci. Ed.
J. Shandong Univ. Nat. Sci.
J. Shanghai Univ.
J. Shanghai Univ. Nat. Sci.
J. Southeast Univ. Nat. Sci.
J. Syst. Sci. Complex.
J. Systems Sci. Math. Sci.
J. Tsinghua Univ.
J. Univ. Sci. Technol. China
J. Yunnan Univ. Nat. Sci.
J. Zhejiang Univ. Sci. Ed.
Math. Numer. Sin.
Numer. Math. J. Chin. Univ. (Engl. Ser.)
Progr. Natur. Sci. (English Ed.)
Sci. China Inf. Sci.
Sci. China Math.
Sci. China Ser. A
Sci. China Ser. E
Sci. China Ser. F
Sci. China Technol. Sci.
Shanghai Shifan Daxue Xuebao Ziran Kexue Ban
Sichuan Daxue Xuebao
Southeast Asian Bull. Math.
Statist. Sinica
Trans. Beijing Inst. Tech.
Tsinghua Sci. Technol.
Tsinghua Sci. Technol.
Wuhan Univ. J. Nat. Sci.
Xi'an Jiaotong Daxue Xuebao

附录 8 2014 年 SCIE 收录中国论文居前 100 位的期刊

排名	期刊名称	收录中国论文篇数
1	PLoS ONE	6116
2	RSC ADVANCES	3886
3	SCIENTIFIC REPORTS	1582
4	MATHEMATICAL PROBLEMS IN ENGINEERING	1546
5	ACTA PHYSICA SINICA	1451
6	CHEMICAL COMMUNICATIONS	1409
7	JOURNAL OF MATERIALS CHEMISTRY A	1353
8	JOURNAL OF ALLOYS AND COMPOUNDS	1240
9	SCIENTIFIC WORLD JOURNAL	1211
10	APPLIED PHYSICS LETTERS	1190
11	ACS APPLIED MATERIALS & INTERFACES	1182
12	TUMOR BIOLOGY	1182
13	CHINESE PHYSICS B	1164
14	MATERIALS LETTERS	1162
15	ABSTRACT AND APPLIED ANALYSIS	1109
16	JOURNAL OF APPLIED PHYSICS	1070
17	APPLIED SURFACE SCIENCE	1030
18	ABSTRACTS OF PAPERS OF THE AMERICAN CHEMICAL SOCIETY	1004
19	OPTICS EXPRESS	959
20	ASIAN JOURNAL OF CHEMISTRY	951
21	CERAMICS INTERNATIONAL	945
22	ELECTROCHIMICA ACTA	940
23	OPTIK	932
24	JOURNAL OF POWER SOURCES	931
25	CHINESE MEDICAL JOURNAL	840
26	NANOSCALE	828
27	INTERNATIONAL JOURNAL OF CLINICAL AND EXPERIMENTAL PATHOLOGY	827
28	INDUSTRIAL & ENGINEERING CHEMISTRY RESEARCH	819
29	GENETICS AND MOLECULAR RESEARCH	794
30	ASIAN PACIFIC JOURNAL OF CANCER PREVENTION	769
31	MOLECULAR MEDICINE REPORTS	756
32	INTERNATIONAL JOURNAL OF HYDROGEN ENERGY	745
33	RARE METAL MATERIALS AND ENGINEERING	723
34	JOURNAL OF PHYSICAL CHEMISTRY C	714
35	CRYSTENGCOMM	687
36	BIOMED RESEARCH INTERNATIONAL	669
37	SPECTROSCOPY AND SPECTRAL ANALYSIS	667
38	ANALYTICAL METHODS	654
39	JOURNAL OF APPLIED MATHEMATICS	648
40	JOURNAL OF APPLIED POLYMER SCIENCE	637

排名	期刊名称	收录中国论文篇数
41	APPLIED MATHEMATICS AND COMPUTATION	633
42	ONCOLOGY LETTERS	628
43	INTERNATIONAL JOURNAL OF CLINICAL AND EXPERIMENTAL MEDICINE	619
44	CHINESE SCIENCE BULLETIN	615
45	MATERIALS SCIENCE AND ENGINEERING A-STRUCTURAL MATERIALS PROPERTIES MICROSTRUCTURE AND PROCESSING	585
46	PHYSICAL CHEMISTRY CHEMICAL PHYSICS	583
47	BIORESOURCE TECHNOLOGY	582
48	INTERNATIONAL JOURNAL OF MOLECULAR SCIENCES	582
49	BIOCHEMICAL AND BIOPHYSICAL RESEARCH COMMUNICATIONS	577
50	EXPERIMENTAL AND THERAPEUTIC MEDICINE	577
51	DALTON TRANSACTIONS	575
52	SENSORS AND ACTUATORS B-CHEMICAL	566
53	NEUROCOMPUTING	555
54	WORLD JOURNAL OF GASTROENTEROLOGY	552
55	OPTICS COMMUNICATIONS	550
56	CHEMICAL ENGINEERING JOURNAL	549
57	PHYSICAL REVIEW B	518
58	CHINESE PHYSICS LETTERS	515
59	ORGANIC LETTERS	514
60	JOURNAL OF MATERIALS CHEMISTRY C	511
61	JOURNAL OF CENTRAL SOUTH UNIVERSITY	494
62	OPTICS LETTERS	481
63	PHYSICAL REVIEW A	481
64	APPLIED OPTICS	478
65	ANGEWANDTE CHEMIE-INTERNATIONAL EDITION	475
66	MATERIALS RESEARCH INNOVATIONS	465
67	ANALYTICAL CHEMISTRY	463
68	CHEMISTRY-A EUROPEAN JOURNAL	463
69	JOURNAL OF AGRICULTURAL AND FOOD CHEMISTRY	455
70	ONCOLOGY REPORTS	443
71	MOLECULAR BIOLOGY REPORTS	440
72	NATURE COMMUNICATIONS	440
73	TRANSACTIONS OF NONFERROUS METALS SOCIETY OF CHINA	440
74	BIOSENSORS & BIOELECTRONICS	435
75	BLOOD	429
76	JOURNAL OF MATERIALS SCIENCE-MATERIALS IN ELECTRONICS	427
77	GENE	423
78	PHYSICAL REVIEW D	423
79	CARDIOLOGY	421
80	CHEMICAL JOURNAL OF CHINESE UNIVERSITIES-CHINESE	420
81	CARBOHYDRATE POLYMERS	408

排名	期刊名称	收录中国论文篇数
82	MATERIALS & DESIGN	408
83	ENVIRONMENTAL SCIENCE AND POLLUTION RESEARCH	404
84	ADVANCES IN MECHANICAL ENGINEERING	396
85	CHINESE JOURNAL OF INORGANIC CHEMISTRY	391
86	JOURNAL OF THE AMERICAN CHEMICAL SOCIETY	383
87	ENVIRONMENTAL SCIENCE & TECHNOLOGY	381
88	CHINESE JOURNAL OF GEOPHYSICS-CHINESE EDITION	380
89	FOOD CHEMISTRY	377
90	EVIDENCE-BASED COMPLEMENTARY AND ALTERNATIVE MEDICINE	376
91	JOURNAL OF MATERIALS CHEMISTRY B	376
92	JOURNAL OF NANOSCIENCE AND NANOTECHNOLOGY	368
93	MATERIALS RESEARCH BULLETIN	368
94	INTERNATIONAL JOURNAL OF ADVANCED MANUFACTURING TECHNOLOGY	367
95	CANCER RESEARCH	364
96	MOLECULES	362
97	ADVANCED MATERIALS	361
98	INFORMATION SCIENCES	359
99	INTERNATIONAL JOURNAL OF MOLECULAR MEDICINE	355
100	CELL BIOCHEMISTRY AND BIOPHYSICS	353

附录9　2014年Ei收录中国论文居前100位的期刊

RSC ADVANCES	3629
MATHEMATICAL PROBLEMS IN ENGINEERING	1528
JOURNAL OF ALLOYS AND COMPOUNDS	1393
JOURNAL OF CHEMICAL AND PHARMACEUTICAL RESEARCH	1287
WULI XUEBAO/ACTA PHYSICA SINICA	1206
JOURNAL OF MATERIALS CHEMISTRY A	1202
APPLIED PHYSICS LETTERS	1147
MATERIALS LETTERS	1136
CHINESE PHYSICS B	1121
INFORMATION TECHNOLOGY JOURNAL	1057
ACS APPLIED MATERIALS AND INTERFACES	1037
ELECTROCHIMICA ACTA	1017
JOURNAL OF COMPUTATIONAL INFORMATION SYSTEMS	983
ZHENDONG YU CHONGJI/JOURNAL OF VIBRATION AND SHOCK	942
GONGNENG CAILIAO/JOURNAL OF FUNCTIONAL MATERIALS	911
JOURNAL OF POWER SOURCES	901
ZHONGGUO DIANJI GONGCHENG XUEBAO/PROCEEDINGS OF THE CHINESE SOCIETY OF ELECTRICAL ENGINEERING	859
JOURNAL OF APPLIED PHYSICS	854
NANOSCALE	839
OPTICS EXPRESS	830
QIANGJIGUANG YU LIZISHU/HIGH POWER LASER AND PARTICLE BEAMS	776
HUAGONG XUEBAO/CIESC JOURNAL	769
INDUSTRIAL AND ENGINEERING CHEMISTRY RESEARCH	764
OPTIK	752
NONGYE GONGCHENG XUEBAO/TRANSACTIONS OF THE CHINESE SOCIETY OF AGRICULTURAL ENGINEERING	751

APPLIED SURFACE SCIENCE	743
YUANZINENG KEXUE JISHU/ATOMIC ENERGY SCIENCE AND TECHNOLOGY	743
ANALYTICAL METHODS	709
HONGWAI YU JIGUANG GONGCHENG/ INFRARED AND LASER ENGINEERING	694
OPTICS COMMUNICATIONS	691
DIANWANG JISHU/POWER SYSTEM TECHNOLOGY	684
APPLIED MATHEMATICS AND COMPUTATION	680
GUANG PU XUE YU GUANG PU FEN XI/ SPECTROSCOPY AND SPECTRAL ANALYSIS	667
JOURNAL OF PHYSICAL CHEMISTRY C	664
CHEMICAL ENGINEERING JOURNAL	647
GUANGXUE XUEBAO/ACTA OPTICA SINICA	637
BIORESOURCE TECHNOLOGY	628
MODERN FOOD SCIENCE AND TECHNOLOGY	626
ZHONGNAN DAXUE XUEBAO (ZIRAN KEXUE BAN)/JOURNAL OF CENTRAL SOUTH UNIVERSITY (SCIENCE AND TECHNOLOGY)	623
SENSORS AND TRANSDUCERS	621
ENERGY EDUCATION SCIENCE AND TECHNOLOGY PART A ENERGY SCIENCE AND RESEARCH	620
CERAMICS INTERNATIONAL	607
JOURNAL OF CENTRAL SOUTH UNIVERSITY	592
JOURNAL OF INFORMATION AND COMPUTATIONAL SCIENCE	588
MATERIALS SCIENCE AND ENGINEERING A	581
JIXIE GONGCHENG XUEBAO/JOURNAL OF MECHANICAL ENGINEERING	575
SENSORS AND ACTUATORS, B CHEMICAL	572
CAILIAO RECHULI XUEBAO/ TRANSACTIONS OF MATERIALS AND HEAT TREATMENT	567
GAOFENZI CAILIAO KEXUE YU GONGCHENG/POLYMERIC MATERIALS SCIENCE AND ENGINEERING	559
ZHONGGUO JIGUANG/CHINESE JOURNAL OF LASERS	556
DIANGONG JISHU XUEBAO/TRANSACTIONS OF CHINA ELECTROTECHNICAL SOCIETY	550
OPTICAL ENGINEERING	548
DALTON TRANSACTIONS	538
GONGCHENG LIXUE/ENGINEERING MECHANICS	536
MATERIALS RESEARCH BULLETIN	534
DIANLI XITONG ZIDONGHUA/AUTOMATION OF ELECTRIC POWER SYSTEMS	529
HUAZHONG KEJI DAXUE XUEBAO (ZIRAN KEXUE BAN)/JOURNAL OF HUAZHONG UNIVERSITY OF SCIENCE AND TECHNOLOGY (NATURA	522
GAODIANYA JISHU/HIGH VOLTAGE ENGINEERING	521
FOOD CHEMISTRY	511
YANTU LIXUE/ROCK AND SOIL MECHANICS	511
KUNG CHENG JE WU LI HSUEH PAO/JOURNAL OF ENGINEERING THERMOPHYSICS	508
JOURNAL OF APPLIED POLYMER SCIENCE	506
YANTU GONGCHENG XUEBAO/ CHINESE JOURNAL OF GEOTECHNICAL ENGINEERING	500
NEUROCOMPUTING	497
XIYOU JINSHU CAILIAO YU GONGCHENG/ RARE METAL MATERIALS AND ENGINEERING	496
GUANGXUE JINGMI GONGCHENG/OPTICS AND PRECISION ENGINEERING	494
RENGONG JINGTI XUEBAO/JOURNAL OF SYNTHETIC CRYSTALS	477
ELECTRONIC JOURNAL OF GEOTECHNICAL ENGINEERING	476
YI QI YI BIAO XUE BAO/CHINESE JOURNAL OF SCIENTIFIC INSTRUMENT	470
JOURNAL OF MATERIALS CHEMISTRY C	465
ZHONGGUO HUANJING KEXUE/CHINA ENVIRONMENTAL SCIENCE	450
PHYSICAL REVIEW A – ATOMIC, MOLECULAR, AND OPTICAL PHYSICS	447
OPTICS LETTERS	446
DONGBEI DAXUE XUEBAO/JOURNAL OF NORTHEASTERN UNIVERSITY	439
XI TONG GONG CHENG YU DIAN ZI JI SHU/ SYSTEMS ENGINEERING AND ELECTRONICS	435
INTERNATIONAL JOURNAL OF HYDROGEN ENERGY	429

JOURNAL OF AGRICULTURAL AND FOOD CHEMISTRY	426
BIOSENSORS AND BIOELECTRONICS	425
INTERNATIONAL JOURNAL OF APPLIED MATHEMATICS AND STATISTICS	424
ZHONGGUO YOUSE JINSHU XUEBAO/ CHINESE JOURNAL OF NONFERROUS METALS	419
TRANSACTIONS OF NONFERROUS METALS SOCIETY OF CHINA (ENGLISH EDITION)	416
GUANGZI XUEBAO/ACTA PHOTONICA SINICA	412
YANSHILIXUE YU GONGCHENG XUEBAO/ CHINESE JOURNAL OF ROCK MECHANICS AND ENGINEERING	412
CARBOHYDRATE POLYMERS	406
BEIJING LIGONG DAXUE XUEBAO/ TRANSACTION OF BEIJING INSTITUTE OF TECHNOLOGY	395
ANALYTICAL CHEMISTRY	393
JOURNAL OF CHINESE INSTITUTE OF FOOD SCIENCE AND TECHNOLOGY	393
BIOTECHNOLOGY AN INDIAN JOURNAL	390
XITONG GONGCHENG LILUN YU SHIJIAN/ SYSTEM ENGINEERING THEORY AND PRACTICE	384
ANGEWANDTE CHEMIE－INTERNATIONAL EDITION	381
KONGZHI YU JUECE/CONTROL AND DECISION	371
NONGYE JIXIE XUEBAO/TRANSACTIONS OF THE CHINESE SOCIETY FOR AGRICULTURAL MACHINERY	371
JOURNAL OF NANOSCIENCE AND NANOTECHNOLOGY	360
DIANZI YU XINXI XUEBAO/JOURNAL OF ELECTRONICS AND INFORMATION TECHNOLOGY	359
MEITAN XUEBAO/JOURNAL OF THE CHINA COAL SOCIETY	359
JOURNAL OF MATERIALS SCIENCE MATERIALS IN ELECTRONICS	358
BINGGONG XUEBAO/ACTA ARMAMENTARII	356
GAODENG XUEXIAO HUAXUE XUEBAO/ CHEMICAL JOURNAL OF CHINESE UNIVERSITIES	353
JOURNAL OF MATERIALS CHEMISTRY B	353
CHINESE JOURNAL OF GEOPHYSICS (ACTA GEOPHYSICA SINICA)	351

附录 10 2014 年总被引次数居前 100 位的中国科技期刊

排名	期刊名称	总被引次数
1	生态学报	16725
2	中国电机工程学报	15321
3	农业工程学报	14005
4	食品科学	13379
5	中华医院感染学杂志	11827
6	应用生态学报	11416
7	经济研究	10827
8	物理学报	10711
9	电力系统自动化	10102
10	中国农业科学	9518
11	中国组织工程研究	9490
12	电网技术	9161
13	中国农学通报	9156
14	岩石力学与工程学报	8548
15	中华护理杂志	8349
16	中国中药杂志	8275
17	中国妇幼保健	7788
18	环境科学	7733
19	岩石学报	7724
20	地球物理学报	7475
21	地理学报	7356
22	中华医学杂志	7320
23	机械工程学报	7319
24	中国全科医学	6925

排名	期刊名称	总被引频次
25	实用医学杂志	6872
26	中草药	6868
27	科学通报	6843
28	山东医药	6696
29	CHINESE PHYSICS B	6572
30	食品工业科技	6545
36	作物学报	6276
37	计算机工程与应用	6248
38	护理学杂志	6114
39	中国医药导报	6088
40	高电压技术	6026
41	电工技术学报	6020
42	中国实用护理杂志	6010
43	电力系统保护与控制	5937
44	生态学杂志	5873
45	重庆医学	5758
46	现代中西医结合杂志	5645
47	农业机械学报	5617
48	环境科学学报	5452
49	中华心血管病杂志	5352
50	中华结核和呼吸杂志	5306
51	中国公共卫生	5187
52	中华流行病学杂志	5096
53	仪器仪表学报	5025
54	中华现代护理杂志	4952
55	岩土工程学报	4888
56	水土保持学报	4884
57	计算机工程	4838
58	中国药房	4821
59	生态环境学报	4789
60	植物生态学报	4709
61	CHINESE MEDICAL JOURNAL	4698
62	农业环境科学学报	4688
63	地理研究	4635
64	护士进修杂志	4626
65	石油学报	4549
66	光学学报	4530
67	中华神经科杂志	4516
68	天然气工业	4503
69	地质学报	4491
70	电子学报	4434
71	中华儿科杂志	4425
72	土壤学报	4401
73	中国中西医结合杂志	4370
74	中国科学 地球科学	4363
75	中国环境科学	4342
76	中华放射学杂志	4276
77	广东医学	4269
78	园艺学报	4265
79	中成药	4263
80	中国医学影像技术	4227
81	自然资源学报	4204
82	计算机应用研究	4193
83	植物营养与肥料学报	4186
84	西北植物学报	4170
85	地学前缘	4155
86	中华外科杂志	4138
87	中华中医药杂志	4125
88	分析化学	4122
89	光谱学与光谱分析	4115
90	经济地理	4114
91	林业科学	4089
92	中华内科杂志	4067
93	中华中医药学刊	4056
94	医学综述	4045
95	临床肺科杂志	4014
96	系统仿真学报	4010
97	系统工程理论与实践	3999
98	中国实用外科杂志	3991
99	资源科学	3967
100	软件学报	3946

附录 11　2014 年影响因子居前 100 位的中国科技期刊

排名	期刊名称	影响因子
1	石油勘探与开发	3.692
2	经济研究	3.634
3	地理学报	2.993
4	冰川冻土	2.8
5	中国骨与关节损伤杂志	2.614
6	石油学报	2.451
7	中华危重病急救医学	2.412
8	电子测量与仪器学报	2.378
9	中华显微外科杂志	2.354
10	草业学报	2.353
11	中国社会科学	2.247
12	电网技术	2.216
13	中华护理杂志	2.151
14	仪器仪表学报	2.056
15	中华结核和呼吸杂志	2.029
16	电力系统自动化	2.028
17	石油与天然气地质	2.017
18	地球物理学报	2.001
19	中国感染与化疗杂志	1.985
20	中国电机工程学报	1.967
21	色谱	1.954
22	自动化学报	1.94
23	油气地质与采收率	1.906
24	世界经济	1.898
25	高原气象	1.884
26	气象	1.873
27	中国光学	1.864
28	中华儿科杂志	1.851
29	分子催化	1.846
30	地理科学	1.835
31	高电压技术	1.831
32	中国图书馆学报	1.826
33	岩石学报	1.82
34	金融研究	1.791
35	光学精密工程	1.787
36	地理科学进展	1.779
37	大气科学	1.759
38	测绘学报	1.736
39	石油实验地质	1.733

排名	期刊名称	影响因子
40	农业工程学报	1.732
41	地学前缘	1.721
42	中华预防医学杂志	1.713
43	煤炭学报	1.701
44	管理世界	1.701
45	植物生态学报	1.695
46	电工技术学报	1.692
47	中国中西医结合急救杂志	1.67
48	中国防痨杂志	1.659
49	植物营养与肥料学报	1.648
50	法学研究	1.64
51	中国地质	1.634
52	地理研究	1.62
53	软件学报	1.619
54	社会学研究	1.618
55	人口研究	1.617
56	中华心血管病杂志	1.598
57	中华消化外科杂志	1.598
58	干旱气象	1.597
59	地球学报	1.596
60	中国环境科学	1.595
61	计算机学报	1.585
62	经济地理	1.57
63	会计研究	1.552
64	作物学报	1.54
65	天然气地球科学	1.54
66	电力自动化设备	1.538
67	自然资源学报	1.533
68	应用生态学报	1.527
69	经济学	1.52
70	中华流行病学杂志	1.511
71	国际病毒学杂志	1.511
72	中华地方病学杂志	1.507
73	中国沙漠	1.505
74	第四纪研究	1.494
75	生态学报	1.471
76	电力系统保护与控制	1.465
77	光学学报	1.462
78	矿床地质	1.46

排名	期刊名称	影响因子
79	湿地科学	1.46
80	土壤学报	1.458
81	环境科学研究	1.458
82	地质学报	1.435
83	地球科学进展	1.432
84	中国科学 地球科学	1.421
85	应用气象学报	1.42
86	中国矿业大学学报	1.419
87	干旱区地理	1.407
88	灾害学	1.401
89	天然气工业	1.398

排名	期刊名称	影响因子
90	中华胃肠外科杂志	1.379
91	中华妇产科杂志	1.374
92	中华内科杂志	1.374
93	中国土地科学	1.373
94	中华泌尿外科杂志	1.372
95	中华肿瘤杂志	1.372
96	稀有金属	1.37
97	水科学进展	1.37
98	国外电子测量技术	1.353
99	干旱区研究	1.351
100	中国肿瘤	1.347

附 表

附表 1　2014 年度国际科技论文总数居世界前列的国家（地区）

国家（地区）	2014 年收录的科技论文篇数			2014 年科技论文总篇数	占科技论文总数比例	排名
	SCIE	Ei	CPCI			
世界科技论文总数	1766293	546978	369116	2682387	100.00%	1
美国	486638	95244	105000	686882	25.61%	2
中国	264522	172914	56642	494078	18.42%	3
英国	139733	28395	21035	189163	7.05%	4
德国	121783	30893	21668	174344	6.50%	5
日本	94757	28143	20260	143160	5.34%	6
法国	83792	24233	14168	122193	4.56%	7
意大利	77491	18430	14685	110606	4.12%	8
印度	64561	28594	12598	105753	3.94%	9
加拿大	74608	17704	11926	104238	3.89%	10
韩国	61200	24386	8148	93734	3.49%	11
西班牙	64035	18381	9637	92053	3.43%	12
澳大利亚	63302	14821	6502	84625	3.15%	13
巴西	45444	9280	6526	61250	2.28%	14
荷兰	43496	7916	6447	57859	2.16%	15
俄罗斯	33283	14410	6722	54415	2.03%	16
瑞士	33307	7413	5057	45777	1.71%	17
伊朗	29546	13743	1759	45048	1.68%	18
土耳其	31514	7274	4423	43211	1.61%	19
波兰	27696	8404	5671	41771	1.56%	20
瑞典	28309	6812	4265	39386	1.47%	21
比利时	24304	5568	3668	33540	1.25%	22
丹麦	19516	3841	2774	26131	0.97%	23
奥地利	18030	3991	3386	25407	0.95%	24
葡萄牙	15544	4932	3594	24070	0.90%	25
马来西亚	11443	5413	4984	21840	0.81%	26
捷克	13357	3895	4244	21496	0.80%	27
新加坡	13405	5929	2117	21451	0.80%	28
以色列	14843	3210	2495	20548	0.77%	29
墨西哥	13610	3634	2243	19487	0.73%	30

注：中国台湾省三系统论文总数 49162 篇，占 1.83%；香港特区三系统论文总数 20378 篇，占 0.76%；澳门特区三系统论文总数 1444 篇，占 0.05%。

附表 2 2014 年 SCIE 主要国家（地区）发表科技论文情况

国家(地区)	历年排名					2014年发表的科技论文总篇数	占发表科技论文总数比例
	2010年	2011年	2012年	2013年	2014年		
世界科技论文总数						1766293	100.00%
美国	1	1	1	1	1	486638	27.55%
中国	2	2	2	2	2	264522	14.98%
英国	3	3	3	3	3	139733	7.91%
德国	4	4	4	4	4	121783	6.89%
日本	5	5	5	5	5	94757	5.36%
法国	6	6	6	6	6	83792	4.74%
意大利	7	7	7	7	7	77491	4.39%
加拿大	8	8	8	8	8	74608	4.22%
印度	10	10	11	10	9	64561	3.66%
西班牙	9	9	9	9	10	64035	3.63%
澳大利亚	12	12	12	11	11	63302	3.58%
韩国	11	11	10	12	12	61200	3.46%
巴西	14	13	13	13	13	45444	2.57%
荷兰	13	14	14	14	14	43496	2.46%
瑞士	16	16	15	16	15	33307	1.89%
俄罗斯	15	15	16	15	16	33283	1.88%
土耳其	18	18	18	17	17	31514	1.78%
伊朗	22	19	19	18	18	29546	1.67%
瑞典	19	20	20	19	19	28309	1.60%
波兰	20	21	21	20	20	27696	1.57%
比利时	21	22	22	21	21	24304	1.38%
丹麦	25	24	23	22	22	19516	1.10%
奥地利	24	25	25	24	23	18030	1.02%
葡萄牙	28	28	27	26	24	15544	0.88%
以色列	23	23	24	23	25	14843	0.84%
墨西哥	27	26	26	25	26	13610	0.77%
新加坡			29	28	27	13405	0.76%
捷克					28	13357	0.76%
芬兰		29			29	13250	0.75%
希腊	26	27	28	27	30	13231	0.75%

注：2014 年中国台湾省 SCI 论文数 29494 篇，占 1.67%；香港特区 SCI 论文数 12920 篇，占 0.7%；澳门特区 SCI 论文数 855 篇，占 0.05%。

附表 3　2014 年 CPCI-S 主要国家（地区）发表科技论文情况

国家(地区)	历年排名					2014 年发表的科技论文总篇数	占发表科技论文总数比例
	2010 年	2011 年	2012 年	2013 年	2014 年		
世界科技论文总数						369116	100.00%
美国	1	1	1	1	1	105000	28.45%
中国	2	2	2	2	2	56642	15.35%
德国	3	3	4	5	3	21668	5.87%
英国	4	4	5	4	4	21035	5.7%
日本	5	5	3	3	5	20260	5.49%
意大利	6	7	7	7	6	14685	3.98%
法国	7	6	6	6	7	14168	3.84%
印度	14	12	9	9	8	12598	3.41%
加拿大	8	8	8	8	9	11926	3.23%
西班牙	9	10	10	11	10	9637	2.61%
韩国	10	9	11	10	11	8148	2.21%
俄罗斯	18	17	18	17	12	6722	1.82%
巴西	13	15	13	13	13	6526	1.77%
澳大利亚	12	14	15	12	14	6502	1.76%
荷兰	11	11	14	14	15	6447	1.75%
波兰	15	18	16	16	16	5671	1.54%
瑞士	16	16	17	18	17	5057	1.37%
土耳其	26	24	21	15	18	4423	1.2%
瑞典	21	20	19	19	19	4265	1.16%
捷克	20	21	25	22	20	4244	1.15%
比利时	19	19	20	20	21	3668	0.99%
葡萄牙	23	23	23	21	22	3594	0.97%
奥地利	22	22	22	24	23	3386	0.92%
丹麦	29	29	29	26	24	2774	0.75%
希腊	24	28	27	27	25	2617	0.71%
以色列	25	25	26	23	26	2495	0.68%
墨西哥	28	27	28	25	27	2243	0.61%
新加坡		30	30	29	28	2117	0.57%
芬兰				30	29	2003	0.54%
挪威					30	1849	0.50%

注：中国台湾省 CPCI-S 论文数为 6701 篇，占 1.82%；香港特区 CPCI-S 论文数为 1981 篇，占 0.54%；澳门特区 CPCI-S 论文数为 164 篇，占 0.04%。

附表4 2014年Ei收录主要国家（地区）科技论文情况

国家（地区）	历年排名					2014年发表的科技论文总篇数	占发表科技论文总数比例
	2010年	2011年	2012年	2013年	2014年		
世界科技论文总数						546978	100.00%
中国	1	1	1	1	1	172914	31.61%
美国	2	2	2	2	2	95244	17.41%
德国	4	4	4	3	3	30893	5.65%
印度	7	7	6	6	4	28594	5.23%
英国	5	5	5	5	5	28395	5.19%
日本	3	3	3	4	6	28143	5.15%
韩国	8	8	8	8	7	24386	4.46%
法国	6	6	7	7	8	24233	4.43%
意大利	10	11	10	9	9	18430	3.37%
西班牙	11	10	11	10	10	18381	3.36%
加拿大	9	9	9	11	11	17704	3.24%
澳大利亚	14	14	14	12	12	14821	2.71%
俄罗斯	13	13	12	13	13	14410	2.63%
伊朗	15	15	15	14	14	13743	2.51%
巴西	17	17	16	15	16	9280	1.7%
波兰	20	20	18	17	17	8404	1.54%
荷兰	16	16	17	16	18	7916	1.45%
瑞士	19	19	19	19	19	7413	1.36%
土耳其	18	18	20	18	20	7274	1.33%
瑞典	21	21	21	20	21	6812	1.25%
新加坡	23	22	22	21	22	5929	1.08%
比利时	22	23	23	22	23	5568	1.02%
马来西亚		28	25	23	24	5413	0.99%
葡萄牙	25	25	26	24	26	4932	0.9%
沙特阿拉伯				26	27	4892	0.89%
奥地利	27	27	27	25	28	3991	0.73%
捷克				29	29	3895	0.71%
芬兰	29	30	30	27	30	3867	0.71%
丹麦	31		28	28	29	3841	0.70%
墨西哥					30	3634	0.66%

注：2014年中国台湾省EI论文12967篇，占2.4%；香港特区EI论文5477篇，占1.0%；澳门特区EI论文425篇，占0.8%。

附表 5 2014 年 SCI、Ei 和 CPCI 收录的中国科技论文的学科分布情况

学科	SCI		Ei		CPCI		论文总篇数	排名
	论文篇数	比例	论文篇数	比例	论文篇数	比例		
数学	9410	66.96%	4625	32.91%	18	0.13%	14053	10
力学	2154	33.37%	4002	62.01%	298	4.62%	6454	18
信息、系统科学	906	53.83%	618	36.72%	159	9.45%	1683	28
物理	26520	64.77%	12041	29.41%	2382	5.82%	40943	3
化学	41378	82.59%	7637	15.24%	1084	2.16%	50099	1
天文	1324	83.38%	244	15.37%	20	1.26%	1588	29
地学	8095	32.82%	7945	32.22%	8622	34.96%	24662	8
生物	24885	63.95%	13565	34.86%	466	1.20%	38916	4
预防、卫生	2441	99.67%	0	0.00%	8	0.33%	2449	26
基础医学	11589	88.68%	465	3.56%	1014	7.76%	13068	11
药物学	5949	97.88%	0	0.00%	129	2.12%	6078	19
临床医学	31014	93.88%	0	0.00%	2021	6.12%	33035	6
中医学	930	100.00%	0	0.00%	0	0.00%	930	33
军事医学与特种医学	119	99.17%	0	0.00%	1	0.83%	120	38
农学	2732	86.24%	294	9.28%	142	4.48%	3168	23
林学	435	100.00%	0	0.00%	0	0.00%	435	36
畜牧兽医	848	97.36%	0	0.00%	23	2.64%	871	34
水产	765	96.96%	0	0.00%	24	3.04%	789	35
测绘技术	0	0.00%	1571	100.00%	0	0.00%	1571	30
材料科学	17879	41.99%	16806	39.47%	7893	18.54%	42578	2
工程与技术基础学科	1854	50.95%	1785	49.05%	0	0.00%	3639	21
矿业	408	30.54%	554	41.47%	374	27.99%	1336	31
能源科学技术	4486	36.39%	7224	58.61%	616	5.00%	12326	12
冶金、金属	1966	24.02%	6153	75.18%	65	0.79%	8184	16
机械工程	3038	34.20%	5832	65.65%	13	0.15%	8883	15
动力与电气	260	2.49%	10164	97.41%	10	0.10%	10434	14
核科学技术	710	59.36%	447	37.37%	39	3.26%	1196	32
电子、通信与自动控制	9781	33.79%	16196	55.96%	2967	10.25%	28944	7
计算技术	7490	30.45%	9915	40.31%	7189	29.23%	24594	9
化工	3329	49.81%	691	10.34%	2664	39.86%	6684	17
轻工纺织	0	0.00%	100	100.00%	0	0.00%	100	39
食品	2427	96.04%	99	3.92%	1	0.04%	2527	25
土木建筑	1462	4.41%	28761	86.75%	2929	8.84%	33152	5
水利	1092	33.30%	2174	66.30%	13	0.40%	3279	22
交通运输	512	9.18%	4138	74.17%	929	16.65%	5579	20
航空航天	654	33.38%	1305	66.62%	0	0.00%	1959	27
安全科学技术	91	47.15%	102	52.85%	0	0.00%	193	37

续表

学科	SCI		Ei		CPCI		论文总篇数	排名
	论文篇数	比例	论文篇数	比例	论文篇数	比例		
环境科学	5235	46.75%	5592	49.94%	371	3.31%	11198	13
管理学	697	26.12%	1359	50.94%	612	22.94%	2668	24
其他	274	4.22%	165	2.54%	6052	93.24%	6491	
合计	235139	51.47%	172569	37.77%	49148	10.76%	456856	

附表 6　2014 年 SCI、Ei 和 CPCI-S 收录的中国科技论文的地区分布情况

地区	SCI		Ei		CPCI-S		论文总篇数	排名
	论文篇数	比例	论文篇数	比例	论文篇数	比例		
北京	42777	16.68%	29671	18.11%	9448	19.59%	81896	1
天津	6745	2.95%	4958	3.03%	1400	2.90%	13103	13
河北	2993	1.35%	3237	1.98%	1681	3.49%	7911	19
山西	2086	0.89%	1767	1.08%	280	0.58%	4133	23
内蒙古	766	0.33%	578	0.35%	300	0.62%	1644	26
辽宁	9011	3.87%	7034	4.29%	2550	5.29%	18595	10
吉林	6180	2.60%	4769	2.91%	1714	3.55%	12663	14
黑龙江	6361	2.57%	5827	3.56%	1513	3.14%	13701	12
上海	22210	9.57%	11832	7.22%	3092	6.41%	37134	3
江苏	24329	10.06%	15956	9.74%	3561	7.38%	43846	2
浙江	12599	5.38%	8130	4.96%	1679	3.48%	22408	7
安徽	6693	2.83%	4733	2.89%	923	1.91%	12349	15
福建	4686	2.02%	3004	1.83%	540	1.12%	8230	18
江西	2219	0.94%	1941	1.18%	946	1.96%	5106	21
山东	10308	4.54%	6050	3.69%	2289	4.75%	18647	9
河南	4791	2.04%	3674	2.24%	1107	2.30%	9572	17
湖北	12267	4.91%	8194	5.00%	3009	6.24%	23470	6
湖南	7769	3.30%	6802	4.15%	1456	3.02%	16027	11
广东	13566	7.43%	8049	4.91%	2698	5.59%	24313	4
广西	1745	0.74%	859	0.52%	472	0.98%	3076	24
海南	475	0.20%	134	0.08%	64	0.13%	673	28
重庆	5136	2.19%	3643	2.22%	945	1.96%	9724	16
四川	9793	4.18%	7642	4.67%	1986	4.12%	19421	8
贵州	684	0.29%	347	0.21%	213	0.44%	1244	27
云南	2349	1.03%	1221	0.75%	968	2.01%	4538	22
西藏	16	0.01%	4	0.00%	10	0.02%	30	31
陕西	11392	4.88%	10709	6.54%	2582	5.35%	24683	5
甘肃	3695	1.57%	2311	1.41%	576	1.19%	6582	20
青海	147	0.06%	74	0.05%	29	0.06%	250	30
宁夏	189	0.08%	100	0.06%	56	0.12%	345	29
新疆	1162	0.50%	549	0.34%	137	0.28%	1848	25
总计	235139	100.00%	163799	100.00%	48224	100.00%	447162	

附表 7　2014 年 SCI、Ei 和 CPCI-S 收录的中国科技论文篇数分学科按地区分布情况

学科	北京	天津	河北	山西	内蒙古	辽宁	吉林	黑龙江	上海	江苏	浙江
数学	1773	424	225	188	84	460	251	370	1010	1460	738
力学	1187	219	100	61	30	320	113	266	560	589	352
信息、系统科学	301	35	45	8	6	69	29	63	116	184	96
物理	7363	1125	693	517	171	1224	1504	1228	3219	3507	1844
化学	7104	1981	758	685	178	2070	2368	1139	4586	5371	2908
天文	606	18	17	15	0	29	15	8	128	189	23
地学	6182	501	575	149	139	859	708	575	1004	2115	816
生物	6242	1124	502	242	126	1264	1025	1014	3550	4178	2174
预防、卫生	463	40	32	20	6	91	36	53	254	218	165
基础医学	1817	315	191	46	30	416	397	275	1587	1266	706
药物学	778	169	74	33	14	381	141	112	636	757	399
临床医学	5706	880	394	127	72	1096	645	559	4536	2983	2029
中医学	258	41	12	3	2	25	15	18	92	90	46
军事医学与特种医学	24	0	0	0	0	8	2	0	24	6	5
农学	745	28	47	31	34	101	86	62	65	389	219
林学	159	1	1	2	1	14	5	46	5	32	9
畜牧兽医	174	1	14	3	16	14	38	54	20	113	35
水产	107	8	3	4	1	27	1	6	72	84	52
测绘技术	262	53	32	8	2	57	28	38	113	140	90
材料科学	5903	1423	943	599	226	2127	1483	1564	3457	3862	1750
工程与技术基础学科	571	80	55	27	6	204	91	182	236	427	172
矿业	460	9	96	19	4	84	16	22	35	93	16
能源科学技术	2994	434	191	148	37	438	232	399	888	1046	593
冶金、金属	1449	219	165	112	46	762	151	249	463	607	266
机械工程	1651	286	196	68	15	430	287	394	658	891	381
动力与电气	1883	375	181	100	30	369	243	348	700	1047	497
核科学技术	276	8	4	2	3	33	13	64	113	36	20
电子、通信与自动控制	5368	619	435	183	52	1197	674	1135	1885	3155	1401
计算技术	4975	488	474	171	50	1228	433	783	1657	2104	1255
化工	1304	399	98	57	17	314	100	186	530	600	457
轻工纺织	12	4	2	0	0	7	0	1	9	13	7
食品	339	78	27	19	11	54	47	71	120	476	207
土木建筑	6055	792	754	302	139	1654	713	1297	2521	2974	1349
水利	811	98	62	19	8	94	59	128	220	306	131
交通运输	1515	102	71	18	18	227	160	212	467	471	195
航空航天	587	39	16	11	2	56	40	157	79	225	32
安全科学技术	52	3	5	0	2	9	3	3	9	19	5
环境科学	2661	325	118	84	23	377	184	326	859	1154	612
管理学	458	120	68	14	11	123	28	86	213	199	136
其他	1321	239	235	38	32	283	299	208	438	470	220
合计	81896	13103	7911	4133	1644	18595	12663	13701	37134	43846	22408

续表

学科	安徽	福建	江西	山东	河南	湖北	湖南	广东	广西	海南	重庆
数学	392	369	189	709	584	654	689	713	169	20	437
力学	202	109	54	195	120	263	258	227	32	3	92
信息、系统科学	50	21	15	83	42	84	85	84	15	3	54
物理	1983	893	463	1316	912	1950	1480	1755	192	19	698
化学	1680	1282	790	2361	1316	2170	1606	2424	310	109	764
天文	71	17	22	55	12	46	40	49	15	2	25
地学	534	286	308	1372	412	2127	609	1035	165	29	349
生物	878	832	370	1962	810	2103	1032	2634	309	144	921
预防、卫生	82	19	28	143	53	140	66	212	26	15	59
基础医学	245	303	96	820	302	656	330	1183	121	35	399
药物学	129	89	50	350	143	266	144	484	55	22	154
临床医学	465	508	213	1601	555	1320	890	3369	384	72	1056
中医学	16	26	3	34	13	17	15	69	10	4	16
军事医学与特种医学	1	3	0	5	1	6	7	9	0	0	3
农学	39	63	29	143	69	182	41	181	23	22	48
林学	5	23	2	3	4	7	12	27	6	0	3
畜牧兽医	16	7	7	37	20	36	13	49	2	7	15
水产	4	46	2	113	4	100	6	99	3	6	7
测绘技术	30	33	8	46	25	119	77	50	4	3	33
材料科学	1161	836	668	1656	963	2192	1697	2044	333	37	783
工程与技术基础学科	71	49	30	140	91	205	167	112	28	2	90
矿业	44	9	6	32	22	66	64	12	3	0	39
能源科学技术	374	225	102	395	185	644	320	654	51	9	259
冶金、金属	218	129	98	238	123	345	710	278	49	6	212
机械工程	239	99	65	283	133	426	305	342	32	3	215
动力与电气	269	118	120	330	207	517	376	463	52	4	244
核科学技术	194	5	6	16	4	53	32	22	2	0	4
电子、通信与自动控制	715	365	239	873	549	1532	1179	1179	133	15	658
计算技术	706	412	293	808	584	1350	1075	1264	165	22	575
化工	180	109	55	298	137	276	177	323	32	3	89
轻工纺织	3	7	0	1	1	3	5	9	1	0	1
食品	39	59	92	118	55	116	34	254	12	11	51
土木建筑	692	402	355	1041	596	1782	1437	1284	147	20	754
水利	49	52	29	96	63	241	52	151	15	4	56
交通运输	83	54	34	128	72	290	210	160	27	0	122
航空航天	25	6	2	30	18	49	182	25	1	0	12
安全科学技术	9	2	0	0	1	12	10	4	2	0	3
环境科学	249	262	93	448	172	575	315	660	58	8	185
管理学	82	34	44	65	51	181	113	109	14	3	87
其他	125	67	126	303	148	369	167	311	78	11	152
合计	12349	8230	5106	18647	9572	23470	16027	24313	3076	673	9724

续表

学科	四川	贵州	云南	西藏	陕西	甘肃	青海	宁夏	新疆	不详	合计
数学	545	59	199	0	657	332	9	17	117	210	14053
力学	263	12	38	0	489	76	3	5	16	200	6454
信息、系统科学	65	3	17	0	66	10	0	2	5	27	1683
物理	2239	87	259	2	2660	741	11	19	169	700	40943
化学	1895	156	536	0	1699	1151	44	43	153	462	50099
天文	23	11	39	0	26	28	0	0	29	30	1588
地学	868	171	377	8	1187	537	25	24	115	501	24662
生物	1313	138	632	6	1702	443	34	48	220	944	38916
预防、卫生	93	7	14	0	72	27	0	2	11	2	2449
基础医学	537	33	106	0	498	122	7	22	130	77	13068
药物学	213	44	108	0	200	73	4	3	36	17	6078
临床医学	1542	73	194	4	1201	198	7	27	163	166	33035
中医学	43	4	12	0	26	9	2	0	9	0	930
军事医学与特种医学	10	0	0	0	4	1	0	0	1	0	120
农学	92	10	51	2	200	95	4	1	39	27	3168
林学	16	1	19	0	22	5	0	0	5	0	435
畜牧兽医	71	2	12	0	49	35	2	1	8	0	871
水产	13	0	3	0	14	2	0	0	2	0	789
测绘技术	59	2	9	0	83	30	0	0	3	134	1571
材料科学	1714	101	584	4	2652	749	20	35	165	847	42578
工程与技术基础学科	197	6	27	0	233	43	4	3	14	76	3639
矿业	57	5	36	0	39	15	1	3	7	22	1336
能源科学技术	486	18	71	1	579	109	8	8	27	401	12326
冶金、金属	250	13	131	0	445	120	8	5	16	301	8184
机械工程	386	11	38	0	662	135	1	2	15	234	8883
动力与电气	492	15	70	0	792	128	0	4	20	440	10434
核科学技术	106	1	3	0	131	33	0	0	0	12	1196
电子、通信与自动控制	1642	42	135	1	2494	184	5	10	52	838	28944
计算技术	1040	54	163	0	1538	161	4	17	70	675	24594
化工	254	17	82	0	379	96	3	3	12	97	6684
轻工纺织	3	0	0	0	8	0	0	0	0	3	100
食品	53	7	14	0	119	25	4	0	9	6	2527
土木建筑	1675	66	249	1	2120	441	18	22	85	1415	33152
水利	118	10	17	0	188	41	5	3	26	127	3279
交通运输	275	4	31	1	351	59	3	1	8	210	5579
航空航天	51	0	1	0	261	5	0	0	2	45	1959
安全科学技术	8	0	1	0	20	4	0	0	1	6	193
环境科学	304	34	92	0	368	237	7	8	69	331	11198
管理学	172	8	33	0	133	18	2	1	2	60	2668
其他	238	19	135	0	316	64	5	6	17	51	6491
合计	19421	1244	4538	30	24683	6582	250	345	1848	9694	456856

附表 8　2014 年 SCI、Ei 和 CPCI-S 收录的中国科技论文分地区按机构分布情况

	地区	高等院校	科研机构	企业	医院 *	其他	合计
11	北京	54097	21577	1594	1952	1758	80978
12	天津	12097	397	41	160	151	12846
13	河北	6798	523	106	197	231	7855
14	山西	3661	327	14	36	86	4124
15	内蒙古	1507	56	6	25	50	1644
21	辽宁	15426	2531	79	252	236	18524
22	吉林	9643	2658	13	73	238	12625
23	黑龙江	13220	299	10	50	84	13663
31	上海	31126	4382	238	769	463	36978
32	江苏	40055	1825	255	938	685	43758
33	浙江	20332	1116	164	524	241	22377
34	安徽	10650	1498	51	40	100	12339
35	福建	6928	994	31	192	68	8213
36	江西	4745	62	7	44	231	5089
37	山东	15528	1489	115	1096	337	18565
41	河南	8421	367	58	290	398	9534
42	湖北	21263	1364	141	205	447	23420
43	湖南	15465	176	44	109	192	15986
44	广东	20436	2388	297	403	453	23977
45	广西	2739	113	10	62	141	3065
46	海南	436	188	3	38	8	673
47	重庆	9182	156	42	103	203	9686
51	四川	16435	1809	309	344	495	19392
52	贵州	936	213	11	25	53	1238
53	云南	3539	703	58	68	145	4513
54	西藏	22	5	0	3	0	30
61	陕西	22797	1190	224	145	288	24644
62	甘肃	4746	1658	15	66	87	6572
63	青海	96	139	3	7	4	249
64	宁夏	314	2	5	11	10	342
65	新疆	1233	490	27	52	38	1840
	总计	373873	50695	3971	8279	7921	444739

附表 9 2014 年 SCI 收录的 4 种类型论文居前 50 位的中国高等院校

排名	高等院校名称	论文篇数	排名	高等院校名称	论文篇数
1	浙江大学	5836	26	电子科技大学	1548
2	上海交通大学	5398	27	北京理工大学	1524
3	清华大学	4235	28	首都医科大学	1499
4	北京大学	3871	29	重庆大学	1493
5	四川大学	3647	30	兰州大学	1490
6	华中科技大学	3457	31	西北工业大学	1483
7	复旦大学	3355	32	北京科技大学	1445
8	山东大学	3222	33	南开大学	1432
9	吉林大学	3103	34	北京师范大学	1344
10	西安交通大学	3082	35	湖南大学	1331
11	中山大学	3072	36	中国农业大学	1329
12	哈尔滨工业大学	2875	37	中国地质大学	1297
13	南京大学	2849	38	江南大学	1289
14	中南大学	2746	39	国防科学技术大学	1266
15	中国科学技术大学	2460	40	江苏大学	1230
16	天津大学	2450	41	东北大学	1203
17	武汉大学	2389	42	西北农林科技大学	1197
18	同济大学	2362	42	北京化工大学	1192
19	东南大学	2160	44	南京农业大学	1157
20	大连理工大学	2121	45	中国石油大学	1142
21	北京航空航天大学	2067	46	中国医科大学	1121
22	苏州大学	1962	47	西安电子科技大学	1119
23	华南理工大学	1916	48	郑州大学	1087
24	厦门大学	1557	49	南京医科大学	1059
25	华东理工大学	1552	50	南京航空航天大学	1035

附表 10 2014 年 SCI 收录的 4 种类型论文居前 50 位的中国研究机构

排名	研究机构名称	论文篇数	排名	研究机构名称	论文篇数
1	中国科学院长春应用化学研究所	854	11	军事医学科学院	390
2	中国科学院化学研究所	733	12	中国科学院兰州化学物理研究所	389
3	中国科学院合肥物质科学研究院	664	13	中国科学院过程工程研究所	376
4	中国科学院大连化学物理研究所	557	14	中国工程物理研究院	374
5	中国科学院物理研究所	472	15	中国科学院福建物质结构研究所	369
6	中国科学院上海硅酸盐研究所	472	16	中国科学院半导体研究所	355
7	中国科学院生态环境研究中心	454	17	中国科学院海洋研究所	350
8	中国科学院金属研究所	444	18	中国科学院上海生命科学研究院	326
9	中国科学院地质与地球物理研究所	403	19	国家纳米科学中心	312
10	中国科学院地理科学与资源研究所	402	20	中国科学院大气物理研究所	311

续表

排名	研究机构名称	论文篇数	排名	研究机构名称	论文篇数
21	中国科学院高能物理研究所	281	36	中国林业科学研究院	219
22	中国疾病预防控制中心	279	37	中国中医科学院	204
23	中国科学院上海有机化学研究所	270	38	中国科学院微生物研究所	202
24	中国科学院对地观测与数字地球科学中心	263	39	中国科学院上海微系统与信息技术研究所	199
25	中国科学院广州地球化学研究所	262	40	中国科学院自动化研究所	194
26	中国科学院动物研究所	262	41	中国科学院近代物理研究所	189
27	中国科学院理化技术研究所	255	42	中国科学院南京土壤研究所	188
28	中国水产科学研究院	254	43	中国科学院植物研究所	183
29	中国科学院上海药物研究所	253	44	中国科学院水生生物研究所	183
30	中国科学院昆明植物研究所	252	45	中国科学院数学与系统科学研究院	180
31	中国科学院上海光学精密机械研究所	250	46	中国农业科学院植物保护研究所	178
32	中国科学院宁波材料技术与工程研究所	247	47	中国科学院青岛生物能源与过程研究所	173
33	中国科学院南海海洋研究所	241	48	中国科学院深圳先进技术研究院	172
34	中国科学院寒区旱区环境与工程研究所	240	49	中国科学院国家天文台	170
35	中国科学院长春光学精密机械与物理研究所	228	50	中国科学院新疆生态与地理研究所	169

附表 11　2014 年 CPCI-S 收录的科技论文居前 50 位的中国高等院校

排名	高等院校名称	论文篇数	排名	高等院校名称	论文篇数
1	清华大学	972	13	同济大学	506
2	哈尔滨工业大学	744	14	华中科技大学	453
3	北京航空航天大学	705	15	西北工业大学	438
4	上海交通大学	655	16	国防科学技术大学	433
5	北京理工大学	639	17	东北大学	415
6	浙江大学	608	18	东南大学	414
7	昆明理工大学	606	19	北京邮电大学	407
8	华北电力大学	595	20	西安交通大学	387
9	武汉理工大学	554	21	武汉大学	385
10	吉林大学	537	22	中山大学	367
11	北京交通大学	528	23	北京科技大学	363
12	北京大学	508	24	电子科技大学	349

续表

排名	高等院校名称	论文篇数	排名	高等院校名称	论文篇数
25	华南理工大学	343	38	哈尔滨工程大学	251
26	山东大学	342	39	江西科技师范学院	246
27	天津大学	321	40	南京理工大学	241
28	河海大学	318	41	济南大学	229
29	中国科学技术大学	313	42	中国地质大学	226
30	中国矿业大学	303	42	上海大学	226
31	北京工业大学	289	44	长春理工大学	216
32	南京航空航天大学	282	45	东北石油大学	211
33	西南交通大学	274	46	江苏大学	206
34	中南大学	263	47	苏州大学	199
35	大连理工大学	258	48	南京大学	192
36	四川大学	254	48	重庆大学	192
37	复旦大学	252	50	三峡大学	188

附表 12　2014 年 CPCI-S 收录的科技论文居前 50 位的中国研究机构

排名	研究机构名称	论文篇数	排名	研究机构名称	论文篇数
1	中国科学院对地观测与数字地球科学中心	202	17	中国科学院合肥物质科学研究院	55
2	中国电力科学研究院	168	18	中国科学院软件研究所	54
3	中国科学院电工研究所	140	19	中国科学院电子学研究所	53
4	中国科学院自动化研究所	100	20	中国科学院信息工程研究所	50
5	中国工程物理研究院	95	21	中国科学院理化技术研究所	49
6	中国科学院半导体研究所	94	22	中国科学院西安光学精密机械研究所	48
7	中国航天科技集团公司第五研究院	91	23	交通部公路科学研究所	48
8	中国科学院光电技术研究所	84	24	交通运输部天津水运工程科学研究院	48
9	山东省科学院	70	25	国网电力科学研究院	45
10	中国科学院上海技术物理研究所	66	26	北京市农林科学院	43
11	国家纳米科学中心	65	27	中国科学院近代物理研究所	40
12	中国科学院深圳先进技术研究院	64	28	中国地震局工程力学研究所	38
13	中国科学院计算技术研究所	60	29	中国水利水电科学研究院	35
13	中国科学院沈阳自动化研究所	60	30	中国科学院地理科学与资源研究所	34
15	中国科学院上海光学精密机械研究所	56	31	中国水产科学研究院	33
16	中国科学院长春光学精密机械与物理研究所	56	32	中国科学院上海硅酸盐研究所	31

续表

排名	研究机构名称	论文篇数	排名	研究机构名称	论文篇数
33	中国医学科学院肿瘤研究所	30	42	中国科学院国家天文台南京天文光学技术研究所	25
34	国家海洋局第二海洋研究所	30	43	中国地震局地壳应力研究所	23
35	中国科学院武汉岩土力学研究所	27	44	中国科学院国家授时中心	23
36	长江科学院	27	45	中国科学院心理研究所	22
37	中国热带农业科学院	26	46	中国科学院高能物理研究所	21
38	国家卫星气象中心	26	47	军事医学科学院	20
39	北京跟踪与通信技术研究所	26	48	中国林业科学研究院	20
40	中国科学院化学研究所	25	49	中国科学院微电子研究所	20
41	中国计量科学研究院	25	50	中国科学院国家天文台	19

附表 13　2014 年 Ei 收录的科技论文居前 50 位的中国高等院校

排名	高等院校名称	论文篇数	排名	高等院校名称	论文篇数
1	清华大学	4195	26	西安电子科技大学	1489
2	浙江大学	3732	27	中国石油大学	1488
3	哈尔滨工业大学	3273	28	湖南大学	1471
4	上海交通大学	2895	29	国防科学技术大学	1446
5	天津大学	2495	30	电子科技大学	1431
6	北京航空航天大学	2421	31	中国矿业大学	1396
7	西安交通大学	2352	32	北京交通大学	1355
8	华中科技大学	2278	33	南京大学	1257
9	吉林大学	2232	34	哈尔滨工程大学	1255
10	东南大学	2170	35	南京理工大学	1210
11	中南大学	2120	36	中国地质大学	1175
12	同济大学	2094	37	华北电力大学	1124
13	华南理工大学	2094	38	华东理工大学	1111
14	大连理工大学	2069	39	西南交通大学	1068
15	西北工业大学	2034	40	江苏大学	1032
16	重庆大学	1936	41	北京化工大学	1021
17	北京科技大学	1911	42	复旦大学	1012
18	四川大学	1883	43	上海大学	1008
19	北京理工大学	1861	44	江南大学	1002
20	山东大学	1739	45	北京工业大学	979
21	中国科学技术大学	1702	46	苏州大学	930
22	武汉大学	1684	47	北京邮电大学	906
23	北京大学	1577	48	厦门大学	901
24	东北大学	1559	49	中山大学	862
25	南京航空航天大学	1532	50	南开大学	822

附表 14 2014 年 Ei 收录的科技论文居前 50 位的中国研究机构

排名	研究机构名称	论文篇数	排名	研究机构名称	论文篇数
1	中国工程物理研究院	692	26	中国科学院电子学研究所	175
2	中国科学院长春光学精密机械与物理研究所	675	27	中国科学院武汉岩土力学研究所	167
3	中国科学院合肥物质科学研究院	597	28	国家纳米科学中心	161
4	中国科学院长春应用化学研究所	584	29	中国科学院计算技术研究所	158
5	中国科学院化学研究所	468	30	中国科学院力学研究所	155
6	中国科学院上海硅酸盐研究所	388	30	中国科学院广州地球化学研究所	155
7	中国科学院金属研究所	385	32	中国科学院工程热物理研究所	143
8	中国科学院大连化学物理研究所	370	33	中国科学院山西煤炭化学研究所	141
9	中国科学院半导体研究所	334	34	中国科学院电工研究所	139
10	中国科学院兰州化学物理研究所	302	35	中国科学院广州能源研究所	136
11	中国科学院过程工程研究所	299	36	中国科学院地理科学与资源研究所	130
12	中国电力科学研究院	281	36	中国林业科学研究院	130
13	中国科学院上海光学精密机械研究所	280	38	中国科学院上海有机化学研究所	128
14	中国科学院物理研究所	277	39	中国原子能科学研究院	126
15	中国科学院生态环境研究中心	264	40	中国科学院高能物理研究所	125
16	中国科学院理化技术研究所	213	41	中国科学院深圳先进技术研究院	120
17	中国科学院宁波材料技术与工程研究所	212	42	中国环境科学研究院	118
18	中国科学院地质与地球物理研究所	201	43	中国科学院上海技术物理研究所	113
19	中国科学院福建物质结构研究所	200	43	中国科学院寒区旱区环境与工程研究所	113
20	中国科学院对地观测与数字地球科学中心	196	45	北京应用物理与计算数学研究所	111
21	中国石油勘探开发研究院	186	46	中国科学院沈阳自动化研究所	110
21	西北核技术研究所	186	47	中国科学院微电子研究所	109
23	中国科学院上海微系统与信息技术研究所	185	47	中国科学院苏州纳米技术与纳米仿生研究所	109
24	中国科学院西安光学精密机械研究所	178	47	中国科学院大气物理研究所	109
25	中国科学院自动化研究所	176	50	中国科学院青岛生物能源与过程研究所	106

附表 15 2014 年 SCI 收录的科技期刊数量较多的出版机构排名

	出版机构	收录期刊数
1	ELSEVIER	1433
2	SPRINGER	1141
3	WILEY	854
4	TAYLOR & FRANCIS	605
5	LIPPINCOTT WILLIAMS & WILKINS	198
6	SAGE PUBLICATIONS	193
7	BIOMED CENTRAL LTD	176
8	IEEE	149
9	CAMBRIDGE UNIV PRESS	103
10	NATURE PUBLISHING GROUP	90
11	KARGER	74
12	WALTER DE GRUYTER GMBH	65
13	MARY ANN LIEBERT, INC	58
14	IOP PUBLISHING LTD	57
15	WORLD SCIENTIFIC PUBL CO PTE LTD	56
16	ROUTLEDGE JOURNALS, TAYLOR & FRANCIS LTD	53
17	HINDAWI PUBLISHING CORP	51
17	AMER CHEMICAL SOC	51
19	BENTHAM SCIENCE PUBL LTD	39
20	ANNUAL REVIEWS	37
20	ROYAL SOC CHEMISTRY	37
22	ASSOC COMPUTING MACHINERY	34
23	GEORG THIEME VERLAG KG	33
24	SCIENCE PRESS	32
25	BMJ PUBLISHING GROUP	31
26	MEDKNOW PUBLICATIONS & MEDIA PVT LTD	29
27	ASCE-AMER SOC CIVIL ENGINEERS	28
28	MDPI AG	27
29	ASME	25
30	IOS PRESS	24

附表 16 1992—2014 年 Ei 收录的中国科技论文在国内外科技期刊上发表的比例

年度	论文总篇数	在中国期刊上发表		在非中国期刊上发表	
		论文篇数	所占比例	论文篇数	所占比例
1992	3970	2246	56.60%	1724	43.40%
1993	4970	3275	65.90%	1695	34.10%
1994	8006	5623	70.20%	2383	29.80%
1995	6791	3038	44.70%	3753	55.30%

续表

年度	论文总篇数	在中国期刊上发表		在非中国期刊上发表	
		论文篇数	所占比例	论文篇数	所占比例
1996	8035	4997	62.20%	3038	37.80%
1997	9834	5121	52.10%	4713	47.90%
1998	8220	4160	50.60%	4060	49.40%
1999	13155	8324	63.30%	4831	36.70%
2000	13991	8293	59.30%	5698	40.70%
2001	15605	9055	58.00%	6550	42.00%
2002	19268	12810	66.50%	6458	33.50%
2003	26857	13528	50.40%	13329	49.60%
2004	32881	17442	53.00%	15439	47.00%
2005	60301	35262	58.50%	25039	41.50%
2006	65041	33454	51.40%	31587	48.60%
2007	75568	40656	53.80%	34912	46.20%
2008	85381	45686	53.50%	39695	46.50%
2009	98115	46415	47.30%	51700	52.70%
2010	119374	56578	47.40%	62796	52.60%
2011	116343	54602	46.90%	61741	53.10%
2012	116429	51146	43.90%	65283	56.10%
2013	163688	49912	30.50%	113776	69.50%
2014	172569	54727	31.73%	117842	68.29%

附表 17　2005—2014 年 Medline 收录的中国科技论文在国内外科技期刊上发表的比例

年度	论文总篇数	在中国期刊上发表		在非中国期刊上发表	
		论文篇数	所占比例	论文篇数	所占比例
2005	27460	14452	52.6%	13008	47.4%
2006	31118	13546	43.5%	17572	56.5%
2007	33116	14476	43.7%	18640	56.3%
2008	41460	15400	37.1%	26060	62.9%
2009	47581	15216	32%	32365	68%
2010	56194	15468	27.5%	40726	72.5%
2011	64983	15812	24.3%	49171	75.7%
2012	77427	16292	21%	61135	79%
2013	90021	15468	17.2%	74553	82.8%
2014	104444	15022	14.4%	89422	85.6%

附表 18　2014 年 Ei 收录的中国台湾地区和香港特区的论文按学科分布情况

学科	中国台湾地区			中国香港特区		
	论文篇数	所占比例	学科排名	论文篇数	所占比例	学科排名
数学	264	2.04%	15	177	3.23%	11
力学	262	2.02%	16	93	1.70%	18
信息、系统科学	76	0.59%	21	27	0.49%	21
物理学	878	6.77%	6	379	6.92%	6
化学	489	3.77%	10	164	2.99%	13
天文学	30	0.23%	25	7	0.13%	27
地学	495	3.82%	9	201	3.67%	8
生物	1376	10.61%	3	484	8.84%	4
基础医学	52	0.40%	23	23	0.42%	22
临床医学	5	0.04%	33	0	0.00%	/
农学	28	0.22%	26	8	0.15%	26
林学	1	0.01%	34	0	0.00%	/
测绘科学技术	180	1.39%	19	97	1.77%	16
材料科学	1132	8.73%	4	440	8.03%	5
工程与技术基础学科	202	1.56%	18	63	1.15%	19
矿业工程技术	14	0.11%	30	7	0.13%	28
能源科学技术	448	3.45%	11	172	3.14%	12
冶金、金属学	383	2.95%	12	119	2.17%	15
机械、仪表	549	4.23%	8	180	3.29%	10
动力与电气	708	5.46%	7	269	4.91%	7
核科学技术	24	0.19%	27	10	0.18%	24
电子、通信与自动控制	1465	11.30%	2	652	11.90%	2
计算技术	1002	7.73%	5	489	8.93%	3
化工	63	0.49%	22	15	0.27%	23
轻工、纺织	10	0.08%	31	3	0.05%	30
食品	15	0.12%	29	2	0.04%	31
土木建筑	1730	13.34%	1	900	16.43%	1
水利	162	1.25%	20	52	0.95%	20
交通运输	283	2.18%	14	139	2.54%	14
航空航天	52	0.40%	24	10	0.18%	25
安全科学技术	17	0.13%	28	7	0.13%	29
环境科学	358	2.76%	13	192	3.51%	9
管理学	204	1.57%	17	94	1.72%	17
其他	10	0.08%	32	2	0.04%	32
总计	12967	100.00%		5477	100.00%	

附表 19 2005—2014 年 SCI 网络版收录的中国科技论文在 2014 年被引情况按学科分布

未被引论文篇数	被引论文篇数	被引次数	总论文篇数	平均被引次数	论文未被引率	学科
2	0	0	2	0.00	100.00%	#N/A
2892	8923	71760	11815	6.62	24.48%	#N/A
14	11	23	25	1.15	56.00%	哲学
3	1	1	4	0.25	75.00%	哲学
50	17	16	67	0.57	74.63%	社会科学总论
57	56	508	113	4.88	50.44%	社会、民族
276	395	2490	671	4.38	41.13%	经济
238	119	237	357	0.93	66.67%	文化科学教育体育
37	76	343	113	3.65	32.74%	教育
42	64	188	106	2.38	39.62%	体育
6	29	293	35	10.10	17.14%	语言、文字
1	0	0	1	0.00	100.00%	历史
13	14	51	27	2.22	48.15%	历史、考古
33	113	1377	146	11.48	22.60%	其他
3664	9818	77287	13482	5.73	27.18%	
23247	40816	266120	64063	4.36	36.29%	数学
2651	7019	47565	9670	5.19	27.41%	力学
1946	3487	27971	5433	5.56	35.82%	信息、系统科学
39272	127575	1089104	166847	6.87	23.54%	物理学
50299	237422	3496256	287721	12.63	17.48%	化学
1388	8446	89615	9834	10.17	14.11%	天文学
10925	33923	329504	44848	8.17	24.36%	地学
30970	116760	1279264	147730	9.35	20.96%	生物
3396	7830	60074	11226	6.44	30.25%	预防医学、卫生
18997	47934	485092	66931	7.95	28.38%	基础医学
6298	21830	205438	28128	7.90	22.39%	药物学
51286	82646	643246	133932	5.35	38.29%	临床医学
1389	2561	13789	3950	3.75	35.16%	中医学
538	1543	13013	2081	7.20	25.85%	军事医学与特种医学
3876	15138	166769	19014	8.77	20.38%	农学
487	1270	8953	1757	5.62	27.72%	林学
1733	2823	14610	4556	3.41	38.04%	畜牧兽医
953	3744	32788	4697	7.54	20.29%	水产学
1	18	80	19	4.71	5.26%	测绘科学技术
22185	85272	862343	107457	8.34	20.65%	材料科学

续表

未被引论文篇数	被引论文篇数	被引次数	总论文篇数	平均被引次数	论文未被引率	学科
3317	6863	71109	10180	7.33	32.58%	工程与技术基础学科
382	642	5205	1024	5.58	37.30%	矿业工程技术
3530	12796	148006	16326	9.59	21.62%	能源科学技术
6635	11584	50594	18219	2.87	36.42%	冶金、金属学
4934	13012	100927	17946	6.00	27.49%	机械、仪表
744	3038	28402	3782	9.10	19.67%	动力与电气
1105	1926	12304	3031	4.42	36.46%	核科学技术
14550	31256	262270	45806	6.13	31.76%	电子、通信与自动控制
14029	28647	237344	42676	6.04	32.87%	计算技术
2600	15346	176872	17946	10.26	14.49%	化工
4	16	53	20	2.94	20.00%	轻工、纺织
2196	7657	60173	9853	6.49	22.29%	食品
2146	5857	43291	8003	6.19	26.81%	土木建筑
1156	2491	15271	3647	4.50	31.70%	水利
655	1006	4297	1661	3.04	39.43%	交通运输
990	1861	9314	2851	3.39	34.72%	航空航天
86	173	1024	259	4.65	33.20%	安全科学技术
5257	29574	386817	34831	11.94	15.09%	环境科学
975	2712	21562	3687	6.78	26.44%	管理学
3664	9818	77287	13482	5.73	27.18%	其他
340792	1034332	10843716	1375124	7.89	24.78%	

附表 20 2005—2014 年 SCI 网络版收录的中国科技论文在 2014 年被引情况按地区分布

地区	未被引论文篇数	被引论文篇数	被引次数	总论文篇数	平均被引次数	论文未被引率
北京	56435	185463	2323745	241898	9.61	23.33%
天津	8474	28516	342231	36990	9.25	22.91%
河北	4988	10166	79745	15154	5.26	32.92%
山西	3090	7673	63728	10763	5.92	28.71%
内蒙古	1112	1939	11750	3051	3.85	36.45%
辽宁	12641	39489	463736	52130	8.90	24.25%
吉林	7750	29028	418613	36778	11.38	21.07%
黑龙江	8344	24422	244333	32766	7.46	25.47%
上海	28614	105208	1341821	133822	10.03	21.38%
江苏	29159	89447	955839	118606	8.06	24.58%

续表

地区	未被引论文篇数	被引论文篇数	被引次数	总论文篇数	平均被引次数	论文未被引率
浙江	17408	55361	591065	72769	8.12	23.92%
安徽	8151	29061	379347	37212	10.19	21.90%
福建	5410	19806	256000	25216	10.15	21.45%
江西	3906	7692	61124	11598	5.27	33.68%
山东	15031	44386	419914	59417	7.07	25.30%
河南	6908	15255	121629	22163	5.49	31.17%
湖北	15207	50176	563346	65383	8.62	23.26%
湖南	10599	30756	300177	41355	7.26	25.63%
广东	18139	52549	582127	70688	8.24	25.66%
广西	2458	5774	41990	8232	5.10	29.86%
海南	646	1045	6220	1691	3.68	38.20%
重庆	7088	17050	146675	24138	6.08	29.36%
四川	14171	35985	309683	50156	6.17	28.25%
贵州	1137	2416	21024	3553	5.92	32.00%
云南	3219	9434	81244	12653	6.42	25.44%
西藏	22	33	194	55	3.53	40.00%
陕西	15878	43098	356797	58976	6.05	26.92%
甘肃	4419	17769	206907	22188	9.33	19.92%
青海	252	607	4901	859	5.71	29.34%
宁夏	283	486	2571	769	3.34	36.80%
新疆	1706	3151	22751	4857	4.68	35.12%
不详	28147	71091	1086744	99238	10.95	28.36%
合计	340792	1034332	11807971	1375124	8.59	24.78%

附表 21 2005—2014 年 SCI 网络版收录的中国科技论文累计被引篇数居前 50 位的高等院校

排名	高等院校	被引篇数	被引次数	排名	高等院校	被引篇数	被引次数
1	浙江大学	41742	412758	9	中山大学	19899	200340
2	上海交通大学	35488	308723	10	山东大学	19022	162995
3	清华大学	31623	377292	11	吉林大学	18907	163098
4	北京大学	28942	331785	12	哈尔滨工业大学	18450	148627
5	复旦大学	24218	284716	13	中国科学技术大学	17493	227909
6	四川大学	22683	167377	14	西安交通大学	15987	107128
7	华中科技大学	20209	154068	15	中南大学	15511	109316
8	南京大学	20111	235366	16	武汉大学	14384	155705

续表

排名	高等院校	被引篇数	被引次数	排名	高等院校	被引篇数	被引次数
17	大连理工大学	14258	134875	34	北京科技大学	7438	44078
18	天津大学	12985	105827	35	北京理工大学	7237	48681
19	东南大学	11761	100626	36	湖南大学	7030	81429
20	同济大学	11713	82357	37	上海大学	6950	56911
21	南开大学	11435	156216	38	北京化工大学	6527	69443
22	华南理工大学	10351	102791	39	华东师范大学	6336	60068
23	兰州大学	10235	111901	40	第四军医大学	6069	47961
24	苏州大学	10137	91849	41	东北大学	6038	36905
25	中国农业大学	9986	87096	42	第二军医大学	6002	50558
26	北京航空航天大学	9579	53730	43	西安电子科技大学	5999	29706
27	华东理工大学	9153	106280	44	江南大学	5925	49399
28	厦门大学	8987	100930	45	国防科学技术大学	5865	25462
29	电子科技大学	8751	46872	46	中国地质大学	5727	41584
30	首都医科大学	8203	40934	47	郑州大学	5710	38023
31	西北工业大学	8048	43745	48	中国海洋大学	5537	41683
32	北京师范大学	7969	70119	49	南京农业大学	5502	49929
33	重庆大学	7655	41320	50	中国石油大学	5476	27399

数据来源：2005—2014 年 SCI 网络版。

附表 22　2005—2014 年 SCI 网络版收录的中国科技论文累积被引篇数居前 50 位的研究机构

研究机构	被引篇数	被引次数
中国科学院化学研究所	6715	170204
中国科学院长春应用化学研究所	6413	149397
中国科学院半导体研究所	6342	25313
中国科学院物理研究所	5149	83844
中国科学院大连化学物理研究所	4803	94620
中国科学院金属研究所	4162	69056
中国科学院合肥物质科学研究院	4117	51299
中国科学院上海硅酸盐研究所	3501	62499
中国科学院上海生命科学研究院	3390	61796
军事医学科学院	3123	29863
中国科学院福建物质结构研究所	3100	55691
中国科学院生态环境研究中心	3046	54055
中国科学院地质与地球物理研究所	2783	39315
中国科学院兰州化学物理研究所	2727	41832
中国科学院上海光学精密机械研究所	2529	20241

续表

研究机构	被引篇数	被引次数
中国科学院高能物理研究所	2509	28973
中国科学院上海有机化学研究所	2489	62593
中国科学院海洋研究所	2287	23038
中国科学院动物研究所	2223	22342
中国科学院上海药物研究所	2176	24732
中国科学院过程工程研究所	2168	28222
中国工程物理研究院	2114	6670
中国科学院理化技术研究所	2083	30722
中国科学院数学与系统科学研究院	2049	21175
中国科学院植物研究所	2044	26764
中国科学院地理科学与资源研究所	1979	18779
中国科学院昆明植物研究所	1891	15495
中国科学院大气物理研究所	1786	19380
中国科学院广州地球化学研究所	1768	32567
中国疾病预防控制中心	1732	21709
中国科学院水生生物研究所	1504	16132
中国科学院国家天文台	1503	14240
中国科学院长春光学精密机械与物理研究所	1454	15863
中国科学院微生物研究所	1417	15670
中国科学院上海应用物理研究所	1416	18224
中国科学院山西煤炭化学研究所	1297	14853
中国科学院力学研究所	1294	9714
中国科学院上海微系统与信息技术研究所	1269	9618
中国科学院寒区旱区环境与工程研究所	1252	12005
中国医学科学院药物研究所	1175	9319
中国水产科学研究院	1160	6052
中国科学院生物物理研究所	1145	15924
中国科学院南京土壤研究所	1137	12885
中国科学院近代物理研究所	1132	4562
中国科学院南海海洋研究所	1087	9483
中国科学院沈阳应用生态研究所	1086	9913
北京应用物理与计算数学研究所	981	6413
中国科学院遗传与发育生物学研究所	978	19716
中国科学院自动化研究所	977	12422
中国林业科学研究院	974	4870

附表 23 2014 年 CSTPCD 收录的中国科技论文按学科分布

学科	论文数	所占比例	排名
数学	5889	1.18%	23
力学	1982	0.40%	33
信息、系统科学	436	0.09%	37
物理	5539	1.11%	24
化学	11003	2.21%	16
天文	334	0.07%	38
地学	13975	2.81%	9
生物	14364	2.89%	8
预防、卫生	17039	3.42%	7
基础医学	18414	3.70%	6
药物学	12633	2.54%	13
临床医学	127263	25.56%	1
中医学	20300	4.08%	5
军事医学与特种医学	2970	0.60%	31
农学	20392	4.10%	4
林学	4068	0.82%	26
畜牧兽医	6184	1.24%	21
水产	1897	0.38%	34
测绘技术	3026	0.61%	30
材料科学	6225	1.25%	20
工程与技术基础学科	3788	0.76%	28
矿业	6369	1.28%	19
能源科学技术	6045	1.21%	22
冶金、金属	13031	2.62%	12
机械工程	11905	2.39%	15
动力与电气	4026	0.81%	27
核科学技术	1226	0.25%	35
电子、通信与自动控制	25666	5.16%	3
计算技术	31836	6.39%	2
化工	13187	2.65%	11
轻工纺织	2070	0.42%	32
食品	8925	1.79%	18
土木建筑	12358	2.48%	14
水利	3053	0.61%	29
交通运输	10880	2.19%	17
航空航天	5227	1.05%	25
安全科学技术	181	0.04%	39
环境科学	13670	2.75%	10
管理学	1108	0.22%	36
其他	29365	5.90%	
合计	497849	100.00%	

附表 24 2014 年 CSTPCD 收录的中国科技论文按地区分布

地区	论文篇数	所占比例	排名
北京	66999	13.46%	1
天津	13546	2.72%	14
河北	17671	3.55%	12
山西	7910	1.59%	23
内蒙古	4287	0.86%	27
辽宁	19291	3.87%	10
吉林	8704	1.75%	21
黑龙江	11345	2.28%	17
上海	29708	5.97%	4
江苏	46555	9.35%	2
浙江	23063	4.63%	7
安徽	12863	2.58%	15
福建	8949	1.80%	19
江西	6621	1.33%	25
山东	22367	4.49%	9
河南	18148	3.65%	11
湖北	23855	4.79%	6
湖南	14447	2.90%	13
广东	31481	6.32%	3
广西	9296	1.87%	18
海南	3037	0.61%	28
重庆	12640	2.54%	16
四川	22897	4.60%	8
贵州	5355	1.08%	26
云南	7559	1.52%	24
西藏	230	0.05%	31
陕西	26452	5.31%	5
甘肃	8738	1.76%	20
青海	1249	0.25%	30
宁夏	2041	0.41%	29
新疆	8077	1.62%	22
不详	2468	0.50%	
总计	497849	100.00%	

附表 25 2014 年 CSTPCD 收录的中国科技论文篇数分学科按地区分布

学科	北京	天津	河北	山西	内蒙古	辽宁	吉林	黑龙江	上海	江苏	浙江
数学	422	126	189	122	135	192	151	129	216	451	188
力学	297	37	53	36	11	117	24	74	182	219	65
信息、系统科学	50	9	11	3	8	23	9	12	25	54	10
物理	904	153	151	154	73	138	277	98	351	382	211
化学	1116	365	293	271	112	507	414	229	608	959	587
天文	104	0	2	3	2	3	8	3	18	51	3
地学	3449	298	395	120	70	358	354	220	289	1157	291
生物	1691	313	289	200	273	447	308	465	956	1095	681
预防、卫生	2736	401	744	198	103	409	160	209	1230	1281	1144
基础医学	2352	512	682	220	167	622	260	328	1269	1450	1142
药物学	1849	373	442	130	72	640	153	142	848	1196	954
临床医学	14594	3109	7132	1481	925	4032	1379	1908	8755	11812	7925
中医学	3160	730	676	179	126	669	469	636	1130	1708	1109
军事医学与特种医学	625	85	138	35	17	88	34	21	233	245	155
农学	1685	174	548	536	284	735	484	731	299	1833	675
林学	643	6	96	37	46	59	47	470	41	278	218
畜牧兽医	586	41	166	99	206	142	354	293	190	659	143
水产	56	28	31	5	10	95	11	43	322	149	135
测绘技术	458	87	32	22	8	104	14	13	84	258	77
材料科学	708	195	110	140	129	397	66	124	384	508	157
工程与技术基础学科	497	124	94	98	29	207	66	122	316	347	178
矿业	1090	22	229	495	117	362	44	87	34	610	11
能源科学技术	1509	234	249	18	6	350	46	294	90	157	65
冶金、金属	1697	216	593	346	228	1071	203	305	560	1074	294
机械工程	1167	300	439	412	88	716	344	209	689	1474	527
动力与电气	682	188	150	57	71	173	125	183	333	354	173
核科学技术	357	14	6	19	4	15	2	91	149	46	20
电子、通信与自动控制	3609	753	869	366	101	701	669	572	1644	2816	824
计算技术	3909	807	821	685	219	1524	702	907	1739	3614	1077
化工	1490	581	276	337	99	799	254	355	810	1333	581
轻工纺织	127	105	25	10	14	41	13	40	234	322	245
食品	700	302	179	101	119	428	206	382	315	895	456
土木建筑	1865	447	238	128	59	484	58	266	1377	1280	527
水利	371	132	44	34	13	104	20	23	80	574	93
交通运输	1452	525	175	126	37	477	237	262	1051	1060	221
航空航天	1504	178	44	26	3	205	137	166	210	604	40
安全科学技术	45	4	6	3	0	2	4	1	8	13	2
环境科学	2195	545	295	219	112	637	212	335	751	1624	507
管理学	161	58	14	7	3	99	9	21	86	109	53
其他	5087	969	745	432	188	1119	377	576	1802	2504	1299
合计	66999	13546	17671	7910	4287	19291	8704	11345	29708	46555	23063

续表

学科	安徽	福建	江西	山东	河南	湖北	湖南	广东	广西	海南	重庆	四川
数学	280	186	171	247	347	228	153	233	120	30	191	227
力学	77	15	16	47	32	118	69	47	11	0	25	108
信息、系统科学	9	6	1	26	22	27	11	17	4	1	7	26
物理	265	119	98	181	147	216	156	197	47	8	110	350
化学	289	313	219	552	505	409	319	640	204	56	180	523
天文	15	4	4	12	8	6	7	4	2	3	3	3
地学	284	228	128	1051	326	777	247	507	168	39	129	780
生物	266	382	225	766	418	499	399	864	323	212	398	533
预防、卫生	315	272	216	869	553	855	338	1429	420	119	487	779
基础医学	527	425	202	835	517	801	570	1690	369	87	744	678
药物学	345	247	176	557	376	705	360	792	298	69	318	506
临床医学	3874	2159	1387	5782	3814	6879	2799	11351	3359	1104	3476	6125
中医学	409	253	237	1125	763	930	663	1590	483	137	298	947
军事医学与特种医学	62	33	15	196	55	128	38	230	52	15	80	123
农学	374	636	354	1168	1137	763	698	661	465	453	412	649
林学	60	190	57	91	100	40	224	169	142	118	37	110
畜牧兽医	113	135	92	318	300	129	114	271	148	32	119	321
水产	13	85	14	278	18	113	27	223	58	27	31	31
测绘技术	51	43	36	131	292	522	116	142	53	7	56	117
材料科学	118	118	157	301	247	294	195	317	82	10	136	343
工程与技术基础学科	98	60	53	151	127	172	102	135	29	5	86	163
矿业	335	58	163	262	769	170	277	40	57	3	232	112
能源科学技术	17	20	13	818	154	256	17	158	24	11	41	703
冶金、金属	270	148	351	496	619	534	660	415	187	7	394	605
机械工程	345	152	187	459	507	520	315	423	132	6	278	598
动力与电气	68	24	21	169	92	193	108	215	28	5	103	100
核科学技术	42	6	20	18	9	46	28	82	8	1	3	152
电子、通信与自动控制	758	359	253	737	955	1171	822	1423	243	24	868	1519
计算技术	1072	587	476	997	1644	1319	1186	1310	495	75	826	1420
化工	290	185	243	765	514	497	381	720	194	72	142	517
轻工纺织	40	58	17	63	146	30	58	94	25	7	31	77
食品	199	221	190	423	511	305	266	706	157	72	255	486
土木建筑	160	218	91	351	392	692	569	747	178	26	325	511
水利	30	19	36	57	138	378	73	128	50	1	34	186
交通运输	125	140	95	265	255	896	585	527	77	10	393	637
航空航天	45	14	37	141	90	75	169	32	5	0	13	189
安全科学技术	2	3	2	10	9	10	7	10	1	1	3	12
环境科学	332	308	196	639	371	545	484	806	196	36	381	527
管理学	38	21	22	28	7	86	31	69	9	0	31	39
其他	851	499	350	985	862	1521	806	2067	393	148	964	1065
合计	12863	8949	6621	22367	18148	23855	14447	31481	9296	3037	12640	22897

续表

学科	贵州	云南	西藏	陕西	甘肃	青海	宁夏	新疆	不详	合计
数学	117	86	3	513	217	11	44	108	56	5889
力学	6	17	0	175	26	1	12	3	62	1982
信息、系统科学	1	8	0	38	7	0	2	9	0	436
物理	53	69	1	394	120	1	8	39	68	5539
化学	163	228	2	494	195	48	72	116	15	11003
天文	5	36	0	13	3	0	0	3	6	334
地学	150	239	17	797	595	85	38	353	36	13975
生物	246	537	16	642	368	74	95	338	45	14364
预防、卫生	228	246	16	378	236	72	131	404	61	17039
基础医学	236	317	7	512	248	43	99	460	43	18414
药物学	150	112	1	328	168	37	58	200	31	12633
临床医学	1124	1674	39	3984	1554	321	614	2316	476	127263
中医学	227	235	11	525	456	49	83	261	26	20300
军事医学与特种医学	16	52	4	91	30	3	12	50	9	2970
农学	715	766	27	1203	672	97	212	922	24	20392
林学	91	326	18	181	74	11	15	68	5	4068
畜牧兽医	113	96	17	223	290	69	43	326	36	6184
水产	30	10	0	19	12	2	4	16	1	1897
测绘技术	14	46	0	167	41	6	1	28	0	3026
材料科学	25	160	0	511	108	20	18	34	113	6225
工程与技术基础学科	24	63	0	347	69	5	6	13	2	3788
矿业	68	188	1	410	66	6	12	37	2	6369
能源科学技术	7	9	0	397	117	6	6	247	6	6045
冶金、金属	134	287	1	965	241	31	49	28	22	13031
机械工程	53	69	1	1119	230	13	19	81	33	11905
动力与电气	10	68	0	252	37	3	7	32	2	4026
核科学技术	1	1	0	58	24	1	0	3	0	1226
电子、通信与自动控制	126	228	11	2640	301	19	34	158	93	25666
计算技术	204	306	8	2771	595	39	87	290	125	31836
化工	216	190	0	796	227	67	60	141	55	13187
轻工纺织	20	56	0	136	7	10	1	14	4	2070
食品	177	129	3	341	167	17	42	150	25	8925
土木建筑	73	107	0	819	192	9	22	100	47	12358
水利	20	60	2	167	44	5	14	121	2	3053
交通运输	53	75	1	801	235	12	3	43	29	10880
航空航天	8	1	0	1229	32	0	1	3	26	5227
安全科学技术	2	3	0	9	5	2	0	2	0	181
环境科学	186	172	2	619	250	16	26	138	8	13670
管理学	2	12	0	77	6	1	1	8	0	1108
其他	261	275	21	1311	473	37	90	414	874	29365
合计	5355	7559	230	26452	8738	1249	2041	8077	2468	497849

附表 26 2014 年 CSTPCD 收录的中国科技论文分地区按机构分布

地区	篇数					
	高等院校	研究机构	医疗机构①	企业	其他	合计
北京	35463	16400	8635	2962	3539	66999
天津	9125	1340	1628	932	521	13546
河北	9043	1105	5880	898	745	17671
山西	5495	744	946	465	260	7910
内蒙古	3165	276	430	281	135	4287
辽宁	14079	1689	1743	962	818	19291
吉林	6442	1469	411	226	156	8704
黑龙江	9662	824	300	346	213	11345
上海	21649	3057	2098	1799	1105	29708
江苏	33599	3579	6258	1810	1309	46555
浙江	11717	2111	7151	978	1106	23063
安徽	9343	916	1884	452	268	12863
福建	6084	973	1176	279	437	8949
江西	4897	520	814	170	220	6621
山东	13378	2721	4048	1298	922	22367
河南	12017	1685	2398	1301	747	18148
湖北	15873	1992	4456	793	741	23855
湖南	11265	694	1553	612	323	14447
广东	17530	3146	6928	2076	1801	31481
广西	5296	1165	2142	242	451	9296
海南	1065	673	1118	47	134	3037
重庆	9421	848	1513	521	337	12640
四川	14560	2528	4042	1063	704	22897
贵州	3371	792	654	254	284	5355
云南	4550	1210	941	392	466	7559
西藏	116	32	44	9	29	230
陕西	20018	2151	2123	1442	718	26452
甘肃	5272	1459	1340	345	322	8738
青海	454	292	268	90	145	1249
宁夏	1375	209	234	118	105	2041
新疆	5199	993	1108	321	456	8077
不详	7	7	5	5	2444	2468
总计	320530	57600	74269	23489	21961	497849

数据来源：CSTPCD 2014。

①此处医院的数据不包含高等院校所属医院数据。

附表 27　2014 年 CSTPCD 收录的中国科技论文篇数分学科按机构分布

学科	高等院校	研究机构	医疗机构	企业	其他	合计
数学	5655	116	6	16	96	5889
力学	1639	218	4	31	90	1982
信息、系统科学	406	21	0	1	8	436
物理	4431	933	11	44	120	5539
化学	8047	1697	83	400	776	11003
天文	177	135	1	2	19	334
地学	6580	4186	9	606	2594	13975
生物	9525	2883	1478	124	354	14364
预防、卫生	4103	3904	7509	107	1416	17039
基础医学	4974	1483	11329	147	481	18414
药物学	3912	1156	6361	345	859	12633
临床医学	11346	3052	110031	127	2707	127263
中医学	9003	1195	9230	311	561	20300
军事医学与特种医学	328	272	2225	11	134	2970
农学	11513	6618	23	480	1758	20392
林学	2644	1024	4	28	368	4068
畜牧兽医	4016	1407	158	206	397	6184
水产	1159	619	13	26	80	1897
测绘技术	1972	548	5	128	373	3026
材料科学	5000	703	15	332	175	6225
工程与技术基础学科	2923	530	13	211	111	3788
矿业	3683	582	1	1942	161	6369
能源科学技术	2960	1489	0	1478	118	6045
冶金、金属	9323	1367	4	2153	184	13031
机械工程	9008	1306	114	1108	369	11905
动力与电气	3070	440	1	465	50	4026
核科学技术	516	475	21	152	62	1226
电子、通信与自动控制	18386	3944	98	2284	954	25666
计算技术	27137	2732	211	936	820	31836
化工	9032	1717	65	2033	340	13187
轻工纺织	1395	206	13	355	101	2070
食品	6898	1083	24	482	438	8925
土木建筑	8826	1355	10	1743	424	12358
水利	1875	592	0	316	270	3053
交通运输	6958	991	1	2480	450	10880
航空航天	3344	1355	1	197	330	5227
安全科学技术	122	24	0	4	31	181
环境科学	9152	2463	44	792	1219	13670
管理学	916	27	121	12	32	1108
其他	17861	2752	5747	874	2131	29365
合计	239815	57600	154984	23489	21961	497849

附表 28 2014 年 CSTPCD 收录各学科科技论文的引用文献情况

学科	论文篇数	参考文献篇数 (A)	篇均参考文献篇数	中文引文数（B）	B/A	外文引文数（C）	C/A
数学	5889	81871	13.90	19385	0.24	62486	0.76
力学	1982	32740	16.52	9669	0.30	23071	0.70
信息、系统科学	436	7159	16.42	3115	0.44	4044	0.56
物理学	5539	119914	21.65	14629	0.12	105285	0.88
化学	11003	248709	22.60	43087	0.17	205622	0.83
天文学	334	11130	33.32	1434	0.13	9696	0.87
地学	13975	392619	28.09	205785	0.52	186834	0.48
生物学	14364	396860	27.63	105313	0.27	291547	0.73
预防医学与卫生学	17039	192174	11.28	122934	0.64	69240	0.36
基础医学	18414	329002	17.87	93440	0.28	235562	0.72
药学	12633	180725	14.31	73162	0.40	107563	0.60
临床医学	127263	1816586	14.27	694301	0.38	1122285	0.62
中医学	20300	256671	12.64	181810	0.71	74861	0.29
军事医学与特种医学	2970	40431	13.61	16041	0.40	24390	0.60
农学	20392	402113	19.72	247668	0.62	154445	0.38
林学	4068	83724	20.58	53464	0.64	30260	0.36
畜牧、兽医	6184	118348	19.14	52978	0.45	65370	0.55
水产学	1897	48932	25.79	24518	0.50	24414	0.50
测绘科学技术	3026	42438	14.02	25200	0.59	17238	0.41
材料科学	6225	117297	18.84	33833	0.29	83464	0.71
工程与技术基础学科	3788	54880	14.49	22557	0.41	32323	0.59
矿山工程技术	6369	68618	10.77	58081	0.85	10537	0.15
能源科学技术	6045	89937	14.88	64683	0.72	25254	0.28
冶金、金属学	13031	151599	11.63	78119	0.52	73480	0.48
机械、仪表	11905	125056	10.50	81962	0.66	43094	0.34
动力与电气	4026	55926	13.89	25130	0.45	30796	0.55
核科学技术	1226	11920	9.72	4600	0.39	7320	0.61
电子、通信与自动控制	25666	336749	13.12	167976	0.50	168773	0.50
计算技术	31836	438876	13.79	184403	0.42	254473	0.58
化工	13187	198255	15.03	89378	0.45	108877	0.55
轻工、纺织	2070	26190	12.65	17320	0.66	8870	0.34
食品	8925	163443	18.31	93902	0.57	69541	0.43
土木建筑	12358	151828	12.29	102590	0.68	49238	0.32
水利	3053	36002	11.79	26371	0.73	9631	0.27

续表

学科	论文篇数	参考文献篇数 (A)	篇均参考文献篇数	中文引文数（B）	B/A	外文引文数（C）	C/A
交通运输	10880	119214	10.96	80342	0.67	38872	0.33
航空航天	5227	71558	13.69	32058	0.45	39500	0.55
安全科学技术	181	3832	21.17	2684	0.70	1148	0.30
环境	13670	277054	20.27	139593	0.50	137461	0.50
管理	1108	22604	20.40	8840	0.39	13764	0.61
其他	8016	131229	16.37	45576	0.35	85653	0.65

数据来源：CSTPCD 2014。

附表 29　2014 年 CSTPCD 收录科技论文居前 50 位的高等院校

排名	单位名称	论文篇数	排名	单位名称	论文篇数
1	上海交通大学	6868	26	中国医科大学	2328
2	首都医科大学	5795	27	南京医科大学	2297
3	北京大学	5717	28	南方医科大学	2291
4	四川大学	4797	29	东南大学	2252
5	浙江大学	4281	30	新疆医科大学	2233
6	武汉大学	4268	31	天津医科大学	2225
7	吉林大学	4244	32	南京中医药大学	2177
8	华中科技大学	4208	33	南京航空航天大学	2166
9	中山大学	4202	34	北京中医药大学	2084
10	南京大学	4013	35	哈尔滨医科大学	2080
11	复旦大学	3944	36	河海大学	2076
12	中南大学	3801	37	重庆大学	2074
13	同济大学	3784	38	华南理工大学	2056
14	清华大学	3235	39	温州医学院	2027
15	郑州大学	3009	40	中国地质大学	1992
16	西北工业大学	2833	41	南昌大学	1955
17	西安交通大学	2661	42	中国人民大学	1941
18	山东大学	2595	43	西南交通大学	1902
19	安徽医科大学	2582	44	广西医科大学	1875
20	苏州大学	2536	45	河北医科大学	1856
21	重庆医科大学	2448	46	西南大学	1854
22	天津大学	2440	47	北京师范大学	1822
23	江苏大学	2396	48	兰州大学	1812
24	中国矿业大学	2375	49	西北农林科技大学	1809
25	中国石油大学	2362	50	第三军医大学	1790

附表 30 2014 年 CSTPCD 收录科技论文居前 50 位的研究机构

排名	单位名称	论文篇数	排名	单位名称	论文篇数
1	中国中医科学院	1443	26	中国科学院生态环境研究中心	233
2	中国疾病预防控制中心	856	27	上海市社会科学院	229
3	中国工程物理研究院	804	28	山东省农业科学院	227
4	军事医学科学院	763	29	中国地质科学院矿产资源研究所	223
5	中国科学院长春光学精密机械与物理研究所	755	30	中国环境科学研究院	217
6	中国林业科学研究院	694	31	中国兵器工业第 204 研究所	215
7	中国水产科学研究院	617	32	广东省农业科学院	211
8	中国热带农业科学院	593	33	中国科学院地质与地球物理研究所	210
9	中国航天科技集团公司第五研究院	582	34	湖北省农业科学院	206
10	中国科学院地理科学与资源研究所	499	35	北京市农林科学院	201
11	江苏省农业科学院	459	36	上海市农业科学研究院	194
12	中国科学院海洋研究所	443	37	中国科学院对地观测与数字地球科学中心	193
13	中国石油勘探开发研究院	393	37	中国科学院大气物理研究所	193
14	中国医学科学院肿瘤研究所	359	39	中铁第一勘察设计院集团有限公司	184
15	中国药品生物制品检定研究所	350	40	中国科学技术信息研究所	181
16	中国电力科学研究院	337	41	西北核技术研究所	180
17	国网电力科学研究院	306	41	广西壮族自治区农业科学院	180
18	福建省农业科学院	295	43	黑龙江省农业科学院	176
19	中国科学院寒区旱区环境与工程研究所	292	44	中国医学科学院药物研究所	175
20	山西省农业科学院	280	45	中国科学院微电子研究所	173
21	中国社会科学院城市发展与环境研究所	276	46	中国原子能科学研究院	172
22	中国航天科技集团公司第一研究院	269	47	中国航空工业集团公司北京航空材料研究院	170
23	中国科学院合肥物质科学研究院	262	47	中国地质科学院地质研究所	170
24	云南省农业科学院	259	49	钢铁研究总院	169
25	中国水利水电科学研究院	255	50	中海石油研究中心	168

附表31 2014年CSTPCD收录科技论文居前50名的医疗机构

排名	单位名称	论文篇数	排名	单位名称	论文篇数
1	解放军总医院	2157	26	北京大学人民医院	687
2	四川大学华西医院	1571	27	南方医科大学附属南方医院	685
3	北京协和医院	1299	28	南京大学医学院附属鼓楼医院	672
4	南京医科大学第一附属医院	1062	29	上海交通大学医学院附属新华医院	670
5	郑州大学第一附属医院	1027	30	哈尔滨医科大学附属第二医院	669
6	新疆医科大学第一附属医院	1009	31	青岛大学医学院附属医院	667
7	华中科技大学附属同济医院	999	32	解放军海军总医院	665
8	武汉大学人民医院	957	33	首都医科大学附属北京友谊医院苏	655
9	南京军区南京总医院	955	34	首都医科大学宣武医院	644
10	中国医科大学附属盛京医院	910	35	北京大学第三医院	643
11	重庆医科大学附属第一医院	886	36	华中科技大学附属协和医院	630
12	广西医科大学第一附属医院	821	37	哈尔滨医科大学附属第一医院	624
13	上海交通大学医学院附属瑞金医院	811	38	苏州大学第一附属医院	607
14	北京军区总医院	778	39	兰州军区兰州总医院	593
15	上海市第六人民医院	757	40	中山大学附属第一医院	592
16	北京大学第一医院	755	41	上海交通大学医学院附属仁济医院	569
17	安徽医科大学第一附属医院	753	42	四川省人民医院	555
18	吉林大学第一医院	741	43	沈阳军区总医院	550
19	第四军医大学西京医院	732	44	首都医科大学附属北京同仁医院	531
20	中国医科大学附属第一医院	727	45	中南大学湘雅医院	527
21	第二军医大学第一附属医院	708	46	第三军医大学西南医院	517
22	安徽省立医院	703	47	广州军区武汉总医院	516
23	复旦大学附属中山医院	702	48	西安交通大学医学院第一附属医院	512
24	首都医科大学附属北京安贞医院	692	49	第三军医大学大坪医院	511
25	湖北医药学院附属太和医院	688	50	温州医学院第一附属医院	507

附表32 2014年CSTPCD收录的科技论文居前30位的农林牧渔类高等院校

排名	单位名称	论文篇数	排名	单位名称	论文篇数
1	西北农林科技大学	1809	7	华南农业大学	950
2	南京农业大学	1387	8	东北农业大学	931
3	中国农业大学	1191	9	四川农业大学	923
4	中国海洋大学	1171	10	华中农业大学	825
5	东北林业大学	1131	11	湖南农业大学	778
6	北京林业大学	1063	12	河北农业大学	768

续表

排名	单位名称	论文篇数	排名	单位名称	论文篇数
13	南京林业大学	730	22	内蒙古农业大学	596
14	福建农林大学	728	23	中南林业科技大学	578
15	河南农业大学	724	24	青岛农业大学	491
16	山东农业大学	698	25	安徽农业大学	469
17	甘肃农业大学	677	26	云南农业大学	426
18	新疆农业大学	675	27	江西农业大学	407
19	上海海洋大学	674	28	浙江农林大学	382
20	吉林农业大学	669	29	广东海洋大学	372
21	沈阳农业大学	639	30	山西农业大学	361

附表 33　2014 年 CSTPCD 收录的科技论文居前 30 位的师范类高等院校

排名	单位名称	论文篇数	排名	单位名称	论文篇数
1	北京师范大学	1822	16	贵州师范大学	423
2	华东师范大学	1324	17	辽宁师范大学	416
3	陕西师范大学	1149	18	安徽师范大学	412
4	南京师范大学	996	19	杭州师范大学	400
5	华中师范大学	807	20	江西师范大学	398
6	华南师范大学	789	21	四川师范大学	370
7	福建师范大学	771	21	重庆师范大学	323
8	东北师范大学	671	23	天津师范大学	318
9	湖南师范大学	667	24	哈尔滨师范大学	317
10	首都师范大学	628	25	江苏师范大学	308
11	西北师范大学	622	26	内蒙古师范大学	302
12	上海师范大学	535	27	云南师范大学	285
13	浙江师范大学	532	28	河北师范大学	271
14	河南师范大学	526	29	广西师范大学	269
15	山东师范大学	436	30	新疆师范大学	189

附表 34　2014 年 CSTPCD 收录的科技论文居前 30 位的医药学类高等院校

排名	单位名称	论文篇数	排名	单位名称	论文篇数
1	首都医科大学	5795	7	新疆医科大学	2233
2	安徽医科大学	2582	8	天津医科大学	2225
3	重庆医科大学	2448	9	南京中医药大学	2177
4	中国医科大学	2328	10	北京中医药大学	2084
5	南京医科大学	2297	11	哈尔滨医科大学	2080
6	南方医科大学	2291	12	温州医学院	2027

续表

排名	单位名称	论文篇数	排名	单位名称	论文篇数
13	广西医科大学	1875	22	山东中医药大学	1290
14	河北医科大学	1856	23	山西医科大学	1188
15	第三军医大学	1790	24	广州医科大学	1150
16	第二军医大学	1711	25	昆明医学院	1116
17	浙江中医药大学	1687	26	福建医科大学	1005
18	第四军医大学	1527	27	广州中医药大学	936
19	上海中医药大学	1432	28	徐州医学院	917
20	湖北医药学院	1359	29	潍坊医学院	861
21	天津中医药大学	1318	30	辽宁中医药大学	846

附表 35　2014 年 CSTPCD 收录的科技论文居前 50 位的城市

排名	地区	论文篇数	排名	地区	论文篇数
1	北京	66999	26	南昌	4656
2	上海	29708	27	福州	4504
3	南京	23723	28	深圳	4175
4	西安	20439	29	贵阳	3683
5	广州	17606	30	无锡	3043
6	武汉	17306	31	徐州	2890
7	成都	14517	32	苏州	2744
8	天津	13546	33	唐山	2559
9	重庆	12640	34	呼和浩特	2548
10	杭州	10588	35	镇江	2475
11	长沙	10509	36	保定	2467
12	沈阳	9363	37	厦门	2247
13	哈尔滨	8968	38	宁波	2241
14	郑州	8806	39	海口	2145
15	合肥	7745	40	绵阳	1913
16	青岛	7321	41	洛阳	1860
17	兰州	7132	42	银川	1823
18	长春	6653	43	桂林	1780
19	太原	5949	44	常州	1767
20	昆明	5940	45	扬州	1643
21	济南	5696	46	烟台	1531
22	乌鲁木齐	5433	47	秦皇岛	1480
23	大连	5263	48	杨凌	1470
24	石家庄	5009	49	温州	1404
25	南宁	4820	50	咸阳	1299

附表 36 2014 年 CSTPCD 统计科技论文被引次数居前 50 位的高等院校

排名	单位名称	被引次数	排名	单位名称	被引次数
1	上海交通大学	26068	26	南京农业大学	8949
2	北京大学	24966	27	东南大学	8256
3	浙江大学	20590	28	天津大学	8190
4	首都医科大学	20033	29	南京医科大学	7976
5	中南大学	17210	30	中国医科大学	7900
6	清华大学	16506	31	安徽医科大学	7749
7	华中科技大学	16333	32	南方医科大学	7723
8	中山大学	15814	33	南京航空航天大学	7716
9	四川大学	14959	34	第二军医大学	7618
10	同济大学	14715	35	重庆医科大学	7495
11	南京大学	14612	36	北京航空航天大学	7409
12	复旦大学	13486	37	郑州大学	7332
13	吉林大学	12120	38	天津医科大学	7050
14	中国地质大学	12081	39	第三军医大学	6940
15	重庆大学	10929	40	华北电力大学	6819
16	西北农林科技大学	10770	41	大连理工大学	6811
17	中国石油大学	10677	42	江苏大学	6637
18	中国矿业大学	10474	43	温州医学院	6326
19	西北工业大学	10284	44	北京科技大学	6043
20	哈尔滨工业大学	10105	45	西南大学	5992
21	西安交通大学	9820	46	兰州大学	5952
22	华南理工大学	9728	47	南京中医药大学	5836
23	山东大学	9684	48	苏州大学	5653
24	武汉大学	9412	49	合肥工业大学	5649
25	中国农业大学	9045	50	东北大学	5629

数据来源：CSTPCD 2014。

附表 37 2014 年 CSTPCD 统计科技论文被引次数居前 50 位的研究机构

排名	单位名称	被引次数	排名	单位名称	被引次数
1	中国科学院地理科学与资源研究所	6841	6	中国科学院寒区旱区环境与工程研究所	
2	中国疾病预防控制中心	5972	7	中国水产科学研究院	
3	中国中医科学院	5962	8	中国科学院长春光学精密机械与物理研究所	
4	中国科学院地质与地球物理研究所	4083	9	中国电力科学研究院	
5	中国林业科学研究院	4042	10	中国石油勘探开发研究院	

续表

排名	单位名称	被引次数	排名	单位名称	被引次数
11	中国科学院生态环境研究中心	3831	31	中国农业科学院作物科学研究所	1469
12	中国地质科学院矿产资源研究所	3694	32	中国科学院海洋研究所	1386
13	中国科学院南京土壤研究所	3456	33	中国水利水电科学研究院	1244
14	军事医学科学院	3263	34	中国科学院地球化学研究所	1241
15	中国科学院大气物理研究所	3204	35	中国科学院水土保持与生态环境研究中心	1206
16	江苏省农业科学院	2831	36	中国气象局兰州干旱气象研究所	1186
17	中国医学科学院肿瘤研究所	2735	37	福建省农业科学院	1164
18	中国地质科学院地质研究所	2731	38	中国医学科学院药用植物研究所	1144
19	中国热带农业科学院	2331	39	山东省农业科学院	1128
20	中国科学院广州地球化学研究所	2261	40	中国科学院武汉岩土力学研究所	1113
21	中国科学院沈阳应用生态研究所	2238	41	中国石化石油勘探开发研究院	1084
22	中国气象科学研究院	2093	42	中国农业科学院植物保护研究所	1040
23	中国科学院新疆生态与地理研究所	2066	43	中国科学院对地观测与数字地球科学中心	1008
24	中国科学院南京地理与湖泊研究所	1893	44	广东省农业科学院	997
25	中国科学院东北地理与农业生态研究所	1879	45	中国农业科学院农业环境与可持续发展研究所	976
26	中国农业科学院农业资源与农业区划研究所	1764	46	北京市农林科学院	975
27	中国环境科学研究院	1758	47	煤炭科学研究总院	963
28	中国工程物理研究院	1719	48	国家气候中心	959
29	中国地震局地质研究所	1534	49	中国科学院水生生物研究所	957
30	中国科学院植物研究所	1489	50	中国科学院亚热带农业生态研究所	941

数据来源：CSTPCD 2014。

附表 38 2014年CSTPCD统计科技论文被引次数居前50位的医疗机构

排名	单位名称	被引次数	排名	单位名称	被引次数
1	中国人民解放军第301医院	9654	8	上海交通大学医学院附属瑞金医院	3473
2	四川大学医学院附属华西医院	5388	9	南京医科大学第一附属医院	3448
3	北京协和医院	4946	10	中山大学医学院附属第一医院	3209
4	北京大学医学院附属第一医院	4101	11	北京大学医学院附属第三医院	3195
5	南京大学医学院附属金陵医院	3851	12	第二军医大学医学院附属长海医院	3090
6	华中科技大学医学院附属同济医院	3825	13	复旦大学医学院附属中山医院	3075
7	北京大学医学院附属人民医院	3508	14	中国医科大学医学院附属盛京医院	3069

续表

排名	单位名称	被引次数	排名	单位名称	被引次数
15	中国医科大学医学院附属第一医院	2987	33	中南大学医学院附属湘雅医院	2282
16	上海交通大学医学院附属第六人民医院	2966	34	首都医科大学医学院附属北京友谊医院	2257
17	重庆医科大学医学院附属第一医院	2856	35	上海交通大学医学院附属新华医院	2246
18	首都医科大学医学院附属宣武医院	2854	36	广西医科大学第一附属医院西院	2235
19	南方医科大学医学院附属南方医院	2828	37	南京大学医学院附属鼓楼医院	2173
20	华中科技大学医学院附属协和医院	2808	38	安徽医科大学医学院附属省立医院	2143
21	郑州大学第一附属医院	2751	39	新疆医科大学第一附属医院	2029
22	上海交通大学医学院附属仁济医院	2693	40	汕头大学医学院附属华南医院	1977
23	首都医科大学医学院附属北京安贞医院	2671	41	吉林大学医学院附属白求恩第一医院	1968
24	复旦大学医学院附属华山医院	2603	42	首都医科大学医学院附属北京同仁医院	1952
25	第四军医大学医学院附属西京医院	2530	43	上海交通大学医学院附属第一人民医院	1936
26	中南大学医学院附属湘雅二医院	2465	44	温州医学院第一附属医院	1926
27	安徽医科大学第一附属医院	2460	45	首都医科大学医学院附属北京朝阳医院	1922
28	第三军医大学医学院附属西南医院	2381	46	中国医学科学院阜外心血管病医院	1893
29	青岛大学医学院附属医院	2371	47	卫生部中日友好医院	1893
30	北京军区总医院	2348	48	广州军区广州总医院	1867
31	武汉大学医学院附属人民医院	2313	49	中山大学医学院附属孙逸仙纪念医院	1832
32	第二军医大学医学院附属长征医院	2292	50	天津医科大学医学院附属总医院	1752

数据来源：CSTPCD 2014。

附表 39　2014 年 CSTPCD 收录的各类基金资助来源产出论文的情况

排名	基金来源	论文篇数	所占比例
1	国家自然科学基金委员会	108391	35.33%
2	科学技术部	40008	13.04%
3	国内大学、研究机构和公益组织资助	17116	5.58%
4	广东	9074	2.96%
5	江苏	8959	2.92%
6	浙江	6539	2.13%
7	上海	5831	1.90%
8	教育部	5416	1.77%

续表

排名	基金来源	论文篇数	所占比例
9	河北	4816	1.57%
10	北京	4362	1.42%
11	河南	4293	1.40%
12	山东	4232	1.38%
13	陕西	3852	1.26%
14	四川	3845	1.25%
15	广西	3630	1.18%
16	辽宁	3000	0.98%
17	湖南	2961	0.97%
18	湖北	2920	0.95%
19	黑龙江	2709	0.88%
20	福建	2651	0.86%
21	安徽	2536	0.83%
22	重庆	2458	0.80%
23	贵州	2373	0.77%
24	军队系统基金	2324	0.76%
25	国家社会科学基金	2138	0.70%
26	吉林	2013	0.66%
27	新疆	1959	0.64%
28	山西	1936	0.63%
29	国内企业资助	1828	0.60%
30	云南	1778	0.58%
31	天津	1760	0.57%
32	甘肃	1543	0.50%
33	江西	1535	0.50%
34	内蒙古区	1102	0.36%
35	农业部基金项目	1095	0.36%
36	地质行业科学技术发展基金	999	0.33%
37	海南	891	0.29%
38	国家中医药管理局基金项目	783	0.26%
39	外交部基金项目	675	0.22%
40	国土资源部	660	0.22%
41	宁夏	548	0.18%
42	航空科学基金	531	0.17%

续表

排名	基金来源	论文篇数	所占比例
43	水利部	511	0.17%
44	中国科学院	480	0.16%
45	国家国防科技工业局	453	0.15%
46	国家林业局基金项目	432	0.14%
47	中国石油天然气集团公司资助	403	0.13%
48	中国气象局	360	0.12%
49	中国地震局	348	0.11%
50	交通部	319	0.10%
51	国家海洋局	271	0.09%
52	海外公益组织、基金机构、学术机构、研究机构自主	259	0.08%
53	青海	223	0.07%
54	住房和城乡建设部	178	0.06%
55	环境保护部	176	0.06%
56	工业和信息化部	127	0.04%
57	中国石油化工集团公司资助	126	0.04%
58	国内个人资助	95	0.03%
59	国家发展和改革委员会	87	0.03%
60	西藏	81	0.03%
61	中国工程院基金项目	63	0.02%
62	国家电网公司	55	0.02%
63	国家卫生计生委	48	0.02%
64	人力资源和社会保障部	21	0.01%
65	中国科学技术协会基金项目	20	0.01%
66	国家食品药品监督管理局	20	0.01%
67	国家测绘地理信息局	13	0.00%
68	海外公司和跨国公司资助	12	0.00%
69	中国航空工业集团公司其他资助	4	0.00%
70	中国社会科学院基金项目	3	0.00%
71	中国核工业集团公司	3	0.00%
72	中国电子科技集团公司	2	0.00%
73	中国航天科工集团公司	2	0.00%
74	中国航天科技集团公司	2	0.00%
	其他资助	23522	7.67%
	合计	306789	100.00%

附表 40 2014 年 CSTPCD 收录的各类基金资助产出论文的机构分布

机构类型	基金论文篇数	所占比例
高等院校	230041	74.98%
科研机构	38524	12.56%
医疗机构	22053	7.19%
管理部门及其他	10006	3.26%
企业	6165	2.01%
合计	306789	100.00%

注：大学附属医院归属到高等院校一类。

附表 41 2014 年 CSTPCD 收录的各类基金资助产出论文的学科分布

序号	学科	基金论文篇数	所占比例	学科排名
1	数学	5245	1.71%	21
2	力学	1676	0.55%	33
3	信息、系统科学	372	0.12%	38
4	物理学	4840	1.58%	23
5	化学	8885	2.90%	11
6	天文学	301	0.10%	39
7	地学	12142	3.96%	8
8	生物学	13022	4.24%	7
9	预防医学、卫生	7955	2.59%	13
10	基础医学	11550	3.76%	9
11	药学	6105	1.99%	19
12	临床医学	48404	15.78%	1
13	中医学	13277	4.33%	6
14	军事医学与特种医学	1191	0.39%	35
15	农学	18529	6.04%	4
16	林学	3690	1.20%	26
17	畜牧、兽医	5299	1.73%	20
18	水产学	1802	0.59%	32
19	测绘科学技术	2183	0.71%	30
20	材料科学	5116	1.67%	22
21	工程与技术基础学科	2601	0.85%	29
22	矿山工程技术	3716	1.21%	25
23	能源科学技术	4045	1.32%	24
24	冶金、金属学	7579	2.47%	15
25	机械、仪表	7203	2.35%	16
26	动力与电气	2886	0.94%	28
27	核科学技术	591	0.19%	37

续表

序号	学科	基金论文篇数	所占比例	学科排名
28	电子、通信与自动控制	16244	5.29%	5
29	计算技术	23883	7.78%	2
30	化工	7727	2.52%	14
31	轻工、纺织	1299	0.42%	34
32	食品	6816	2.22%	17
33	土木建筑	7976	2.60%	12
34	水利	2060	0.67%	31
35	交通运输	6405	2.09%	18
36	航空航天	3090	1.01%	27
37	安全科学技术	173	0.06%	40
38	环境	10907	3.56%	10
39	管理	883	0.29%	36
40	其他	19121	6.23%	3
	合计	306789	100.00%	

附表 42　2014 年 CSTPCD 收录的各类基金资助产出论文的地区分布

序号	地区	基金论文篇数	所占比例	排名
1	北京	40688	13.26%	1
2	天津	8044	2.62%	16
3	河北	8699	2.84%	13
4	山西	4898	1.60%	24
5	内蒙古	2761	0.90%	27
6	辽宁	11886	3.87%	10
7	吉林	6140	2.00%	20
8	黑龙江	8228	2.68%	14
9	上海	17950	5.85%	4
10	江苏	29095	9.48%	2
11	浙江	13213	4.31%	8
12	安徽	7969	2.60%	17
13	福建	6168	2.01%	19
14	江西	4652	1.52%	25
15	山东	13276	4.33%	6
16	河南	10882	3.55%	11
17	湖北	13255	4.32%	7
18	湖南	9901	3.23%	12
19	广东	18828	6.14%	3

续表

序号	地区	基金论文篇数	所占比例	排名
20	广西	6281	2.05%	18
21	海南	1895	0.62%	28
22	重庆	8143	2.65%	15
23	四川	12984	4.23%	9
24	贵州	3871	1.26%	26
25	云南	5098	1.66%	23
26	西藏	168	0.05%	32
27	陕西	17519	5.71%	5
28	甘肃	5812	1.89%	21
29	青海	694	0.23%	31
30	宁夏	1374	0.45%	29
31	新疆	5705	1.86%	22
32	不详	712	0.23%	30
	合计	306789	100.00%	

附表 43　2014 年 CSTPCD 收录的基金论文居前 50 位的高等院校

排名	单位名称	基金论文篇数
1	上海交通大学	2930
2	浙江大学	2464
3	中南大学	2315
4	同济大学	2217
5	四川大学	2062
6	北京大学	1964
7	西北工业大学	1899
8	武汉大学	1894
9	中国石油大学	1844
10	吉林大学	1843
11	清华大学	1818
12	华中科技大学	1806
13	中国矿业大学	1766
14	中山大学	1723
15	天津大学	1646
16	南京航空航天大学	1615
17	中国地质大学	1588
18	西北农林科技大学	1562

续表

排名	单位名称	基金论文篇数
19	西安交通大学	1509
20	复旦大学	1499
21	北京中医药大学	1486
22	重庆大学	1448
23	西南交通大学	1414
24	华南理工大学	1412
25	重庆医科大学	1362
26	江苏大学	1334
27	新疆医科大学	1332
28	大连理工大学	1310
29	哈尔滨工业大学	1305
30	河海大学	1304
31	南方医科大学	1292
32	北京科技大学	1288
33	东南大学	1263
34	江南大学	1260
35	郑州大学	1246
36	西南大学	1242
37	南京大学	1238
38	昆明理工大学	1238
39	东北大学	1181
40	南昌大学	1149
41	北京工业大学	1120
42	南京农业大学	1111
43	南京中医药大学	1101
44	山东大学	1083
45	太原理工大学	1076
46	合肥工业大学	1073
47	中国医科大学	1031
48	湖南大学	1023
49	南京医科大学	1021
50	哈尔滨医科大学	1001

注：含附属医院

附表 44　2014 年 CSTPCD 收录的基金论文居前 50 位的研究机构

排名	单位名称	基金论文篇数
1	中国林业科学研究院	655
2	中国科学院长春光学精密机械与物理研究所	634
3	中国医学科学院；北京协和医学院	603
4	中国水产科学研究院	602
5	中国石油化工集团公司	563
6	中国石油天然气集团公司	545
7	中国热带农业科学院	533
8	中国疾病预防控制中心	526
9	中国科学院地理科学与资源研究所	469
10	中国中医科学院	458
11	江苏省农业科学院	430
12	中国工程物理研究院	420
13	军事医学科学院	367
14	中国科学院海洋研究所	351
15	国家电网公司	294
16	中国科学院寒区旱区环境与工程研究所	277
17	中国航天科技集团公司	274
18	福建省农业科学院	266
19	山西省农业科学院	253
20	云南省农业科学院	239
21	中国科学院合肥物质科学研究院	224
22	中国药品生物制品检定研究所	220
23	山东省农业科学院	218
24	中国科学院生态环境研究中心	217
25	中国地质科学院矿产资源研究所	210
26	中国水利水电科学研究院	207
27	中国环境科学研究院	204
28	中国兵器工业集团公司	202
29	湖北省农业科学院	201
30	广东省农业科学院	200
31	中国科学院地质与地球物理研究所	190
32	北京市农林科学院	187
33	中国科学院大气物理研究所	185
34	中国科学院遥感应用研究所	184
35	广西壮族自治区农业科学院	179
36	上海市农业科学研究院	172

续表

排名	单位名称	基金论文篇数
37	中国科学院南京土壤研究所	166
38	中国科学院新疆生态与地理研究所	162
39	四川省农业科学院	150
40	中国电子科技集团公司	146
41	中国科学院金属研究所	141
42	中国地质科学院地质研究所	140
43	安徽省农业科学院	140
44	中国核工业集团公司	138
45	中国科学院南京地理与湖泊研究所	134
46	河南省农业科学院	134
47	中国航空工业集团公司	131
48	南京水利科学研究院	128
49	新疆农业科学院	127
50	中国海洋石油总公司	127

附表 45 2014 年 CSTPCD 收录的论文按作者合著关系的学科分布

学科	单一作者		同机构合著		同省合著		省际合著		国际合著		论文总篇数
	论文篇数	比例	论文篇数	比例	论文篇数	比例	论文篇数	比例	论文篇数	比例	
数学	1115	18.9%	2981	50.6%	845	14.3%	887	15.1%	61	1.0%	5889
力学	86	4.3%	1346	67.9%	209	10.5%	303	15.3%	38	1.9%	1982
信息、系统科学	40	9.2%	261	59.9%	57	13.1%	73	16.7%	5	1.1%	436
物理学	295	5.3%	3581	64.7%	688	12.4%	821	14.8%	154	2.8%	5539
化学	387	3.5%	7095	64.5%	2003	18.2%	1397	12.7%	121	1.1%	11003
天文学	50	15.0%	156	46.7%	35	10.5%	71	21.3%	22	6.6%	334
地学	684	4.9%	6035	43.2%	2556	18.3%	4406	31.5%	294	2.1%	13975
生物学	400	2.8%	8176	56.9%	3068	21.4%	2415	16.8%	305	2.1%	14364
预防医学与卫生学	1618	9.5%	9627	56.5%	4109	24.1%	1564	9.2%	121	0.7%	17039
基础医学	1018	5.5%	10549	57.3%	4513	24.5%	2174	11.8%	160	0.9%	18414
药物学	854	6.8%	7127	56.4%	3118	24.7%	1460	11.6%	74	0.6%	12633
临床医学	13427	10.6%	78472	61.7%	25522	20.1%	9396	7.4%	446	0.4%	127263
中医学	2096	10.3%	9845	48.5%	6086	30.0%	2193	10.8%	80	0.4%	20300
军事医学与特种医学	183	6.2%	1813	61.0%	611	20.6%	347	11.7%	16	0.5%	2970

续表

学科	单一作者		同机构合著		同省合著		省际合著		国际合著		论文总篇数
	论文篇数	比例	论文篇数	比例	论文篇数	比例	论文篇数	比例	论文篇数	比例	
农学	718	3.5%	10871	53.3%	5457	26.8%	3178	15.6%	168	0.8%	20392
林学	188	4.6%	2112	51.9%	986	24.2%	743	18.3%	39	1.0%	4068
畜牧、兽医	200	3.2%	3251	52.6%	1645	26.6%	1049	17.0%	39	0.6%	6184
水产学	36	1.9%	1051	55.4%	424	22.4%	360	19.0%	26	1.4%	1897
测绘科学技术	252	8.3%	1489	49.2%	410	13.5%	842	27.8%	33	1.1%	3026
材料科学	131	2.1%	4084	65.6%	952	15.3%	997	16.0%	61	1.0%	6225
工程与技术基础学科	225	5.9%	2428	64.1%	557	14.7%	545	14.4%	33	0.9%	3788
矿山工程技术	1136	17.8%	3128	49.1%	840	13.2%	1239	19.5%	26	0.4%	6369
能源科学技术	532	8.8%	2369	39.2%	1005	16.6%	2100	34.7%	39	0.6%	6045
冶金、金属学	1396	10.7%	7237	55.5%	2217	17.0%	2069	15.9%	112	0.9%	13031
机械、仪表	901	7.6%	7678	64.5%	1543	13.0%	1732	14.5%	51	0.4%	11905
动力与电气	153	3.8%	2502	62.1%	551	13.7%	759	18.9%	61	1.5%	4026
核科学技术	52	4.2%	793	64.7%	122	10.0%	249	20.3%	10	0.8%	1226
电子、通信与自动控制	1852	7.2%	15658	61.0%	3678	14.3%	4286	16.7%	192	0.7%	25666
计算技术	2831	8.9%	20464	64.3%	4420	13.9%	3849	12.1%	272	0.9%	31836
化工	975	7.4%	8299	62.9%	2143	16.3%	1684	12.8%	86	0.7%	13187
轻工、防治	206	10.0%	1047	50.6%	391	18.9%	403	19.5%	23	1.1%	2070
食品	424	4.8%	5552	62.2%	1752	19.6%	1150	12.9%	47	0.5%	8925
土木建筑	1445	11.7%	6362	51.5%	2197	17.8%	2211	17.9%	143	1.2%	12358
水利	284	9.3%	1572	51.5%	521	17.1%	648	21.2%	28	0.9%	3053
交通运输	1497	13.8%	5728	52.6%	1524	14.0%	2043	18.8%	88	0.8%	10880
航空航天	221	4.2%	3495	66.9%	548	10.5%	943	18.0%	20	0.4%	5227
安全科学技术	19	10.5%	89	49.2%	38	21.0%	33	18.2%	2	1.1%	181
环境科学	792	5.8%	7498	54.9%	2850	20.8%	2373	17.4%	157	1.1%	13670
管理学	104	9.4%	681	61.5%	146	13.2%	159	14.4%	18	1.6%	1108
其他	4498	15.3%	16356	55.7%	4792	16.3%	3411	11.6%	308	1.0%	29365
合计	43321	8.7%	288858	58.0%	95129	19.1%	66562	13.4%	3979	0.8%	497849

附表 46　2014 年 CSTPCD 收录的论文按作者合著关系的地区分布

地区	单一作者		同机构合著		同省合著		省际合著		国际合著		论文总篇数
	论文篇数	比例	论文篇数	比例	论文篇数	比例	论文篇数	比例	论文篇数	比例	
北京	5185	7.7%	38631	57.7%	11777	17.6%	10551	15.7%	855	1.3%	66999
天津	1164	8.6%	7822	57.7%	2446	18.1%	2019	14.9%	95	0.7%	13546
河北	1758	9.9%	9357	53.0%	4226	23.9%	2300	13.0%	30	0.2%	17671
山西	889	11.2%	4488	56.7%	1365	17.3%	1127	14.2%	41	0.5%	7910
内蒙古	535	12.5%	2216	51.7%	854	19.9%	662	15.4%	20	0.5%	4287
辽宁	1494	7.7%	11678	60.5%	3543	18.4%	2445	12.7%	131	0.7%	19291
吉林	480	5.5%	4921	56.5%	1881	21.6%	1338	15.4%	84	1.0%	8704
黑龙江	651	5.7%	6985	61.6%	1930	17.0%	1675	14.8%	104	0.9%	11345
上海	2451	8.3%	18794	63.3%	5025	16.9%	3087	10.4%	351	1.2%	29708
江苏	3612	7.8%	28055	60.3%	8752	18.8%	5757	12.4%	379	0.8%	46555
浙江	2212	9.6%	12966	56.2%	5176	22.4%	2545	11.0%	164	0.7%	23063
安徽	1007	7.8%	7927	61.6%	2013	15.6%	1836	14.3%	80	0.6%	12863
福建	909	10.2%	5322	59.5%	1604	17.9%	1027	11.5%	87	1.0%	8949
江西	461	7.0%	3866	58.4%	1162	17.6%	1097	16.6%	35	0.5%	6621
山东	2156	9.6%	11542	51.6%	5241	23.4%	3283	14.7%	145	0.6%	22367
河南	2206	12.2%	9663	53.2%	3548	19.6%	2659	14.7%	72	0.4%	18148
湖北	2106	8.8%	14137	59.3%	4109	17.2%	3334	14.0%	169	0.7%	23855
湖南	929	6.4%	8663	60.0%	2740	19.0%	1999	13.8%	116	0.8%	14447
广东	2428	7.7%	18245	58.0%	7111	22.6%	3379	10.7%	318	1.0%	31481
广西	1122	12.1%	5323	57.3%	1792	19.3%	1024	11.0%	35	0.4%	9296
云南	374	12.3%	1687	55.5%	515	17.0%	449	14.8%	12	0.4%	3037
重庆	1307	10.3%	7601	60.1%	2077	16.4%	1570	12.4%	85	0.7%	12640
四川	2414	10.5%	13340	58.3%	4066	17.8%	2941	12.8%	136	0.6%	22897
贵州	416	7.8%	2728	50.9%	1353	25.3%	829	15.5%	29	0.5%	5355
云南	508	6.7%	4191	55.4%	1822	24.1%	981	13.0%	57	0.8%	7559
西藏	14	6.1%	101	43.9%	23	10.0%	90	39.1%	2	0.9%	230
陕西	2416	9.1%	15798	59.7%	4402	16.6%	3649	13.8%	187	0.7%	26452
甘肃	752	8.6%	4860	55.6%	1843	21.1%	1232	14.1%	51	0.6%	8738
青海	207	16.6%	599	48.0%	227	18.2%	208	16.7%	8	0.6%	1249
宁夏	141	6.9%	1038	50.9%	525	25.7%	325	15.9%	12	0.6%	2041
新疆	459	5.7%	4533	56.1%	1957	24.2%	1067	13.2%	61	0.8%	8077
不详	558	22.6%	1781	72.2%	24	1.0%	77	3.1%	28	1.1%	2468
合计	43321	8.7%	288858	58.0%	95129	19.1%	66562	13.4%	3979	0.8%	497849

续表

排名	单位名称	论文篇数
13	国家电网公司	56
14	中国南方电网有限责任公司	55
15	北京市建筑设计研究院	51
16	沈阳化工研究院有限公司	43
17	同济大学	41
18	鞍钢集团公司	39
19	长沙矿山研究院	36
19	国网电力科学研究院	36
21	中铁工程设计咨询集团有限公司	35
22	中冶建筑研究总院有限公司	34
22	中交公路规划设计院有限公司	34
24	宝钢集团有限公司	33
24	中交第二公路勘察设计研究院有限公司	33
26	中国煤炭科工集团有限公司	32
27	南车株洲电力机车研究所有限公司	31
27	中铁大桥勘测设计院有限公司	31
27	中交第一公路勘察设计研究院有限公司	31
30	中交第二航务勘察设计研究院有限公司	30

附表 51　2014 年 SCI 收录中国数学领域科技论文居前 20 位的机构排名

排名	单位名称	论文篇数
1	哈尔滨工业大学	133
2	浙江大学	127
3	大连理工大学	122
4	山东大学	114
5	中南大学	114
6	北京师范大学	112
7	清华大学	107
8	中国科学院数学与系统科学研究院	106
9	天津大学	99
10	东南大学	99
11	北京大学	97
12	华南师范大学	97
13	上海交通大学	96
14	南开大学	92
15	中国矿业大学	91
16	兰州大学	91
17	复旦大学	90
18	重庆大学	90
19	北京交通大学	87
20	华东师范大学	85

附表 52　2014 年 SCI 收录中国物理领域科技论文居前 20 位的机构排名

排名	单位名称	论文篇数
1	中国科学技术大学	791
2	清华大学	639
3	北京大学	573
4	华中科技大学	553
5	西安交通大学	515
6	浙江大学	508
7	哈尔滨工业大学	450
8	上海交通大学	447
9	电子科技大学	414
10	南京大学	400
11	国防科学技术大学	365
12	天津大学	355
13	中国科学院物理研究所	346
14	厦门大学	339
15	东南大学	337
16	北京航空航天大学	330
17	吉林大学	310
18	北京邮电大学	308
19	山东大学	298
20	四川大学	298

附表 53　2014 年 SCI 收录中国化学领域科技论文居前 20 位的机构排名

排名	单位名称	论文篇数
1	浙江大学	1021
2	吉林大学	986
3	四川大学	797
4	清华大学	787
5	华东理工大学	681
6	北京化工大学	620
7	南京大学	613
8	天津大学	599
9	南开大学	575
10	山东大学	568
11	华南理工大学	562
12	苏州大学	552
13	中国科学院化学研究所	546
14	北京大学	532
15	复旦大学	532
16	大连理工大学	489
17	上海交通大学	476
18	中国科学院长春应用化学研究所	461
19	哈尔滨工业大学	442
20	中国科学技术大学	419

附表 54　2014 年 SCI 收录中国天文领域科技论文居前 10 位的机构排名

排名	单位名称	论文篇数
1	中国科学院国家天文台	149
2	中国科学院云南天文台	85
3	北京大学	73
4	南京大学	70
5	中国科学院上海天文台	66
6	中国科学院紫金山天文台	59
7	中国科学院高能物理研究所	58
8	中国科学技术大学	57
9	山东大学	35
10	中国科学院空间科学与应用研究中心	33

附表 55　2014 年 SCI 收录中国地学领域科技论文居前 20 位的机构排名

排名	单位名称	论文篇数
1	中国地质大学	551
2	中国科学院地质与地球物理研究所	320
3	武汉大学	272
4	广西气候中心	257
5	中国海洋大学	248
6	中国科学院大气物理研究所	243
7	南京大学	228
8	北京师范大学	220
9	北京大学	218
10	中国科学院地理科学与资源研究所	174
11	中国科学院遥感与数字地球研究所	168
12	中国石油大学	163
13	南京信息工程大学	150
14	中国科学院海洋研究所	140
15	吉林大学	138
16	中国地质科学院地质研究所	119
17	浙江大学	118
18	同济大学	115
19	河海大学	115
20	兰州大学	108

附表 56　2014 年 SCI 收录中国生物领域科技论文居前 20 位的机构排名

排名	单位名称	论文篇数
1	浙江大学	709
2	南京农业大学	504
3	西北农林科技大学	477
4	中国农业大学	376
5	北京大学	356
6	华中农业大学	347
7	清华大学	334
8	中山大学	322
9	天津大学	319
10	华东理工大学	292
11	江南大学	289
12	上海交通大学	288
13	山东大学	286
14	复旦大学	281
15	四川大学	264
16	吉林大学	230
17	厦门大学	219
18	中国科学院上海生命科学研究院	217
19	湖南杂交水稻研究中心	216
20	南京大学	210

附表 57　2014 年 SCI 收录中国医学领域科技论文居前 20 位的机构排名

排名	单位名称	论文篇数
1	四川大学华西医院	905
2	中山大学	693
3	解放军总医院	641
4	复旦大学	574
5	北京大学	454
6	山东大学	439
7	浙江大学	414
8	南京医科大学第一附属医院	389
9	山东大学齐鲁医院	387
10	浙江大学医学院附属第一医院	382
11	中国医科大学附属第一医院	362
12	中国协和医科大学北京协和医院	345
13	中南大学湘雅二医院	335
14	中山大学附属第一医院	334
15	上海交通大学医学院附属仁济医院	332
16	南京军区南京总医院	323
17	复旦大学附属中山医院	321
18	南京医科大学	319
19	华中科技大学附属同济医院	314
20	复旦大学附属华山医院	312

附表 58　2014 年 SCI 收录中国农学领域科技论文居前 10 位的机构排名

排名	单位名称	论文篇数
1	中国农业大学	301
2	南京农业大学	252
3	西北农林科技大学	241
4	浙江大学	150
5	华中农业大学	145
6	四川农业大学	119
7	华南农业大学	105
8	北京林业大学	102
9	山东农业大学	88
10	中国水产科学院南海水产研究所，	82
11	中国海洋大学	70
12	东北林业大学	58
13	中国科学院南京土壤研究所	56
14	东北农业大学	53
15	福建农林大学	52
16	中国林业科学院	51
17	中国科学院东北地理与农业生态研究所	48
18	中山大学	47
19	西南大学	47
20	中国科学院地理科学与资源研究所	46

附表 59　2014 年 SCI 收录中国材料科学领域科技论文数居前 20 位的机构排名

排名	单位名称	论文篇数
1	哈尔滨工业大学	470
2	西北工业大学	445
3	北京科技大学	377
4	清华大学	375
5	北京航空航天大学	321
6	华南理工大学	321
7	四川大学	316
8	中南大学	313
9	西安交通大学	307
10	上海交通大学	300
11	天津大学	275
12	浙江大学	275
13	吉林大学	248
14	大连理工大学	240
15	重庆大学	240
16	中国科学院金属研究所	222
17	东华大学	222
18	华中科技大学	222
19	苏州大学	220
20	东北大学	214

附表 60　2014 年 SCI 收录中国环境科学领域科技论文数居前 20 位的机构排名

排名	单位名称	论文篇数
1	中国科学院生态环境研究中心	184
2	浙江大学	176
3	北京师范大学	169
4	清华大学	158
5	南京大学	142
6	同济大学	140
7	北京大学	119
8	中国地质大学	97
9	河海大学	89
10	中国科学院地理科学与资源研究所	79
11	哈尔滨工业大学	68
12	武汉大学	68
13	南开大学	66
14	上海交通大学	65
15	山东大学	62
16	中山大学	60
17	兰州大学	58
18	华北电力大学	56
19	中国海洋大学	53
20	中国科学院南京土壤研究所	51

附表 61　2014 年 SCI 收录中国科技论文居前 50 位的城市

排名	城市名称	论文篇数
1	北京	40578
2	上海	21637
3	南京	15004
4	武汉	11403
5	广州	11008
6	西安	9788
7	杭州	9188
8	天津	6885
9	长沙	6341
10	哈尔滨	5963
11	长春	5722
12	成都	5361
13	重庆	5041

续表

排名	城市名称	论文篇数
14	合肥	5015
15	济南	4963
16	沈阳	4398
17	大连	3681
18	兰州	3408
19	苏州	2485
20	青岛	2472
21	成都	2280
22	郑州	2130
23	昆明	1840
24	厦门	1620
25	南昌	1556
26	太原	1509
27	福州	1456
28	徐州	1335
29	无锡	1318
30	镇江	1231
31	杨凌	1214
32	宁波	689
33	新乡	647
34	湘潭	626
35	南宁	592
36	石家庄	576
37	扬州	557
38	秦皇岛	555
39	呼和浩特	513
40	保定	504
41	温州	485
42	南充	467
43	泰安	465
44	桂林	463
45	深圳	457
46	雅安	447
47	南宁	443
48	开封	429
49	金华	428
50	洛阳	423

附表 62　2014 年 SCIE 收录中国论文居前 100 位的期刊

排名	期刊名称	收录中国论文篇数
1	PLoS ONE	6116
2	RSC ADVANCES	3886
3	SCIENTIFIC REPORTS	1582
4	MATHEMATICAL PROBLEMS IN ENGINEERING	1546
5	ACTA PHYSICA SINICA	1451
6	CHEMICAL COMMUNICATIONS	1409
7	JOURNAL OF MATERIALS CHEMISTRY A	1353
8	JOURNAL OF ALLOYS AND COMPOUNDS	1240
9	SCIENTIFIC WORLD JOURNAL	1211
10	APPLIED PHYSICS LETTERS	1190
11	ACS APPLIED MATERIALS & INTERFACES	1182
12	TUMOR BIOLOGY	1182
13	CHINESE PHYSICS B	1164
14	MATERIALS LETTERS	1162
15	ABSTRACT AND APPLIED ANALYSIS	1109
16	JOURNAL OF APPLIED PHYSICS	1070
17	APPLIED SURFACE SCIENCE	1030
18	ABSTRACTS OF PAPERS OF THE AMERICAN CHEMICAL SOCIETY	1004
19	OPTICS EXPRESS	959
20	ASIAN JOURNAL OF CHEMISTRY	951
21	CERAMICS INTERNATIONAL	945
22	ELECTROCHIMICA ACTA	940
23	OPTIK	932
24	JOURNAL OF POWER SOURCES	931
25	CHINESE MEDICAL JOURNAL	840
26	NANOSCALE	828
27	INTERNATIONAL JOURNAL OF CLINICAL AND EXPERIMENTAL PATHOLOGY	827
28	INDUSTRIAL & ENGINEERING CHEMISTRY RESEARCH	819
29	GENETICS AND MOLECULAR RESEARCH	794
30	ASIAN PACIFIC JOURNAL OF CANCER PREVENTION	769
31	MOLECULAR MEDICINE REPORTS	756
32	INTERNATIONAL JOURNAL OF HYDROGEN ENERGY	745
33	RARE METAL MATERIALS AND ENGINEERING	723
34	JOURNAL OF PHYSICAL CHEMISTRY C	714
35	CRYSTENGCOMM	687
36	BIOMED RESEARCH INTERNATIONAL	669
37	SPECTROSCOPY AND SPECTRAL ANALYSIS	667

续表

排名	期刊名称	收录中国论文篇数
38	ANALYTICAL METHODS	654
39	JOURNAL OF APPLIED MATHEMATICS	648
40	JOURNAL OF APPLIED POLYMER SCIENCE	637
41	APPLIED MATHEMATICS AND COMPUTATION	633
42	ONCOLOGY LETTERS	628
43	INTERNATIONAL JOURNAL OF CLINICAL AND EXPERIMENTAL MEDICINE	619
44	CHINESE SCIENCE BULLETIN	615
45	MATERIALS SCIENCE AND ENGINEERING A-STRUCTURAL MATERIALS PROPERTIES MICROSTRUCTURE AND PROCESSING	585
46	PHYSICAL CHEMISTRY CHEMICAL PHYSICS	583
47	BIORESOURCE TECHNOLOGY	582
48	INTERNATIONAL JOURNAL OF MOLECULAR SCIENCES	582
49	BIOCHEMICAL AND BIOPHYSICAL RESEARCH COMMUNICATIONS	577
50	EXPERIMENTAL AND THERAPEUTIC MEDICINE	577
51	DALTON TRANSACTIONS	575
52	SENSORS AND ACTUATORS B-CHEMICAL	566
53	NEUROCOMPUTING	555
54	WORLD JOURNAL OF GASTROENTEROLOGY	552
55	OPTICS COMMUNICATIONS	550
56	CHEMICAL ENGINEERING JOURNAL	549
57	PHYSICAL REVIEW B	518
58	CHINESE PHYSICS LETTERS	515
59	ORGANIC LETTERS	514
60	JOURNAL OF MATERIALS CHEMISTRY C	511
61	JOURNAL OF CENTRAL SOUTH UNIVERSITY	494
62	OPTICS LETTERS	481
63	PHYSICAL REVIEW A	481
64	APPLIED OPTICS	478
65	ANGEWANDTE CHEMIE-INTERNATIONAL EDITION	475
66	MATERIALS RESEARCH INNOVATIONS	465
67	ANALYTICAL CHEMISTRY	463
68	CHEMISTRY-A EUROPEAN JOURNAL	463
69	JOURNAL OF AGRICULTURAL AND FOOD CHEMISTRY	455
70	ONCOLOGY REPORTS	443
71	MOLECULAR BIOLOGY REPORTS	440
72	NATURE COMMUNICATIONS	440
73	TRANSACTIONS OF NONFERROUS METALS SOCIETY OF CHINA	440
74	BIOSENSORS & BIOELECTRONICS	435
75	BLOOD	429

续表

排名	期刊名称	收录中国论文篇数
76	JOURNAL OF MATERIALS SCIENCE-MATERIALS IN ELECTRONICS	427
77	GENE	423
78	PHYSICAL REVIEW D	423
79	CARDIOLOGY	421
80	CHEMICAL JOURNAL OF CHINESE UNIVERSITIES-CHINESE	420
81	CARBOHYDRATE POLYMERS	408
82	MATERIALS & DESIGN	408
83	ENVIRONMENTAL SCIENCE AND POLLUTION RESEARCH	404
84	ADVANCES IN MECHANICAL ENGINEERING	396
85	CHINESE JOURNAL OF INORGANIC CHEMISTRY	391
86	JOURNAL OF THE AMERICAN CHEMICAL SOCIETY	383
87	ENVIRONMENTAL SCIENCE & TECHNOLOGY	381
88	CHINESE JOURNAL OF GEOPHYSICS-CHINESE EDITION	380
89	FOOD CHEMISTRY	377
90	EVIDENCE-BASED COMPLEMENTARY AND ALTERNATIVE MEDICINE	376
91	JOURNAL OF MATERIALS CHEMISTRY B	376
92	JOURNAL OF NANOSCIENCE AND NANOTECHNOLOGY	368
93	MATERIALS RESEARCH BULLETIN	368
94	INTERNATIONAL JOURNAL OF ADVANCED MANUFACTURING TECHNOLOGY	367
95	CANCER RESEARCH	364
96	MOLECULES	362
97	ADVANCED MATERIALS	361
98	INFORMATION SCIENCES	359
99	INTERNATIONAL JOURNAL OF MOLECULAR MEDICINE	355
100	CELL BIOCHEMISTRY AND BIOPHYSICS	353

附表 63 2014 年 Ei 收录的中国科技论文居前 50 位的城市

城市	论文篇数	城市	论文篇数
北京	27931	福州	1375
上海	11153	镇江	1204
南京	10535	无锡	1137
西安	10019	昆明	1115
武汉	7611	秦皇岛	1108
杭州	6281	香港	873
成都	6060	宁波	867
长沙	5740	石家庄	720
哈尔滨	5638	新乡	668
天津	4580	保定	665

续表

城市	论文篇数	城市	论文篇数
长春	4439	珠海	634
广州	3857	绵阳	612
合肥	3853	湘潭	573
重庆	3620	咸阳	501
大连	3225	烟台	483
沈阳	2950	洛阳	417
济南	2630	常州	410
兰州	2265	南宁	403
深圳	1954	乌鲁木齐	402
郑州	1763	呼和浩特	383
南昌	1629	桂林	361
太原	1595	泰安	359
青岛	1519	徐州	355
厦门	1429	廊坊	341
苏州	1401	金华	339

附表64 2014年CPCI收录的中国科技论文居前50位的城市

排名	城市名称	论文篇数
1	北京	8530
2	上海	2936
3	武汉	2546
4	西安	2434
5	南京	2271
6	哈尔滨	1396
7	成都	1394
8	长春	1346
9	沈阳	1248
10	杭州	1231
11	天津	1143
12	济南	1131
13	长沙	1092
14	广州	1089
15	重庆	907
16	昆明	868
17	大连	800
18	深圳	782
19	南昌	718

续表

排名	城市名称	论文篇数
20	合肥	686
21	郑州	551
22	兰州	523
23	青岛	449
24	石家庄	419
25	秦皇岛	410
26	苏州	321
27	镇江	283
28	保定	279
29	厦门	276
30	吉林	264
31	太原	243
32	廊坊	228
33	南宁	216
34	珠海	215
35	宁波	212
36	宜昌	195
37	福州	193
38	洛阳	173
39	桂林	173
40	贵阳	172
41	唐山	164
42	德阳	162
43	无锡	151
44	呼和浩特	151
45	烟台	142
46	泰安	132
47	绵阳	124
48	辽阳	123
49	淮南	116
50	潍坊	113